KB268019

by Bino

저자 현 학 선

발명가, 철학가, 쾌삶연구소 소장
1963년 제주 출생
현재, 쾌삶연구소를 운영하고 있으며,
인간의 육체와 정신(인체, 삶과 죽음, 교육, 정치 등) 연구
저서 〈천재 유전자, 영양과 혈액순환이 답이다〉

생 각

초판 1쇄 인쇄   2012년 1월 3일
초판 1쇄 발행   2012년 1월 10일

지은이 | 현학선
펴낸이 | 손형국
펴낸곳 | (주)에세이퍼블리싱
출판등록 | 2004. 12. 1(제2011-77호)
주소 | 서울시 금천구 가산동 371-28 우림라이온스밸리 C동101호
홈페이지 | www.book.co.kr
전화번호 | (02)2026-5777
팩스 | (02)2026-5747

ISBN 978-89-6023-736-0 03590

홍시(紅柹)

현 학 선

젊음
되돌아본 세월이 아니다.
눈앞에 펼쳐진 꿈의 넓이.
넓고 거친 꿈바다 위를
힘차게 노 저어 건널 강심 없으면
그건 주름처럼 쌓이는 나이.

아름다움
가슴에 건 목걸이가 아니다.
숱한 경험 알알이 엮은 생각꾸러미.
땀수건으로 닦고 또 갈아
빛내지 않으면
그건 녹슨 액세서리.

사랑
화이트데이의 선물이 아니다.
갈비 포장지로 감싼
세상을 달굴 열정의 용광로.
뜨겁게 피어나지 못하면
그건 물조차 데울 수 없는 고물바가지.

세속 바람에 휩쓸려 뒹구는 고정관념들
빗자루로 다 쓸어 모아
귀양만큼 외진 퇴비간에 쌓아두고
매일 뒤집고 되짚어
오랜 세월 견디어내면
향 짙은 거름 되지.

열매는
굵은 줄기와 약속하지 않는다.
미래는 갈래갈래 찢어진 가지길.
폭풍우 치던 날
멀리 뻗은 가지 끝은
꺾어질 듯 휘청거리고
내 가슴은 뜨거운 멀미 토악질한다.

춥다, 괴롭다 마라.
어디엔들 바람자리 아닌 곳 있으랴!
나의 발등 따뜻하게 감싸줄 낙엽 옷들은
추울수록 진하게
희로애락 고운 색깔들로
물들어 간다.

난
백묵처럼 하얀 KS 비료로만 커 오진 않았다.
토할 건 토해가며 아플 건 아파가며
젊음과 아름다움, 사랑의 거름으로 채우고
잎 없고 입 없는 침묵의 가지 위에
빨간 결실로 익고 있다.
하얀 가루로만 버무려졌다면
그건 백묵이다.
깊은 머릿속 씨앗까지 죄 하얀.

바람 찬 늦가을
묵언(黙言)의 가지 끝
겨울 향해 후끈 달아오른
나는
생각이다.

들어가는 말

오늘 아들이 입대한다고 우리의 품을 떠나갔다. 아내는 울음을 곱씹으며 걱정이 말이 아니지만, 나는 속으로 '참 다행이다!'라고 생각하고 있다.

우리는 어떤 사람을 어른이라고 할까?

고등학교를 졸업하고 대학에 간다면 이들은 어른일까? 만약, 대학에 가서도 "엄마! 나 무슨 과목 수강신청 해야 해?"라고 한다면 그는 아직 '아이'일 뿐이다.

결혼한다면 어른일까? 만약, 결혼해서 아이 둘을 낳았더라도 "여보, 나 오늘 무슨 옷을 입고 출근해야지?"라고 한다면 '아이 딸린 아이'라고 생각한다.

어른이란 스스로 판단하고 결론을 내릴 수 있는 사람이어야 한다. 우리 집은 나름대로 많이 순화되어 있기는 하지만, 객관적으로 보면 그래도 부족한 게 사실이다.

대한민국 사회는 온갖 결정을 부모가 하는 문화다.

그런 의미에서 '입대'는 아이에서 어른으로 넘어가는 중요한 성인식이다.

군대! 그 생활은 절대 쉽지 않다. 그러나 서시처럼, 아무리 어려워도 인생 전체로 보면 '하룻밤의 가래 토악질'일 뿐이다. 이런 것 하나 둘이 크게 모여 '한겨울 앞에서도 후끈 달아오르는 열매'의 자양분이 될 것이다.

지금의 우리 문화에서 입대와 같은 강제력을 동원하지 않고 아이를 부모의 결정권에서 떼어놓기란 너무 어렵다.

부모의 결정권이 조금도 허용되지 않는 격리를 통하여 부모도 아이에게서 독립하고 아이도 부모에게서 독립하는 기간, 2년!

그 기간을 나는 '대한민국 성인식'이라고 부른다.

30살이 넘고 40살이 넘어도 우리 사회에는 아이들이 가득하다.

나폴레옹은 30살에 프랑스 정권을 거머쥐었으며, 손무 장군은 29살에 세계적인 베스트셀러 손자병법을 썼다.

'남아 이십에 나라를 평정하지 못하면 후세에 누가 대장부라 일컬으리오.'라고 했던 남이 장군은 그의 나이 28세였다.

아인슈타인이 특수상대성이론을 세상에 펴낸 것은 26세였으며, 뉴턴이 수학, 과학, 천문학 등에서 획기적인 이론을 완성한 것은 22살, 왕립학회의 회원으로 발탁하게 된 그의 발명품 '반사망원경'을 만들어낸 것은 24살이었다.

인간의 원래 능력으로는, 사춘기를 넘어서면 어른이고 30살 이전에 세상에 이름 석 자를 크게 남길만한 능력이 있다. 부모가 학원을 기웃거리고 수강신청까지 도와주지 않는다면, 스스로 판단하는 정신적 독립만 보장된다면 말이다.

이 긴 2년의 성인식으로 말미암아 입을 옷까지 아내에게 물어보지 않을 수 있다면, 늦었지만 그래도 아주 다행한 일 아닌가?

창의력이란 '쓸모있는 새로운 나만의 생각'을 말한다. 창의력은 '스스로 내린 판단의 횟수'에 비례하여 커진다.

만약, 우리 아이들에게 학교 교육을 핑계로 '생각할 시간'을 모조리 빼앗지만 않는다면 앞에서 열거한 사람들 못지않게 우리 아이들도 큰 인물이 되고 큰 발자국을 남기는데 부족하지 않다. 우리 민족은 타 민족에 비하여 결코 뒤떨어지는 민족이 아니다.

우리가 일본에 오랜 식민지로 살아야 했고, 남북으로 갈리어 분단 국가로 살아야 했으며, 6.25사변을 겪으면서 세계 최빈국으로 전락했던 이유는 너무 오랫동안 '사서삼경'에 빠져서 도무지 다른 생각은 안 하고 살았기 때문이었다.

오늘날 우리나라에 노벨상 수상자가 평화상을 제외하고는 전혀 없는 이유는 '스스로 생각할 시간'을 소거해버린 결과다.

생각의 독립은 노벨상처럼 거창한 이야기를 들먹이지 않더라도 생활 어디에나 필요하다. 또한, 데카르트가 그것을 인간의 전부라고 지적했듯이 그것은 우리가 알고 있는 것보다 훨씬 중요하다.

창의력은 상상력이 아니라 '쓸모있는 새로운 나만의 생각'이라면 사업을 하는 데에도 꼭 필요하며, 남들과 다르게 뭔가 유용한 아이디어로 살아가는 것 모두 창의력이다.

형광등도 갈아 끼우지 못하는 사람보다 갈아 끼울 줄 아는 사람은 창의적인 사람이다. 천천히 운전해도 자주 사고를 내는 사람도 있지만 빠르게 운전해도 거의 사고를 내지 않는 사람도 있다. 이 사람도 창의적인 사람이다.

이처럼 생활 모두가 창의력으로 개선해야 할 대상이다.

이제 창의력을 살려내야 할 때다.

앞의 서시처럼 이제 곧 겨울이 닥친다. 그 겨울이 닥쳐도 마음이 후끈 달아오르며 겨루어보고 싶은 마음을 가질 수 있을 만큼 강해지려면 챙겨야 할 무기가 바로 창의력이다.

이번 미국발 서브프라임모기지 사태로 세계 경제는 겨울로 접어들었다. 이 겨울은 유난히 길고 추울 것이다. 곧 동사하는 자와 펄펄 나는 자가 구별될 것이다.

추사 김정희가 세한도(歲寒圖)에서 지적한 '날이 추워지기 전에는 모든 나무가 다 푸르다, 그러나 날이 추워진 후에야 소나무와 잣나무만이 늦게 시든다는 걸 알게 될 것이다.'라는 말이 저절로 증명될 것이다.

이 책은 어려운 문장들을 고치고 또 고쳐서 가장 쉽게 쓰려고 공을 많이 들였다. 또한, 어려운 단어들도 꼭 필요한 몇 가지를 빼고는 모두 쉬운 단어들로 바꾸었다. 많은 예를 들어가며 흥미와 신뢰를 더하기 위한 노력도 했다.

그럼에도 이 책은 결코 쉬운 책은 아닐 것이다. 새로운 이론도 많이 포함되어 있고, 폭넓은 분야에 지식이 있어야 이해할 수 있는 내용도 많기 때문이다.

아마 65% 정도는 읽다가 중간에 포기할는지도 모른다. 그리고 끝까지 읽을 수 있는 사람이라면 스스로 창의적인 사람이라고 생각해도 좋다. 이미, 창의력의 주요 요건 중 하나인 '폭넓은 분야의 관심'을 뜻하는 포괄성을 가진 사람이기 때문이다.

읽고 나서는 얻는 것만큼 비판도 많이 생겼으면 좋겠다. 비판이란 스스로 독립적인 판단을 하고 있다는 말이다. 이것 또한 창의력의 중요한 요건 중 하나다. 여러 번 읽어도 비판이 지워지지 않는다면 더욱 창의적이라 확신한다.

창의력이란 인간의 몇 가지 능력 중 한 가지라고 생각하고 있겠지만, 사실은 인간의 정신적 능력 전부를 말한다.

　　그리고 사람들의 창의력 크기는 높낮이가 분명하며 정확히 정규분포를 나타낸다.

　　설문의 답안을 정규분포에 맞출 수만 있다면, 설문 응답자가 대한민국 몇 번째 창의력 소유자인지도 알아맞힐 수가 있다.

　　이 방법은 지금 프로그램으로 만들어져서 쾌삶연구소 홈페이지에서 베타버전 서비스하고 있으며, 약간의 마지막 수정을 거쳐서 '자동체크 서비스'는 무료로 제공할 예정이다.

　　이 책은 그 원리를 설명한 이론서라고 할 수 있으며, 책을 펴내는 김에 창의력으로 무엇을 할 수 있는지에 대하여도 충분히 서술하였다.

　　또한, 나의 직관력으로 파악해낸 많은 연구거리도 공개하였으므로, 누군가는 이 연구를 통하여 훌륭한 성과를 내는 사람, 또, 사업에 성공하는 사람도 나타났으면 좋겠다.

　　저자소개를 통하여 나를 '철학자'라고 소개하였다.

　　철학자는 '사람이란 무엇인가?'를 연구하는 사람이다. 철학(哲學)이라는 말뜻이 '다양한 분야에 아주 많은 것을 아는 사람'이라는 뜻을 내포하고 있다. 사람을 연구하는 학문은 그런 학문이다.

　　세상을 알기 위하여는 우선은 육체에 대하여 알아야 하며, 정신 또는 뇌에 대하여도 알아야 하며, 자연에 대하여 파악하고 인간과의 관계를 정립해야 한다.

　　그리고 나서 '어떻게 살아야 하는지?'를 정의하면 그것을 철학이라고 말할 수 있을 것이다.

　　이 책을 포함하여 지금까지 내가 펴낸 3권의 책을 통하여 이러한 내용에 대하여 하고 싶은 말을 많이 피력하였다. 이제 남은 책 한 권을 집필함으로써 내 철학의 모두를 담으려고 한다. 그리고 나면 더 이상의 집필은 그만두고 이런 생각들을 실현하기 위하여 행동으로 옮겨

나갈 것이다.

　　그 남은 한 권은 가칭 '민주주의 완성'이다. 이 책으로 인간은 어떻게 살아야 하며, 어떤 정치가 구현되어야 하는지를 말하게 될 것이다. 우리나라를 포함한 모든 나라의 정치에 조그만 충격으로 나타날 수도 있다. 모든 내용은 정리되었으며, 이를 증명할 몇 가지 실험을 계획하고 있으나, 이 실험은 혼자서는 힘들며, 몇몇 권위자들의 도움이 필요하다. 이 책을 읽은 누군가는 이 실험의 협력자가 되어 도움을 주었으면 좋겠다.

　　이 계획도 내년 중에는 마무리하려고 한다.

　　그러고 나면 내가 평생을 투자하여 행동으로 옮겨야 할 한 가지 사업이 남는데, 이는 이 책의 마지막에 수록된 '교육 개혁 어렵지 않다' 편의 내용이며, 나의 창의력을 세계 불우이웃들을 위하여 펼쳐나갈 계획이다.

　　이 계획에도 많은 사람이 공감하고 동참하고 협조가 있었으면 하는 기대를 가지고 있다. 이 책이 성공하는 것도 그 사업에 큰 도움이 될 것이므로 이 또한 바라는 마음 크다.

　　이번 겨울, 어느 갈림길에서 이 책이 작은 이정표로써 도움이 되어 살아남는 자들이 많기를 바란다.

2011년 겨울 언저리에서

쾌삶연구소 현 학 선
http://clean-life.co.kr

봄은 멀리 있다

국보 180호 김정희의 '세한도'
歲寒然後 知松柏之後彫也 (세한연후 지송백지후조야)
날이 추워지기 전에는 모든 나무가 다 푸르다. 그러나 날이 추워진 후에는 소나무와 잣나무만이 늦게 시든다는 걸 알게 될 것이다.

⊞ 당신의 월나라

(송나라 상인)

　'옛날, 어떤 송나라 상인이 비단옷과 멋있는 모자를 많이 가지고 먼 남쪽 월나라로 팔러 갔다. 그러나 월나라 사람들은 머리를 짧게 깎고 몸에 문신하고 지내므로 비단옷도 멋있는 모자도 사려고 하지 않았다.'

　이 이야기는 고서 『장자』 제1편에 나오는 이야기이다.

　송나라는 옛 중국에서 문명이 발달한 나라로 비단옷을 입고 의젓하게 모자를 쓰고 살았다.

　이런 문명 속에서 장사하던 어떤 상인이 묘안이 떠올랐다. 그는 자신이 모자가 필요한 것처럼 남들도 모자를 사고 싶어 한다고 생각을 하였을 것이다.

　'음! 월나라 사람들은 옷이 없어서 옷도 못 입고, 모자도 만들지 못하니 쓰지도 못하고 있어! 저 나라에 가서 비단옷과 모자를 팔면 아주 장사가 잘될 거야!'라는 생각을 했다.

당시 월나라는 중국에서 가장 남쪽에 있어서 덥고 비가 많아서 습한 지역이며 변방이다 보니 문명도 그리 발달하지 못했고, 의복을 잘 갖춰 입지도 않는 지역이었다.

월나라에 가서 장사하려면 월나라를 잘 파악하고, 의젓한 사모관대(紗帽冠帶)나 비단옷이 아닌 그 사람들에게 맞는 머리띠나 민소매 조끼를 상품 목록으로 정했어야 했다.

시장을 정확히 판단하지 못한 송나라 상인이 장사가 잘되었을 리는 만무하다.

대부분 사람은 다른 세계를 상상할 때 현재 자신의 처한 세계와 비슷하게 생각해버린다(자기화 自己化 현상).

현재와 똑같은 과거가 없듯이 미래도 현재와는 사뭇 다른 모습을 하고 나타날 것이며, 그 변화의 크기는 상상하기 어려울 만큼 크겠지만, 대부분은 미래도 오늘과 크게 다르지 않으리라고 판단하게 된다. 그러면서 자신의 장래는 더 밝고, 나은 미래이기를 희망한다.

미래를 예측하지 못하면 그 송나라의 상인과 다름없어진다. 송나라의 상인은 다시 돌아갈 수라도 있지만, 우리의 인생은 그럴 수도 없다.

단 한 번 왔다가는 인생!

월나라를 잘 파악하고 장사를 떠난다면, 원하는 미래를 얻을 수도 있으며 행복해질 수도 있다.

이 모든 것이 자신의 생각에 달려 있다.

미래학자들은 이렇게 얘기한다.

"미래는 정해져 있는 것이 아니라 한 사람 한 사람 스스로 발명해 내는 것이다."

그렇다. 미래는 과거에 대비된 개념이 아니다. 과거는 바꿀 수 없는 정해진 것이지만, 미래는 오늘 내가 무슨 일을 하는 지, 뭘 준비하는지에 따라 만들어지고 발명되는 것이 옳다.

가장 맘에 드는 찬란한 미래를 발명해 내기 위하여 오늘 내가 해야 할 일은 무엇일까?

부디 자신의 미래가 명품으로 조각되고 있기를 ......!

⊞ 봄은 아주 멀리 있다
◎ 일자리 부족은 해결 불가능하다.

　　전 세계는 지금 일자리를 만들어 달라는 데모 열기가 한창이다. 중동에서는 오랫동안 유지되던 독재정권들이 점점 부족해지는 일자리를 새롭게 만들어내지 못하였기 때문에 추출되고 있다.

　　미국의 젊은이들은 월가를 점령하였고, 그리스, 이탈리아, 스페인 등 금융위기를 겪고 있는 나라들뿐만 아니라 독일, 프랑스, 영국 등 탄탄했던 나라들까지 일자리를 달라는 젊은이들의 데모가 끊이질 않고 있다.

　　도대체 이 지구 상에는 무슨 일들이 일어나고 있을까? 일자리 부족 사태는 과연 극복 가능한가?

　　그에 대한 대답은 아쉽게도 '현 상태로는 불가능하다.'이다. 많은 사람이 다시 호황이 찾아오면 일자리가 늘어날 것으로 생각하고 있겠지만, 그것은 미미한 상승에 그칠 뿐이다.

　　일자리 부족 사태를 일으키는 현상들을 정리해보면, 첫째, 인구가 빠르게 늘고 있다. 지금 70억을 넘어선 인구는 2025년쯤에는 80억, 머지않아 곧 100억을 돌파할 것이라고 한다.

둘째, 교통과 통신의 발달로 말미암아 농어촌에서 도시로, 국가에서 세계로 형성된 '빨대효과' 때문에 일자리가 빠르게 사라지고 있다.

셋째, 짧은 호황과 긴 불황 사이를 진동하는 '진동경제'의 주기가 점차 빨라지고 있어서 오래가는 호황은 없다.

넷째, 이런 경제 흐름 속에서 적응하지 못하는 회사들 때문에 기업 평균수명이 한자리를 벗어나지 못하고 있다.

다섯째, 수명은 늘어나고, 노후 복지정책의 실패로 먹고 살기 어려운 노인들까지 현장에서 은퇴하지 못하고 산업현장을 맴돎으로써 경쟁은 더욱 치열해지고 있다.

이런 요인들을 제거하고 일자리를 늘려줄 묘안이 이른 시일 안에 생길 가능성은 없어 보인다. 묘안이라면, 세계의 경제 시스템을 완전히 바꾸는 것뿐인데, 그게 어디 쉬운가?

(인구의 증가와 은퇴 없는 세상)

수만 년 전!

이 지구 상의 생태계에는 불길한 별종 생명체 하나가 생겨났다. 빠르게 달리지도 못하고, 강력한 힘도 없으며, 사나운 이빨도, 빠르게 나무를 타는 실력도 없다. 나무 가시에도 긁히고 찢기는 나약한 피부, 그다지 멀리 보지도 못하는 시력, 잘 듣지도 못하는 청력!

이런 상태의 동물들이라면 진화론의 관점에서 보면 멸종하는 것은 당연해 보인다.

이 종의 이름은 호모 사피엔스사피엔스!

오늘날 이들은 고도의 뇌를 이용하여 모든 동물의 먹이를 혼자 독차지함으로써 수많은 맹수가 거꾸로 멸종할 위기를 맞고 있다. 이 별종 생명체에 의하여 지구 상의 모든 생명체는 거의 절망적이다.

수많은 맹수, 맹금, 거대 초식동물들을 다 합해도 인간의 숫자가 훨씬 많다.

70억!

이 지구 상의 어떤 생명체도 먹고 살기 위한 직업이 없는 생명체는 존재하지 않지만 유독 이 별종들은 실업자가 10억을 넘어서고 있다.

아직도 많은 지방자치단체나 국가에서는 아이를 더 낳으라고 하고 있으며, 곧 100억 인구시대가 도래할 것이다.

이 종들에게 가속화되는 인구 증가율과 실업률은 지구의 모든 생명체에게 지구 온난화보다 몇 백 배는 더 큰 재앙이다.

2005년 현재, 우리나라의 100세 이상 인구는 961명이다.

이 사람들은 우리나라가 일본과의 굴욕적인 한일합방을 하던 해인 1910년 이전에 태어나서 일제 강점기를 굶주리며 힘겹게 살았으며 6.25 한국전쟁과 그 이후 혹독한 시기를 겪었던 사람들이다.

젊어서 못 먹고 고생을 많이 하면 장수할 가능성도 그만큼 줄어든다. 장수는 밥 잘 먹고 운동도 꾸준히 한 사람들에게 주어지는 축복이다.

일본, 미국, 호주 등 선진국들이 평균 수명이 훨씬 높은 것은 현대 의료수준 덕택이기도 하지만 과거의 영양상태에 더 좌우되었을 것이다.

그들은 유소년기를 좋은 시절로 보낸 국가의 국민이었다. 일본, 그들이 세계 2차 대전을 패망함으로써 힘들게 보냈을 것 같지만, 그들이 힘든 것은 대략 5년 정도일 뿐, 그들은 6.25사변을 계기로 빠르게 안정된 생활로 올라섰기 때문이다.

현재 중장년층에 속해 있는 사람들이라면 일제시대도 겪지 않았으며, 6.25동란이나 전후 참담했던 경제 환경도 경험하지 못한 세대들로써 기존의 세대들보다는 잘 먹고 잘 산 세대들이기 때문에 장수할 가능성은 훨씬 크다.

110살까지 살게 되는지 아니면 120살까지 살게 될 수도 있다. 많은 사람이 120세에 도달하게 될 것이며 적어도 100세까지는 팔팔하게 살아가게 될 것이다.

생각보다는 훨씬 더 많이 남아 있는 우리의 생애! 우리는 이 긴 미래를 어떤 그림으로 채우고 있을까?

아마 대부분은, 젊어서 직장생활을 하다가 60세쯤 되어서 정년퇴직하면 산업전선에서 은퇴하여, 연금으로 편안한 노후를 보내리라고 생각하며 사는 것 같다.

60세에 정년퇴직을 하는 그들은 노인인가?

앞으로도 60년을 더 살아야 하는 삶이 기다리고 있는 그들은 정확히 중년이다. 생각에 따라서는 축복일 수도 있으나 준비를 철저히 해두지 않는다면 악몽 같은 60년 여생이 될 수도 있다. 대부분은 악몽일 것이다.

15년 전, 아내는 연금보험을 많이 들었다. 국민연금을 제외하고도 거의 월 200만 원 정도 타는 것을 목적으로 들었던 것 같다.

나는 '보험은 결코 재테크 수단이 아니다.'라는 생각을 하고 있다. 왜냐하면, 보험회사는 그 돈으로 벌어들인 이윤을 가지고 우리에게 연금도 지급하지만, 직원의 봉급과 많고 많은 설계사의 수당, 물 쓰듯 뿌려대는 홍보 물품들을 포함한 마케팅 비용들로 사용되기 때문이다.

그들이 사업하는 목적은 자신들의 밥벌이를 위한 것이 우선이고 우리의 노후는 결국 차선이므로 결코 연금이 우리의 재테크 수단이 될 수는 없다. 또한, 보험을 타는 것은 먼 미래의 이야기이고 물가는 계속 상승하기 때문이다.

하지만, 아내를 이길 사람이 몇이나 되는가? 나 역시 지고 말았다.

아내의 논리는, 당시로써는 상당히 큰 월 200만 원이라는 금액이 누구네 집 똥개 이름인 줄 아느냐는 것이었다. 하지만, 15년이 흐른 지금, 200만 원이라는 돈 가치는 벌써 1/2 아래로 뚝 떨어져 버렸다.

우리가 나이 들어서 연금을 탈 때쯤이면 아마도 1/4 이하로 떨어질 것이며, 기나긴 연금 수령기간 동안 계속 곤두박질쳐갈 것이다. 그러는 동안 노화는 계속되고 의약품비용으로 지출되는 금액은 꾸준히 상승하게 될 것이다. 지금도 시장을 보고 계산을 해보면 한 바구니에 10만 원은 보통이다.

많이 연금을 들었다고 생각하는 우리 가족도 연금만으로 살아갈 가능성은 없어졌다. 물가는 정부의 발표나 우리의 생각보다 훨씬 가파르게 증가하고 있다. 매년 물가상승률을 7%라고 잡았을 때, 10년이면 84%가 상승하고, 20년이면 260%가 상승하며 30년이면 610% 등으로 상상 이상으로 상승한다. 하지만, 체감물가는 이보다 가팔라 보인다.

연금도 믿을 수 없는 내일!

앞에서 보았지만, 정년퇴직 후에도 60년은 더 살아야 하고 최소한 40년은 돈을 벌면서 살아가야 하는 신세가 된다.

미래에 인간은 평균수명 연장으로 일할 인구는 증가하고, 이들은 모두 일자리 부족에 일조하게 될 것이며, 그 아래서 허덕이게 될 것이다. 이미 우리나라를 비롯한 전 세계는 '은퇴 없는 사회'로 접어들었다.

많은 사람이 취직에 목메어 있지만, 취직하더라도 퇴직 이후는 어떻게든 벌어먹고 살아야 하는 상황이라면, 모든 사람은 '준비된 실업자'라는 말이 어울린다.

우리나라에서만 연간 100만 개의 점포가 창업하고 또 그만큼이 폐업하는 먹고 먹히는 사회가 되었으며, 우리의 미래도 피 터지게 새로운 아이디어를 창출해야만 살아남는 세상에 애달프게 매달려 있다.

누군가는 말한다.

"창업하면 망할 가능성이 크다. 그러나 창업하지 않으면 무조건 망한다."

(기업의 평균 수명)

6.25가 끝나고 얼마 지나서 라디오를 가진 집들이 하나 둘 생겨날 때쯤 일이다.

영신이 아버지는 기가 막힌 사업 아이템이 생각났다. 물론, 다른 지역에서 벌어지는 사업을 본 딴 것이었다.

집집마다 스피커를 달아놓고, 라디오에 연결하여 방송을 해주고 돈을 받는 사업이었다. 오늘날 같으면, 케이블TV와 비슷한 개념으로 당시만 해도 첨단 벤처사업임에 틀림이 없었다.

처음에는 한두 집에 서비스를 제공하다가 점차 신청자들이 늘어나고 제법 들어오는 돈도 쏠쏠해져서 논밭을 팔고 이웃마을까지 사업을 확대해 나갔다.

이 사업은 정말 황금알을 낳는 거위 같았다. 몇 가지 시설만 해주고 기다리면 다달이 황금알들이 저절로 굴러들어오는 것이 아닌가?

한 몇 년은 잘 벌어먹고 살았다.

그런데 1959년 태풍 '사라'가 몰아치면서 많은 회선이 끊어지고 사업도 내리막을 걷다가 1966년 결국은 실패하여 사업을 접고 말았다.

이것은 영신이 아버지가 말해주는 사업실패의 종말이었다.

하지만, 진실은 태풍이 아니라 다른 데 있지 않았을까?

태풍으로 끊어진 전선이야 이어주면 그만이고 새 케이블로 교체한다고 해도 큰 자본이 들어가는 일은 아닐 것이다.

사실, 그 시기는 이 사업이 사양길에 접어들던 시기였다. 라디오를 장만하는 집들이 점차 늘어나면서 스피커를 철거해야 하는 시기였으며, 태풍 영향이 없던 다른 지방에서도 점차 사업을 줄이거나 접던 시기였기 때문이다.

예전에는 사업이 망하는 경우가 흔하지 않았다. 논밭을 물려받아 농사짓고 살면 평생을 가는 직업이었고, 대장간을 해도 대를 물려 살 수 있었으며, 무슨 일을 해도 몇 대를 이어갈 수 있었다.

하지만, 오늘날은 어떤가? 농사도 망할 수 있으며, 어업도 망할 수 있다. 대장간은 이미 거의 사라졌으며, 몇 대를 물려가며 할 수 있는 사업은 없는 듯하다.

영신이 아버지도 그런 현실을 빠르게 파악하고 사업을 접고 다른 사업을 시작했어야 하지 않았을까 하는 생각이 든다.

6.25 이후로는 사업을 시작할 때부터 접을 시기도 같이 예측해야 하며, 또 다른 사업을 모색해야 하는 시대로 접어들었던 것이다. 첨단 사업일수록 첨단의 속도로 사업을 접을 수밖에 없다.

지금은 그런 시대다.

2006년 기준으로 우리나라 기업의 평균 수명은 10년이란다. 오늘 창업하면 평균 10년 후면 도산한다는 얘기다.

바꾸어 말하면 수많은 대학생이 직장엘 들어가도 능력에 따라 잘릴 수도 있고 또 어떤 실수에 의해 회사에 폐를 끼쳐 또 잘릴 수도 있지만, 많은 사람은 능력이 있더라도 회사가 도산해서 할 수 없이 그만두고 다른 일자리를 찾아봐야 한다는 얘기다.

현재 가장 잘나가는 삼성전자에 입사하면 고향 집에서는 돼지라도 잡아서 잔치라도 벌릴 판이다. 하지만, 그 삼성전자도 앞으로 10년 안에 어찌 될지 아무도 모른다.

　삼성이 핵심 사업인 반도체는 기술집약적 산업에 속하며, 이런 기술집약적 산업은 미래를 예측하기 아주 어려운 분야에 속한다.

　전 세계의 70억 인구 중에 누군가 '메모리'의 기억 메커니즘에 대하여 새로운 기술로 발명특허를 받는다면 세계 1등 기업도 아주 쉽게 순위에서 밀리거나 도산할 수도 있다.

　이것이 반도체뿐만 아니라 모든 기업이 안고 있는 당면한 문제이다. 그리고 그런 발명은 아주 쉽게 현실이 될 수도 있다.

　우리나라만 해도 1년이면 18만 건(2009년 기준)이 특허를 받는다. 전 세계적으로는 얼마나 많은 특허가 쏟아져 나오는지 상상하기 어렵지 않다.

　대기업이라고 안심할 수는 없다는 사실을 우리는 잘 알고 있다.

　삼성은 IMF 당시 ㈜삼성자동차를 매각해야 하는 아픔을 겪었다. 현대는 갈가리 찢어졌다. 누가 한보철강, 해태 같은 굵직굵직한 회사들이 무너질 줄 꿈엔들 상상했겠는가?

　하지만, 앞으로는 IMF 사태가 아니더라도 대기업들이 쉽게 도산할 수 있는 환경이 되었고, 그런 위기는 몇 백 년 만에 어쩌다 일어나는 게 아니라 날마다 그와 같은 경제위기 속에 있다는 사실을 직시해야 한다.

　경제 전문지 '포춘'은 세계에서 가장 큰 회사 500개를 선정하여 순위를 매기는데, 이 '포춘 500대 기업' 중에 절반이 망하는 기간도 15년밖에 걸리지 않는다고 한다.

　중국 기업의 평균 수명은 3.7년에 불과하고, 유럽과 일본 기업의 평균 수명 12.5년이라고 한다.

　전문가들은 10년 후 현존하는 직장 80%가 사라질 것이라는 우울

한 전망을 하고 있다.

앞으로는 더욱 그렇다.

신기술에 의하여 자신의 기술이 구기술이 되는 순간 폐업을 걱정해야 하며 그 주기는 아주 짧아졌다.

우리 대학생들의 장래 희망은 대부분이 대기업에 취직하는 것이다. 그게 안 된다면 중소기업이라도 취직을 하려 한다. 아마, 창업하려고 하는 학생들은 극소수에 지나지 않을 것이다.

그들이 취직하기를 희망하는 기업들이 바로 풍전등화와 같은 운명이다.

앞으로는 지금까지보다 훨씬 더 위험해질 것이다. 이것이 우리에게 다가오는 미래다.

기업이 빠르게 망한다는 것은 점차 효율성이 높은 회사들만 살아남는다는 말이며, 빠르게 일자리가 줄어갈 것이므로 처음 취직을 해서 거기에서 정년퇴직한다는 것은 불가능하다.

이들이 모두 일자리 부족사태를 또 일으킬 것이며, 점점 밥벌이를 위한 치열한 경쟁만 남게 된다.

〈효율과 빨대 효과〉

　우리는 음료를 마실 때 종종 빨대를 사용하곤 하는데, 컵이라는 장소에서 입이라는 장소로 음료를 옮기는 데 있어서 티스푼으로 떠먹는 것보다는 훨씬 효과적이다.
　고속도로나 항로 등이 새롭게 개설되면 그 주변에 있는 상권 또는 고객들이 이 통로를 통하여 반대편에 있는 지역으로 빠르게 이동하는 현상을 '빨대효과'라고 한다.

　2004년부터 KTX가 개통되어 운행되고 있다. 서울에서 부산까지 두 시간 반이면 도착한다.
　전에는 5시간 이상 걸리던 여행길이 이렇게 짧아지니 모든 국민은 KTX에 열광하고 있다. 하지만, 편의를 위하여 사용하는 기기들은 그 뒤편에는 다소의 악영향들을 숨기고 있다.
　모든 사람이 쇼핑하기 위하여 서울에 있는 큰 백화점으로 몰리고 있으며, 지방에 있는 의사들도 계속 문을 닫고 있다. 많은 환자가 서울에 있는 큰 종합병원으로 몰려가고 있기 때문이다.
　이것이 '빨대 효과'라고 한다.

　이 빨대 효과란 꼭 KTX뿐만 아니라 유통망 자체를 말하며, 유통망이 좋아졌다는 말은 고속도로나 일반도로의 확•포장을 포함하여, 선박의 거대화나 항만의 건설, 고속철의 확충, 항공노선이나 공항의 건설 등이 포함되며 FTA나 WTO 등으로 관세가 철폐되거나 지역 간의 경제통합과 같이 경제 국경선이 사라지는 것 등 모든 시장 확대를 포함하는 개념이다.

이런 빨대를 꼽으면, 값이 싼 물건들이 값이 비싼 곳으로 빠르게 이동하고, 효율성이나 편의성이 높은 기기나 물건들이 효율성, 편의성이 낮은 지역을 찾아 빠르게 옮겨 다닌다.

물건만 옮겨 다니는 것이 아니라 사람도 옮겨 다니면서 상권이 바뀌게 된다.

또한, 시장의 넓이가 빠르게 확장됨으로써 서로 멀리 떨어져 있던 기업이나 사업체들이 하나의 시장 안에 편입되어 서로 경쟁을 벌여야 하며 누군가는 사라져야 하는 운명이 된다.

이로써 일자리는 또 줄어들게 된다.

우리나라에 컴퓨터가 본격적으로 보급되기 시작한 것은 90년대 들어서이고, 인터넷이 본격적으로 보급되기 시작한 것은 95년, 초고속 인터넷은 99년이다.

이에 따라, 거대한 빨대인 컴퓨터에 의하여 아주 빠르게 화이트칼라나 사무직이라는 직업군이 빨려 들어가 버렸다.

기업에는 지역별로 사무직 직원들이 많이 있었지만, 이 컴퓨터의 효과로 인사를 담당하는 업무, 자재 조달이나 회계업무 등 많은 화이트칼라 업무들이 본사로 빨려 들어가 버리고 일자리는 사라져 버렸다.

제주 공항에는 수많은 비행기가 이착륙하며 바쁘다. 이 비행기 속에는 수많은 인터넷 쇼핑몰 택배 물품이 수북이 들어 있다. 인터넷 쇼핑이라는 빨대효과에 의하여 제주까지도 수많은 소상공인이 죽을 지경이다.

예전에는 풍년은 아주 경사스러운 일이었다. 농악을 앞세우고 곳곳마다 동네잔치가 이어졌었다. 하지만, 오늘날 풍년은 경사스럽기는 커녕 가격폭락으로 이어져서 농민들의 시름만 깊어지는 일이다. 벼뿐만 아니라 모든 과수작물을 포함하여 밭작물, 수산물까지 모두 풍년을 바라지 않는다.

흉작인 해에는 10kg짜리 사과 한 상자에 5만 원을 받다가 풍작인 해는 고작 2만 원 밖에 받을 수 없다. 두 배의 수확을 하면 세배의 가격폭락을 겪는 것이다.

빨대효과는 오히려 흉작이기를 바라는 세상으로 바꾸어 놓았다.

우리는 일본을 섬나라라고 깔보는데, 사실 알고 보면 우리나라도 섬나라다. 배나 비행기를 타지 않고 다른 나라를 가는 방법이 없으니 당연히 우리는 섬나라가 맞다.

하지만, 북한과 우리나라가 통일되든 안 되든 상관없이 이른 시일 내에 우리나라는 '섬나라'에서 벗어나게 될 것으로 전망된다.

어떤 나라도 석유 없이는 성장할 수 없다. 그런데 예전처럼 구소련의 석유지원을 받지 못하는 북한은 더는 버틸 수 없게 되었다.

얼마 전까지만 해도 중국이 어느 정도 도움을 줄 수 있었지만, 오늘날 중국은 가장 빠르게 석유소비가 늘어가는 나라가 되었기 때문에 자국에서도 부족한 석유를 북한으로 보내주기가 어려워졌다.

석유는 자동차를 움직이고 전기를 생산해내는 데에만 쓰이는 것이 아니다. 대부분 옷이나 신발, 가전제품이나 우리 주변의 모든 물건은 다 석유제품으로 만들어져 있다.

북한이 이런 석유의 혜택을 무시하고 살아갈 수 있을까?

이미, 북한 지역에는 기름을 사용해야 하는 어선들이 거의 사라지고 보이지 않고 있으며, 인공위성에서 찍은 지구의 야경지도에서 북한은 사라지고 없다.

이명박 대통령이 통일은 순식간에 올 수 있다고 언급한 바 있다.

그럴 가능성은 크다. 하지만, 꼭 통일이 아니더라고 북한의 개방은 선택의 여지가 없어 보인다.

만약, 그 개방의 물꼬를 타고, 중국으로 건너갈 수 있는 철로를 놓을 수만 있다면 북한은 통행료를 받을 수 있어서 경제에 도움이 될 것이며, 우리나라는 섬나라에서 벗어나 드디어 대륙의 끝자락에 매달려 있는 한반도 본연의 모습으로 돌아갈 수 있다. 그러면, 우리나라는 중국과 함께 커다란 단일 시장을 형성하게 된다.

현재, 일본과의 도로망 연결을 여러 각도로 연구하고 있다.

해저터널 구상으로는 부산~가덕도~남형제도~대마도~이키섬~후쿠오카를 잇는 222.6㎞가 최선의 방법이라고 생각되고 있다. 해저 146.8㎞, 육상부 75.8㎞, 최대수심 190m로 현대의 기술로 불가능할 것은 하나도 없다.

지금 당장은 경제적 효과가 있느냐 하는 것이 문제지만, 우리나라가 중국과 고속전철로 연결된다면 이 일본 해저터널의 경제효과는 단숨에 '효과 있음'으로 바뀌게 될 것이다.

일본이 자국에서 기차를 타고 유럽까지 갈 수 있는 날, 섬나라에서 해방되는 날이 될 것이다. 영국과 프랑스가 해저터널로 이어졌고, 덴마크와 스웨덴이 다리와 터널로 연결되었다.

우리도 그렇게 되면 일본과 중국으로 소모되던 물류비용이 훨씬 줄게 되어 경제는 활력을 받을 것이다.

북한의 개방이나 고속철 연결 사업은 생각보다 아주 빠르게 전개될 가능성이 농후하다. 아마 10년 이내거나, 늦어도 15년까지는 시작될 수도 있다.

어김없이 그 이면에는 빨대효과가 숨어 있다.

그렇다고 이 모든 걸 포기하지는 않을 것이다. 비행기를 없애자고 건의한다고 해도 비행기를 없앨 수 없으며, 고속도로나 배, KTX도 없앨 수는 없다.

어쩌면 운명 같은 것이다.

빨대효과로 인하여 시장의 넓이가 계속 확대되어 감으로써 세상은 효율적으로 돌아가지만, 직업의 수는 빠르게 고갈되어 갈 운명!

그리고 보면 아마존 밀림이나 인도네시아 밀림 속에서 옷도 입지 않고 살아가는 원시부족들에게 실업률이라는 단어가 없음을 이해하게 될 것이다.

인도네시아의 어느 석산에는 현대인들로서는 이해할 수 없는 정부의 규정이 있다고 한다.

'망치 이외에는 어떤 기계도 장비도 들어올 수 없다!' 빨대효과를 생각하면 얼마나 멋있는 규정인가?

그 석산에서 작업하는 아주머니는 손이 많이 상하고, 많이 벌지는 못하지만 실직할 위험은 없어 보인다.

우리나라에도 산소통을 지고 잠수해서 수산물을 채취할 수 없다. 만약, 이 규정이 없다면 수많은 해녀는 사라지고 없을 것이며, 많은 어부가 타격을 받을 것이다. 이 규정도 같은 맥락이다.

시장이 점점 넓어지다 보니 경쟁은 더욱 치열해지고 경쟁에서 밀려난 기업들이 문을 닫고, 살아남은 효율 높은 기업들은 점점 비대해졌다.

효율이 높다는 것은 기계화 자동화를 했다는 뜻으로 물건이 생산되는 수량 대비 종사원은 많이 줄었다는 뜻이다.

다르게 표현하자면 사람들이 많이 남아돌게 되었다는 말이다.

많은 사람이 FTA를 반대하고 있고, 세계화 반대 운동을 벌이고 있지만, 세계가 일일생활권이 되어가는 마당에 그 누가 반대해도 세계의 경제 국경선은 사라질 수밖에 없는 운명이다.

2008년 '쇠고기 수입 반대 촛불집회'로 거리에는 별빛만큼 많은 촛불로 수놓은 적이 있다. 하지만, 쇠고기 수입을 막을 수 있었는가?

아마, 많은 시위자도 막을 수 없다는 사실을 알고 있었을 것이다. 지금 당장은 막더라도 계속 막을 수는 없다는 사실을……!

이는 수입과 개방 정책의 문제가 아니라 미국이나 유럽 등 아주 먼 나라들이 이제는 몇 시간이면 건너가고 건너올 수 있는 이웃 나라로 변했다는 말이다.

유럽에서 일본까지 두 시간, 지구를 한 바퀴 도는 데 4시간밖에 걸리지 않는 비행기가 있다면 어떨까?

아침에는 한국에서 간단한 죽으로 식사하고, 점심은 이탈리아에서 와인과 함께 정통 파스타를 즐기고, 저녁 식사는 브라질에서 아빠네마(브라질 식 바비큐)를 즐길 수 있을 것이다.

이미 프랑스에서 개발 중인 프로젝트라니 머지않은 장래에 이 꿈은 현실이 될 것 같다.

이미 반도체나 핸드폰, 자동차 등 몇몇 종목들은 단 몇 개의 회사들이 대부분의 생산품을 만들어내어 전 세계의 시장을 차지하고 있다.

유통망이 크게 발전하지 않았더라면, 국가마다 많은 자동차 회사, 핸드폰 회사, 반도체 회사들이 생겨나고 그만큼 일자리가 많겠지만, 헤아릴 수 없이 많은 일자리가 이미 사라졌다고 보면 된다.

그뿐만 아니라, 옥수수나 쌀 등 주요 농산품에까지 글로벌 기업들이 좌지우지하고 있으며 관세철폐 정책에 힘입어 계속 영향력이 커지고 있다.

값싼 글로벌 회사들의 밀가루에 밀려나 우리나라에서의 밀가루 농업은 이미 죽었다. 얼마 없으면 쌀도 그와 같은 꼴이 되어 농민들은 논농사를 포기해야 하게 될지도 모른다.

인도나 동남아시아, 아프리카에서조차 몇 개의 글로벌회사에서 종자를 구입하지 않으면 농사를 지을 수 없는 지경까지 이르렀다.

공산품뿐만이 아니라 농산품, 수산물까지 모든 영역에 걸쳐 빨대 효과가 펼쳐지면서 몇 개의 효율성 높은 회사들은 덩치가 계속 커지고 있지만, 그렇지 못한 회사들은 계속 폐업하고 있으며, 그 회사에 달린 식구들은 또 다른 일거리를 찾아 전전해야 한다.

거리에는 구직을 포기한 젊은이들이 늘어나고, 농촌의 농부들도 '계속 농사를 지어야 하나?' 고민이 늘고 있으며, 오르지 않는 어류가격으로는 높아만 가는 기름값을 도저히 충당할 길이 없어서 출항해야 할지 말아야 할지를 고민하고 있다.

이런 세상은 내 아이들이 다 크기도 전에, 아니면, 신규 취직한 내 아이가 적응이 채 끝나기도 전에, 우리가 노후 준비를 할 겨를도 없이 들이닥칠 일들이다.

(세계 경제 통일)

세계는 점점 경제 국경선이 사라져가고 있다.

중국은 1980년까지만 해도 세계에서 가장 못사는 나라 중 하나였다. 하지만, 경제를 개방하고 30년이 지난 지금 그들은 세계에서 두 번째로 큰 경제 대국이 되었다.
그들에게 출중한 지도자가 있어서 그런 성과를 낸 것이 아니라 그 주역은 바로 13억이라는 어마어마한 중국의 인구였다. 나라가 크고 인구가 많으면 선진국으로 도약하기 아주 쉬워진다.

독립 한지 2백 년 남짓한 미국은 3억이라는 인구를 가지고 세계 최강의 나라를 만들었고, 미국에 대적했던 소련연방도 1991년 해체되기 전에는 3억이라는 인구를 가지고 있었다.
현재, 가장 빠르게 경제성장을 이루는 나라들은 중국을 비롯하여 인도와 브라질, 인도네시아 같은 나라들인데 이들의 인구 역시 각각 11억, 2억, 2억 2천에 해당한다.
인구란 시장의 크기를 말한다.
신발 한 켤레를 개발해도 중국에서는 13억 명이 살 수 있으며, 인도에서는 11억, 미국에서는 3억 명이 살 수 있는데, 바로 이것이 시장의 크기이다. 또한, 정부는 그들로부터 걷은 세금으로 전략 산업을 육성할 수 있으며, 핵심기술개발에 쉽게 투자할 수 있다. 인구가 많으면 곧 경제발전의 원동력이 되는 것이다.
그래서 우리나라 정부나 지방자치단체에서도 한 자녀 더 낳기 운동을 벌이고 있으며, 세 자녀 이상이면 보조금까지 지급하겠다는 것이다.

전 세계 인구는 이제 70억! 거의 재앙수준에 이르렀는데도 말이다.

그렇다면 한 자녀를 더 낳는 방법 말고 시장의 크기를 키우는 다른 방법은 없을까? 바로 EU(유럽연합)처럼 각 나라의 시장을 합쳐버리는 방법이다.

EU에서는 헝가리에서 생산한 물건을 차에 싣고 영국으로 건너가서 팔 수 있으며, 영국인이 독일에 가서 취직할 수도 있다. 네덜란드에서 쓰는 돈(유로화)을 가지고 영국, 프랑스, 독일, 스위스 등 유럽의 어느 나라에서나 사용한다. 즉, 하나의 시장이 된 것이며, 더 나아가 EU 대통령을 두고 있어서 하나의 나라처럼 되어가고 있다.

이제 EU는 5억이라는 인구를 가진 시장으로 3억 미국을 앞서고 있다.

시장의 덩치를 키우고 있는 곳은 EU뿐만이 아니다.

동남아시아의 ASEAN을 비롯하여 대부분 대륙에는 그들만의 경제블록들이 존재다. 또 세계는 국가 간 FTA를 지속 추진하여 경제협력과 경제개방을 가속하고 있으며, 관세를 철폐해가고 있으며, WTO에 의해 자유무역 질서를 확대, 강화해 나가고 있다.

거대시장 EU나 동남아의 경제블록인 ASEAN 등의 효율성에 맛을 들인 국가들은 거꾸로 돌아갈 가능성이 없어졌다. 빨대효과를 줄이기 위하여 비행기, 배, 고속도로, KTX를 없애지 못하는 것과 같은 이치다.

만약, 보호무역주의가 강화된다면 큰 나라들은 더욱 번성하고 우리나라처럼 작은 나라들은 점차 경제 후진국으로 전락하고 말 것이다.

경제블록을 이용한 방식이든 그 외의 어떠한 방식으로든 세계화는

현재보다 훨씬 진척될 것이며, 어떤 나라든 맘대로 드나들며 물건을
팔고 여행을 하는 세상으로 변해갈 것이다.

이제는 경제장막을 걷어내지 않고는 살아남을 방도가 없는 기업인
들은 물론이고 정책 입안자들조차도 경제 국경선을 계속 허물고 있다.

경제적인 측면에서 세계는 통일 직전 상태에 있다.

민족과 나라의 개념은 빠르게 사라지고, 나라 대신 지구라는 커다
란 개념으로 살아가게 될 전망이다.

그렇게 시장의 크기가 커지면 기업들의 효율성은 더욱 극대화될
것이며 거기에 따라가지 못하는 기업들이 죽고, 그에 따른 일자리는
사라지게 된다.

〈도깨비 통화와 진동경제〉

요즘 경제가 아주 어렵다.

우리나라는 그런대로 선방하고 있지만 나라 밖에서는 우리가 겪고 있기보다 훨씬 어렵게 돌아가고 있다.

많은 사람이 이 난국을 미국 발 경제위기 때문이라고들 한다. 하지만, 그것은 겉으로 드러난 도화선일 뿐, 세계 경제는 미국이 아니더라도 곤두박질칠 수밖에 없는 상황이었다.

미국발 경제사태인 서브프라임모기지 사태가 터지기 직전, 우리는 어떤 세상을 경험하였는지 많은 사람은 이미 잊어버렸을 것이다.

2005년도 1온스당 금값이 450달러였던 것이 2008년에는 1,000달러 선을 맴돌았다. 3년 사이에 두 배 이상 뛴 것이다.

2004년 초만 해도 석유가격은 30달러였으나 2008년 7월에는 146달러까지 올라갔다. 4년 사이에 다섯 배가 뛰었다.

우리나라의 주가지수는 증권거래소가 생긴 이래 2005년 7월까지는 1,200선을 못 올라가는 줄 알았다. 1997년 IMF 사태 이후 거의 1,000선 밑에서 놀던 주가가 2005년 7월 1,000선을 넘어서더니 2,000선까지 단숨에 뛰어올라서 2007년 11월 최고가 2,085선까지 돌파해버렸다. 2년 사이에 두 배가 뛰었다.

우리나라 주가만이 아니다. 전 세계의 대부분 주가가 이와 비슷하며, 금, 석유, 주식뿐만 아니라 곡물, 부동산, 철 등 주요 자원들까지, 투자 대상인 모든 자원은 폭등하였다.

이 세상에 쏟아진 돈들이 어마어마했다는 말이다. 이런 국면을 유동성 장세라고 한다. 경제가 호황이라서 가격이 뛰는 것과는 별개로 돈이 많이 쏟아져서 상승하는 국면을 말한다.

하지만, 이렇게 쏟아진 돈들은 정말 만 원짜리, 오천 원짜리와 같은 눈에 보이는 현금들일까?

2008년 9월 15일 리먼 브러더스 홀딩스(Lehman Brothers Holdings Inc.)라는 회사가 약 6천억 달러의 부채를 감당하지 못하고 파산하고 말았다. 이것이 미국발 금융사태의 발발이었다.

지구 상의 돈의 18%에 해당하는 20조 달러가 순식간에 증발해버렸다. 미국에서만 250만 개의 일자리가 사라졌다. 그리고 전 세계의 경제가 곤두박질쳤다.

이에 미국의 오바마 대통령과 버냉키 미연방준비제도 의장은 '돈이 모자라서 경제가 위축되고 있다.'라며 돈을 많이 찍어내기로 했다. 조금 전까지 세상에는 돈이 남아돌아 문제였는데 말이다. 2009년 초 1차로 1조 7천5백억 달러를 풀었으며, 2010년 11월 6천억 달러를 추가했다. 그리고 필요하다면 계속해서 더 찍어내게 될 것이다. 그뿐만이 아니라 G20 정상회의에서는 경기를 되살리기 위하여 통화확대에 합의하였다.

아무리 돈을 쏟아 부어도 계속 돈이 모자라는 상황이 해소되지 않고 있기 때문이다.

미국 금융사태가 일어나고 난 다음, 언제부턴가 '출구전략'이라는 용어가 신문지상을 오르내리기 시작했다.

돈을 많이 찍어내고 풀어놓으면 시중에 통화량이 많아지는데, 경기가 살아나기 시작하면 많이 풀린 이 통화들이 인플레이션을 일으키고 경제에 심각한 악영향을 미칠 것이다. 따라서 경기가 살아나는 길목을 잘 지키고 있다가 풀린 통화를 거둬들인다는 전략이 바로 이 '출구전략'이다.

그런데 이 돈들은 경기가 살아나면 거리로 쏟아져 나왔다가 경기가 침체하면 어디론가 사라져서 보이지 않는다. 누가 이런 돈들을 감추고 있는가? 돈 많은 재력가인가, 아니면 은행들인가?

이 돈들이 사라지는 곳은 재력가도 은행도 아닌, 바로 잘못된 금융시스템 속이다.

예를 들어보자!

어떤 사람이 100원을 가지고 있다. 이 돈으로 건물을 백 원어치 샀다. 그 건물을 담보로 하고 은행에서 90%의 돈을 빌린다. 그 돈으로 다시 건물을 산다. 그 건물을 담보로 하고 다시 돈을 빌린다.

이처럼 계속되면 이 사람은 100원을 가지고 1,000원어치 건물을 가질 수 있으며, 통화량은 100원이었던 것이 1,000원으로 증가한 것이다. 참고로, 경제사태 이전 미국에서는 100원짜리 집을 담보하면 100원이나 110원을 빌릴 수 있었다. 이게 어디 제대로 된 경제가 맞는가?

통화량을 늘리는 데에는 수표나 어음 같은 것도 한몫한다.

은행에서 돈을 찾거나 돈을 빌리면 은행은 자기앞수표로 발행할 수 있다.

이 자기앞수표는 현금과 같아서 일반은행이 중앙은행처럼 일시 동안 돈을 발행하는 것과 같다. 즉, 수표 발행 액수만큼 통화량이 증가한다는 말이다.

어음도 통화량 증가에 한몫한다.

어음이란 '부채가 얼마 있으며 언제까지 갚겠다.'라는 확인서 같은 종이쪽지다. 하지만, 이것도 배서를 통하여 현금처럼 통용된다.

신용카드도 통화량 증가를 일으킨다.

신용도에 따라서 달라지기는 하지만 일정 기간 현금처럼 사용되기 때문에 통화량을 늘린다.

또, 은행에 돈을 맡긴다는 행위도 경제행위이고 은행에서 돈을 빌려주는 것도 경제행위이다.

누군가 100원을 은행에 맡기고, 그 돈을 다른 누군가에게 빌려주면 200원어치의 경제행위가 발생한다. 이것도 엄밀한 의미에서 통화팽창이다.

돈이 돈을 낳기 때문에 사람들은 어떤 수단과 방법을 동원해서라도 통화를 늘리고 싶어한다. 가능하다면 한계치까지 늘릴 것이다.

특히, 월가를 중심으로 한 세계 금융계에서는 경영자에 대한 스톡옵션 제도를 도입함으로써 단기실적을 최대한 끌어올리기 위하여 파생금융상품을 통한 통화증가를 심하게 부추겼다.

이런 통화는 실제 중앙은행이 발행한 본원 화폐는 아니면서도 모두 실질적인 '통화'에 속한다.

나는 이처럼 본원통화 외에 늘어난 통화들을 '도깨비'라고 부른다. 이 도깨비들은 경기가 좋아지면 훨씬 많이 빠르게 생겨나지만, 경기가 나빠지면 거의 숨어버리는 신출귀몰한 녀석이다.

이렇게 돈은 숨기도 하고 불쑥 나타나기도 한다.

그런데 따지고 보면 숨을 때는 원금인 100원에 가까워지는 것이므로 실제 통화에 근접하고, 경기가 활황이어서 우후죽순처럼 통화량이 늘어날 때에는 실제 통화량으로부터 더욱 멀어지는 것으로써 문제가 발생한다.

100원이 1,000원까지 통화량이 증가하게 된다면 누군가는 그 차액인 900원을 이용하여 경제활동이라는 미명 아래 부당한 이득을 챙긴 것이다.

은행도 그 수혜자 중 하나이고, 누군가는 입김이 센 사람들이, 인맥을 잘 짜놓은 사람들이, 정부 관료나 은행간부들과 가까운 사람들이, 힘센 국가가 혜택을 챙길 가능성이 훨씬 많아진다.

그 수혜자들은 불특정 다수일 수는 있으나, 모든 국민에게 골고루 혜택이 돌아가지는 않으며, 모든 국가에 골고루 돌아가지도 않는다.

그런데 만약, 은행이 무리한 투자를 하다가 무너질 때에는 예금자들뿐만이 아니라 모든 국민이 골고루 손해를 본다. 경기가 곤두박질치며 국민을 애먹이게 되는 것이다.

국가 간에도 똑같이 일어난다. 미국에서 불거진 금융사태가 전 세계 지구인들을 힘들게 하고 있다.

애초에 돈이란 물물교환 방식이었다. 이 당시에는 대출이라는 개념은 존재하지 않는다. 빌려준다고 해도 물질 또는 가치의 이동만 있을 뿐이었다.

물물 교환은 가장 원시적이지만 가장 정확하고 가장 불합리성이 적은 제도이다.

그런데 물물교환은 참으로 불편한 제도였다.

팝콘을 만드는 사람은 쌀 한 가마니를 얻기 위하여 팝콘을 트럭으로 하나 가득 싣고 다녀야 할 판이다.

물질에 따라서 부피가 너무 큰 것들도 있고, 무게가 너무 많이 나가서 들고 다니기 매우 불편한 물질들도 있다. 또, 부동산들처럼 아예 들고 다니지 못하는 것들도 존재한다.

그래서 들고 다니기 편하고 부피가 작은 금이나 은을 돈으로 사용하기 시작했다.

하지만, 서면 앉고 싶고, 앉으면 눕고 싶은 것이 인간이다.

금화나 은화를 사용하기 시작했지만, 이것마저 들고 다니기가 싫어져서 아예 은행에 맡기고 그 증표만 가지고 다니기 시작했다. 그 증표가 오늘날 현금으로 발전했으며, 이런 제도를 금본위제도라고 한다.

하지만, 인간들은 더 편리한 제도를 찾기 시작했다.

1929년 대공황 이후 미국을 시작으로 세계는 금본위 화폐제도를 포기하고 만다. 즉, 가지고 있는 금의 양과 상관없이 필요하면 돈을 찍어내고 너무 많아지면 거둬들이는 방식을 취한 것이다.

이 방식은 통화량을 적절히 조절할 수 있다는 자신감에서 출발한다. 하지만, 통화량을 조절하는 데에 복병이 있었다. 도깨비가 바로 그것이다.

많은 나라가 주기적으로 도깨비 때문에 통화량 조절에 실패하고 있다. 따라서 인플레이션이 나타나기도 하며, 경기침체가 계속되는 불황이 나타나기도 한다.

이 '도깨비 통화'들은 돈이 되는 곳으로 몰려다니는 특성이 있다.

미국발 경제위기 직전 금값을 두 배 이상 뛰게 하였던 것도, 석유 가격을 다섯 배 이상 올린 것도, 대부분의 원자재 가격을 상승시킨 것도 다 이 도깨비들이 몰려다니면서 수급 불균형을 일으킨 덕분이다.

그리고 이 도깨비들이 가장 화려한 경력은 바로 1997년 12월 대한민국 IMF 구제금융사태, 1998년 러시아 모라토리엄 선언, 2007년 미국 발 금융위기인 서브프라임 모기지 사태 등이다.

미국의 경우, 처음에는 미국 도깨비들만 미국 부동산에 투자했으나, 꺼질 줄 모르고 도깨비놀음은 계속되었으며, 가격은 내려갈 줄 모르니 이번에는 전 세계의 도깨비들이 미국의 부동산으로 옮아 붙은 것이다. 당시 미국 부동산에 직접 투자한 우리나라 아줌마들도 많았을 것이다.

그리고는 적당히 먹었다 싶은 도깨비들이 하나 둘 빠지면서 미국 부동산이 무너지고, 미국 경제가 무너지고, 세계 경제가 무너져 버렸다.

상황이 악화하면 도깨비들은 사라지는 특성이 있다.

드디어 G20 정상들이 모여 사라진 도깨비들을 대신하여 본원통화를 늘리기로 합의했다. 그리고 경제상황이 호전되면 출구전략을 써서 통화량을 회수하기로 했다.

하지만, 사람들은 잘 모르는 모양이다. 현재의 제도로는 이 도깨비들의 신출귀몰한 능력을 통제할 힘이 없다는 사실을 말이다.

세계 경제가 어느 정도 회복되는 것 같으면, 또다시 도깨비들이 우후죽순처럼 출몰하여 통화량을 늘리고 또 투자처를 옮겨 다니며 물가를 높여놓을 것이다.

그것은 석유, 금, 철과 같은 주요 자원들이 될 것이다.

누군가는 중국이나 인도 같은 후발 경제대국들의 수요가 급증하였기 때문에 오르는 것이라고 말할는지 모르지만, 그 이유는 주된 이유가 되지 못한다.

그렇다면 곡물가격이 오르는 이유는 중국과 인도에서 식량까지 갑자기 몇 배씩 더 먹기 시작했단 말인가?

이제 세계의 경제는 이 도깨비들 때문에 과열과 불황만이 존재하는 경제로 바뀌어버렸다.

중간 과정이 없이 좌우로 계속 진동하는 추와 같은 경제! 이를 나는 '진동 경제'라고 부른다.

이 진동경제는 줄에 매달린 추가 좌우로 흔들리는데, 불황과 과열 상태인 좌측과 우측 끝에서는 다소 오래 머물지만, 정상적인 경제인 가운데서는 가장 빠른 속도로 지나가 버린다. 이것이 진동경제의 특징이다.

그리고 도깨비를 잡을 해결책이 나올 때까지 이 진동은 지루하게 오랫동안 계속될 것이다. 그때까지 시장의 통합은 더욱 가속화될 것이다.

또한, 효율성이 떨어지는 기업이나 사업가들은 한 번 진동할 때마다 계속 퇴출을 맞게 된다는 것이다.

이미 진동 추는 빠르게 흔들리기 시작했고 일자리를 잃고 거리로 쏟아져 나오는 사람들은 헤아리기 어려워졌다.

(일자리의 해결 방안은 먼 이야기)

이런 불황을 타개할 방안은 그리 어렵지 않다.

첫째, 인구 증가를 억제해야 한다.

둘째, 진동경제를 잡기 위하여 도깨비부터 잡아야 한다.

전 세계 모든 국가에서 대출 한도를 10% 이내로 강력하게 규제하여야 한다.

돈이 돈을 먹는 세상이 되어서는 안 되며, 부의 대물림도 강력하게 규제하여야 한다.

증여세나 상속세를 80% 올려서 모든 사람이 기회에 있어서 균등한 세상을 만들어야 한다.

셋째, 국가 간의 경제 국경선은 없어져야 하는 것이 옳지만, 빨대 효과를 줄이기 위하여 대안이 꼭 필요하다.

관세가 없어지는 대신, 국가 내외를 막론하고 각 지역 간 거리에 따른 마일리지세, 즉, 생산된 모든 제품에 대하여 이동된 거리만큼 세금을 매기는 방안이 강구되어야 한다. 아니면, 석유와 같은 이동수단의 원료에 지금보다 몇 십 배에 해당하는 세금을 부과하여 마일리지세처럼 거둬들이는 방법이다.

국가 간 인구 크기에 따른 시장의 불합리성은 줄어들고 거리에 대한 제약은 늘리는 것이 옳은 대안이다. 거리에 대한 제약이 늘어나면 일자리는 자연히 늘어난다.

이들은 분명한 해결책이며, 현재 컴퓨터시스템에는 모든 개인의 자산이나 모든 카드 사용내역과 현금 사용내역까지 데이터베이스 속에 쌓이고 있어서 현재의 기술력으로 절대 불가능한 일은 아니다.

그러나 그날은 아주 멀리 있다.

이 방안들은 전 세계의 모든 나라가 똑같이 시행되어야 하는 일이다. 이런 정책을 시행하는 것은 국가의 경기에 분명히 손해가 가는 일이기 때문이다. 현재는 국가 간에도 돈이 돈을 버는 구조가 아니던가?

대부분의 개발도상국이 일정한 수준까지 경제력이 향상되어야 하고, G20이나 UN과 같은 국제기구들의 통제력과 효율성이 높아져야 하는 숙제도 있다. 세계가 한 나라처럼 강력한 통제력이 서야 가능한 일이다.

그런 날이 꼭 오겠지만, 결코 빠르게 다가오지는 않는다.

그때까지 우리는 계속 일자리 걱정을 하며 살아야 할 것이다. 그 외에는 방법이 없어 보인다.

⊙ 일자리의 하향 이동

(치열한 경쟁과 일자리의 하향 이동)

　미국 금융사태가 일어나고 얼마 지나지 않아 부동산 침체사태가 우리나라에까지 밀어닥치자 큰 건설회사에 다니던 두철씨가 명예퇴직을 하고 집에서 몇 달간 백수로 지내게 되었다.
　두철씨네 집은 연립주택으로 4층짜리 건물이었는데, 그 주택의 계단 청소는 어떤 장애인 아주머니가 맡아서 하고 있었다.
　한 달에 두 번 청소하고 7만 원을 받아간다.
　그런데 이 아주머니의 청소 방법에 다소 문제가 있어서 여러 집에서 이러쿵저러쿵 말이 많았다.
　우선, 청소가 깨끗하게 되지 않았으며, 청소 걸레를 어떻게 빨아서 사용하는지 청소하는 날마다 계단에서는 묘한 냄새가 났다.
　하지만, 불우한 이웃이라는 생각에 청소업체를 바꾸지 않고 계속 맡기고 있었는데, 그런 줄도 모르고 이 아주머니는 청소요금을 10만 원으로 올려달라고 요구하기까지 하자 결국은 주민이 폭발하였고, 청소업체를 바꾸기로 한 것이다.
　그러던 중 두철씨가 자기가 하겠노라고 지원하고 나섰다.

두철씨는 청소를 아주 깨끗하게 했으며, 청소하는 시간도 아주 빨라져서 주민의 불편이 크게 개선되었다.

건설회사에서 잔뼈가 굵어서 다루지 못하는 장비가 없었던 두철씨인지라 청소하는 방법도 남달랐다.

계단에 물을 뿌리고 걸레질을 한 다음 고압 콤프레샤를 이용하여 순식간에 물을 훔쳐내는 방식이었다.

계단의 난간 등과 같은 철물들은 두 달에 한 번 광택을 내는데, 이것도 모두 그가 가지고 있던 광택기계들을 이용하므로 광택도 너무 잘 나고 시간도 많이 절약되었다.

이런 소문이 입에서 입으로 퍼져 나갔고, 지금 그는 일 년 매출이 수억 원에 이르는 청소업체 사장이 되었다.

그는 그렇게 성공을 하였지만, 그 이면에는 그 청소하는 아주머니 같은 분들이 얼마나 많이 일자리를 잃었을까? 두철씨가 기계를 이용하면 할수록 청소하는 사람들은 줄어들어 간다.

그리고 이런 현상은 이미 어디에나 어느 분야에나 존재하는 사회 현상이다. 또한, 그전에는 생각하지도 않던 청소와 같은 3D업종으로 인재들이 빠르게 이동하고 있다.

지금은 훌쩍 커버린 아들들의 초등학교 시절 이야기를 해보자!

"아빠! 아빠!"

"무서운 아저씨가 쫓아와요!"

얼굴이 사색이 되어 헐레벌떡 뛰어들어온 두 아들!

며칠 전, 두 아이가 맥주병을 주워서 용돈을 벌겠다고 하는 걸 엄마가 말리는 장면을 목격했다. 엄마가 용돈은 줄 테니 쓸데없는 짓 하지 말라는 중이었다.

"아니, 그러지 말고 해보라고 합시다!"

내가 어렸을 적에 페비닐들을 주워다가 엿 바꿔먹었던 기억도 떠오르고, 경제관념도 생길 것이고 큰 공부가 될 거라며 내가 적극적으로 권장해서 맥주병을 주워다가 마트에 가져다주고 조그만 용돈을 벌게 되었다.

한 이틀쯤 그렇게 하더니 그날은 이렇게 헐레벌떡 뛰어 들어온 것이었다.

애들이 쓰레기통에서 맥주병을 꺼내고 있을 때, 본업으로 쓰레기를 뒤져 쓸만한 것들을 가져가는 아저씨가 아이들을 욕하며 쫓아낸 것이었다.

'아이들이 얼마나 주워간다고 그렇게 무섭게 굴었을까?' 하는 생각에 집 뒤에 보이는 쓰레기통을 주위 깊게 살펴보기 시작했다.

아니나 다를까? 그들의 경쟁은 무서웠다.

하루에 서너 사람이 대여섯 번은 들락거리며 폐품들을 주워가고 있었다.

그로부터 십 수 년이 흐른 지금!

경쟁은 훨씬 치열해졌다. 하루에 20번은 넘게 쓰레기통이 열리고 닫힌다. 시간도 밤 열두 시고 새벽 서너 시고 대중없이 돌아다니고 있다.

밤잠을 설쳐가며 주워가는 양이라고는 아주 보잘것없다.

그들 중에는 그전에 건설회사에 다니던 사람들도 있을 것이며, 양복에 넥타이를 매고 근무하던 사무원들도 섞여 있을 것이다.

미국의 실업자 수가 천만 명을 넘었고, 우리나라도 실업자가 넘쳐나고 있다.

앞에서 언급했던 여러 가지 이유로 실직한 이들은 점차 기대치를 낮추어서 조금 덜 인기 있는 직종으로 몰리게 되면서 인기가 높은 직장은 점점 슬림화되고 3D 업종에는 과잉 경쟁이 벌어지는 현상이 나타난다.

현재까지는 농촌이나 어촌에서는 노인들이 그럭저럭 작물을 가꾸며 먹고 살만했다.

앞으로는 이런 노인들이 도시에서 밀려 내려온 청년들과 서로 경쟁하며 살아야 하는 처지로 내몰리게 되는 것이다.

미국 레이건 대통령 시절 '플라자 합의'에 의하여 일본은 경제적 타격을 입고 '잃어버린 10년'이라는 된서리를 맞았다.

이때 수많은 젊은이가 일자리를 잃고 길거리에서 노숙하며 지냈다. 지금 그들은 다시 직장으로 돌아갔는가?

우리는 1997년 IMF 사태를 맞았다.

2001년 IMF 구제금융을 전액 상환함으로써 막을 내렸지만, 이때 수많은 사람이 노숙자로 전락했다.

그들은 지금 직업을 얻어 제자리로 돌아갔는가?

2008년 9월 리먼 브라더스의 파산과 함께 불거진 서브프라임 모기지 사태로 전 세계의 수많은 사람이 다시 거리에서 숙식을 해결하고 있지만, 이들은 다시 직장으로 돌아가게 될까?

세계 경제가 다시 호황을 맞기는 어려우며, 아주 빠른 진동주기를 갖는 진동경제 속에 빠지게 될 것이다. 즉, 직업 잡기 경쟁은 어떤 측면을 보더라도 계속 가열 일로에 있다는 말이다.

진동경제하에서 물가가 계속 올라가고, 금값이 오르면 금은방에 보관된 금값도 오르기 때문에 금은방은 이득이 생기게 된다.

하지만, 금은방이 장사가 잘되는 것은 아니다. 거래가 뜸해지며 매출이 떨어진다. 장사를 계속해야 할까?

IMF 이후 계속 금값이 오르면서 20,000개 정도였던 금은방이 13,000개 정도로 줄었다. 폐업이 그만큼 많이 되었다는 것이다.

이 사람들은 다 어디로 가는가?

사법 연수원생 40%는 취업이 안 되고 있으며, 변호사 1인당 평균 수임건수도 2건이 채 안 되며, 법조인뿐만 아니라 2009년 의료기관 폐업만 4천 건을 넘어섰다고 한다.

대한민국 최고의 엘리트집단에 닥친 현실이 이렇다면 다른 분야야 더는 무슨 말로 표현을 하겠는가.

이 사람들은 또 어디로 가는가?

현재 우리나라에서 가장 인기 있는 직장은 교사를 포함하여 공무원들이다.

하지만, 정년퇴직 후의 직장에 대해서는 생각하지 않더라도 그들이라고 계속 안정된 직장으로만 남아 있을 수 있을까?

영국에서는 이미 공무원들도 해고 한파가 몰아치고 있으며, 우리나라에서도 논의되고 있다.

그렇게 남아도는 인력들은 또 어디로 갈 것인가?

그렇다.

일자리는 줄어들고 놀고 있는 인력들이 남아돌면 이들은 치열해진 경쟁에서 밀리면 기대수준을 낮추어서 점차 하향 이동하게 될 것이다.

아르바이트란 대학생들이 부업으로 하는 일자리를 가리키는 말이었으나, 시간당 4,110원인 일자리에 이제는 30대도, 40대도, 백발이

성성한 할아버지들도 줄지어 서 있다.

　이런 일자리를 아르바이트가 아닌 본업으로 삼고 있는 사람들이 차지하는 비율이 점차 높아지고 있다.

　이들 88만 원 세대에 하향 이동된 인력들이 점차 늘어나면서 이런 자리마저 경쟁에 몸살을 앓고 있다.

　2009년도 서울 어느 구청의 환경미화원 경쟁률은 이미 35:1까지 치열해졌고, 박사출신 환경미화원도 있다고 한다.

　이 잉여 노동력들이 농촌으로, 어촌으로 내려가면서 농촌, 어촌도 이미 경쟁상태로 접어들었다.

　경쟁이 심한 곳에서는 여지없이 벌어먹기 힘든 상태가 되고 거기는 머리를 굴려야만 먹고 사는 세상으로 변하게 된다. 즉, 세상 어디나 창의적이지 않다면 살아남기 어렵다는 말이다.

　우리의 내일은 이미 중국의 춘추전국시대와 같다.

　안타깝게도 지금은, 그리고 미래는 능력 있는 자만이 살아남는다.

○ 우리도 공원으로 가는가?

　요즘은 공원 어디를 가나 노인들이 북적댄다. 장기를 두거나 잡담을 하거나, 하는 일 대부분은 목적 없이 그냥 시간을 하루하루 보내는 일들이다.

　무료 배식을 한 끼 얻어먹기 위하여 인천 등 주변 도시에서 서울까지 오는 이들도 많다. 80~90대도 있지만, 60~70대도 의외로 많다. 만약, 65세의 노인이 지금 공원 속에 있으면 앞으로도 40년 이상을 거기서 하루하루를 소일하며 보내야 할 것이다.

　우리나라의 60세 이상의 노인 인구는 625만 명(2005년 기준) 정도이고, 그 중 부산광역시 인구에 육박하는 사람들이 일거리 없이 공원을 찾거나 아니면 집안에 무료한 하루를 보내며 사는 것으로 추산된다.

　지금 우리는 어디로 가고 있는가? 내가 가고 있는 이 길이 한 끼 식사를 해결하기 위해 가는 '미래의 공원'은 아니길 바란다.

　공원이 아닌 다른 길은 자신의 능력을 잘 키워야 갈 수 있는 길이라는 걸 명심해야 한다. 능력이란 이제는 지식이 아니다. 누구나 많이 배우고 세상에 나오기 때문에 지식은 변별력이 없다.

　그것은 바로 창의력이어야 한다. 남과는 다른 능력, 창의력!

　이것이 미래다. 그리고 창의적 인간들만이 그 미래를 멋있게 창조해 낼 수 있을 것이다.

상상력에 속지 마라

생각은 생각보다 크다.

⊞ 창의력은 상상력이 아니다
○ 창의력의 쓰임새

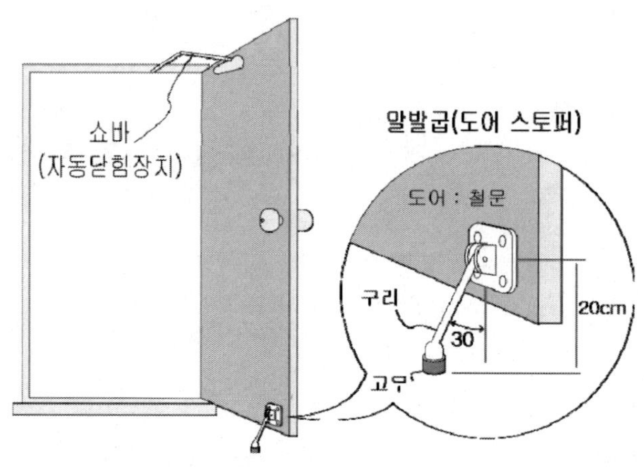

(일상 - 소소한 창의력)

문제 하나를 생각해보자!

문이 저절로 닫힐 수 있도록 문 윗부분에 '쇼바' 장치를 해뒀다. 그런데 가끔 활짝 열어두어야 할 필요가 생겨서 '말발굽'을 달기로 했다.

업자가 문에 말발굽을 달아주고 갔는데, 조작을 해보니 말발굽이 미끄러져서 저절로 닫히는 것이 아닌가? 그 업자를 다시 불러 조치하려고 해도 그 사람은 돌아다니면서 장사하는 사람이어서 그것도 불가능한 상태다.

이때 어떻게 조치하면 좋은가?

조건: 바닥 재질은 타일, 말발굽의 발 고무의 높이는 1cm,
문과 말발굽 사이 각도는 30도, 말발굽의 설치 높이는 바닥에서 20cm, 문의 재질은 철문, 말발굽을 문에 고정한 재료는 나사못, 말발굽 본체의 재질은 구리합금.

내가 판단하기에는 대한민국의 65%는 스스로 해결이 불가능하고, 25%는 조금 힘들게 해결하며, 10%만이 쉽게 해결한다.

해결 불가능하거나 어렵게 해결한다면 그 사람은 비창의적인 사람이다.

나는 이 문제를 얼마나 쉽고 간단하게 처리할 수 있는 사람인가? 어느 범주에 들어갈까?

이처럼 현실적인 문제를 얼마나 쉽고 비용을 덜 들이면서도 해결할 수 있는가가 바로 창의력이다.

창의력은 천재들만이 하는 천상의 능력이 아니라 이처럼 늘 우리 옆에 존재하는 일이다. 벽에 못을 잘 박는 것, 형광등을 갈아 끼울 줄 아는 것과 같이 아주 일상적인 일을 할 수 있는 자와 못하는 자의 차이가 바로 창의력의 차이이다.

배우지 못해서 못한다는 말은 옳지 않다.

못 박는 일을 학교에서 가르쳐줘서 잘하는 사람은 거의 없다. 이런 것을 스스로 해결하지 못하면, 비용을 지출하여 이익을 줄이든가 아니면 인맥을 이용하여 해결하는 수밖에 없다. 그러나 인맥도 일종의 큰 비용이다.

우리가 사는 세상에는 형광등을 갈아 끼우지 못해서 다른 사람에게 해달라고 하는 사람들이 깜짝 놀랄 만큼 아주 많다. 이런 사소한 것도 창의력이며, 이것들이 인생을 효율적이고 편리하고 안전하게 하는 능력이다.

이 능력은 상상해서 이루어지는 것이 아니라 현실을 통찰하여 풀어내는 일들이다.

내가 아는 사람 중에는 천천히 차를 모는 사람과 아주 빠르게 운전하는 사람이 있다.

이들 중에 이상하게도 천천히 차를 모는 친구가 더 차 사고를 많이 내며, 스피드를 내는 친구는 지금껏 20년 이상 운전을 했어도 교통사고 한 번 내지 않았다.

사실, 자세히 살펴보면 이 현상은 이상한 현상이 아니라 누구에게나 적용되는 보편적인 현상이다. 교통사고는 스피드 관련성보다는 창의력 관련성이 매우 크기 때문이다.

창의력과 교통사고와 무슨 관련이 있을까 하겠지만, 창의력이 상상력이라면 전혀 관련이 없을 것이다. 그러나 창의력이 통찰력과 직관력이라면 관련성은 매우 크다.

얼마나 도로현장을 정확히 파악하고(통찰력) 사고확률이 어느 정도 되는지를 간파하여(직관력) 적절한 조작을 해야 교통사고가 나지 않는 것이다.

나중에 '창의력으로 할 수 있는 일'을 다루면서 '안전사고의 가장 큰 요인은 창의력 부족'이라는 내용을 다룰 것이다.

교통사고뿐만 아니라 모든 사고는 연장이나 기계를 다루는 능력과 관련이 깊으며, 얼마나 정확하게 이해하고 예상하는가의 문제다. 즉, 창의력이 높으면 생활도 안전하다는 말이다.

사소한 것들이라서 웃을는지 모르지만, 작은 것들일지라도 효율을

보태고, 편리하게 만들며, 더욱 안전하게 조작하는 것들 모두 창의력
의 소산이다.

어떤 사회에서나 대다수 사람은 잘 안 되고 못하는 것들이라면,
그렇게 할 수 있는 소수 사람의 능력은 곧 '창의력'이라고 쉽게 이해
할 수 있을 것이다.

앞에서 제시했던 과제의 결론에 대해 알아보자.

방법은 여러 가지다.

첫째, 말발굽을 무시하고 조금 불편하더라도 닫히면 닫히는 대로
그냥 사용한다.

두 번째는 다른 시공 업체를 불러서 다시 달도록 한다.

그러면 문에 구멍을 다시 뚫어야 하고 비용과 시간 등 낭비가 많
다.

세 번째는 스스로 말발굽을 다시 다는 방법이다. 이 방법은 철문
을 뚫을 수 있어야 한다.

네 번째는 바닥의 타일에 미끄럼 방지 패드를 붙인다. 이 방법은
타일이 볼품이 없어지는 단점이 있다.

다섯 번째는 칼을 가지고 밑부분의 고무를 살짝 잘라서 말발굽의
키를 낮추는 방법이다. 그러면 말발굽의 각도가 25도 정도로 좁아지
면서 쉽게 제동이 된다.

창의력 점수를 매긴다면 차례대로 0점, 0점, 50점, 70점, 100점을
주고 싶다.

창의력이란 높은 효과를 내거나, 효과는 동등한데 쉽게 하거나 비
용을 적게 들이는 것, 더 안전하게 하는 것 모두 창의력이라 할 수 있

다. 즉, 전혀 할 수 없거나, 해도 힘들고 비싸게 하거나, 몹시 어렵게 해내는 것들이 다 창의력의 부족에서 오는 대가들이다.

일상생활 중에서 소소한 창의력들을 발휘하는 것은 사실 소소하지 않다. 이것이 바로 큰 창의력을 키우는 훈련이기 때문이다.
이런 소소한 창의력들이 차곡차곡 쌓여야 레오나르도 다빈치도 되고, 아인슈타인도 되며, 빌 게이츠나 스티브 잡스도 되는 것이다.

(사업 - 경쟁에서 살아남기)

어떤 국숫집은 손님이 들어오고 주문을 받고 나서 국수가 나올 때까지 약 20분이 걸리는 집이 있다.

또 어떤 집은 머리를 잘 굴려서 5~10분 만에 국수를 대령하는 집이 있다.

더 머리를 굴리는 사장은 손님이 오자마자 국수가 나가는 집도 있다(뒤의 '성공의 4가지 조건' 참조)

창의력을 발휘하면 더 친절하고 더 비용을 줄이고 더 홍보효과를 높이고 더 좋은 품질로 만들어서 사업에 성공할 수 있다. 그렇지만 사람은 아는 만큼만 보인다. 20분이나 걸리는 아주머니도 자신은 최선을 다하고 있다고 생각하며, 5~10분이 걸리는 사장님도 '머리를 썼잖아! 더는 어쩌라고?' 한다.

사람들은 대개 자신이 더는 알 수 없으면 그게 전부인 줄 안다. 그렇지만 더 훌륭한 아이디어를 가진 사람이 있잖은가? 손님의 주문을 받자마자 약 1~2분 만에 나가는 집도 있다.

이것이 창의력이고 밥벌이 경쟁에서 살아남는 방법이다.

그리고 모든 사업에서 공히 마찬가지다.

2010년 말을 장식했던 '통 큰 치킨'이라는 뉴스거리가 있었다.

치킨 가게에서 한 마리를 주문하면 보통 15,000~19,000원을 내야 한다. 그런데 대형업체인 'ㄹ마트'에서는 한 마리당 5,000원씩에 판매를 한 것이다. 소위 '통 큰 치킨'으로 불렸다.

이 통 큰 치킨을 사 먹기 위하여 수많은 인파가 몰려들었고, 밖에서는 치킨가게 다 망한다면서 주변 치킨업주들이 피켓 들고 시위를 벌였으며, 공중파 방송과 각 신문사, 인터넷매체까지 동원되어 옥신각신 대었다.

결국은 청와대로 불이 번지자 '통 큰 치킨' 쪽에서 꼬리를 내림으로서 사태는 일단락되었지만, 논란은 계속되고 있다.

마리당 15,000원에 치킨을 팔고 있다는 어떤 네티즌은 치킨 원가를 공개했다. 닭 공급 전문업체에서 공급받는 900g짜리 통닭의 원가는 4,200~5,000원, 소스와 기름 등 첨가물 등에 500~1,000원, 임대료, 인건비, 난방비, 부가세 등 약 1,500원이라고 공개되었다. 그리고 약 7,500~8,500원 정도 수익이 난다고 한다.

이런 상황에서 '통 큰 치킨'이 이렇게 싸게 파는 이유는 이윤을 남기기 위해서가 아니라 마트로 손님들을 끌어모으기 위한 미끼 상품이라는 것이다.

이때 한 청와대 수석은 트위터를 통해 '미끼상품이 옳다.'라는 의견을 전달하면서 일반 치킨업체들의 의견을 대변했고, 대통령은 반대로 '나도 치킨 값이 좀 비싸다고 생각한다.'라며 '통 큰 치킨'을 거들고 나서며 의견이 두 갈래로 나뉘었다.

과연, 누가 옳은 것일까?

사실은 둘 다 옳다. 그리고 둘 다 틀리기도 하다.

치킨이 비싼 것도 맞고, 그렇게 팔아버리면 다른 주변의 가게들은 문을 닫을 수밖에 없는 것도 맞다.

문제는 가격이 아니라 다른 곳에 있다.

나는 언젠가 재래시장에서 통닭을 시켜 먹은 적이 있다.

900g 한 마리가 아니라 거의 1.5kg에 육박하는 한 마리에 가격도 12,000원이었다.

그렇다면 이것도 이윤이 남지 않는 '통 큰 치킨'일까?

그들이 어찌했는지는 모르지만, 한 마리에 5,000원을 받아도 이윤을 남기는 방법은 무수히 많다.

통 큰 치킨이 배달을 없앴고 닭을 키우는 것까지 직영으로 해서 5,000원을 받는 것이라면 분명히 이윤이 남았을 것이다.

예전에 IMF 사태 등 경제가 어려워지면서 직장에선 명예퇴직 바람이 불었다. 많은 사람이 걱정 없이 월급 타며 생활하다가 갑자기 거리로 내몰린 것이다.

이들이 가장 하기 쉬운 일이 바로 '프랜차이즈' 창업이다.

창업한다는 것은 업종에 대한 많은 지식이 있어야 하고 남들과 다른 많은 노하우가 있어야 하며, 여차하면 모든 자산을 탕진하고 손을 털어야 하는 위험도 안고 있다.

하지만, 그런 걱정이 별로 없는 것이 바로 '프랜차이즈'다.

양념 만드는 법이나 모든 노하우를 전수해주며, 머리에 쓰는 모자에서부터 복장 컨셉, 가게의 진열장이나 장비, 간판까지도 본사에서 모두 책임지고 꼼꼼하게 신경을 써서 지도한다.

업주는 창의력을 모아 노하우를 개발할 필요도 없고 음식을 개발하고 컨셉을 정할 필요도 없으며 본사의 흥행에 올라타기만 하면 된다. 따라서 갑자기 직장에서 내몰린 사람들이 쉽게 접근할 수 있는 것이 바로 이런 프랜차이즈 업종이다. 쉽게 말하면 자금만 조금 있고 목 좋은 자리를 잡으면 누구나가 할 수 있는 일이라는 말이다.

이런 일에는 언제나 사람들이 몰리게 마련이다. 그야말로 '프랜차이즈' 전성시대를 맞고 있다.

사람들이 몰리면 시장이 쪼개지면서 이윤이 줄어들고, 이윤이 줄어들면 묵시적 담합에 의해 가격을 올릴 수밖에 없게 된다. 묵시적 담합이란 불법적으로 가격을 담합하는 것이 아니라 서로서로 눈치를 보면서 가격을 올리는 것을 말한다. 이래저래 본사에서는 전체 매출액이 올라가니 얼씨구나 좋을 것이다.

누군가가 닭을 직접 기르고 배달을 없애서 10,000원에 치킨을 판다면 이들 15,000원 이상에 팔고 있는 대부분의 가게는 문을 닫아야 한다.

이제 '통 큰 치킨'은 꼬리를 내렸지만, 누군가 가격을 낮출 수 있는 아이디어(창의력)가 있는 사람이 나타나면 그 사람은 성공할 것이며, 다른 가게들은 문을 닫을 수밖에 없다.

'통 큰 치킨'은 대기업이기 때문에 청와대에서 뭐라고 압력을 넣을 수 있었겠지만, 개인이라면 사정은 아주 달라진다.

경쟁이 심한 곳에서는 아이디어(창의력)만이 성공의 지름길이다.

어떤 두 사람이 시장 골목 어느 선술집에서 소주를 기울이고 있었다.

"동생! 난 말이야, 요즘 너무 장사가 안돼서 업종을 바꿔보려고 해!"

"그래요? 몇 십 년 동안 하던 장사를 그만두고 해본 적 없는 장사를 한다는 게 쉽지만은 않을 텐데?"

"그래도 어떻게 해? 먹고 살기도 힘든데!"

"이렇게 한 번 해보세요! 지금처럼 좌판에 뒤죽박죽 신발들을 뒤섞어놓고 팔지 말고, 신발 속에 볼륨이 생기도록 신문지를 집어넣고 깔끔하게 정리해서 한 번 팔아보시죠?"

"그리고 대충 닦아놓지 말고, 구두 닦는 아저씨에게 가져가서 깨끗하게 닦은 다음 진열하구 말이죠!"

"에이, 뭐 그런다고 싸구려 신발이 명품이 되겠어? 해보나 마나 지

뭐!"

　이 동생이란 사람은 다른 시장에서 같은 신발 장사를 하는 사람으로 사실 이 이야기는 자신의 성공비법을 그 형님에게 전수해주는 것이었다.

　그런데 그 형님은 상황파악도 못 하고, 그 이야기의 진가도 이해하질 못하고 있는 것이다.

　2009년 통계로 1년에 1백만 개의 업체가 새로 생겨나고 84만 개가 문을 닫고 있다. 우리나라에서 식당은 하루에 515개씩 문을 열고, 470개씩 문을 닫는다.

　문을 닫는 숫자보다 새 가게가 더 늘어나는 상태라면 호황이라는 말일까?

　이 숫자는 서로 같아야만 정상인 상태지만 이 통계가 가리키는 것은 경기가 어렵고 경쟁이 심화함에 따라, 점점 취업을 포기하고 창업에 뛰어드는 사람이 늘어나고 있음을 말해준다. 또한, 역설적이게도 퇴직이 많아지고 있다는 뜻도 포함되어 있다.

　경기는 어렵고 경쟁자는 계속 늘어나고 있다는 말이다.

　똑같은 장사를 해도 누구는 망하고 누구는 성공한다.

　많은 사람이 사업은 운이라고 말들 하지만 성공하는 사람은 운이 아니라 성공하는 자신만의 비법이 숨겨져 있다.

　그 비법이 누군가에서 배운 것이라면 '지식'이 되며, 스스로 터득하고 생각해낸 것이라면 이것을 우리는 '창의력'이라고 한다. 사업에서 지식은 이제 잘 통하지 않는 사회가 되었다. 점점 더 그럴 것이다.

　지식은 기본이요, 창의력만이 그 해답이다.

(창작 – 예술, 문학)

창의력이 '상상력'이라고 오해를 받는 분야가 바로 예술이나 문학 분야다. 이 분야에서는 상상력이 많이 필요하기 때문이다.

피터 팬이 하늘을 날아다니거나 소설의 주인공들이 마법을 부리는 것, 우주인이 지구를 찾아오는 것들은 모두 상상력에서 나오는 것이 옳다.

그러나 하늘을 날아다니는 상상은 대부분 어린이가 다 하는 상상이고, 마법을 부리는 상상, 우주인에 대한 상상 모두 아이들이면 대체로 다 하는 상상들이지만 그들은 아직 창작할 줄 모른다.

즉, 상상이 훌륭한 문학을 만들지 못한다는 방증이다.

상상은 단지 소재에 지나지 않는다.

훌륭한 문학작품은 소재가 아니라 작가의 인간에 대한 성찰, 또는 철학이 반영되었을 때 생겨난다.

인생이나 사람에 대한 통찰이 있지 아니한 문학은 그 가치가 작으며, 한낱 말장난에 불과하고, 단순히 흥미 위주로 읽히다가 이름도 없이 묻혀 갈 무협소설과 다를 바 없다.

무협소설이나 싸구려 만화들은 유용성이 거의 없는 그야말로 상상력 그 자체다.

시도 마찬가지다. '언어의 유희'만을 가지고는 짧은 기간 동안 감동을 줄 수는 있으나 길게 가지 못한다. 최고의 문학은 최고의 철학에서 나온다.

문학도를 키우기 위한 대학 학과라면 글 솜씨를 가르쳐주기 이전

에 인생에 대한 고뇌를 더 하게 하는 것이 좀 더 옳은 교육이 될 것
이다.

　미술도 마찬가지다.
　레오나르도 다빈치나 피카소, 고흐 같은 천재 미술가들의 그 어떤
그림을 보더라도 수많은 연습과 수많은 데생을 통하여 사물을 정확히
파악하는 통찰력을 바탕으로 천재적 그림들이 생겨났음은 두말할 필
요도 없다.

(발명 – 세상은 창의력에 의해서만 발전한다.)

　창의력은 지금에 와서야 필요한 능력은 사실 아니다. 원시시대부터 지금까지 문명을 발전시킨 모든 것이 다 창의력으로 만들어 낸 것이다. 세상은 창의력에 의해서만 발전해나간다.

　미국에 이민을 가신 외숙모가 언젠가 들려주신 이야기가 있다.
　'미국은 땅덩어리가 어마어마하게 크단다. 그래서 그런지, 거기는 사람도 크고 모든 작물이 다 크다. 호박은 서너 사람을 합해놓은 것만큼 큰 것도 있고, 콩깍지가 사람 팔보다 큰 것도 있더라!'
　우리도 가끔 잡지나 인터넷에서 트랙터 트레일러에 가득 들어차 있는 커다란 호박들을 보지 않는가? 가끔은 큰 호박 콘테스트도 열린다. 하지만, 이는 땅이 크고 사람이 커서 농작물도 큰 것은 아니다.
　원래의 미국에는 딸기나 옥수수, 감자 등 몇 가지 작물 밖에는 자라지 않았고 크기도 빈약한 것들뿐이었다.
　현재의 미국에는 전 세계의 대부분의 작물이 자라며 그중에서도 가장 크고 튼튼하며 열매도 많이 여는 종들만 있다.
　이렇게 된 데에는 한 사람의 '특별한 생각'이 있었다.
　그가 바로 미국의 3대 대통령 '토마스 제퍼슨'이다.
　그는 전 세계 각지에서 자라고 있는 토종 식물들을 수집하도록 지시하여 그렇게 수집된 종자들을 농민들에게 무상 분배하였다. 그것이 오늘날 미국을 세계에서 가장 농업이 발달한 국가로 만든 계기가 되었다.
　천재 한 명이 만 명을 먹여 살린다고 했던가? 위대한 한 사람의 생각이 3억 인구를 200년 동안 굶주림에서 해방시킨 것이다.

미국은 창의력으로 최강의 국가를 만들어 냈다.

1620년 메이플라워(Mayflower)호를 타고 102명의 청교도가 미국 땅을 밟은 이래 1781년 독립될 때까지 약 160년 동안 그들은 못살고 나약한 사람들이었다.

미국은 영국에서 독립한 직후 1787년 필라델피아 헌법회의에서 최초의 미 헌법을 제정하였는데, 여기서 작가와 발명가의 지적 재산 및 발명에 대한 특허권을 법으로 지정하여 세계 최초로 명문화하였다.

또한, 특허의 진가를 알아본 링컨은 'The patent system added the fuel of interest to the fire of genius', 즉, '특허제도야말로 천재의 관심이 극대화되도록 부채질할 것이다.'라는 말을 남겼으며 지금도 미국 상무부 입구에는 이 글귀가 새겨져 있다.

우리나라는 2010년 12월, 세계에서 네 번째로 특허등록이 100만 건을 돌파했다. 세 번째는 일본으로 1982년에 달성했으며, 두 번째는 캐나다로 1976년에 달성했다.

그러나 미국은 개국 초기부터 대통령이나 사회 인사들의 각별한 관심에 힘입어서 우리나라보다 100년이나 앞선 1911년에 벌써 100만 건을 돌파해버렸다.

캐나다와도 65년이나 차이가 나는 대기록이다.

이런 기록이 바로 오늘날 미국을 강대국으로 만든 힘이다.

40년 전의 세상을 기억하는가?

나는 면 소재지에 살았었는데, 그때쯤 흙먼지 폴폴 날리던 신작로가 아스팔트로 새롭게 포장되었다.

전기가 들어와서 호롱불 대신 환하게 마루를 밝히던 것도 그때쯤이다.

사탕이라는 것도 그때 처음 들어왔다.

1원에 두 개씩 주던 포도당 뭉친 사탕!

곧이어 '나이롱 사탕'이라고 불리던 설탕을 녹여 만든 사탕도 나왔다.

전화는 그로도 몇 년이 더 걸려서야 마을에 몇 대가 들어왔는데, 초등학교 3학년쯤으로 기억된다.

당시에는 꼭 필요한 전화들이 학교로 걸려오면 학교 확성기를 통해 동네 어르신들을 부르곤 했는데, 그 전화가 뒷집에 사시는 큰아버지 댁에도 들어온 것이다.

너무 신기해서 전화기를 구경 다니곤 했다.

하루는 전화기 옆에 누워서 전화기는 만지지도 않은 채로 언젠가 들었던 큰아버지 전화를 거는 시늉을 따라 하고 있었다.

"아! 여보세요", "여보세요!"

순간 전화벨이 울렸다. 나는 깜짝 놀라 일어섰다.

전화를 만지지도 않고 몇 마디 말만 했는데 전화가 걸리다니?

나는 얼어붙어서 꼼짝 못하고 있었다.

옆에서 방을 닦던 사촌 누나도 덩달아 어쩔 줄을 몰라 했다.

얼마간 망설이다가 사촌 누나가 전화를 받고는 "죄송합니다. 동생이 장난으로 그랬습니다."라는 말만 남긴 뒤 황급히 전화를 끊어버렸다.

사실 '여보세요' 한마디에 전화가 걸리겠는가? 내가 장난을 하고 있을 때 공교롭게도 상대방에서 전화가 걸려온 것이었다.

사촌 누나 역시 전화에 대하여 잘 모르던 때라, 끊어버리면 계속해서 또 걸려오는 전화에 대고 죄송하다고 말하고는 끊어버렸으니 상대방은 영문도 모르고 얼마나 답답했겠는가?

  이것이 나의 40년 전 일이다.
  오늘과 40년 전은 정말 천지가 개벽할 정도로 많이 변했다.
  우리는 전화기와 컴퓨터, TV, 라디오, MP3, 신문 등 필요한 모든
수단을 한 손에 들고 다니는 세상에 살고 있다.
  스마트폰 말이다.
  전 세계를 돌아다닐 수 있고 가만히 앉아서도 지구 반대쪽의 동영
상을 볼 수도 있다.
  그리고 그 발전 속도는 더욱 빨라지고 있다.
  지난 40년간 이루어진 천지개벽이 10년도 채 가기 전에 또 일어
날 예정이다.
  우리나라를 이렇게 발전시킨 것도 누군가가 만들어낸 발명품에 의
해서 발전한 것이다.
  창의력으로 만들어진 것들이라고 모두 세상을 발전시키지는 않지
만, 세상은 모두 창의력에 의해서만 발전한다.

  침팬지와의 공동조상으로부터 인류가 분리된 것은 약 700만 년
전 '투마이'라는 조상부터라고 믿어진다.
  이 조상은 직립보행이라는 행동양식만 다를 뿐 나머지는 전혀 침
팬지와 다를 바 없었다.
  지금에 와서 가장 크게 다른 점은 뇌의 크기이지만 당시만 해도
그들과 전혀 다를 바 없는 400cc 미만이었다. 오늘날 아기의 뇌와 비
슷한 크기였다.
  이 뇌의 크기는 그 후 약 500만 년 동안 거의 커지지 않다가 몇
차례 갑자기 커지는 진화를 겪는다.

이 시기에 뇌의 크기가 커질 수 있게 한 중요한 창의적 발명들이 있었다. 뇌의 크기는 '생각하는 능력'의 크기이며, 이는 영양분과 밀접한 관계를 가지고 있다.

약 250만 년 전에서 160만 년 전 사이에 살았던 '호모 하빌리스'라는 인류는 처음으로 도구를 발명함으로써 먹이 사냥과 식물 채집을 좀 더 손쉽게 했다.

약 190만 년 전쯤에 살았던 '호모 에르가스테르'라는 인류는 언어를 창조하여 사용함으로써 사냥에서 협동 사냥이 가능했을 것이며, 식물을 채집하면서도 서로 정보교환이 가능해졌을 것이다. 이때마다 뇌는 조금씩 크기가 커졌다.

그 후 약 150만 년 전쯤에는 '호모 에렉투스'에 의하여 항상 불을 꺼뜨리지 않고 계속해서 사용할 수 있는 기술과 불을 옮겨 다닐 수 있는 장비들이 발명됨으로써 영양적인 측면에서 획기적인 변화를 가져온다.

첫째로 불은 치명적인 무기의 하나로 사냥이 조금 더 쉬워진다. 둘째, 불은 음식을 익혀 먹을 수 있어서 소화흡수를 돕기 때문에 충분한 영양분을 섭취할 수 있게 된다.

셋째, 훈제 등을 통하여 오래 보관할 수 있었으며, 약간의 부패는 다시 익혀 먹을 수 있기 때문에 저장 기간이 길어져서 영양부족 사태를 막을 수 있었을 것이다.

넷째, 불은 맹수들의 침입을 막는 훌륭한 방어막이 되기 때문에 편안한 잠을 잘 수 있으며, 이로 말미암아 에너지 손실을 막고, 성장 호르몬에 의하여 뇌의 크기를 키울 수 있었을 것이다.

다섯 번째, 야간에도 불을 이용하여 조명을 밝힘으로써 대화를 나누고 학습할 수 있는 시간이 충분해졌을 것이다.

이 시기에 인간의 뇌는 획기적으로 커져서 현생인류의 90% 크기인 1,200cc 정도까지 커지게 된다.

최근 약 10만 년 전에 이르러서 현생인류인 호모 사피엔스가 생겨났는데, 이들은 '사피엔스'라는 이름 자체가 '지혜로운 사람'을 뜻하는 창의적인 인간들이다.

이들 시대에 이르러서 온갖 발명품들이 쏟아지기 시작한다.

처음에는 돌을 깨뜨려서 날카로운 무기들을 만들어 사용하다가 나중에는 돌을 갈아서 사용하는 도구들, 흙을 구워서 만든 그릇들이 발명되었다. 나중에는 구리 합금인 청동 무기들까지 발명되면서 드디어 문명시대로 접어든다.

청동기의 발명은 정복 전쟁시대를 열었으며, 이로 말미암아 집단의 규모가 커지면서 초기의 나라 형태를 갖추기 시작한다.

집단의 크기가 커짐에 따라 기록관리의 필요성에 의하여 필연적으로 문자가 발명되었다.

처음부터 끝까지 인간사회의 발달에는 새로운 원리의 발견과 창의적인 발명들이 이바지하였다.

언어의 발명, 불의 발명, 문자의 발명, 활자의 발명, 인터넷의 발명을 나는 '창의력의 5대 혁명'이라고 부른다.

이때마다 인간의 지식은 획기적으로 새롭게 창조되고 축적하는 과정을 통하여 발전한 것이다. 세상은 원리의 발견과 발명에 의하여만 발전하며, 원리의 발견은 곧 발명으로 이어졌다.

자! 『장자』에 나오는 송나라 사람 이야기를 하나 더 해보자!

'송나라에 솜 빠는 일을 하는 집안이 있었다.

이들은 대대로 이 일을 하면서 손이 트는 것을 방지하기 위하여 손이 트지 않는 약을 잘 만들었다.

그 이야기를 듣고, 어떤 사람이 많은 돈을 주고 그 비법을 사겠다고 제안을 하자, 그들은 거액이란 소리에 흔쾌히 그 비방을 팔아넘겼다.

그 후, 그는 월나라가 오나라를 침략했을 때, 오나라 임금을 설득하여 장군이 되었고, 추운 강에서 싸워서 큰 승리를 거두었다. 물론, 그 손이 트지 않는 약 덕분이었다.

똑같은 약을 가지고도 누군가는 솜을 빨며 약간의 돈을 버는데 그치고, 누군가는 큰 전쟁을 승리로 이끎으로써 큰 벼슬과 넓은 봉토를 받는다.

누군가의 눈에는 포착되고 누군가의 눈에는 포착되지 않는 것, 그것이 바로 문제 인식 능력, 즉, 창의력이 있고 없음의 차이이다.

특허청 홈페이지에 들어가서 계속 쏟아져 나오는 발명특허들을 들여다보라!

전혀 새로운 원리나 지식을 이용하여 만들어내는 발명품들이 과연 몇 %나 될까? 대부분은 기존의 상식적 지식을 조합하거나 재해석하여 만들어내는 발명품들이다.

지금까지는 솜만을 빨아도 한 가정이 대를 물려가며 먹고 살만했지만, 앞으로는 약을 새로운 용도로 사용할 수 있는 눈을 가지지 않고는 대를 물려가며 살아가기는커녕 자신 혼자만도 살아나가기 힘든 세상이 될 것이다.

이 시대는 '새로운 생각(창의력)'이라는 먹이를 게걸스럽게 먹어치우는 식신(食神)과도 같다.

(논문 - 원리의 발명)

　　창의력은 무에서 유를 창조하는 것이 아니다.

　　이 우주가 생겨나고 지금까지 137억 년을 이어오는 동안 여러 가지 원리들이 처음부터 존재하고 있었다.

　　그러나 지구는 생겨난 지 약 45억 년, 이 지구에 생명체가 생겨난 것은 43억 년밖에 안 되며, 그 생명체들로부터 인간으로 분리된 것은 고작 700만 년 밖에는 되지 않는 일이다.

　　우주가 생겨난 시간을 24시간으로 치면 인간이 생겨난 것은 채 1분도 되지 않은 약 44초 전 일이다.

　　그런 인간이 어떻게 이 우주 모든 것을 다 알겠는가?

　　이 지구 상에서 일어나는 모든 현상과 원리는 한 치의 오차도 없이 우주의 원리와 같다.

　　따라서 우주의 원리를 하나씩 밝혀낼 때마다 그 원리에서 생겨나는 부수적인 발명들이 생겨나면서 인간사회는 발전하고 있다.

　　모든 원자에는 전자가 존재하고 그들의 흐름이 전기라는 것을 알아냈기 때문에 우리는 전구를 통하여 밝은 밤을 보낼 수 있으며, 모터를 돌려 모든 자동화를 이루어 내고 있는 것이 그 간단한 예다.

　　우리는 지금 전기 없는 생활은 생각할 수 없다.

　　이런 원리를 밝혀내는 것이 연구 논문이며 그 논문들은 창의적인 아이디어에서 나온다. 하지만, 단 한 번도 이 세상에 존재하지 않는 원리가 발견된 적은 없다. 만약, 그런 논문이 있다면 그것은 사기이거나 착오일 수밖에 없다.

　즉, 상상력을 발휘하여 무에서 유를 창조하는 것이 창의력이 아니라, 원래 존재하는 원리를 통찰하여 알아내서 유용하게 사용하는 것이 창의력이다.

　창의력은 현실적인 문제를 인식하고(직관력) 그 문제를 잘 풀어내는 것(통찰력)이다.

⊙ 창의력의 정의

창의력이란 '쓸모있는 나만의 새로운 생각'을 말한다.

창의력이 상상력이라고 했을 때 우리는 창의력을 위해 뭘 해야 할지 방향을 정할 수가 없었다.
이 과정을 통하여 우리가 창의력을 향상하기 위하여 뭘 해야 할지도 함께 알아볼 것이며, 이로 인한 이득이 뭔지도 알아볼 것이다.

(효용성)

창의력은 쓸모가 있어야 한다.

스티브 잡스가 유명을 달리했다.
큰 사람이 사망하면 이런저런 평가들이 들끓게 되는데, 잡스 역시 다를 바 없었다.
대체로 그가 천재였다는 쪽으로 평가들이 내려지고 있으나 간혹 그는 단순한 야심가였다는 평가도 있다.

천재는 그의 머리 또는 능력이 얼마나 좋은가를 따지는 말이지만, 실제로는 그의 업적이 얼마나 위대한가를 놓고 따져서 붙여주는 호칭이다.

그는 천재적 업적을 남기고 떠났다.

대부분 사람은 그의 업적을 '우수한 디자인'이라고 말하지만, 디자인은 일시적인 효과뿐이다.

디자인에 감명을 받았던 사람들은 쉽게 잊어버리게 되고, 곧 새로운 디자인이 나타날 것이며 그때가 바로 이전 디자인 수명이 다하는 날이다.

그의 업적은 디자인 같은 것이 아니라 우리가 보편적으로 생각하는 것보다 훨씬 위대하다.

나는 인류의 역사에서 오늘날의 인류를 있게 한 가장 큰 발명품으로 언어, 불, 문자, 활자, 인터넷 다섯 가지를 꼽는다.

인류의 현대문명은 지식의 축적으로 말미암은 것이며, 지식이란 언젠가 누군가의 창의력에 의하여 만들어진 생각을 말한다.

이 지식을 축적하고 새롭게 창조하는 기술 중 가장 큰 것이 바로 위 다섯 가지다. 그 중 인터넷 기술은 지식을 가장 풍부하게 생산하고 축적하는 기술이며, 그 가운데에 IBM과 빌 게이츠, 스티브 잡스가 있다.

IBM은 컴퓨터의 내부를 무상으로 오픈함으로써 빠른 발전을 유도해서, 지식이 '대중들에게 있게' 했고, 빌 게이츠는 손쉬운 운영체제를 만들어냄으로써 '누구에게나 있게' 했으며, 스티브 잡스는 핸드폰과 컴퓨터를 결합함으로써 지식이 '늘 있게' 만들어냈다.

이 세 가지로 '창의력의 다섯 번째 혁명'인 인터넷 기술은 거의 완성되었으며, '이 세상의 모든 지식이 모든 사람에게 늘 존재하는 문명'을 이루었다. 즉, 이제는 '생각'을 할 줄만 안다면 컴퓨터 속의 지식을 이용하여 누구나 신지식을 만들어낼 수 있는 '창의의 시대'로 바뀌었다는 말이다.

이것이 스티브 잡스가 이룬 업적이며, 그는 디자인보다 이렇게 평가받아야 옳다. 이것이 창의력의 '효용성'이며 현실 생활에 직접 도움이 돼야 하는 '현실성'이다.

그 토대 위에서, 이른 시일 내에 창의적인 누군가에 의해 '누구에게나 늘 있게' 하는 유비쿼터스 시대로 넘어가게 될 것이다.

창의력의 '효용성'에는 효율성, 편의성, 안정성, 감동 등 인간이 추구하는 모든 가치가 포함된다.

(신규성)

창의력은 새로운 것이어야 한다.

우리 뇌는 판단을 쉽게 하는 방법을 터득했다. 바로 습관이다. 어제 했던 일을 오늘 똑같이 한다면, 어떻게 해야 할는지 판단을 하지 않아도 어제처럼만 하면 된다.

숟가락으로 밥을 먹는다는 행위는 '얼마만큼 먹을까?' 정도만 판단하면 되는 아주 쉬운 행위에 속한다. 그러나 아기가 숟가락을 들고 밥을 처음 먹는 모습을 상상해 보라! 숟가락에서 밥알이 떨어지지 않도록 수평도 맞추어야 하고, 입의 위치까지 가져가기 위해서는 손을 얼마나 높이 들어야 하는지도 판단을 해야 한다. 성인들은 이 모든 판단을 보류하고 습관에 맡겨버렸다.

우리는 생활 중의 아주 많은 부분을 이 습관에 맡겨버리고 편한 생활을 누리고 있으며, 아주 약간씩만 새로운 판단을 하며 살아간다.

그런데 창의력이란 때때로 이런 습관에서 벗어나 늘 하는 일에도 새롭게 생각해 봐야 생겨날 수 있는 능력이다. 즉, '숟가락은 왜 크기가 고만고만할까? 이 크기가 가장 적합하고 유용한 크기인가? 왜 움푹 파이고 휘어져 있어야 하는가? 좀 더 편리한 구조는 없는 걸까?' 등등 지금까지 습관적으로 했던 것에서 벗어나 새로운 생각을 할 때 창의력은 생겨난다.

습관에 대하여는 '통찰력' 부분에서 '습관에 잘 젖지 않는 것도 통찰력이다.'라는 주제로 자세하게 논의하게 될 것이다.

창의력은 어제도 했던 묵은 생각이 아니라 새로운 생각이어야 한다.

(생각의 함수)

창의력은 불현듯 떠오르는 생각이다. 하지만, 가만히 뜯어보면 그것은 갑자기 떠오른 생각이 아니라 오래된 기억들의 상호 연산에 의하여 생겨난다.

창의력은 '생각 변수'로 이루어지는 함수다.

이에 대하여는 포괄성, 자기화(自己化), 기억섬 등 중요한 개념들을 알고 난 다음에 설명하는 것이 이해하기 쉬우므로 '직관력'에서 설명한다.

창의력이란 '쓸모있는 나만의 새로운 생각'을 말한다.

○ 창의력은 상상력이 아니다

　　요즘처럼 '창의력'이라는 단어가 유행한 적이 역사 이래 없었다. 기업에서의 교양강좌나 TV, 라디오를 막론하고, 유치원 부모들에게까지 창의력이라는 말이 입에 붙어 있다.

　　하지만, 많은 강사나 학자들이 '창의력'을 '상상력'과 혼돈하여 사용하는 것으로 봐서는 창의력이라는 단어를 명확하게 정의하기는 참으로 어려운 단어인 모양이다.

　　현재, 우리가 알고 있는 창의력이라는 단어는 그런 강사나 학자들의 강의를 들음으로써, 이미 우리의 뇌 속에서는 '창의력 = 상상력'이라는 공식이 형성되어 있다.

　　그리하여 대부분 사람은 우수한 상상력이 아인슈타인이나 뉴턴, 에디슨 같은 천재들을 탄생시켰다고 착각하고 있다. 즉, 상상력이라는 말을 고상하게 표현하는 방법으로 창의력이라는 단어를 선택하여 사용하고 있다는 말이다.

　　천재를 연구한 사람들이 '천재는 상상력이 풍부하다.'라고 결론을 내렸다면 그들이 본 것은 상상력이 아니라 아마 비약적인 직관력을 보았을 것이다.

직관 이전에 그의 머릿속에서 일어나는 사유작용(思惟作用)을 가늠해보지 못하고 '어떻게 저런 생각을 다 해내지?'라는 생각에서 '그들은 상상력이 크다.'라고 결론을 내렸을 것이다.

하지만, 이제는 정정해야 한다. 그것은 고정관념이다.

2011학년도 모 대학교 입학사정관제 문제에서 '2040년에 세종대왕이 외계인을 만났을 때의 대화 내용'을 구성하라는 문제를 냈다고 한다.

내가 만약, 수험생이라면 이런 답안을 냈을 것이다.

「그런 일은 절대 일어나지 않는다.

첫째, 세종대왕은 이미 죽은 인물이며 다시 살아날 가능성이 전혀 없다.

둘째, 외계인이 지구에 나타나서 인류와 대화를 나눌 가능성은 없다.

그 이유는 태양계와 제일 가까운 몇 개의 항성은 최소 4광년이나 떨어져 있으며, 100광년 안에 있는 항성의 수는 몇 개 되지 않는다.

가장 가까운 항성계에 만약, 외계인이 살고 있다고 하더라도 질량이 제로인 빛 형태로 지구에 도달하는 데만도 4년이라는 세월이 걸리며, 총알이 날아온다고 해도 130만 년이 걸린다.

지구에서 태양계를 벗어나 우주로 항해하는 두 개의 우주선이 있다.

이들은 보이저1, 2호로 1977년 8월과 9월에 각각 쏘아 올려졌는데, 이들의 속도는 총알보다도 20배나 빠를 어마어마한 속도로 여행 중이다.

이들이 여행을 시작한 지 벌써 34년이 흘렀지만, 이들이 현재 여행지는 지구에서 빛의 속도로 15시간 정도 진행한 지점을 통과하고 있다.

이러한 속도로 우리와 가장 가까운 별 하나라도 만나려면 앞으로 약 8만 년 정도를 가야 한다.

이 시간은 현생인류가 이 세상을 살아온 시간과 같은 시간이다.

또한, 100광년 안의 우주에 우리 인간과 같은 고등 생명체가 살아 있을 가능성은 거의 없다. 이미 그 행성들은 다 조사를 마쳤고, 수억 광년 밖에 있는 행성들을 조사하고 있다.

이것이 현실이다.

그렇다면, 2040년에 세종대왕이 외계인을 만난다면 할 수 있는 말은 없다는 게 정답이다.」

그런데 만약 어떤 수험생이 이와 같은 답안을 제출한다면 어떻게 될까?

어떻게든 출제자의 의도에 맞춰서 위와는 아주 다른 상상력이 충만한 답안을 제출할 것이고, 그중에 가장 상상력이 풍부한 대답을 한 학생이 창의적 인재로 뽑히지 않았을까?

이런 경우를 우리는 창의적이라고 생각해왔고, 이 문제를 출제한 사람 역시 가장 창의적인 문제라고 생각하지 않았을까?

과학자들은 창의적이어야 한다는데, 과학자를 꿈꾸는 학생들이 그렇게 답안을 적어낸다면 안타깝게도 그는 이미 과학자로서의 자질 상실이다.

과학자는 현실만을 직시해야 한다.

이와 같은 상상을 해야만 창의력이라면 창의력은 공상과학만화가에게만 필요한 능력이지 과학자들이나 창의적인 인재들을 위한 능력이 아니다.

결론부터 말하자면 창의력은 상상력이 아니며, 현재의 상태를 가장 정확히 파악하고, 그로부터 뭔가 해결 가능한 아이디어를 도출해 내는 능력이다.

어떤 아이가 한참 총 놀이를 하다가 자신도 군대 가겠다고 엄마에게 말한다. "애야! 지금은 안 돼! 군대는 만 19세가 넘어야만 갈 수 있어! 너도 커서 어른이 되면 군대 갈 수 있어! 그때까지 기다려!"라고 엄마가 대답해 주었다.

그랬더니 이 꼬마는 시무룩하며 "그럼 난 군에 못 가겠네? 아무리 살아도 10,019살까지 살 수는 없잖아!"

만 19세를 10,019살로 생각한 이 꼬마는 상상력이 뛰어나다. 그렇다면 이 꼬마는 천재인가?

초등학교 시험문제에 '개미를 3부분으로 나눈다면 어떻게 나눌 수 있는가?'라는 문제가 나왔다. 정답은 머리, 가슴, 배였다. 그런데 어느 학생은 '죽, 는, 다'로 적어냈다. 얼마나 창의력이 풍부한가? 이 어린이는 천재인가?

진짜로 창의적인 사람들은 허투루 생각하지 않는다.

이런 것들이 상상력이라면 온종일 인터넷 유머 게시판을 뒤지며 이런 이야깃거리나 들여다보는 것이 최고의 공부일 것이다. 그렇게 해서는 창의력 있는 인재가 나타날 수 없다.

큰 바위나 큰 나무에 신이 존재한다고 생각하며 기도하는 사람들은 얼마나 상상력이 풍부한가? 그들을 천재인가?

창의력은 상상력이 아니다! 그동안 우리는 창의력이 상상력이라는 명제에 속아 살아왔다.

어떤 사람이 TV에서 창의력 교육을 하는 것을 본 적이 있다. 여러 가지 창의적인 작품들을 들고 나와서 열심히 강의하였다.

소주병에 열을 가해서 모가지를 길게 늘어뜨리고 장미꽃을 꽂아놓는 화병으로 이용한다고 했다. 그리고 이런 창의적인 생각은 상상으로부터 생겨났다고 강의를 했다.

그 화병은 분명히 창의적인 작품이 맞다. 쓸모없이 쓰레기통에 버려질 운명인 소주병을 남들이 다 아름답게 보는 화병으로 재탄생했으니 분명히 '유용성'이 있으며, 남들의 하는 것을 본 딴 것이 아니라 스스로 생각해낸 아이디어라면 '신규성'도 있다. 창의적인 작품이 분명하다.

그러나 그 사람도 속고 있다. 창의력은 상상력이라고……

생각을 해보자!

그 강의를 듣고 있던 아주머니들은 소주병을 구부리고 늘이는 상상을 다 할 것이다. 그러면 그 강사처럼 소주병을 구부릴 수 있을까? 아마 거의 그럴 수 없을 것이다.

그 강사는 이미 유리가 열에 녹으며, 몇 도까지 열을 올리면 구부리고 늘일 수 있다는 사실을 알고 있었기 때문에(통찰력) 가능한 일이다.

또한, 그런 화병에 꽃을 꽂으면 사람들이 신기해할 것이고 볼거리가 많아질 것이라는 사실을 깨달음으로써(직관력) 작업을 하게 되었을 것이다.

아직도, 그 창의적 작품이 상상력에서 나왔다고 생각이 드는가? 이제는 더는 속으면 안 될 것이다.

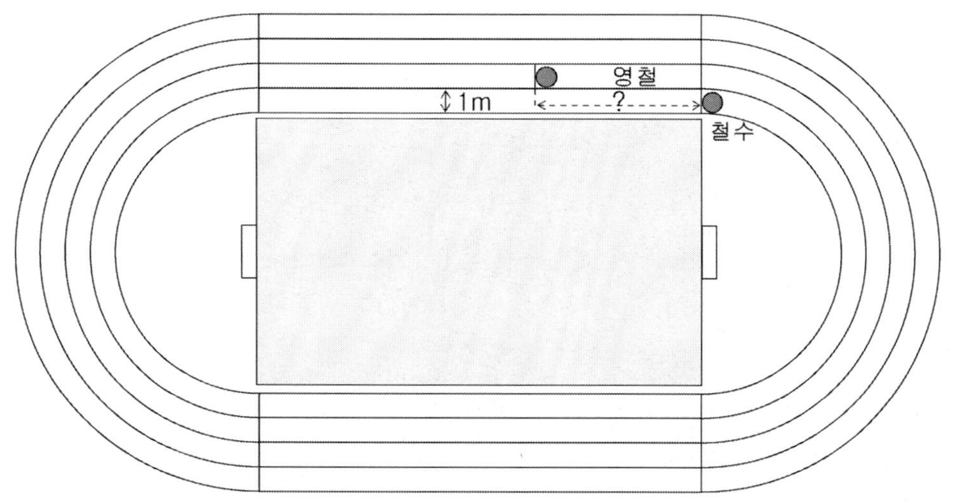

그런 의미에서 창의력을 가름할 수 있는 문제 하나 풀어보자

철수와 영철이는 학교 운동장에서 놀다가 문득 달리기 경주를 하기로 했다.

철수는 맨 안쪽 트랙을 뛰고 영철이는 그다음 트랙을 뛰어서 한 바퀴를 빨리 도는 사람이 이기는 경주였다.

그런데 바깥쪽 트랙은 안쪽보다 길이가 더 길다.

영철이는 철수보다 얼마나 앞에서 출발해야 할까?

트랙은 400m 정규 트랙이며, 발 사이즈로 계산해보니 트랙 간의 간격은 1m였다.

참고로, 이 문제는 초등학교 수준이므로 지식의 높고 낮음과는 상관이 없다.

이 같은 현실적인 문제를 푸는 것이 창의력이라고는 누구도 생각하지 않을 것이다. 우리는 그동안 창의력은 상상력이라고 속아왔기 때문이다.

또한, 운동장에서 놀다가 이런 문제를 생각해내고 풀어내고자 하는 사람이 있다면 더 창의력이 출중한 사람이다. 문제를 생각해냈기 때문이다. 그러나 대부분은 무의식중에 풀 수 없는 문제라고 생각해 버리고 만다. 문제를 접한 이 순간에도 많은 사람은 '이것은 잘못 낸 문제'라고 생각하고 있을 것이다.

이런 능력이 바로 창의력이며, 현실적인 문제를 지극히 현실적인 방안으로 풀어내는 것이 창의력이다. '쓸모있는 새로운 나만의 생각'을 창의력이라고 한다.

어느 선생님의 창의력 수업을 잠깐 엿볼까?

유치원 어린이들에게 교사가 도화지 한 장씩을 나눠 준다.

그 도화지 안에는 위의 그림 <A>처럼 가로로 선 하나만 그려져 있다.

"자! 여러분! 이 도화지 위에 생각나는 대로 그림을 그릴 거예요! 자! 어떻게 그리나 볼까요?"

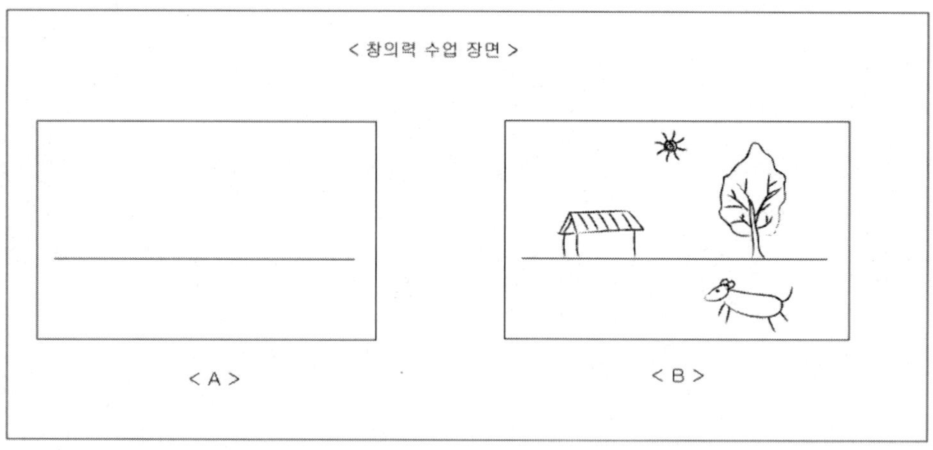

그리고 시간이 얼마간 흐르자 아이들이 그림을 제출한다.

한 어린이가 <B>와 같은 그림을 그려 냈다. 선생님이 이 그림을 보더니 놀라며 박수를 쳐주신다.

"아주 좋아요!"

"선영이 어린이는 너무너무 창의력이 뛰어난 것 같아요"

보통 우리가 아는 것도, 저 선생님이 아는 것도 창의력이란 저런 상상력이다. 단지 선하나만 주어졌을 뿐인데, 태양도 상상해보고, 집도 상상해본다. 그 앞에는 커다란 느티나무가 자라고 있으며, 강아지가 어슬렁어슬렁 산책을 즐기고 있다.

하지만, 안타깝게도 이것은 창의력이 아니다.

오히려, 창의력을 말살하는 교육이라면 얼마나 놀라운 일인가? 하지만, 이는 창의력 말살이 옳다.

발명도 문제인식 능력이 중요하다.

보통 사람들은 귀찮거나 불편한 요소들을 잘 발견하지 못한다. 그러나 발명가들은 항상 앉아 있는 의자가 불편하고, 책상 높이가 불편하고, 형광등의 위치가 불편하고, 주변에 존재한 많은 것들이 불편하다(문제인식 능력). 그들에게는 해결 방안이 머릿속에 있기 때문에 그것이 문제로 보이는 것이다.

에디슨이 전구를 만들기 위하여 수많은 상상을 했다고 가정해보자!

'전구 속에 물을 집어넣어 볼까?'

'전구 속의 필라멘트를 없애볼까?'

'전구의 유리를 돌로 만들어볼까?'

에디슨의 머릿속에서 이런 상상력이 작동했더라면 참으로 대단한 상상력이지만, 정작 필요한 전구는 발명되지 않았을 것이다. 그리고 이런 말도 안 되는 상상이 매우 창의적이라는 모순에 빠지게 된다.

이 당시 '어떻게 하면 전구 속의 필라멘트가 빨리 타버리지 않고 오랫동안 사용할 수 있을까?' 하는 문제는 존재했었다.

그는 필라멘트가 타는 것은 산소가 있기 때문에 산화가 되는 것이며(통찰력), 질소가스가 반응을 잘 일으키지 않는다는 사실을 잘 알고 있었다(통찰력). 이 질소를 전구 속에 집어넣으면 산소를 몰아냄으로써 완전 진공과 같은 효과를 낼 수 있을 것이며(직관), 필라멘트가 아주 오랫동안 끊어지지 않고 버텨 주리라 판단(직관)하였다.

이 생각이 바로 전구를 만들어 세상을 밝히는 계기가 되었다.

상상력으로는 어떤 위대한 과학적 업적이나 발명품이 탄생할 수 없다. 한 번도 그렇게 탄생한 적이 없다.

엉뚱한 상상력이 창의력이라고 하는 정말 바보스럽도록 엉뚱한 생각이 이그노벨상(Ig Nobel Prize, 불명예스러운 상이라는 뜻이 있음)을 유명하게 만들었다. 이 상의 수상작들은 전혀 쓸모가 없어도 엉뚱한 생각이면 점수를 받는다.

발명품은 좀 더 편리해야 하는데, 쓰면 쓸수록 불편해지는 발명품을 만들어내기로 유명한 어느 일본인도 이 상의 수상자다. 더구나 이 상의 주최는 세계 최고 명문대인 하버드 대학이다. 이 세상 모두가 '상상력'에 속고 있는 것이다.

아마, 지금은 전 세계의 누구라도 그렇게들 생각할 것이다. 하지만, 틀렸다. 엉뚱한 생각이 모여 천재가 된다는 생각이야말로 가장 엉뚱한 생각이다.

“창의력은 정답이 없다, 그러므로 맘대로 상상해야 한다.”라고 가르치는 선생님들도 많다.

정답이 없는 것은 문제가 아니다.

어떤 창의력 강사들은 ‘여러분! 문제의식을 느껴야 합니다. 그래야, 창의력이 길러지는 것입니다!’라고 강조한다.

문제의식을 느껴야 답이 보이는 것이 아니라, 뭔가 다른 답이 보일 때 비로소 그것이 문제였다는 사실을 깨닫는 경우가 더 많다.

창의적 아이디어를 얻기 위하여 ‘역발상’이 필요한 것이 아니라 고도의 ‘정 발상’이 필요한 것이다.

수많은 발명가는 답을 어느 정도 유추할 수 있을 때 문제를 인식한다.

기관을 발명하고 나서야 ‘마차에 달아보면 좋지 않겠는가?’라는 문제가 보인 것이며 이 생각이 자동차를 만든 것이다.

이때야 비로소 말이 모는 마차가 불편하다고 느끼는 것이지, 마차가 불편하니까 자동차를 발명하자고 한 것이 아니다.

미술을 공부하는 사람들이 ‘아그리파’라는 잘생긴 석고 두상을 정확히 그려내려고 왜 그렇게 수많은 데생을 해대는가?

아무렇게나 ‘아그리파’를 그려내면 더 창의적이지 않겠는가? 너무 어려운 곱슬머리를 그려내려고 하지 말고 길고 아름다운 여인의 생머리를 그려 넣으면 더 창의적이지 않겠는가? 콧수염도 그려 넣고 쌍꺼풀도 그려 넣으면 더 멋있고 창의적이지 않겠는가?

모나리자를 그려냈던 레오나르도 다빈치도, 괴상망측하게 보이는 ‘게르니카’를 그려낸 피카소도, 840여 점의 천재적 그림을 그려낸 고흐도 거장으로 칭송받는 그 어떤 화가도 아무렇게나 상상력으로 그려 댄 그림이 빛을 본 적은 없다.

위대한 소설가나 시인, 셰익스피어 같은 희극 작가가 되려면 '내가 글을 잘 쓰는가?'를 따져볼 것이 아니라 '다른 사람에게 이야기해줄 만큼 내 철학이 심오한가?'를 생각해야 한다.

이처럼 문학은 글을 배우는 것이 아니라 생각을 배워야 하며, 오늘날의 대학에서는 문학을 가르칠 때, 문법이나 기교를 가르치는 것보다 인생을 숙고할 수 있는 시간을 훨씬 더 많이 할애해야 할 것이다.

그렇지 않으면 소설가나 시인이 되려고 문학과를 택했다가 비평가가 될 수밖에는 없다.

이처럼 극명하게도 문학에서 상상력은 그리 크지 않다.

디자인 분야를 생각해 볼까?

디자인이 아무리 멋있고 상상력이 뛰어난 작품일지라도 편의성이나 실용성 등을 갖추지 못하고서는 가치가 없는 작품이 되고 만다.

아주 뛰어난 상상력으로 디자인하고 집을 지었는데 준공검사를 마치자마자 쓰러진다면 그것이 우수한 디자인이겠는가? 건축 디자인은 철근을 어떤 두께로 써야 할지, 콘크리트는 어느 두께로 해야 할지 등 구조역학적인 통찰력이 있어야만 가능한 분야다.

패션이라고 어디 다른가?

창의력이 상상력이라면 혐오스러운 패션도 남과 다르고 엉뚱하면 다 창의력이라고 해야 옳다. 과연 그런가?

그럼에도 창의력을 상상력이라고 생각하는 것은 그 사람들이 창의력을 이해하지 못한 데서 오는 오해에서 비롯되며, 천재의 '비약적인 사고'를 사람들은 '상상력'이라고 쉽게 생각해 버린다.

그들의 '비약적인 사고'는 어렸을 때부터 정확하게 이해하고 기억해둔 온갖 논리(통찰력)들이 작용했으며, 현상을 보고 원리를 알아내는 통찰력, 원리를 보고 결과를 예측할 수 있는 직관력의 소산이다.

엉뚱한 상상력이 도움되는 분야는 동화나 만화, 오락거리 등 비현실적인 분야의 극소수이며, 이 분야마저도 사람에게 도움이 되는 좋은 작품이 되려면 상상력의 크기보다는 인간에 대한 통찰력과 직관력의 크기가 훨씬 더 중요하며 혼자 생각하는 습관을 길러서 생각의 크기를 키워야 가능한 일이다.

즉, 그들이 말하는 상상력만으로는 밤에 꿈을 꾸며 날아다니고 마법을 부리고 개구리로 변신하는 것 외에 아무것도 할 수 없다는 것이다. 나는 이런 동화에 반대한다. 그런 것들은 정말 상상력을 키울 뿐이다.

그동안 상상력이 주요하다고 판단했던 대부분에서는 자세히 살펴보면 상상력이 아니라 통찰력과 직관력이 더 중요하다는 것을 알게 될 것이다.

감성적 분야에서도 상상력은 어느 정도 있어야 하지만, 그것은 소재거리를 찾는 역할 뿐이고, 통찰력이나 직관력보다 그리 큰 역할을 할 수는 없다는 것은 이제 분명해졌다.

이제 앞에서의 질문에 답을 해보자!
답은 2 곱하기 3.14(원주율)로 영철이는 철수보다 6.28m를 앞서 뛰어야 한다.
이 문제는 분명히 원의 둘레를 구하는 문제이므로 초등학교 문제가 맞다.
하지만, 성인 중 이 문제를 풀 수 있는 사람은 얼마나 될까? 아마 열 명 중 적어도 7명은 풀지 못할 것이며 약 절반 정도는 답이 제시된 지금도 왜 그렇게 풀어야 하는지 이해하지 못할 것이다. 문제가 잘

못 출제되었다고 생각하는 사람도 많을 것이다.

큰소리치기로 유명한 높으신 양반들도 이 수준을 넘어서지 못할 것이 분명하며, 이것이 우리 교육의 문제점이며, 학교 교육의 목표는 현실에서 해결능력을 키우기 위해서지만, 아주 현실적인 문제 하나도 제대로 해결하지 못하는 현실이, 그동안 '창의력, 창의력!'하고 떠들어 온 우리 교육의 실체다.

실제로 '생각하는 교육'은 아주 쬐금만 하는 것이 우리의 교육이다.

⊞ 인간의 정체
◇ 기억의 형성과 고정관념

뇌는 생각보다 멍청하다.

(뇌가 하는 일은 대부분 착각이다)

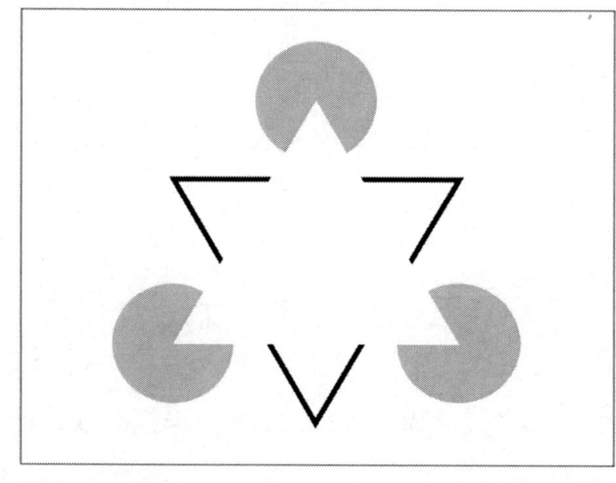

왼쪽 그림에서 위로 뾰족한 하얀 삼각형이 보이는가?

아마 대부분은 보일 것이다.

하지만, 원시인들이 봐도 이 하얀 삼각형이 보일까?

사실, 이 하얀 삼각형은 존재하지 않는 상상 속의 삼각형이다.

60°의 조각이 잘려나간 원 3개와 60° 각도로 꺾어진 선 3개를 교묘하게 배치하여 이런 효과를 낸 것이다.

우리의 눈에 이게 보이는 이유는 학교의 교과서나 장난감 모형 등에서 삼각형이라는 도형을 무수히 봐왔기 때문에 그렇게 보이는 것이다.

아래의 그림에서 <A도형>과 <B도형> 중 가운데 있는 원의 크기를 비교해보자 어느 것이 큰 원일까?
이 피사의 사탑 사진 중 어느 것이 더 기울어져 있는가?

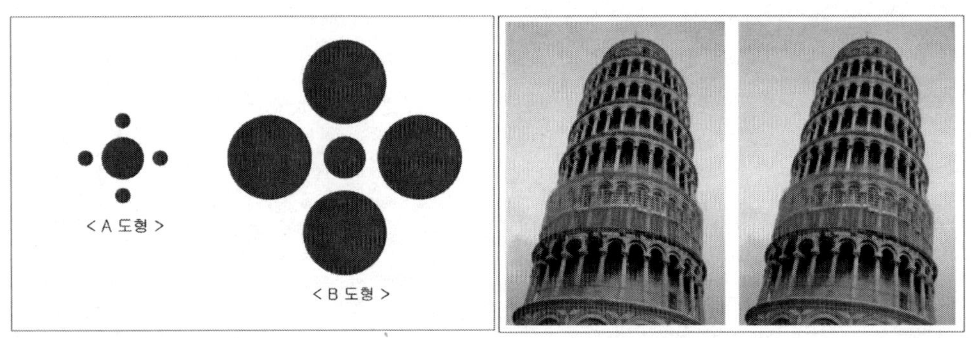

이 두 원은 같은 크기의 원이며, 피사의 사탑 두 사진은 똑같은 사진이다. 하지만, 오른쪽 탑이 더 기울여져 보이는 이유는 우리의 뇌가 착각을 일으키기 때문이다.

이처럼 뇌에서 일으키는 많은 착각은 우리를 힘들게 한다.
침팬지는 인간과 같은 조상에서 갈라진 후, 같은 세월 동안 비슷한 개수의 DNA가 바뀌는 진화를 했으면서도 그들이 발명하고 발전시켜놓은 물질이나 문명은 없다.
인간은 그 사이에 달에 다녀오기도 했으며, 명왕성 너머까지 위성을 보내어 사진을 찍어 조사했고, 우주의 생성 비밀까지 알아낼 만큼 획기적인 발전을 했다.

이런 인간의 업적은 대부분의 인간이 참여하여 만들어낸 것이 아니다.

아주 조그만 어떤 발명을 했더라도 이는 역사에 조금은 기여한 것에 틀림이 없으나 그 조그만 것조차도 기여하지 못하는 사람들이 대부분이다.

그 이유는 이와 같은 착각의 뇌를 벗어나지 못하고 있기 때문이다.

우리는 뇌의 능력이 무궁무진하다고 착각하고 있다.

뇌에 저장되어 있는 대부분의 지식은 사실일 거라고 착각하며, 일단 저장된 기억들은 수시로 떠올려져서 옳은지 그른지를 따져봐야 하지만 처음 기억 그대로 죽을 때까지 한 번도 수정되지 않는 경우도 많다.

이 세상에 나와 있는 지식은 얼마가 사실이고 얼마가 거짓일까?

예를 들어보자!

대통령 선거에서 후보들이 내거는 공약들은 대부분 많은 전문가 보좌진들이 만들어낸다. 그런 일류 전문가들이 만들어냈으면 옳은 것이어야 한다.

하지만, 가만히 생각해보자. 이들 공약은 대통령후보 진영끼리 서로 대립적인 공약이 많다.

열 명의 후보가 한 가지 공약에서 서로 대립한다면 하나만 옳고 나머지가 잘못된 지식이거나 아니면 모두가 그릇된 지식일 것이다.

어떤 나라의 정치에도 보수 진영과 진보 진영은 있다.

이들은 서로 반대 입장이므로, 진보진영이 옳으면 보수진영은 틀렸다. 보수진영이 옳다면 진보진영은 틀렸다. 둘 다 틀렸을 가능성도 아주 높다.

세상에는 수많은 종교가 있다. 그 종교들이 대부분 유일신을 주장하고 있으니 그 어느 하나가 옳다면 나머지는 잘못된 주장들이거나 아니면 전부가 잘못된 주장들이다.

진화론이 옳다면 종교의 창조론은 틀렸다. 창조론이 옳다면 진화론은 틀렸다. 이들은 서로 반대 입장에 있었지만 최근 로마 교황청은 공식적으로 진화론을 인정하는 견해를 발표했다. 그러면서도 묘한 이론으로 창조론이 틀리지 않았다고 주장한다.

갈릴레오 갈릴레이는 지구가 태양의 둘레를 돈다는 지동설과 다른 과학적 지식을 언급했다가 로마 교황청의 교리에 어긋난다는 이유로 종교재판에 회부되어 감금되었으며, 가택 구류 상태에서 죽어갔다. 그로부터 350년이 흘러 백골이 진토 되어 넋조차 사라졌을 시점인 1992년이 되어서야 교황 요한 바오로 2세는 갈릴레이 재판이 잘못된 것이었음을 인정하고 사죄하였다. 무엇이 옳고 무엇이 그른가?

참으로 많은 사람이 미신을 믿는다.

일본이나 중국, 동남아시아 등에는 집안에 작은 제단을 만들어 신을 모시는 사람들이 많고, 각종 점술이나 부적이 흥행한다. 이들이 맞는다면 과학은 틀렸다. 이것들을 믿는 사람들이 과학자들이나 다른 무신론자들보다 훨씬 더 많으니 이들이 옳은 것일까?

그나마 우리나라에서는 한때 '미신타파'를 외치던 시대가 있어서 주변국들에 비하여 많이 적어지긴 했지만 아직도 미신을 믿는 사람은 참으로 많다.

어느 것이 맞는 것일까?

모든 나라가 교육에 관한 한 자주 정책이 바뀌고 있으며, 특히, 우리나라의 교육 정책은 너무 자주 바뀌는 경향이 있다.

　매번 새로 만들어낼 때마다 이런저런 설명을 덧붙이며 옳다고 주장하지만, 다음 정책이 바뀔 때는 모두 잘못되었다고 다 뒤집어엎는다. 인간의 지능이 뭔지도 정립되지 않은 상태에서 세운 정책이 옳을 가능성이 있는가?

　이들은 잘못된 지식이다.

　잘못된 지식은 교과서 내에서도 아주 많이 발견된다.

　물은 위에서 아래로 흐른다는 명제는 만고의 진리처럼 생각되었다. 하지만, 뉴턴의 만유인력 법칙이 발표되면서 물이 아래로 흐르는 것이 아니라 물체의 중심을 향하여 이끌린다는 사실로 드러났다.

　밀물과 썰물 현상은 물이 얕은 쪽에서 높은 쪽을 향하여 흐르면서 나타나는 현상이다.

　태양은 크고 별은 작다고 알고 있으나, 별은 별이 아니라 우리의 태양보다 수십억 배는 더 큰 은하들이라는 사실을 모르는 사람들도 아주 많다.

　우리는 수학책에서 원과 사각형, 삼각형 등을 머리가 따갑도록 듣고 배운다.

　하지만, 세상에 자연적인 물체들은 이런 형태를 띤 것은 단 하나도 없다.

　미래사회는 점점 정밀을 요하는 사회라서 근사치 자체가 고정관념이 되어간다.

　'국제도량형총회가 질량의 기본 단위인 kg의 정의를 바꾸기로 했다.'

　그동안은 백금(90%)과 이리듐(10%)을 섞어 만든 지름과 높이가 각각 39mm인 원기둥의 질량을 1kg으로 정의했었다. 그러나 이 원기가 오랜 세월 동안 아주 미세한 마모가 생겼기 때문에 바꾸기로 한 것이다. 그 마모의 크기가 단지 0.00005g일 뿐인데도 말이다.

나중에 나오겠지만, 섬세한 것은 통찰력이며 창의력의 근본이다. 현대사회는 초정밀도의 사회다. 분자나 원자단위로 내려가면 이 원기 약간의 차이가 아주 큰 혼란을 가져올 수 있다.

우리가 알고 있는 많은 지식은 정밀도를 달리하면 전부 다 틀렸을 수도 있다.

무서움을 잘 타는 사람에게만 귀신이 보이고 겁이 없는 사람에게는 보이지 않는다. 고등학교 시절 나는 귀신을 확인하기 위하여 귀신이 나온다는 많은 장소를 돌아다녔다. 비 오는 날 밤 12시에 혼자서 공동묘지를 찾아간 적도 있다.

그렇지만 나는 단 한 번도 귀신을 본 적이 없다. 나의 뇌는 귀신을 인정하지 않기 때문이다.

아주 총명할 것 같은 우리 뇌는 사실 보고 싶은 것만 보는 반귀머거리, 반맹인, 반멍청이에 속한다.

하늘에는 초롱초롱한 별들이 셀 수 없이 많다. 이 별들은 인간들이 세상에 나타나기 전부터 있었다.

그런데 요즘에 와서, 갈릴레오 갈릴레이라는 사람이 망원경을 들고 한참 들여다보다가 '아하! 저 별들은 아주 조그만 개똥벌레 같은 것들이 아니고 우리 지구와 같은 별들이구나!' 하는 획기적인 사실을 알아냈다.

기존의 별이라는 고정관념의 틀 하나가 뒤집어지고 새로운 지식이 생겨났다. 그래도 지식의 양은 변함이 없다. 그러다가 점점 더 망원경이 좋아지면서 대부분 별들이 지구와 같은 행성이 아니라 우리 은하

수와 같은 은하라는 사실이 밝혀졌다.

그래서 옛날 우리가 알던 별이라는 지식은 쪼개져서, 행성이기도 하고, 항성이기도 하고, 은하이기도 한 것으로 결론이 났다. 그러면 지식의 숫자는 달라진 것이다. 하나에서 셋으로……! 지식의 숫자는 점점 많아져 간다.

그렇지만 '지식 총량'에는 변함이 없다. 그것은 큰 지식 하나가 갈라져서 여러 개의 작은 조각으로 나뉜 것이지 전체의 양에 변화가 생긴 것은 아니다. 양에 변화가 생기려면 우리가 전혀 인식하지 못하는 분야에서 상상하지도 못했던 새로운 지식이 생겨나야만 하지만 그런 경우는 발생하지 않는다.

우리의 지식은 어떤 방법을 동원하고 아무리 과학이 발전해도 '우주의 법칙' 밖으로 벗어나 새로운 지식이 생겨날 수 없다.

지식이 변하는 양상은 기존 지식이 다른 지식으로 바뀌거나, 기존 지식 하나가 여러 개로 쪼개지거나, 여러 개의 지식이 합해지는 방식 3가지뿐이다.

새로운 지식은 모두 이 방식 안에 있다.

여기서 말하는 지식은 '누가 언제 태어났다.'와 같은 사실이나 인간이 만들어놓은 인조물 자체나 이름 등과 같은 규칙 등 인간이 만든 지식까지 확대한다면 증명하기가 너무 복잡해지기 때문에, 창의력의 대상이 되는 원리나 자연현상 등 증명 가능한 합리적 지식으로 한정하여 생각해보자.

옛날에 생각했던 별이 행성, 항성, 은하로 새롭게 바뀌었다면, 옛날에 생각하던 별은 고정관념이었다. 하나의 지식이 여러 개로 쪼개질 때 기존의 한 개는 고정관념이다.

옛날에는 바다로 멀리 나가면 낭떠러진 줄 알았는데 알고 보니 지구는 아무리 멀리 나가도 절대 떨어질 수 없는 공처럼 둥근 모양이었다. 이는 하나의 지식이 다른 지식으로 바뀐 것이다. 이때에도 기존의 지식은 고정관념이었다.

옛날에는 말이 끄는 마차가 있었다. 또, 기차를 끌던 증기기관이 있었다. 이 둘이 합쳐져서 자동차가 생겨났다. 마차는 말만이 끌 수 있다는 생각은 고정관념이다. 기관차는 기차를 끌만큼 크고 철로 위만 달릴 수 있다는 생각도 고정관념이다. 이 두 가지 지식이 합쳐짐으로써 새로운 하나가 생겨났으므로 기존의 두 가지는 그동안 고정관념 속에 있었다는 사실이 드러났다.

우리가 잘 모르는 것들은 모두 우리가 아는 어떤 것들로 정의되어 있다. 예를 들면 은하나 항성과 같은 것들은 '별'이라는 애매한 것들로 정의하여 쓰고 있었다.

천둥, 벼락, 태풍, 가뭄, 홍수 등 무서운 자연현상들은 신으로 둔갑한 채 사용되고 있었다.

그것은 과거든 현재든 마찬가지며, 현재는 과학이 발달하여 많은 것을 밝혀냈다고 하지만, 그래도 그것은 전체 지식 중 '새 발의 피' 정도일 것이다. 전부 다 아는 것처럼 당당해하지만, 그것은 진실이 아니다.

아무리 시간이 흘러도 변하지 않을 수 있는 지식은 단 두 가지뿐이다. 하나는 '어떤 지식이든 다 우주의 원리 안에 있다.'라는 것이고, 두 번째는 '변하지 않는 지식이란 이것 하나뿐이다.'라는 것이다. 그 나머지라면 모두 다시 생각해서 고정관념을 뜯어고쳐야 할 대상이다.

기존의 생각들은 어떻게든 새로운 형태로 계속 재생산되고 있다. 시간이 흐르고 더 발달하고, 더 섬세해지고, 더 포괄적인 사고에 이르면 다 변하게 된다. 이렇게 새롭게 바뀔 때마다 기존 지식 하나하나가 고정관념이라는 사실을 깨우쳐가게 된다.

　바뀌지 않고 고정되어 있으면 고정관념이다. 고정된 관념을 깨뜨리는 것이 곧 창의력이며, 그 대상은 모든 지식이다.

　고정관념의 예를 여기서 다 들춰낸다는 것은 무모한 짓이다. 우리의 머릿속에 있는 기억 대부분이 고정관념이라는 사실이 그래도 믿기지 않는다면, 앞으로 계속 이어지는 글에서 만나게 되는 다양한 예에서 이해를 보충하면 좋겠다.

　우리의 생각은 대부분 착각으로 이루어져 있다.

　이 착각에서 한 걸음만이라도 벗어날 수 있다면 이것이 통찰력이고, 창의력의 근본이다. 인류 역사 발전에 기여하는 소수 인간에 속하게 될 것이다.

(고정관념은 공포로부터 태어났다)

모든 생각의 어머니는 공포다.

요즘은 웰빙에 관심이 많다. 친환경적인 생활을 하고 싶어 한다. 그래서 나무로 집을 짓는 사람도 많고 흙으로 집을 짓는 사람도 늘고 있다.

많은 사람이 가장 친환경적이지 않은 소재로 철과 콘크리트를 꼽으며 그렇게 지어진 집을 별로 좋아하지 않는다.

하지만, 안타깝게도 이런 생각은 고정관념이다.

철은 우리 지구 상에 가장 많은 원소 중 하나이고, 자연 상태의 철은 모두 '녹슨 철' 상태로 존재하며, 이를 모아다가 공장에서 산소를 분리해내서 강철로 만든 후에 집도 짓고 다리도 놓고 일상생활에 사용하다가, 다시 녹이 슬면 100% 다 자연 상태로 돌아간다. 콘크리트도 돌과 조개껍데기 등에서 나와 사용된 후에는 모두 자연으로 다시 돌아간다.

하지만, 나무를 생각해보자! 살아 있는 나무를 베어다가 말려서 오려내고 집을 짓는다. 생명체가 무생물로 바뀌었다가 서서히 먼지로 흩어져 간다.

우리가 보통 목재로 쓰는 나무들은 우리보다도 이 세상에 먼저 태어나 100년은 족히 생명체로 살아온 존재들이다. 그들을 죽이지 않고는 나무집이 생겨날 수가 없다.

흙집도 흙은 친환경이라고 하더라도 지붕까지 흙으로 만들 수는 없는 노릇! 당연히 천정은 나무다. 어찌 이게 철보다 더 친환경이겠는가?

우리의 붉은 피도 철로 만들어진다. 철이 친환경이 아니라고 생각하는 것은 고정관념이다.

철로 만들어진 칼의 무서움을 우리는 경험했고, 총도 철로 만들며, 대포도 철로 만들고, 망치도, 못도 다 철로 만들어졌다.

철로 된 물건들을 만지다가 우리는 숱하게 다쳐왔다. 그런 '무서움'이 철을 친환경이 아니라고 생각하게 하였을 것이다. 우리나라나 중국, 일본 등에서의 '철은 차가운 물질'이라는 관념도 여기서 나왔다. 그래서 철은 나무보다 훨씬 덜 친환경적이라는 생각이 생겨났겠지만, 이는 '공포'로부터 생겨난 '고정관념'이다.

기억은 고정관념에서 출발한다! 그리고 이 세상 가득 고정관념으로 채워져 간다. 인간의 첫 학습은 잘못 끼워진 첫 단추와 같다.

세상에는 맞는 지식보다 틀린 지식이 훨씬 더 많다고 말을 해도 대부분 사람은 '그래도 맞는 지식이 더 많겠지, 설마!' 할 것이다.

과연 그럴까?

'나는 어렸을 때 밖에서 한참 재미있게 놀다가 새로 산 잠바를 잃어버리고 들어온 적이 있었다. 그날, 난 어머니께 부지깽이로 죽도록 매를 맞았다.'

독자들은 이 말을 잘 이해하고 있을까?

아마 어려운 단어도 상황도 없으니 이해하지 못하는 사람은 없을 것이다. 그리고 내가 얼마나 아팠는지 이해하지 못하는 사람도 없을 것이다.

이것이 우리의 믿음이다.

그런데 가만히 여러분의 머릿속에 그려져 있는 그림들을 잘 관찰해보라!

여러분은 나의 어렸을 때의 모습을 전혀 모르기 때문에 나 대신 어떤 꼬마가 매 맞고 있을 것이다. 그 꼬마는 아마 여러분이 이미 알고 있는 그 누구와 비슷한 꼬마일 게 분명하다.

그 때리는 어머니의 모습은 어떠한가? 뚱뚱한가, 아니면 홀쭉한가? 무섭게 생겼는가, 아니면 인자하게 생겼는가? 그 이미지 속의 여인은 또한 나의 어머니가 아니다. 그 부지깽이도 우리 집에 있던 그놈이 아니다. 매를 맞고 있는 장소 또한 나는 전혀 모르는 곳임이 틀림없다.

나는 몹시 아파도 이를 악물고 꾹 참았지만, 여러분의 머릿속의 아이는 혹시 울고 있지는 않은가? 여러분의 머릿속에서 나는 매를 얼마나 맞고 있을까? 한 대? 아니면 열 대? 그것도 아니면 더 많이?

도대체 뭘 이해했는가?

나는 나의 어렸을 때의 일을 있는 그대로 이야기했지만, 여러분은 멋대로 그림을 그려서 시각의 뇌에 저장했고, 맞아서 아프다고 우는 소리를 청각의 뇌에 저장했으며, 그 아이의 따가운 촉감을 상상해서 촉각의 뇌에 저장하지 않았는가?

내가 전달하려고 내 머릿속에 그린 그림과는 정 딴판인 그림이 여러분의 뇌 속에 있고, '나는 다 이해했다!' 하며 기고만장해 있지는 않은가?

만약에 이 글을 읽는 누군가가 내가 어렸을 때부터 같이 자란 동네 불알친구라면 상황은 많이 달라진다.

그 사람의 뇌 속에는 내 어머니의 예전 모습과 내 어렸을 때의 모습이 그려져 있을 것이다. 만약, 그 친구가 내가 매 맞는 장면을 봤다면 더욱 정확한 그림이 그려져 있을 것이 분명하다.

너무 당연한 일인가?

이 이야기를 풀어놓은 이유는 '기억은 완전히 새로 생겨나는 것이 아니라, 기존의 기억을 바탕으로 생겨난다!'라는 말을 하고 싶었기 때문이다.

여러분의 머릿속에 그린 그림은 이미 여러분의 머릿속에 들어 있던 기억을 바탕으로 편집해서 새롭게 '매 맞는 아이 이야기'에 접목했을 것이다.

남에게서 이야기를 들을 때 자신의 기억 속에 존재하지 않는 전혀 새로운 이미지가 생성될 수는 없다.

이것이 우리의 기억 또는 학습이라는 놈의 실체다.

그렇다면 이번 기억 속에는 저번 기억이 있고, 저번 기억 속에는 저 저번 기억이 있고 계속해서 지난 기억들이 연쇄적으로 연결되어 있다. 그리고 훨씬 앞에는 어머니의 자궁 속에서의 기억이 존재한다.

더 앞에는 정자 때의 기억이 있을 것이다. 사실이다. 모든 단세포 동물도 기억이 있고, 하나의 세포로 된 백혈구가 세균을 기억해두었다가 잡아먹듯이 우리 몸의 모든 세포 하나하나는 자신만의 기억을 가지고 있다.

더 앞에는 아버지의 몸일 때의 기억이 있겠지만 거기까지는 의미가 없다. 우리가 가치 있다고 여길만한 최초의 기억을 신생아일 때로 삼아 이야기를 해보자!

이 신생아는 죽을 뻔한 기억이 있다.

엄마의 좁고 숨 막히는 산도를 빠져나오면서 자칫 죽을 뻔했다. 모가지가 다 굳지도 않았는데 누군가는 또 머리를 붙잡고 잡아당기기까지 해서 모가지가 빠지는 줄 알았다.

또한, 태어나자마자 그동안 탯줄을 통하여 안전하게 들이마시던 공기마저 허파를 통하여 들이켜야 하는데, 허파 속에는 이미 양수로 가득 차 있다. 끊어질 듯한 울음을 욺으로써 그 양수를 다 토해내야 겨우 숨을 쉴 수 있는 고통 또한 감내해야 한다.

주변 공기는 또 어떤가? 37도의 따뜻한 양수 속에서 헤엄치다가 밖으로 나와 보니 30도에도 미치지 못하는 공기가 싸늘하게 자신을 감싸고 있다.

허파는 겨우 숨을 쉴 수 있을 정도로 연약한 상태며, 작은 몸뚱어리에 피를 보내기도 벅찬 심장은 어른들보다 두세 배는 빠르게 뛰어야 한다.

눈은 떴다고 해도 거의 보이지 않을 정도로 흐릿한 물체만 가름할 수 있고 피부는 약간만 스쳐도 찢어질 듯 연약하다.

부모가 탯줄을 통해 보내 준 약간의 백혈구가 침입하는 세균을 막아줄 뿐 자신이 만들어내는 백혈구는 아직 세균과 싸우는 업무를 제대로 배우지도 못했다.

소화관이 채 발달하기 전이라 젖을 먹어도 대부분은 흡수되지 못하고 그냥 흘러 나가버리고 금방 또 배가 고파서 죽을 것 같다.

자연 상태에서는 이 시기가 가장 사망률이 높은 시기다.

이때 이 신생아의 머릿속에는 온통 삶과 죽음의 경계에서 만들어지는 두려움과 안도의 기억, 거의 두 가지로만 채워진다. 두려움은 매일같이 울어대는 아기의 울음으로 나타나고, 안심될 때는 그저 잠만 잔다.

　그 태초의 기억, 즉, 두려움과 안도감에서 성인의 모든 기억이 만들어지고 파생된 것이다.

　그 기억이 공포나 안도가 아니라도 상관없다. 그러나 공포가 가장 큰 것이고, 그 외의 다른 것들도 공포처럼 가장 뚜렷하지 않은 기억이고 틀린 기억이다. 중요한 것은 인간의 모든 기억이 이 부정확한 태초의 기억들에서 파생되어 나왔다는 것이다.

　그런데 새로운 학습(기억)은 무조건 기존의 기억을 바탕으로 만들어질까, 전혀 예외는 없을까?

　'이건 아니겠지?' 하는 예를 들어볼까?

　태양계의 행성을 암기할 때 우리는 '수금지화목토천해명'이라고 이니셜로 암기를 했을 것이다.

　조금 어려운 이야기지만, 혹시, 이 이니셜을 암기할 때 끊을 데서 끊고 음률을 타지는 않았는가? 그 음률도 뇌의 어느 곳에 저장된 기억의 일종이며, 혹시, '수금'할 때 돈을 받으러 다니는 수금을 연상하지는 않았는가? '지화'는 혹시 '지화자!'를 연상하지는 않았는가? 아니면 다른 이미지들, 소리, 맛, 감각 등 다른 기억들을 연상했을 것이다.

　이런 것들이 아닐지라도 어떻게든 기존의 기억이 바탕이 된다.

　만약에 기존의 기억이 옳지 않은 기억이라면 당연히 그 기억에서 파생되는 다른 새로운 기억들도 모두 잘못될 가능성이 커진다.

　이런 잘못된 기억들은 바뀌어야 할 대상인 '고정관념'이라고 한다.

　이 신생아의 기억이 성인 기억에 비하여 얼마나 덜 디테일하고 오류가 많으며 가치가 떨어지는 기억일까?

　하지만, 사람이 위대한 점은 잘못 이해된 지난 기억들을 잘못이라고 깨닫고 수정하는 능력이 있다는 점이다. 물론, 능력차이는 존재하지만 말이다.

　이처럼 어떤 기억 또는 학습이든지 처음에는 대부분 잘못 이해된 고정관념이다.

　학교에서 가르치는 교과서적인 지식이라 할지라도, 교사가 정성을 다하여 진실을 가르치려 한다 해도 학생의 머릿속으로 들어가는 시점에는 기존의 기억들과 버무려져서 고정관념으로 바뀐 후에야 기억된다.

　새로운 지식 하나를 배웠다고 치자! 그러면, 이 기억과 관련이 있는 모든 기억은 다 꺼내져서 수정작업을 거쳐야 옳다. 이것이 가장 바람직한 학습의 형태다.

　어떤 독자가 나의 어머니를 볼 기회가 있다면 그 순간 어렸을 때 나를 때리시던 어머니를 떠올려서 잘못된 그 이미지를 진짜 어머니의 젊은 모습으로 대체하여야 옳다. 하지만, 관련된 모든 지식이 이와 같은 수정작업을 거치지는 않는다. 아니, 거의 거치지 않는다는 표현이 더 옳을 것이다. 더 정확하게는 어떤 것이 관련된 지식인지조차 관심이 별로 없다.

　수정되지 않은 지식은 나중에 창의력으로 사용할 수 없는 헛기억들이 된다. 이 고정관념들은 깊은 생각을 통하여 통찰력과 결합이 되어 수정이 이루어진 후에야 진정한 지식이 되는 것이다.

　이 책은 쉽게 쓸려고 무척 애를 썼지만, 그렇다 하더라도 결코 쉬운 책은 아니다. 어려운 단어들은 꼭 필요한 것 몇 개만 남기고 모두 쉬운 단어들로 대체하였다.

　표현도 어떻게 하면 쉽게 표현할 수 있을까에 많은 시간을 할당하여 고민도 하였다. 문장도 긴 문장은 쪼개가며 최대한 짧은 문장으로 바꾸었다. 예를 충분히 들어가며 이해를 돕고자 노력했다.

그래도 이 책은 이해하기 어려운 책에 속한다.

새로운 관념들이 많이 등장하고 새로운 이론들이 많으므로, 독자의 머릿속에 이 이론을 이해시켜 줄 만한 바탕 기억들이 많지 않기 때문이다.

조금 어렵다고 생각된다면 대충 읽고 넘어가서 다시 한 번 더 읽어주기를 바란다.

모든 저자가 자신의 책을 여러 번 읽어주기를 바라지만, 어떤 책이든 여러 번 읽는다면 얻어지는 지식은 읽을 때마다 달라진다.

그것은 백 번을 읽어도 그렇고 천 번을 읽어도 그렇다. 조선의 선비들처럼 평생 사서삼경을 읽는다 해도 그 책은 늘 새로운 책이다.

그 이유가 바로 이번에 읽은 기억이 다음 번에 읽을 기억의 토대가 되어 새로운 기억을 형성해 나가기 때문이다.

그것은 책뿐만이 아니다.

우리 머릿속에 들어 있는 기억들도 다시 꺼내어 들쳐 생각해보면 볼수록 좀 더 나은 생각이 보이고, 무엇이 잘못된 것인지 깨닫게 된다.

다시 생각할 때마다, 단 하나의 기억도 수정되지 않은 채로 고스란히 재저장될 수는 없다.

여러 번 생각하는 것! 이것만이 고정관념을 깨트릴 수 있는 유일한 무기다.

나는 유능한가?

나는 이 세상의 지식 중 몇 %나 알고 있는가? 그리고 그 지식은 얼마나 통찰력 있게 수정된 지식인가?

나는 '내가 모르는 지식' 곱하기 '알고 있는 지식 중 고정관념' 분량만큼 어리석다. 하지만, 나를 포함한 누구도 그걸 알지 못한다. 자신이 뭘 모르는지 당연히 모를 것이며, 그 중 고정관념이 어떤 것인지 알지 못한다. 그걸 알고 있다면 고치면 되므로 무엇이 문제겠는가?

그리고 안타깝게도 학업을 다 마친 성인이라면 죽는 그날까지 더 배울 것도 많지 않고 고쳐질 것도 별로 없다. 지식탐구가 친구들과 노는 것보다 무척 재미있다는 사실을 깨닫지 못한다면 말이다.

또한, 옳고 그른 것보다 좋은 것과 나쁜 것으로 자신의 진로를 정해가는 스타일이라면 이미 고정관념은 고정되어 있다.

◇ **기억의 섬**

> 가지 많은 나무만이 많은 열매를 맺을 수 있다.

경찰들은 사건에 대한 정보를 눈으로 보거나 귀로 들음으로써 정보를 입수하고, 확실한 수사를 위하여 현장에 가서 단서를 찾는다.

일단 단서가 발견되면 생각에 생각이 꼬리를 물고 이어지며 추리를 이어간다.

모든 사람의 뇌에서도 이 추리 과정이 고스란히 재현된다. 오감을 통해 정보가 입수되면 그 단서를 가지고 비슷한 기존 기억들을 찾아내고 그 기억을 인출해내는 것이 생각이다.

우리 뇌 속에는 아주 많은 생각이 존재하지만, 대부분은 인출되는 데에 실패한다. 이는 단서가 부족하거나 잘못된 단서일 경우에 그렇다. 머릿속에 지식이 있으면서도 필요한 때는 잘 떠오르지도 않는다.

경찰이 살인범을 잡기 위하여 어느 주차장 관리인을 조사했지만, 그는 기억이 별로 없었다. 그러자, 경찰은 그 사람의 동의를 얻어 최면을 걸고 조사해 보기로 했다.

그러자, 전혀 기억해내지 못했던 기억들이 되살아난 것이다. 차의 색깔과 차 번호 등 결정적인 내용이 다 기억되어 있었던 것이다. 결국은 이 기억을 토대로 범인은 쉽게 검거되었다.

이 주차장 관리인은 그 기억을 연결해낼 단서가 없었던 것인데, 최면을 통하여 경찰들이 그 단서들을 알려 준 것이다.

"점심을 먹고 뭐 하고 있나요?", "아 네! 쓰레기를 줍고 있었군요?", "혹시, 지나다니는 차는 안 보이나요?"와 같은 단서들을 붙여 주는 것이다.

우리는 한순간에 시야에 들어오는 모든 정보가 다 접수되지만 우리는 그 중 가장 관심이 있는 5~7가지 정도만을 단기 기억 저장소에 저장해 둔다고 한다. 그것도 장기 기억으로 넘어가는 것은 한두 개 또는 아무것도 저장되지 않기도 한다.

또 저장된다고 해도 그 기억으로 연결된 통로들이 많지 않으면 쉽게 찾아갈 수가 없다.

딱 아는 만큼만 보인다.

초등학생에게 대학교 강의를 들려주면 알아들을 수 없는 것은 그것을 이해할만한 바탕 기억이 적기 때문이다. 그 상태에서 전혀 이해할 수 없는 어떤 내용을 무조건 암기했다면 그 기억은 나중에 활용할 수가 없다.

어떤 기억도 기존의 기억을 바탕으로 생겨나지 않는 기억은 없지만, 연결된 기존 기억의 수가 아주 적거나 잘못된 것이라면 단서가 부정확하므로 나중에 기억을 인출하는데 무척 애를 먹을 것이다.

나는 이처럼 기존의 기억들과 제대로 연결되지 않은 기억들을 '섬(island)'이라는 뜻으로 '기억섬'이라고 부른다.

기억은 삶과 죽음에 해당하는 태아의 공포와 걱정에서 출발하여 계속 가지를 치고 연관되면서 확장되어 간다.

나라로 치면 처음 기억이 시작되는 공포는 수도쯤에 해당하고 거기서 시작되는 여러 가지 기억들은 지역 도시들과 읍, 면, 마을과 같은 가지들이다.

이 기억들은 서로 긴밀하게 연결이 되어 있어서 시골 마을에서 서울까지도 쉽게 갈 수 있으며 서울에서 시골 마을로도 쉽게 내려올 수 있다.

기억들이 이렇게 연관이 되어 있기 때문에 어떤 사물을 볼 때 연관된 기억들이 떠오르는 것이다.

예를 들자면 반지는 사물이고 어머니는 인간으로 서로 완전히 다른 존재지만, 반지가 어머니의 유품이라면 그 반지를 볼 때마다 어머니가 떠오르게 되는 것이다.

유품이 아니더라도 어머니가 살아생전에 반지를 잘 끼었다면 금은방 앞을 지나갈 때 종종 어머니가 떠오르게 되는 이치다.

이러한 연관 기억들은 창의성에 아주 밀접한 영향을 미친다.

창의력은 순간적으로 번뜩이는 아이디어일 때가 종종 있다.

어떤 연구를 하다가 해결 안 되는 문제로 고민을 몇 달째 하고 있다.

그래서 머리도 식힐 겸 짧은 여행을 하기로 했다.

어느 한적한 어촌에서 바닷가를 거닐다 문득 그 해결책을 발견할 수도 있다.

그 창의적 아이디어가 전혀 연관이 없을 것 같은 어촌의 바닷가와 기억의 연결고리가 끼워져 있을 가능성은 충분히 있다.

창의력은 섬이 아닌 대륙처럼 기억의 네트워크가 풍부할 때 왕성하게 발현된다.

하지만, 섬이라면 이야기가 달라진다.
앞에서 기억은 기존의 기억을 바탕으로 생성된다고 했지만, 기존의 기억이 아주 약간만 기여하는 경우도 종종 있다.
앞에서 예를 들었던 태양계의 행성들을 암기하기 위하여 이니셜만을 따서 암기하는 방법이라든지, 구구단을 암기하는 것은 기존의 기억들이 많이 들어가지 않는다.
단어를 암기하는 것도 마찬가지다.
다른 사람의 전화번호를 암기하는 것도, 다른 사람의 차량 번호를 암기하는 것도 마찬가지이고, 암기대회에서 단어들을 나열해 놓고 순서를 암기하는 것이나 숫자의 순서를 암기하는 것 등은 전부 이와 같다.
이런 기억들처럼 기존의 기억과 연관성이 아주 작은 기억들을 가리켜서 '기억섬'이라고 하는 것이다.

요즘이야 조금 달라졌지만, 조선 시대를 생각해보자!
제주도나 울릉도를 가려면 보통 일이 아니었다.
아마, 거기서 나고 자란 사람들은 뭍으로 나오는 것은 거의 상상도 하기 힘들었을 것이다.
대륙의 기억들은 통찰력과 직관력을 높임으로써 창의력에 직접적인 영향이 있지만, 기억섬에 있는 기억들은 아무런 연관작용도 하지 못한다.
구구단이 곱셈에 활용되기 위해서는 구구단 활용법을 새로 공부해야 하며, 단어장을 이용하여 부지런히 암기했던 단어들은 회화연습을 따로 하지 않는다면 언어로서의 가치가 없다.

언어로써 활용되려면 무턱대고 암기했던 기억들을 지워버리는 작업을 거쳐야 하며, 반복되는 회화 학습에 의하여 습관화가 되어야만 회화로 활용할 수 있어진다.

단어 암기의 뇌(변연계 영역)와 언어 활용의 뇌(베르니케 언어영역)는 아주 멀리 떨어진 다른 기능의 뇌에 속한다.

즉, 무턱대고 암기하는 기억들은 기억섬으로써 대륙과 연결해주는 다리 공사 같은 추가 작업(회화연습)을 해 줘야만 필요한 기억이 되며, 암기 대회처럼 기억하는 것은 아주 불필요한 기억이다.

이와 같은 단순암기를 잘하는 사람은 공포의 뇌, 감성의 뇌가 발달한 사람으로 이성의 뇌가 발달할 가능성이 많이 줄어든다는 것도 알아야 한다.

천재들의 어린 시절은 공부를 잘하는 편도 아니고 말썽이나 피우는 아이들인 경우가 많은 이유다.

그래서 이스라엘에서는 학교에서 구구단을 가르치지 않는지도 모르겠다.

우리의 초등학교 시절은 구구단을 외우고, 받아쓰기, 띄어쓰기, 맞춤법 등 죄다 이런 기억섬에 갇혀 있는 학습들로 이루어져 있었다.

유치원에서 체험학습보다 띄어쓰기 100점이 왜 중요한지 나는 이해할 수가 없다. 난 아직도 띄어쓰기를 잘 못하며, 내가 아는 많은 사람도 대부분은 그렇다.

특히, 요즘은 왜 그리 영어에 난리인지 이해가 안 간다. 아무리 그래 봐야 영어는 말을 하는 수단이지 지식이 아니다.

영어는 나중에 필요할 때 그때 시작해서 배워도 된다. 십여 년을 공부해도 제대로 하지 못했던 영어가 유학을 가면 쉽게 되는 이유는 꼭 필요하기 때문이다.

프랑스 유학 가는 사람은 다 초등학교 때부터 불어공부를 한 사람들인가? 박정희 대통령 시절 독일로 건너간 수많은 간호사와 광부들은 어린 시절부터 독일어 공부를 했을까?

많은 경험을 축적해야 할 어린 시절을 영어로 뇌 속을 채워서는 아이들에게 창의력은 없다. 인간의 능력이란 곧 창의력이다.

다시 한 번 더 강조하지만, 창의력의 바탕이 되는 기억은 통찰력으로 저장된 '정확도 높은 기억', 인출 통로가 많고 '강력한 기억'이다.

이런 기억은 기억섬에서는 절대 만들어질 수 없으며, 직접 오감을 통해서 습득된 **체험적 기억**'들, 원리와 결과를 명확히 이해하는 통찰력이 필요한 것이다.

또한, **'깊은 생각'**을 통하여 그런 기억들을 수정하고, 조합하고, 강화하고, 응용하여야 가능한 것이며, 생각 없이 읽어 내려간 분량만 많은 독서라든지 주입식 교육, 반복 패턴 암기식 교육 등에서는 오히려 역효과일 뿐이다.

번뜩이는 창의력은 이 기억의 큰 네트워크 타고 돌아다니다 불현듯 만나는 선물이다. 네트워크를 타고 들어갈 수 없는 '기억의 섬'에서는 도저히 만날 수 없다.

그릇의 크기는 공포와 이기심에서 얼마나 멀어지는가에 달려
있다.

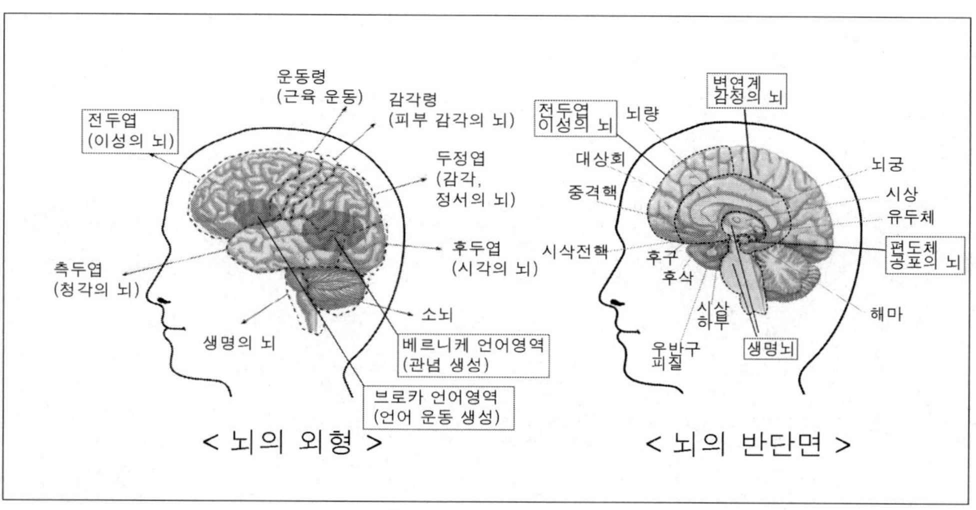

자! 신생아에서부터 우리의 기억 형성과정을 되짚어보자!

아직 모든 기관이 미성숙한 영아는 모든 것이 죽음과 연결되어 있
으며, 순간순간 관심은 죽을 것인가 살 것인가에 집중되어 있다.

사실, 의학이 지금처럼 발달하지 못한 시절에는 수십 퍼센트의 아
기들이 1년을 넘기지 못하고 죽어갔다. 누군가는 반타작이라는 말도
했었다.

갓 태어난 아기는 울든가(공포), 먹든가(안도), 그렇지 않으면 모두

잠만 잔다.

이때 형성되는 아이의 기억은 눈에 보이는 것, 피부에 와 닿는 촉감, 귀에 들리는 소리 등 오감을 통하여 전달되는 모든 정보는 ‘무서움과 걱정’이 반이고, 엄마에 의하여 형성되는 ‘무서움 해소’가 반인 체로 기억된다.

그리고 잠을 자면서 기존의 기억들은 수도 없이 반복회로를 돌아가면서 또렷하게 장기기억으로 저장되어 간다.

기억은 기존의 기억을 바탕으로 자라난다고 했다. 즉, 성인의 기억도 동심원의 가장 안쪽에는 태아일 때 생겨난 기억인 삶과 죽음, 공포 등의 기억들로 채워져 있다는 말이다.

태아 또는 영아일 때 영양이 부족할수록, 질병에 많이 노출될수록 죽음과 가까이 있게 되면서 공포의 강도는 아주 강렬해지고 그 여파는 죽을 때까지 겁이 많은 성격으로 굳어지게 된다.

조금 더 자라면서 공포는 감정으로 바뀌어 간다.

울면(공포) 엄마가 먹을 것을 주고(안도), 울면 멀리 떨어져 있던 엄마가 달려와서 안아준다(안도).

웃으면 엄마도 웃고, 엄마가 장난치면 내가 받아주는 관계가 되면서 엄마, 아빠, 형제자매 등 주변인과의 관계 기억이 형성되어 같다.

이런 기억들이 감정이 풍부한 아이로 만들어간다. 잘 우는 아이들이 커서 외향적인 성격으로 자라나게 되는 이유다.

이때부터는 혼자서 놀기도 한다.

닥치는 대로 손으로 잡아서 입에다 넣어본다.

대부분은 해가 없지만 어떤 것들은 찔리기도 하고, 맵기도 하며,

짜기도 하고, 시기도 한다. 이런 과정을 통하여 세상 사물들도 익혀가기 시작한다.

이와 같은 행동은 사실, 육체의 행위라기보다는 뇌가 발달하면서 각 신체 부위와 감각과 세상의 구성요소들을 익히는 뇌의 훈련과정이다.

공포를 관장하는 뇌인 편도체라는 뇌는 태아기에서부터 출생 직후까지 발달하며, 감정의 뇌인 변연계는 태아기에서 네다섯 살까지, 종합적인 판단과 처리를 담당하는 이성의 뇌, 전두엽은 태아기에서부터 초등학교를 마칠 때까지 발달한다.

그리고 이는 외형적인 발달일 뿐, 모든 뇌는 죽는 그 순간까지 더 쓰면 더 확장되고 덜 쓰면 위축되는 과정 중에 있게 된다.

대뇌에는 이외에도 감각관련 뇌, 언어관련 뇌 등 여러 분야가 포함되어 있으나, 판단력, 창의력에 관한 한 이 세 가지 부분이 가장 중요하므로 이에 관하여 집중적으로 생각해 볼 것이다.

인간의 뇌는 우리가 섭취하는 영양분의 약 25% 정도를 소비한다. 공포의 뇌에서 과도하게 에너지를 소비하면 즉, 공포에 질리게 되면 몸은 긴장하면서 뇌에서 사용할 에너지를 각 신체 근육에 나눠줘야 하므로, 나머지 감정의 뇌나 이성의 뇌에는 적은 에너지만이 공급된다.

감정의 뇌도 마찬가지고, 이성의 뇌도 이와 같다. 각 부분의 뇌는 영양분을 다투며 서로 경쟁해야 하는 관계에 있다.

또한, 시간 할당도 마찬가지이다.

우리 뇌는 온종일 쉬지 않고 부지런히 일한다. 물론, 잠을 자는 동안에는 아주 천천히 제한적으로 일하지만……

공포의 뇌에 과도하게 많은 시간을 빼앗기면 다른 뇌는 집중해서 일할 시간이 많이 줄어든다. 또, 같은 시간을 생각하더라도 얼마나 깊이 몰입하여 생각하는가도 관련이 깊다.

이 몰입은 잠자는 시간과도 관련이 깊다.

이 세 가지 뇌는 '에너지적인 측면'과 '시간적인 측면', '집중력'이라는 세 가지 제한적인 자원을 놓고 서로 경쟁하는 관계에 있다.

그러므로 기억과 학습도 이 역학관계를 크게 벗어나지 못한다.

공포감이 큰 사람은 기억도 무서움이라는 변수로 가득 차 있어서 주변의 아주 가까운 사람들 외에는 사람 사귀기 어려우며, 환경과 사물 등에 익숙해지는 데에도 오랜 시간이 걸고, 이들에 대한 경험을 넓히기 무척 어려워진다.

파도가 왜 치는지는 관심이 없다. 오로지 가까이 가면 파도에 휩쓸려 죽을 수도 있다는 생각뿐이다.

등산하다가 높은 절벽 위에 서게 된다면 아주 깊고 기기묘묘함에 감탄하며 '어떻게 이런 절벽이 생기게 되었을까?'에 관심을 두기보다는 쿵쾅거리는 심장과 함께 빨리 그 위를 벗어나야겠다는 생각뿐이다.

늘 이런 생각을 하며 걱정에 걱정을 더하는 사람들은 자연과학에 대한 전문가가 되는 것은 불가능하다.

망치를 보면 어렸을 적 돌 장난을 하다 손을 빻았던 아픈 기억이 먼저 떠오르면 벽에 망치질하기는 글렀다. 사무용 칼을 가지고 놀다가 손을 베었다는 생각이 나를 지배한다면 나는 기술자로서의 자질이 없다.

자연과학에 자질이 없고 기술자로서 자질이 없다면 발명가는 물 건너가는 것은 물론이고, 사업가도 각종 전문가도 되기 어렵다.

어린아이들은 어른들보다 롤러나 자전거를 빨리 배울 수 있다. 그 이유는 바로 어린이들은 넘어지는 것에 대한 두려움이 어른들보다 훨씬 덜하기 때문이다. 어른들은 훨씬 더 무거운 몸으로 좀 더 높은 곳에서 떨어지기 때문에 넘어졌을 때 입을 수 있는 부상의 정도가 훨씬 크다. 그런 공포 때문에 빨리 배울 수 없다.

'뭐 그까짓 거야 안 배워도 그만이지 뭐!'라고 생각할는지 모르지만, 이 두려움의 차이 때문에 롤러나 자전거를 배우지 못했을 때 생기는 손해는 적지 않다.

첫째는 롤러 사업을 하지 못할 것이다. 잘 알지 못하기에 고객들에게 자세한 설명을 할 수가 없게 된다. 둘째는 운동 한 가지를 잘하는 사람은 그와 비슷한 운동도 잘하는 법이기 때문에 그와 유사한 다른 사업도 이와 비슷하다. 셋째는 롤러에 대해 개선해야 할 사항을 알 수가 없으므로 롤러에 대한 발명은 글러 먹었다.

넷째는 롤러와 관련한 회사에 입사할 가능성이 작아진다. 회사에서 면접을 볼 때, 얼마나 잘 타는지를 검사할 가능성이 있기 때문이다. 다섯째는 자녀들에게 롤러를 가르쳐줄 수가 없다.

이처럼 롤러에 관한 한 통찰력과 직관력은 없다고 볼 수밖에 없다.

거기다가 어렸을 때부터라면 그 기억(또는 학습)이 새끼를 얼마나 쳤을 것인가?

공포심이 강한 사람은 롤러 한 가지에만 공포심이 강할 수는 없으며, 여러 가지에 두려움을 느끼는 사람으로서, 이 모든 것에서 이와 같은 불이익을 합치면 대체로 창의력이 빈약한 상태에 빠지게 되는 것이다.

이 공포를 담당하는 뇌는 편도체라는 조그만 뇌인데, 이 뇌는 공포에 대한 반응이 아주 빠르다는 특징이 있다.

공포가 강하면 위험에 노출되려 하지 않으며, 만약 노출되었다 하

더라도 빠르게 회피할 수 있는 유형으로 포유류가 자연환경에 잘 적
응하여 인간으로까지 진화하며 살아남을 수 있었던 것은 다 이 공포
의 뇌 덕분이라는 설이 있다. 옆에서 날아오는 공을 보는 순간 즉시
피할 수 있으며, 떨어지는 물건도 잘 잡아내는 특징들이 있다.

하지만, 이런 빠른 반응이 좋지 않은 결과를 내기도 한다.

우리는 차를 운전할 때 보통 과속하면 사고확률이 더 높은 것으로
알고 있다. 과속하게 되면 시야각이 좁아지면서 주변요소들을 잘 파
악하기 힘들기 때문에 사고가 더 잦다고들 말한다.

그러나 이와 같은 이론은 자동차 경주 등과 같은 초스피드일 때
적용되는 이론이고, 보통은 빠르게 운전하는 습관을 지닌 사람보다
느리게 운전하는 습관을 지닌 사람이 사고 날 가능성이 더 크다. 보통
은 여성이 남성보다 더 느리게 운전을 하지만 사고확률은 더 높은 것
도 이 같은 경우다.

그 이유가 바로 이 공포의 뇌 때문이며, 사고는 빠른 반응, 즉, 급
조작 때문에 훨씬 더 많이 일어난다. 그 속도는 약 0.8초 만에 반응하
며, 아무런 판단도 없이 즉시 회피하려는 반응이 사고를 야기한다.

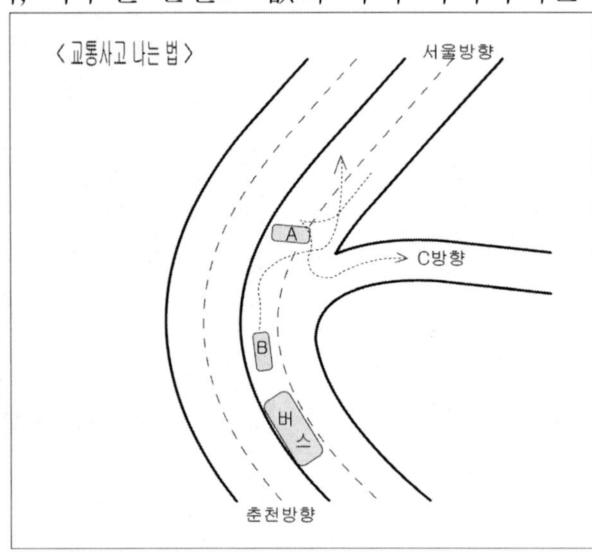

단 0.5초만 더 느려져도 정확한 판단으로 적절한 대응을 하게 되어 사고확률은 많이 줄어들 텐데 말이다.

빠른 속도로 운전하는 사람은 공포감이 적은 사람이기도 하다. 물론, 빠른 속도에서는 사고가 났을 때 입는 손해가 더 큰 것

은 당연하다.

　비가 꽤 오는 어느 날, 나는 춘천에서 김포공항으로 향해가고 있었다.

　내가 탄 버스는 자동차 전용도로에서 시속 100km로 달려가고 있었고, 바로 앞에는 승용차 B가 같은 속도로 주행하고 있었다.

　한참을 가다가 왼쪽 그림처럼 약간 심한 급커브를 돌고 있었는데, 앞에서 A차량이 후진등을 켜고 후진하고 있었다. C방향으로 가야 하는데 지나쳐 갔다가 약간만 후진하면 된다고 생각한 운전자가 후진하여 그림의 A차량 지점에 멈춰버린 것이다.

　자동차 전용도로에서는 후진해서는 안 된다. 이 운전자는 이런 사실을 몰랐을까? 아니면, 약간만 후진하면 되니까 그냥 해버리자는 생각을 했을까?

　B차량과 우리 버스기사는 동시에 그 차량을 발견했고 동시에 브레이크를 잡기 시작했다.

　나는 B자동차가 브레이크 등이 켜짐과 동시에 미끄러지고 있다는 것을 알았다. 약, 3~4미터를 순식간에 미끄러진 차는 이내 브레이크를 떼고 화살표 방향처럼 A차 앞을 통과해버렸다.

　참으로 기가 막힌 운전실력이었다. 만약, 브레이크를 계속 밟았더라면 A와 B는 부딪칠 수밖에 없는 상황이었다. 빗길에도 제법 안전하게 브레이크를 걸 수 있는 우리 버스가 최선을 다해 멈추었는데도 A차의 코 앞이었다. 만약, 우리 버스가 B차량의 위치에 있었더라면 역시 사고가 날 수밖에 없는 거리였다. 그런데 B는 브레이크를 떼고 핸들 조작으로 A차량을 피하는 고도의 기술로 사고를 피했다.

　이 모든 상황은 A차량이 빠르게 C방향 도로로 진입함으로써 채 10초도 되기 전에 끝이 났다.

나는 이 장면을 보면서 최소한 10중 충돌 이상의 대형사고가 날 확률이 95%가 넘는다고 판단했다. 나머지 5%의 확률에 의하여 우리는 무사히 여행을 계속할 수가 있었던 것이다.

나는 이 5%가 생각 없는 사람과 생각 있는 사람의 묘한 조화였다고 생각한다.

만약, B가 급조작을 하고 판단을 제대로 하지 못했더라면 그대로 A와 충돌했을 것이고, 우리 버스 역시 충돌을 면하기 어려웠을 것이다. 또한, 커브길이기 때문에 그다음에 오는 차들은 멈춰 있는 우리 버스를 발견하였을 때는 이미 늦어버린 상황이고 충돌이 계속된다면 그 거리는 점점 줄어들어 갈 것이다.

이것이 빗길에 다중충돌이 일어나는 시나리오다. 우리가 그 시나리오의 주인공이 될 뻔했다.

그러나 우리에게는 아무 일도 일어나지 않았고, 비행기를 놓치는 일도 없었다.

이 모든 것이 급조작을 피하고 정확하게 판단을 내린 한 사람의 공로라고 생각한다. 브레이크에서 발을 뗀 B운전사의 냉철한 판단이 가장 컸고, 2차선에 한참 동안 차량이 지나가지 않은 행운도 일정부분 차지한다. A차량이 빠르게 빠져나가지 못하여 약간만 지체되었더라도 사고는 분명히 일어났을 것이다.

공로의 그 B운전자는 겁이 별로 없는 대담한 사람이었을 것이다. 만약, 공포감이 큰 사람이라면 급조작했을 것이고, 정확한 판단을 내리지 못했을 것이며, 사고는 뻔한 일이었다.

교통사고율만 조사해도 그 사람이 이성적인 사람인지 감성적인 사람인지를 알아낼 수 있다.

창의력은 '쓸모있는 생각'이라고 했다.

불필요하고 해로운 일들을 제거하는 것 또한 창의력이라고 해야 할 것이다. 그런 면에서 교통사고를 거의 내지 않는 사람 역시 통찰력이 강하고 도로 사정을 정확히 꿰뚫고 있는 창의적인 사람이다.

실제로도 운전을 잘하는 사람은 창의적 아이디어가 풍부한 사람인 경우가 대부분이다.

공포심이 강한 이들이 할 수 있는 일은 그다지 많지 않다.

겁이 많은 사람은 자신에게만 한정하는 것이 아니라 주변으로 확대하여 영향력을 행사한다.

자식들에게 늘 '조심해라!', '~ 하지 마라!', '근처에도 가지 마라!'라는 식으로 말을 해서 아이들이 경험할 수 있는 많은 것들 앞에 가로막는 장애물이 되어 버린다.

아이들에게 있어서 경험이란, 학자들이 실험실에서 실험하고, 자신의 분야인 현장에서 며칠 밤을 새며 관찰하는 것보다도 더 크고, 그들이 받을 수 있는 최고의 교육임에도 말이다.

공포는 머릿속에서 기억을 크게 왜곡하기도 한다. '스톡홀름 신드롬'이라고 들어봤는가?

1973년 8월 23일, 스톡홀름의 어느 은행에 인질사건이 벌어졌다. 은행강도들은 여러 명의 직원과 고객들을 인질로 잡고 6일 동안 경찰과 대치하다가 진압이 되었다. 그런데 이 6일 동안 인질 중 한 여성이 은행강도와 사랑에 빠지게 되었고, 이를 계기로 인질들과 은행강도 사이에는 특수한 관계를 형성하게 되었다. 이 사건이 해결되고 나서도 그들은 인질범들을 옹호하는 발언도 하게 되었다.

이를 심리학 용어로 '스톡홀름 증후군'이라고 한다.

이 스톡홀름 증후군은 '공포심'이 강한 사람에게 일어나는 현상이다. 극한의 공포심이 차츰 가라앉자 환희가 일어나고 그런 심경 안에서 모든 것이 긍정적으로 바뀌어버리는 심리상태인 것이다.

결국은 법정에서까지 인질범을 옹호함으로써 사회정의를 심각하게 왜곡하는 결과를 낳았다. 그들은 속이고자 의도적으로 그런 것이 아니라 그들의 머릿속에 있는 기억 자체가 왜곡되어 있었던 것이다.

공포감이 많은 사람은 자신의 가치관 가중치를 공포에 가장 크게 부여함으로써 그 외의 사항들 가중치를 떨어뜨린다. 이들이 비창의적 판단을 일으키는 이유다.

인간에게는 '외상 후 스트레스 장애'라는 병도 있고, '외상 후 성장'이라는 용어도 있다.

외상 후 스트레스 장애는 전쟁이나 자연재해 또는 인간사회의 여러 가지 큰 사건 이후에 겪는 정신적 스트레스 장애를 말한다.

공포감이 큰 사람들은 모두 '외상 후 스트레스 장애'의 후보군이다.

이와는 반대로 외상 후 성장이라는 용어는 커다란 사건일지라도 잘 이겨내는 사람을 말하며, 오히려 정신적으로 더 성장하는 사람을 말한다. 이런 사람들은 당연히 이성의 뇌가 발달한 사람들이다.

이성의 뇌가 잘 발달한 사람은 공포로부터 출발한 기억의 여정에서 아주 멀리까지 가 있는 사람으로 고정관념을 많이 수정함으로써 이루어진다.

이 사람의 관심 영역은 사람들뿐만 아니라 주변의 자연, 원리와 시스템 등에도 관심이 많다.

사소한 현상을 보더라도 그 원인이 뭔지를 알아내고 싶어하고, 인간 이외의 동물이나 식물, 물질들에 관심과 호기심을 나타내므로 점점 지식이 쌓이고 생각이 깊어질수록 이들은 창의력이 향상되어간다.

창의력이란 '쓸모있는 나만의 새로운 생각'이다.

쓸모가 있으려면 주변에 널려 있는 사물이나 제도까지도 잘 활용할 수 있어야 하는데, 그러기 위해서는 그들의 원리를 잘 알고 있어야 함은 당연한 일이다. 그래야만 쓸모있는 생각을 할 수 있고 창의적 인간이 되는 것이다.

이들의 약점은 감성적인 사람들에 비하여 '정(情)'에 큰 가치를 두지 않기 때문에 '메마른 사람', '냉정한 사람'이라는 평가를 받기 일쑤다.

이순신 장군은 난산 중인 아내를 보러 군영을 이탈한 병사와 임종 직전의 노모를 보러 군영을 이탈한 병사 두 명을 '군율은 엄중하다.'라며 목을 베었다. 얼마나 냉정한 처사인가?

칭기즈칸은 항복하면 크게 예우를 해주지만 끝내 저항하다 함락당한 성은 그 안의 모든 생명체를 도륙하였다.

아인슈타인도 냉정하며, 뉴턴도 냉정한 사람이다.

냉정하다는 것은 공포를 넘어서서, 감정의 범위를 넘어서서 이성의 범위까지 에너지와 생각의 시간을 나눠 써야 한다는 뜻이며, 이순신 장군처럼 인간애 외에 챙겨야 할 군율이라는 시스템에도 에너지와 생각을 할애했다는 말이다.

사실, 이순신 장군은 잘 표현은 안 하지만 마음이 따뜻한 사람이라는 것이 난중일기 곳곳에 나타난다. 포로로 잡힌 어린 왜군 병사에게 책을 읽어주기도 했다고 한다.

이순신 장군은 냉정한 사람이라기보다는 판단이 냉철한 사람이라고 표현하는 것이 더 적절하다. 칭기즈칸도 마찬가지다.

좀 더 냉철하게 생각하면 그 방법은 옳았다고 여겨진다. 두 명의 군사를 희생함으로써 군율이 바로 서고 전쟁을 승리로 이끌어 우리나라를 구했다고 생각하면 말이다.

만약, 감성적인 사람이었다면 원리나 시스템을 이해하기 힘들었을 것이며, 그 두 병사를 살리고 훈계하는 것이 더 옳은 길인지 사형하고 군율의 엄중함을 보여주는 것이 더 중요한지 구분할 길이 없다.

포괄성이 넓지 않으면 나무가 아닌 숲의 입장에서 이해하기 힘들다는 말이다.

이들이 감성에 관심이 빈약한 것은 패션이나 머리, 구두 등 겉으로 보이는 외관에서 드러나게 된다.

남들이 인터넷을 몇 시간씩 뒤적이며 패션이나 구두 등의 아이쇼핑을 즐기지만, 이들은 그러고 싶은 마음이 추호도 없다.

머리가 헝클어져도 별로 관심사항이 아니다.

남들은 차를 사면 하루에 한 번씩 세차를 하고, 겉이나 안에 뭘 장식할까 고민하지만, 이들은 허름한 자전거 하나라도 이동이라는 목적을 달성하기만 한다면 별로 문제 될 것이 없다.

이 묘사들은 하나의 그림을 그려내고 있다는 사실을 알 수 있을 것이다.

헝클어진 머리, 허름한 스웨터, 낡아빠진 구두를 신고 녹슨 자전거를 타고 대학 교정을 지나다니는 아인슈타인 말이다.

이성적 천재들 대부분은 멋있는 패션이나 고급스러운 탈것에 별 관심이 없다. 이것은 이들이 감성적 관심에서 멀리 있으며 이성적 분야로 관심이 나아가 있기 때문이다.

21세기 아인슈타인으로 불리는 영국의 천체물리학자 스티븐 호킹은 21세라는 젊은 나이에 루게릭병에 걸려서 지금 이 순간에도 삶과 죽음의 문턱에서 살아가고 있다.

그는 "나는 지난 49년 동안 언제나 죽음과 함께 있었지만 죽음을 두려워하지도 않으며, 빨리 죽기를 바라지도 않는다.”라고 했다.

대다수 사람은 죽음의 공포를 넘어서기 힘들겠지만, 그는 이마저도 넘어선 이성적 인간이었다.

수많은 사람이 흔히 훌륭한 사람이 되기 위해서는 두려움을 극복해야 한다고 말을 한다.

어느 정도는 맞는 말이다. 하지만, 두려움을 극복해서 훌륭한 사람이 되었다기보다는 두려움이 없는 이성적 인간이었기에 훌륭한 사람이 되었다는 설명이 더 옳다.

이처럼 사람은 자신이 관심을 두고 있는 분야의 범위가 다 다르다. 이 영역을 가리켜서 **‘포괄성’**이라고 한 것이다. 그리고 그 관심영역이 넓어지면 자연히 그만큼을 앎으로 채우게 된다. 그리고 아는 만큼 보이는 것이다.

모든 사람은 관심의 크기가 거의 비슷하다. 다만, 어떤 분야에 더 많은 관심을 두고 있는가가 다를 뿐이다.

포괄성으로 나타나는 관심분야를 특성에 따라 3단계로 나눠보면, 1단계는 공포를 아주 크게 느끼는 단계, 2단계는 인간 간의 관계를 가장 중시하고 감정에 대하여 관심이 가장 큰 단계, 가장 포괄성이 큰 세 번째 단계는 주변 사물들에도 관심이 많으며, 모든 원리와 시스템에도 관심이 큰 단계이다.

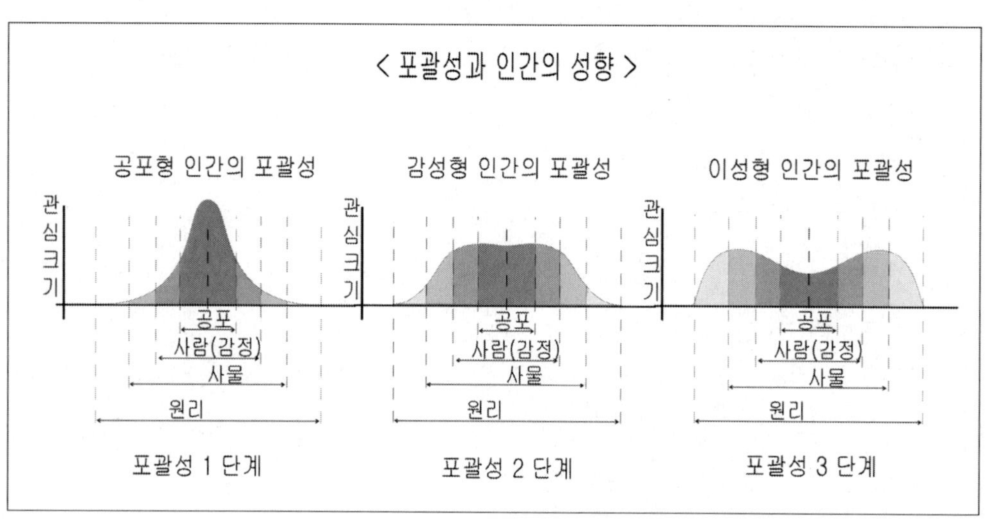

아는 만큼 보인다.

어떤 현상이나 사물을 볼 때 포괄성이 아주 넓은 사람은 좀 더 옳은 판단을 하겠지만, 포괄성이 좁은 사람은 모르는 부분을 자신이 알고 있는 비슷한 것으로 채워 넣음으로써 고정관념을 발생시키고 만다('자기화(自己化) 현상' 참조)

나를 때린 나의 어머니 대신 엉뚱한 사람을 그려넣은 것처럼, 바위에 신이 존재한다고 믿는 것처럼 말이다.

포괄성이 크게 성장하지 않은 초등학생에게 대학교 강의를 듣게 하면 이해할 수 있는 게 거의 없지 않겠는가?

포괄성이 아주 좁은 공포형 인간과 아주 넓은 이성형 인간을 설명했으며, 이제 그 중간인 감성형 인간에 대하여 생각해보자!

공포를 넘어섰다고 하나 크게 넘어서지도 못했으며, 자연현상과 사물, 시스템과 같은 원리를 이해한다고 하나 그것은 조금뿐이며, 자신이 가깝게 즐겨 쓰는 몇 가지 물건들을 제외하고는 크게 관심을 가지지도 않는다.

이들의 모든 관심은 인간에게 집중되어 있다. 남들에게 어떻게 하면 환심을 살까? 화장은 어떻게 하고, 옷은 어떤 색상으로 입을 것이며, 액세서리는 어떤 것을 할까? 오늘은 누구랑 점심을 먹을까? 인맥을 쌓기 위해서는 어떤 모임에 드는 것이 좋을까?

온통 사람과 사람 사이의 일에만 집중되어 있다.

내가 잃어버린 잠바 이야기를 조금 더 해보자!

어머니가 그 옷을 새로 사줄 때는 어떤 감정이었을까?

'이 옷을 보면 우리 아이가 얼마나 기뻐할까? 너무 좋아서 날뛰겠지?'

'이 추운 겨울 이 옷 하나면 좀 덜 춥게 넘어가겠지?'

'나는 옷을 못 사 입어도 새끼는 조금 더 잘 입혀야지!'

이런저런 생각에 젖어 행복했을 것이다.

어머니의 이 감정이 크면 클수록 나는 매를 더 맞아야 한다. 내가 잘못한 것은 엄밀히 따지면 그 옷 가격만큼이지만 그만큼 더하기 어머니의 감정의 크기만큼 더 맞았을 것이다.

또한, '이 녀석이 옷을 잃어버리고 돌아올 때 얼마나 추웠을까?' 하는 생각이 든다면 나는 그만큼 추가로 맞게 될 것이다.

이처럼 감정은 판단의 정확도를 그르치게 만든다. 아마도 수많은 엄마가 아이들을 그렇게 대하고 있을 것이다.

아이들이 잘하려고 하다가도 결과가 나쁘면 그 결과에 감정 상한 부모들이 혹독한 처벌할 것이다. 그래서는 안 되며, 아무리 결과가 좋아도 잘못된 행위를 포함하고 있다면 정당한 처벌을 받아야 한다.

정확히 판단하여 상과 벌을 주어야 아이들도 정확한 판단의 소유자로 자라나게 된다.

포괄성이 큰 사람은 포괄성이 좁은 상태를 쉽게 경험해볼 수 있다. 술을 먹고 흠뻑 취해 보는 것이다.

모든 이성적 판단이 불가능해지고, 좋은 것은 더 좋게, 나쁜 것은 더 나쁘게 보일 것이다. 자신에게 약간만 시비를 걸어도 싸움이 붙게 될 것이며, 다 큰 어른이 감정에 취해 울기도 한다.

사랑의 감정도 싹트지만 미움도 더 커진다.

이것은 알코올이 이성의 뇌를 비활성화하기 때문에 2단계까지 내려갈 수 있게 된다.

술을 먹지 않아도 나이가 들면 저절로 이성의 뇌가 위축되기도 한다. 외로움이 커져서 손주들이 자주 집에 찾아오기를 기다리며, 무뚝뚝하던 사람이 나이가 들면 점점 부인의 생일에 꽃이나 선물을 챙기기도 한다.

모든 사람이 다 그러는 것은 아니다. 태어나서 자라는 순서는 있어도 사라지는 순서는 없다. 이성의 뇌가 감정의 뇌보다 늦게까지 활동이 왕성한 경우에는 이런 경험은 할 수가 없다.

포괄성이 작다는 것은 옳은 판단 보다 좋은 판단을 하게 된다는 말이다. 옳은지 그른지를 판단하는 것은 이성의 뇌에서 하는 일이며, 좋은지 나쁜지를 판단하는 것은 감성의 뇌에서 하는 일이다.

요즘 많은 지방자치단체나 정부에서 출산을 장려하고 있다. 하지만, 출산에 대해서는 조금 더 깊이 생각해볼 필요가 있다. 국가 차원에서 보면 인구는 곧 국력과 직결된다.

인구가 많아지면 시장의 크기가 커지므로 경제력이 커지고, 세금을 많이 내게 됨으로써 국가 전략적 산업에 집중 투자할 수 있어서 국방이나 전략 산업에서 첨단을 걸을 수 있다.

그러나 조금 시야를 달리해서 전 지구적인 측면에서 고려하면 사정은 180도 달라진다.

지구의 덩치 큰 동물들의 분포를 고려하면 인간의 숫자는 7,000만 명 정도도 너무 많다. 하지만, 지구의 인구는 지금 7억도 아니고 70억이다. 약 20년 후에는 80억을 돌파하고 얼마 지나지 않아서 100억 명을 돌파할 예정이다.

이 파괴적 포유류 때문에 지구 대부분 동물은 멸종 위기에 있으며, 43억 년간 내려온 DNA 체계는 질서를 잃고 혼돈으로 빠져들고 있다.

45억 년간 우주에서 받아들인 먼지들로 만들어진 지하자원들은 단 1~2백 년 만에 고갈 상태에 빠지고 있다. 그 종들이 만들어내는 이산화탄소의 양은 지구의 환경을 수억 년 전으로 되돌려 놓고 있다.

과학자들은 우리 지구가 주기적으로 대부분 생명체가 멸종하는 주기가 있었음을 밝혀냈다. 마지막으로 공룡이 멸종하고 나서 6,500만 년이 흘러 드디어 다음 멸종 시기가 머지않아 닥칠 것 같다.

70억 인간이 모든 지구 상의 생명체를 죽이고 인간도 따라 죽으며 멸종의 시기를 맞을지도 모르는 일이다. 이 좁은 지구 안에 70억 인구가 산다는 것은 그런 재앙이다.

자! 이것이다. 국가적 차원에서 인구 증가를 권장하는 것은 좋은 일이지만 옳지 않은 일이며, 인구를 줄여야 한다고 하면 옳은 일이지만 싫은 일이기도 하다.

이는 또 창의력의 차이이기도 하다. 국가적 차원에서 볼 때와 지구적 차원에서 볼 때의 창의성은 너무 차이가 있다. 이 차이가 바로 포괄성이 한반도만큼 작으냐, 지구만큼 크냐의 차이이다.

포괄성은 자신이 관심을 두는 영역의 크기이며, 결국은 지식을 습득할 영역의 넓이이며, 창의력의 영역이다.

요즘 뜨는 말 중에 '멀티플레이어'라고 있지 않은가? 바로 이 포괄성이 넓은 사람을 창의력에서 멀티플레이어라고 할 수 있을 것이다.

기존의 기억은 새로운 기억이 만들어질 때 바탕이 된다고 했다.
기존의 기억들이 통찰력에 의하여 정확하게 파악된 기억들이라면 이로부터 파생되는 기억은 정확한 기억일 가능성이 높으나 그렇지 않은 기억은 그 가능성이 낮다. 또, 기억이 아주 강력하게 기억된 것일 때 직관력은 높아진다. 즉, 정확하게 기억이 되었다 하더라도 어떤 판단을 하고자 할 때 인출되지 않는 흐릿한 기억이라면 별로 소용이 없다.
똑같은 학교, 똑같은 선생 밑에서 배워도 누구는 창의력이 높고 누구는 창의력이 떨어진다.
이것은 기억 강도의 차이에서 비롯된다. 강력한 기억만이 다른 기억을 많이 파생시킬 수 있다는 말이다.
포괄성은 정확하고 강력한 기억만을 따져서 그 넓이가 얼마나 넓은가를 나타내는 말이다.
두루뭉술한 기억까지 따지자면 언제나 기억의 범위는 전체가 되기 때문이다.

나무를 보지 말고 숲을 봐야 한다?
이 요구는 틀렸다. 숲을 보라 한다고 숲이 보이는가?
다만, 숲은 포괄성이 넓은 사람에게만 보이는 축복 같은 것이다. 태어날 때부터 포괄성이 넓도록 부모의 축복을 받고 태어나야 하며, 태어나서 자라는 동안에도 오랫동안 숲을 보는 연습을 통하여 포괄성이 넓어지는 것이다.
숲을 봐야 한다고 아무리 말로 떠들어봐야 숲은 보이지 않는다.

◇ 6535 법칙

옆집 아줌마가 시장가면 나도 시장 간다. 지적으로 생긴 사람이 차분하게 설명하면 설득이 잘 먹힌다. 사기 사건은 항상 높은 지위를 이용하여 생겨난다.

옳은 공약을 펼치는 후보보다 잘생긴 후보가 표를 얻기가 쉽다. 길거리에서 불량 의약품을 파는 사람들은 항상 바람잡이와 짜고 사람들을 유혹한다.

선거 때에도 맞았는지 틀렸는지도 모르는 여론조사에 따라 사람들은 몰리고, 실제로 여론이 형성되어 버리는 경우라든지, 주식시장에서 찌라시(증권가에서 돌아다니는 간략한 정보지)의 근거 없는 내용이 주가를 끌어올렸다가 내릴 수 있는 영향력을 가진다.

이런 예들이 '다수에 동조하는 심리상태'를 나타낸다.

워런 버핏(Warren Buffett, 유명 투자가)이나 골드만 삭스(Goldman Sachs, 유명 투자회사)가 오른다고 공포한 주식들은 투자자들이 몰리면서 주가가 올라간다.

2007년 발생한 서브프라임 모기지 사태(미국발 금융사태)가 발생하기 직전, 세계 석유가격이 100달러를 돌파할 즈음에 골드만 삭스는

'150달러까지 오를 것'이라는 전망을 내놓았는데, 석유시장으로 투자
자금이 몰리면서 결국은 150달러까지 올라가는 파동이 일어났다. 이
런 사태들은 권위자 또는 다수의 의견을 의심 없이 믿어버리는 심리
를 반영하고 있다.

왜, 이렇게 남들이 하는 대로 따라 하는 사람들이 많은가? 어째서
권위자의 말이라면 한 번 제대로 판단해보지도 않고 믿어버리는가?

(두 가지 실험)

어느 강의실에 교수 한 분과 학생 8명이 모여 있다.
교수는 이 학생들에게 두 장의 카드를 나눠주고 물었다.
"A카드에는 줄이 하나만 그어져 있고, B카드에는 그림같이 1, 2, 3

번의 길고 짧은 줄이 그어져 있는데, A카드의 줄과 길이가 같은 것은 B카드에서 몇 번일까요?"

차례대로 일어나서 자신이 생각하는 답을 이야기하도록 했다.

앞에서 일곱 명은 모두 3번을 골랐다.

마지막 여덟 번째 학생은 고개를 몇 번 갸우뚱거리더니 한참을 고민한다.

'아니! 왜 다들 3번이라고 하지?'

'분명히 1번이 맞는데......'

'어어? 내가 뭐에 홀린 건가?'

한참을 망설이던 학생은 우물쭈물 3번이라고 답을 한다. 사실, A카드의 줄과 같은 것은 제일 짧은 줄인 1번이었음에도 모든 학생이 제일 긴 줄인 3번을 골라낸 것이다.

이들에게는 과연 무슨 일이 일어난 것일까?

이 실험은 1951년, 미국의 유명한 사회과학자인 솔로몬 애쉬(Solomon Asch)교수에 의하여 행해졌다.

이 8명의 학생 중 7명은 실험진들에 의하여 미리 3번을 지적하기로 약속된 가짜 실험생들이었고, 마지막 학생 한 사람만 진짜 실험 대상이었다. 물론, 서로 모르는 사이였다.

모든 사람이 틀린 답을 낼 경우 혼자서 옳은 답을 낼 수 있을까에 대한 실험이었다.

이 실험의 결과는 참으로 놀라웠다. 답을 골라내는데 조금도 어려움이 없었음에도 수많은 사람이 틀린 답을 골라낸 것이다.

이 실험은 수많은 국가에서 수많은 계층의 사람들을 대상으로 행해졌지만, 결과는 같았다. 60~70%의 사람이 잘못된 선택을 했으며, 30~40%의 사람만이 옳은 정답을 골라내었다.

　이 애쉬교수의 영향을 받은 제자 밀그램이라는 교수는 실험을 약간 변형하여 이런 효과가 '권위'에 대하여도 똑같은 결과를 가져오는지 시험을 했다.

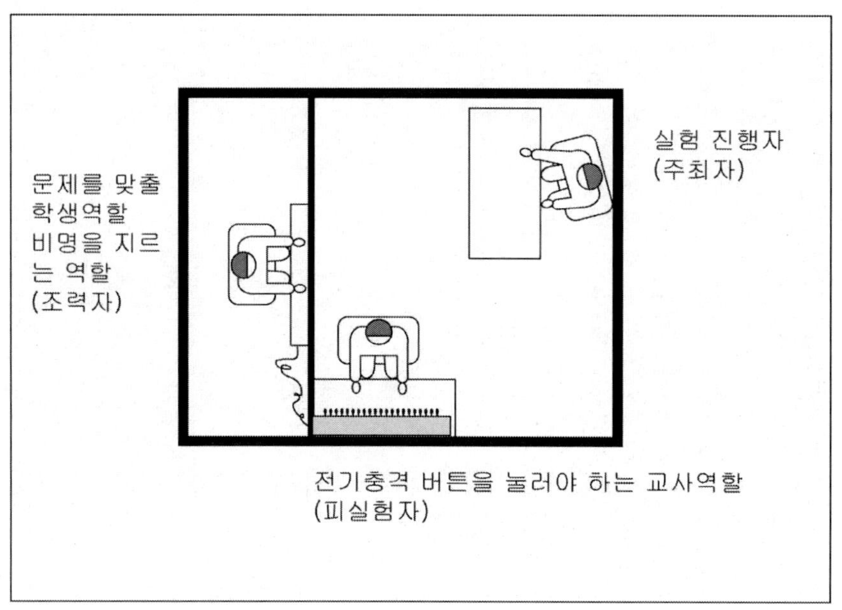

　이 실험은 오늘날까지 논란이 되고 있는 실험이며, 심리학 사상 가장 유명한 실험이다.

　'배움에서 징계의 효과'를 연구한다는 구실로 피실험자들을 모집하여 실험하였다.

　실험 전, 실험을 설명하는 사람은 하얀 가운을 입도록 해서 카리스마(권위)가 강하게 느껴지도록 유도하였다.

이 실험은 피실험자 A가 '선생'이 되어 협력자 B에게 간단한 질문들을 하고 틀린 답이 나오면 A는 실험장치에 있는 전기 스위치를 넣어야 하며, 이 때문에 B는 전기의자에서 전기적 충격을 받는 것처럼 비명을 지르도록 꾸며져 있다.

피실험자인 A는 B가 틀린 답을 낼 때마다 상위 전압의 버튼을 눌러야 하며, B는 점점 더 괴로운 비명을 지르며 감전되는 것처럼 연극을 한다.

이 스위치는 0V부터 시작하여 15V 간격으로 450V까지 표시되어 있으며, 그리고 300V 지점에는, '이 지점을 넘어가지 마시오.'라는 문구가 적혀 있다. '이 이상의 스위치를 넣으면 B는 전기 충격으로 죽을 수도 있다.'라는 것을 암시한 것이다.

실험 중 A는 '실험을 중지해야 하는 것이 아닌가?' 하는 생각이 들지만 흰 가운을 입은 전문가가 중지시키는 것을 주저하면, 과연 피실험자 A는 마지막 버튼을 넣을 것인가 하는 실험이다.

이 밀그램 교수는 이 실험을 하기 이전에 동료 심리학자들에게 결과가 어떻게 나올지에 대한 설문을 하였다.

그들은 극소수의 사디스트(Sadist, 잔혹 행위를 즐기는 사람)만이 마지막 버튼을 누를 것이라는 대답을 얻었다. 그러나 실제의 실험에서는 참여자의 약 65%가 최종 버튼을 눌렀으며 300V 이전에 멈춘 피실험자는 한 명도 없었다. 다만, 300V 버튼을 누르고 나서 35% 정도만이 더는 못하겠다는 의사를 밝히고 중단했다.

최근들어서 재실험을 해도 거의 유사한 결과를 보였다.

이 두 가지 실험들과 비슷한 실험들이 지속적으로 이루어지고 있지만, 결과는 지역이나 나라, 문화 등과 크게 상관없이 대체로 65:35의 결과가 나오고 있다.

(6535 법칙)

　이 두 가지 실험에 참가한 피실험자들은 바보가 아님에도 이들은 어째서 바보스러운 답을 선택하게 되었을까?

　결론부터 말하자면 이들 65와 35의 차이는 바로 포괄성에서 차이가 난다. 포괄성 1단계와 2단계에 있는 사람들이 잘못된 답을 선택한 65%이고 포괄성 3단계에 있는 사람들이 옳은 결정을 한 35%인 그들이다.

　사실 이들 65%는 바보스러운 답을 선택한 것이 아니라 '좋은 답'을 선택한 것이다.

　포괄성 1,2단계의 사람들은 그들에 있어서 가장 중요한 것은 '다른 사람들과 관계'를 훼손하지 않는 것이다.

　그렇게 보면 그들은 옳은 답을 선택하고 인간관계를 그르치는 것보다, 옳지 않은 답을 선택할지라도 당장 눈앞에 있는 사람들과의 관계를 그르치고 싶지 않은 것은 당연하다.

　65들은 자신들을 '현실적'이라고 합리화하며, 옳은 답을 함으로써 손해를 본 35%의 사람들을 '이상주의자'라고 밀어붙인다. 그래도 이 사회는 통할 수밖에 없다. 왜냐, 민주주의 사회에서는 다수가 통하는 사회이기 때문이다.

　목에 칼이 들어와도 옳은 것은 옳다고 말할 수 있는 사람들이 바로 이 35%의 사람들이다. 그들은 소수다. 그렇지만 그들이 창의적 인재들이고 그들이 세상을 발전시켜 나간다.

　이 실험은 심리학에서 출발했지만 '도덕'이라는 아주 큰 철학적 의미도 담고 있다.

　'옳은 것'과 '그른 것'을 구별할 줄 안다는 것은 사회시스템의 원리인 도덕을 이해한다는 뜻이고, 그렇게 행동한다는 것은 '정확한 판단 능력'이 있다는 뜻이다.

누구는 줄을 서서 끈기 있게 차례를 기다리지만 어떤 험상궂은 놈은 슬그머니 새치기한다. 그 사람은 옳은 것보다 좋은 것을 선택한 것이다.

아무리 바빠도 녹색 신호등이 켜지기를 기다리는 사람도 있지만, 빨간 불인데도 어린아이의 손을 꽉 움켜쥐고 지나가 버리는 사람도 있다. 이 사람도 좋은 것을 선택한 것이다.

손에 들려 있는 휴지를 조금만 더 들고 다니다가 쓰레기통이 발견되면 넣으면 되는데, 조금도 들고 다니기 싫다고 아무도 안 보는 사이에 슬쩍 버리기도 한다. 이 사람도 좋은 것을 선택해버렸다.

약간만 멀리 주차하면 넓은 공간에 바르게 주차할 수 있는데도 굳이 바로 앞까지 차를 몰고 가서 좁은 틈에 대각선으로 엉터리 주차를 하든가 아니면 인도에, 아니면 주정차 금지구역에 세워버리고 만다. 이 역시도 좋은 것을 선택한 것이다.

이처럼 '좋은 선택'은 '옳은 선택'인 도덕성을 져버리는 행위로 대부분 나타난다.

어린이들이 체험하는 것보다 친구들과 수다 떠는 선택을 하거나, 재미있는 동화책을 읽는다면 이들도 옳은 것보다 좋은 것을 선택한 것이다.

이처럼 공포와 감정에서 벗어나지 못하면 약간 위험한 것, 약간 불편한 것에서는 포괄성을 크게 키울 수가 없다.

좋은 것을 선택하는 것은 감성의 뇌인 변연계의 요구사항이고, 옳은 것을 선택하는 것은 이성의 뇌인 전두엽에서 요구하는 사항이다. 좋은 것을 선택하는 것은 포괄성에서 1, 2단계를 넘어서지 못한 것이고, 옳은 것을 선택하는 것은 포괄성 3단계에 도달한 사람이다.

이 도덕성을 보면 그 사람의 창의력 정도를 판가름할 수 있다. 수준 높은 과학자나 철학자, 발명가들은 도덕성을 겸비한 사람들이 많다.

창의성과 독창성은 같은 말이며, 독창성이란 혼자서(獨) 생각해 냈다(創)는 말이다.

자신이 어떤 아이디어를 생각해내고 다른 사람에게 "야! 이 생각 어때?"하고 물어보는 순간 그 아이디어는 그 조언자의 생각에 크게 영향을 받게 되고, 대체로 덜 창의적인 방향으로 회전하고 만다.

앞서 두 가지 실험에서 65%를 차지하는 사람들은 이처럼 다른 사람을 의식하는 사람들이기 때문에 자신만의 생각을 할 수가 없다.

창의력은 혼자서 생각하는 과정이 여러 번 반복됨으로써 커지는 것이지만 이들은 다른 사람에게 물어봄으로써 쉽게 답을 얻으려는 '좋은 선택'을 한다. 그 결과 그들은 창의력이 부족한 사람으로 성장하게 되는 것이다.

내가 회사생활을 할 때 어떤 상사는 기껏 회의해서 의견을 모아놓으면 "다른 본부는 어떻게 하는지 좀 알아봐요!"라며 결재를 미루던 상사가 있었다. 잘못된 결과가 나오더라도 '우리만 그런 것이 아니라 다른 본부에서도 다들 그렇게 하던데요?'라는 핑곗거리가 생긴다. 결국은 자신의 생각은 믿지 못하고 다른 본부의 생각을 믿어버린 것이다.

65%의 사람들은 옳은 답보다 자신에게 유리한 답을 고름으로써 약간의 이득을 취하지만 옳은 답을 선택하지 못하는 우를 범하고 있다.

옳다는 기준은 사실인가 아닌가의 기준이기도 하지만, 개인의 이득이 아니라 사회 전체에 이득이 돌아가는가에 있다.

35%는 자신이 손해를 보더라도 사실인 것을 고르며, 사회 전체의 이득을 선택한다.

갈릴레오 갈릴레이가 '지구가 태양의 주위를 돈다.'라는 지동설을 주장했다가 '태양이 지구 주위를 돈다.'라는 천동설을 주장하는 가톨릭교회에서 종교재판을 받았다.

그의 선택은 좋지는 않았지만 옳았다.

천재 찰스 다윈은 이런 현실적인 갈등 앞에 오랫동안 망설였던 것으로 보인다.

진화론에 대해 확신을 하고 논문을 작성하고도 20년 동안 발표를 못 하고 미루고 있었다. 종교계 전쟁을 벌여 이길 자신이 없었기 때문이다.

그 수많은 세월 동안 증거자료를 더 수집하고 확신이 서기를 기다린 것이다. 그리고 20년이 지난 어느 날, 그의 부인 엠마가 '당신을 천국에서 볼 수 없다는 것은 너무 슬픈 일이에요.' 하며 만류했지만, 그는 결국 출판을 하고 만다.

그 역시도 좋지는 않았지만 옳았다.

'좋은 것'은 세상을 약간 후퇴시키며 '옳은 것'은 세상을 진화시킨다.

스티브 잡스는 2005년 미국 스탠퍼드대 졸업식 축사에서 이런 말을 했었다.

「매일 아침 거울을 보면서 저 자신에게 말했습니다. 만일 오늘이 내 인생의 마지막 날이라면, 내가 오늘 이 일을 하게 될까? 그리고 여러 날 동안 그 답이 'No!'라고 나온다면 저는 결정을 바꿔야 한다고 생각했습니다. 죽음을 생각하는 것은, 제가 인생에서 큰 결정들을 내리는 데 도움을 준 가장 중요한 도구였습니다. 모든 외부의 기대, 자부심, 좌절과 실패의 두려움, 그런 것들은 죽음 앞에서는 아무것도 아니므로, 진정으로 중요한 것만을 남기게 됩니다. 죽음을 생각하는 것은 당신이 무엇을 잃을지도 모른다는 두려움의 함정을 벗어나는 최고의 길입니다.」

그가 말한 '모든 외부의 기대, 자부심, 좌절과 실패의 두려움'은 감성의 뇌 소관사항이다.

죽음이라는 공포를 이겨내면 정확한 판단에 이르게 된다는 말이며, 권위나 인간관계 등은 결국 두려움과 감정이라는 포괄성 안에 있는 것들이다.

죽음을 목전에 두고 있다면, 권위에 대한 두려움, 인간관계 훼손에 대한 두려움 등이 모두 사라지므로 '좋은 선택'보다 '옳은 선택'을 하게 되는 것이다.

좋은 것을 고른다면 이는 고정관념에서 벗어나지 못하는 생각이다. 옳은 것이 아니라 좋은 것이라면 결코 창의력은 다가오지 않는다. 좋은 것을 선택하면 당장은 이익을 보지만 최고의 이익은 포기하는 것이며, 옳은 선택을 하면 당장은 손해를 보지만 최고의 이익을 선택하는 것이다.

우리는 마시멜로의 이야기를 잘 알고 있다.

마시멜로의 달콤한 유혹은 본질을 볼 수 없게 만들어서 잘못된 사고와 판단에 이르게 한다.

고정관념으로 들어가게 되는 것으로 창의력과는 멀어지게 된다.

우리 사회는 이처럼 좋은 것을 고르는 사람과 옳은 것을 고르는 사람의 비율이 대체로 65:35를 보인다. 안타까운 일이다.

◇ 자기화(自己化) 현상

　내가 군대 있을 때, 어느 고참의 어머니께서 돌아가셨다.

　그 장례식 날 관을 옮기는데 노란 나비가 관 위를 빙빙 맴돌며 계속 따라다녔다고 한다. 그의 어머니가 꽃과 나비를 무척 좋아했고, 특히, 노란색을 많이 좋아했다고 한다.

　그 고참은 그 노란 나비가 어머니의 영혼이라고 믿고 있으며, 제대할 때까지 그는 노란 나비만 보면 눈물을 흘리고 감상에 젖어들었다. 아마, 지금도 그럴지도 모른다.

　포괄성의 크기에 따라 이해하는 정도와 처리 능력의 크기가 어떻게 달라질까?

　사람은 자신이 알고 있는 기억에 의하여 새로운 기억들이 만들어지기 때문에, 포괄성이 좁은 사람은 인간과 관련된 지식은 강하고 섬세하게 습득할 수 있지만, 그 외의 지식에 대하여는 습득할 수 없거나 습득한다 해도 애매한 지식 또는 틀린 지식으로 습득된다.

　예를 들자면, 커다란 바위가 집 뒷산에 있다고 할 때, 포괄성이 넓은 사람은 그 바위의 종류와 갈라진 형태를 잘 살펴서 지진이 많이 일어나는 지역인지를 파악할 수 있다.

그렇지만 포괄성이 좁은 사람은 아는 바가 사람밖에는 없으므로 그 바위에 인간을 대입하여 생각할 것이다.

'이 바위에는 바위 신이 존재해! 갑자기 흔들린 이유가 뭐겠어? 분명히 신령님이 노하신 거야!'

이것은 객관적으로 생각하지 못하고 자신의 생각을 대입하여 판단한 것이다.

이처럼 자신의 잘못된 기억을 적용하여 판단하는 현상을 '자기화(自己化) 현상'이라고 이름을 붙였다. 사람이 아닌 것을 사람과 똑같은 마음이 있다고 여기는 것이나 다른 사람이 자신과 비슷한 생각을 하리라고 여기는 것 등등이 포함된다.

어떤 아주머니가 있었다.

그녀는 온갖 노력에도 아이를 얻지 못하였다. 그러던 어느 날 강아지 한 마리를 얻었고, 그날부터 그녀는 그 강아지에 빠져 살았다. 온종일 쓰다듬고, 목욕시키고 옷을 갈아 입히며 털을 곱게 빗어내려 예쁜 리본도 달아주었다.

그러던 어느 날 강아지는 시름시름 앓더니 죽고 말았다. 그녀는 너무 슬퍼서 일주일 동안 아무것도 먹지 못하고 울기만 했었다.

가만히 생각해보자.

강아지는 인간이 아니다. 인간과 같은 감정을 느끼는 지적 생명체가 아니다. 하지만 이런 사람들은 마음속으로는 '그럴 리가 없다.'고 생각한다. 그들도 인간과 똑같이 섭섭한 감정, 사랑하는 감정, 행복한 감정, 슬픈 감정을 다 똑같이 느낀다고 생각한다. 그래서 자식처럼 느끼는 것이다.

아무리 그래도 동물은 인간이 아니다. 수많은 사람이 애완동물이

나, 키우고 있는 식물, 주변에 존재하는 많은 생명체를 '자신과 동등
하게 생각(자기화- 自己化)'하여 인간의 관점에서 바라보고 애정을
가진다. 또, 그것들과 대화도 한다.
　이것은 포괄성에 따른 이해 능력에 깊은 관련이 있다.

　어느 사무실 복도에서 서로 모르는 두 여자가 반대방향으로 지나
쳐 지나간다.
　같은 또래의 두 여자는 지나가면서 상대방을 평가하기 시작한다.
　'뭐야! 왜 저렇게 옷을 볼품없이 입었대?'
　'머리며 옷도 다 유행이 지난 옷이잖아?'
　'신발은 또 어때? 아이구, 요즘 누가 꽃 달린 구두를 신어?'
　'아마, 남친도 없는 애일 걸!'
　이 사람은 자신의 기준으로 판단하여 '저 사람은 왜 나처럼 판단
하지 못하지?'라는 생각에 빠진 것이다.

　상대방은 또 다른 생각을 한다.
　'아이쿠, 저런!'
　'온통 신상품으로만 쫙 빼입었군!'
　'옷이 신상품이면 사람도 새사람이 되나?'
　'아마, 카드를 박박 긁다 서방한테 쫓겨난 이혼녀일지도 몰라!'
　많은 사람이 서로 자기와 같은 생각을 하며 같은 기준으로 살아간
다고 생각한다. 이런 사람들에게 "넌 왜 그러니?"라고 말하면 "남들도
다 그러잖아!"라는 대답이 돌아온다. 그런 사람이 몇 있겠지만 대부분
이 그런 경우는 드물다.
　이러한 '자기화(自己化) 현상'은 포괄성이 작을수록 모르는 것을
아는 한도 안에서 생각하게 되며, 전부 자신과 같게 채워놓음으로써

생겨난다. 여기서 모른다는 뜻은 합리적이지 못한 판단 등을 포함하는 개념이다.

이 세상 사람은 70억 인구 중 단 한 사람도 같은 생각을 하거나, 같은 기준으로 살아가는 사람은 없다는 사실을 모른 채 말이다.

포괄성이 클수록 이런 사실을 많이 깨닫는다.

이런 데는 이유가 있다. 인간은 자신이 눈에 보이는 모든 것을 정의하며 산다. 눈에 같은 형태 같은 색깔이면 같은 것으로 친다. 손에 같은 느낌으로 느껴지면 같은 것이다. 혀에 같은 맛으로 느껴지면 같은 것이다.

장님이 코끼리 다리를 만지면서 '아하! 이건 기둥이군!' 하는 것과 같다.

이 복도에서 서로 지나쳐간 두 여인은 서로의 마음속에 들어가 보질 못했으니 당연히 겉으로 보이는 것을 가지고 판단할 수밖에 없다.

그런데 이런 감각이 예민한 사람은 아주 섬세하게 느끼고, 덜 예민한 사람을 두루뭉술하게 느낀다. 통찰력이 강한 사람일수록 구분을 잘하며 약한 사람일수록 두루뭉술하게 생각한다.

포괄성이 좁을수록 자기화(自己化)에 강하고, 포괄성이 넓을수록 자기화(自己化)를 덜 하여 통찰력이 강해지는 것이다.

언젠가 천성산의 도롱뇽을 지키기 위하여 목숨을 걸고 기나긴 단식을 하며 터널 뚫는 작업을 막았던 여승이 있었다.

그 사람은 인간은 윤회한다는 사상을 굳게 믿고 있었을 것이며, 지금 그 도롱뇽들은 누군가 죽어서 다시 태어난 인간이라고 생각했을 것이다.

모든 동물이 인간과 같다는 것은 곧 자기화(自己化)에 속한다.

아마, 이 지구 상에 태어났던 동식물들의 99.99%는 다 멸종하였다. 누군가는 지금도 60초마다 한 종씩 멸종하고 있다고 하였다. 그러나 박테리아 수준까지 내려가면 60초가 아니라 매 순간 종의 멸종은 일어나고 있다. 멸종 자체가 그리 엄중한 사태가 아니라는 사실을 통찰하였더라면 거의 죽을 뻔하면서까지 단식하지는 않았을 것이다.

만약, 그녀의 포괄성이 전 지구만큼 넓고, 진정으로 멸종되어가는 뭔가를 위해 해야 할 일이 있다면 '한 자녀 낳기 운동'을 위해 목숨을 걸었을는지 모른다. 아니면, 생물의 다양성을 해치는 인간들의 많은 행위의 부당성을 알리기 위하여 발 벗고 나섰을 수도 있다.

많은 사람이 이처럼 자기화(自己化)의 굴레에 빠져 있다. 이 자기화(自己化)는 수많은 고정관념을 만들어 낸다. 포괄성이 넓은 사람도 자기화(自己化)를 완전히 배제하지는 못한다.

다윈의 진화론도 많은 자기화(自己化)의 굴레에 빠져 있다는 것이 내 생각이다.

뒤에 자세히 나오겠지만 여기서 약간만 소개해보자!

다윈의 진화론은 대부분 맞지만, 유전자는 아무런 의도도 갖고 있지 않으며, 더욱이 자연이 진화를 선택했다는 것 역시 자연에 인간과 같은 능력을 부여한 자기화(自己化)에 속한다.

'이기적 유전자'라는 책을 펴낸 진화학자인 도킨스 역시 유전자에 '이기적'이라는 인간의 마음을 선물함으로써 자기화(自己化)했다.

하지만, DNA는 어떤 의도도, 목적도, 방향도 가지고 있지 않은 염기분자로 몇 개의 원소들의 조합일 뿐이다.

나는 이들의 주장을 연구하면서 '혹시, 도킨스가 독자들에게 잘 이해할 수 있도록 의도적으로 의인화하여 사용하지 않았을까?' 하는 생각을 해 본 적이 있다.

그러나 나의 결론은 그런 가능성보다는 훨씬 더 자신들이 그렇게 믿고 있다는 쪽에 무게를 두게 되었다.

그 책을 읽는 수많은 독자는 의역하여 사실을 있는 그대로 받아들이기보다는 자기화(自己化)된 지식을 그대로 습득해갈 가능성이 아주 크다.

진화는 자연도, 진화의 대상이 되는 생물들도 어떤 의도를 가지고 진행되는 행위가 아니라 무작위로 일어나는 현상이며, 어떤 의도가 있는 것처럼 느껴지는 이유는 현재까지 멸종하지 않고 살아남은 종의 특성이 어떤 방향성을 가지고 있는 것처럼 느껴지기 때문이다. 나중에 이에 대하여 좀 더 논의하게 될 것이다.

자기화(自己化)는 고정관념을 만들고 통찰의 기회를 줄임으로써 창의적 사고를 저해한다.

창의적이지 않은 사람은 창의적인 사람을 알아보지 못하며, 창의적인 사람이 만들어낸 아이디어 또한 알아보지 못함으로써 사장(死藏)되는 경우가 아주 흔하다.

오늘날 핸드폰보다 훨씬 많이 사용되는 제품이 있다. 바로 디지털카메라다.

핸드폰마다 디지털카메라가 장착되어 있으니 당연히 핸드폰보다 많이 사용하고 있는 셈이다.

이 디지털카메라를 제일 먼저 개발해낸 회사는 어디일까? 처음으로 필름을 만든 '코닥'이라는 회사다.

이 회사는 카메라도 만드는 회사였는데, 한동안 필름 생산에 주력하다가 1972~1975년에 디지털카메라를 만들어냈다.

'디지털'이라는 용어는 컴퓨터에서 사용할 수 있다는 의미가 있어서 인터넷으로 주고받을 수 있는 사진을 만든다는 것은 아주 획기적인 사건이었으며, 오늘날 소위 개나 소나 다 가지고 있는 '디카'를 생각해볼 때, 엄청난 블루오션 시장이었음에 틀림이 없다.

하지만, 이 회사는 이 디지털카메라 사업을 접고 말았다. 왜냐하면, 장사가 안되었기 때문이다.

나중에 디지털 시장이 활성화되었을 때는 다른 회사들이 이미 시장을 선점해버렸고, 코닥은 후발사업자로 다시 뛰어들어 사업할 수밖에 없었다. 눈앞에서 가장 먹음직스러운 먹이를 놓친 것과 다름없는 상황이다.

코닥은 자기화(自己化)를 해버린 것이다. '아무리 해도 안 되는 것을 보면 디지털카메라 사업은 애초부터 불가능한 사업이었어!'라고 생각해버렸다.

자신이 모르는 내용에 대해서도 이미 알고 있는 다른 기억을 심어놓음으로써 모두 알고 있는 것처럼 포장해버리는 것이 자기화(自己化)의 특징이다.

코닥은 예로 든 것뿐이며, 모든 인간은 다 자기화(自己化)에 빠져 산다. 얼마나 더 하는가, 덜 하는가의 문제일 뿐......!

사람들은 참으로 많은 것에 의미를 부여하며 산다. 심지어 숫자에도 의미를 부여해서 7을 행운의 숫자로, 13은 불길한 숫자, 3은 완벽한 숫자 등으로 사용하며, 날짜에도 의미를 부여해서 '빼빼로데이'니 '밸런타인데이', '화이트데이' 등 이상한 날들을 만들어낸다. 또, 생일이니 제삿날이니 명절이니 등도 사람들이 의미를 부여하여 만든 것이다. 그렇지 않고 절대적인 의미가 있는 것이라면 어떤 민족이나 나라에도 같은 날 적용되어야 옳다.

귀신도 나라마다 모두 형태가 다르며 창조신화도 다르고 믿는 종교도 다르다. 의미를 부여했다는 것은 절대적인 가치가 있다는 말이 아니라 자기화(自己化)했다는 말이다.

　이 자기화(自己化)를 버리고 더 크게 포괄성을 키우는 것이 창의력 측면에서는 매우 중요하다.

　　- 결론 -

　창의력은 상상력이 아니다. 그럼에도 많은 사람이 그렇게 생각하는 이유는 '이 세상의 대부분 지식은 옳다. 그 지식 이외의 엉뚱한 것을 찾아내는 것이 창의력이다.'라고 생각하기 때문이다.

　그러나 앞에서 보았듯이 여러 가지 원인으로 이 세상의 지식은 사실 정확한 것이 별로 없다. 틀린 것을 정확하게 바라보는 능력이 통찰력이며, 창의력은 여기서부터 시작되어야 한다. 즉, 통찰력이 창의력의 기초라는 말이다.

⊞ 통찰력

보지 않고 정확한 그림을 그려낼 수는 없다.

통찰력은 창의력의 근본이다.

통찰(洞察)이라는 것은 정확히, 완전히 간파한다는 뜻으로 본질에 가장 가깝게 보는 것이 통찰이다.

다음 아홉 가지를 통하여 본질에 가깝게 다가갈 수 있을 것이다.

1. 원리를 정확히 파악하면 통찰력이다.
2. 자기화(自己化)하지 않으면 통찰력이다.
3. 기억섬을 만들지 않으면 통찰력이다.
4. 고정관념을 제거하면 통찰력이다.
5. 습관에 잘 젖지 않는 것도 통찰력이다.
6. 섬세한 것은 통찰력이다.
7. 몰입해서 생각하면 통찰할 수 있다.
8. 도구를 잘 이용하는 것도 통찰력이다.
9. 폭넓은 지식과 경험을 쌓는 것도 통찰력이다.

◇ 고정관념의 제거

우리는 앞에서, 기억은 공포라는 첫 단추가 잘못 끼워짐으로써 많은 고정관념이 생겨나며, 기억섬, 포괄성, 6535 법칙, 자기화(自己化) 등의 작용에 의하여 더해진다는 것을 알았다.

이런 고정관념에서 벗어나면 본질이 정확히 보이게 되며, 이것이 바로 통찰력이다.

앞에서 내 어린 모습을 전혀 모르면서도 내가 어렸을 때 어머니한테 맞는 모습을 머릿속에 떠올렸을 것이다.

그러던 어느 날 내 어린 시절 사진을 본다면 그 매 맞던 그 임의의 어린아이는 사진 속의 그 아이로 대체되어 약간의 옳은 이미지가 저장될 것이고, 이렇게 수정되어 가는 것이 일종의 통찰력이다.

그러나 아직도 때리시는 어머니는 진짜 어머니가 아니다.

내가 조금 둥글고 큰 얼굴을 가지고 있으니 내 어머니도 둥글고 큰 얼굴을 가졌을 가능성이 조금 높다.

여러분의 머릿속에 있는 여성의 얼굴을 조금 뜯어고쳐서 이미지 수정을 해보자!

이렇게 수정하면 정확하게 얼굴을 맞혔을 리는 없지만, 조금 더 근접해졌을 것이다. 조금 더 사실에 다가가면 그것도 통찰력이다.

나의 어린 시절 사진을 보는 것, 나의 어머니의 사진을 보는 것과 같은 관찰은 통찰력이다.

사람들은 처음 보는 사람을 약 0.6초 만에 파악하고, 6초 정도면 그 사람을 정의해 버린다. 바로 선입견이다.

한 번도 본 적이 없는 사람이지만 나의 머릿속에는 몇 십 년 전 나를 이유 없이 때렸던 술 취한 어느 아저씨와 닮은 것이 이유가 되어 그 사람은 6초 만에 나쁜 사람이 되어 있다.

만약, 나에게 사탕을 줬던 아저씨와 닮았다면 그 사람은 착한 사람이 되어 있을 것이다.

그런데 많이 닮지는 않아도 된다. 눈꼬리가 올라간 것만 닮아도 되며, 들창코만 닮아도, 야무진 입술만 닮아도, 어떤 자그마한 부위만 닮아도 그것이 단서가 되어 기어코 그 오래된 기억을 찾아내어 꿰맞추고 만다.

또한, 옛날 그 아저씨의 얼굴을 정확히 기억하지 못해도, 그 당시 상황이 기억나지 않는다고 해도 우리 뇌에는 어슴푸레한 기억이 남아 있어서 사람의 판단에 큰 영향을 끼친다.

이 선입견에 사로잡히면 진실을 쉽게 볼 수가 없다. 이 선입견도 포괄성이 작은 사람에게 일어나는 자기화(自己化)에 의한 고정관념이다.

현재에도 틀린 지식은 아주 많이 만들어지고 있으며, 교과서 등에 실려 있는 지식도 상당 부분 잘못된 지식이 존재한다.

물이 수증기가 되는 온도는 섭씨 100도로 배웠지만, 이는 거짓말이다. 상온인 25도에서도 증발하고, 영도나 그 이하의 얼음에서도 계속 수증기가 된다.

그 증거를 대볼까?

우선 냉장고에 있는 냉동실을 열어봐라! 거기서 피어나오는 안개! 그것은 물이 0도 이하에서 수증기로 변하는 현상이다.

봄이 되면 아지랑이가 하늘거린다. 그것 역시 100도가 아닌 상온 1기압에서 수증기로 변하는 물의 증거다.

비는 100도에서가 아니라 전부 상온에서 증발한 수증기들의 집합이다. 이처럼 어마어마한 양의 물이 상온에서 수증기가 되어 폭우가 쏟아지고 홍수를 만들어낸다.

물은 100도에서 끓는다는 말은 초등학교에서 시작해서 대학교에서까지 배운다. 그러나 이와 같은 예외사항은 어느 학교, 어떤 선생님, 어떤 교과서에서도 배워본 적이 없다.

물론, 100도에서 가장 활발하게 수증기로 변하는 것은 맞지만 그래도 그것보다 비교도 할 수 없을 만큼 많은 물이 상온에서 증발한다. 우리가 알고 있는 그것은 고정관념이다.

물이 전기분해 하면 산소와 수소로 나뉜다고 배웠다. 이 말은 정상상태에서는 물이 산소와 수소로 나뉘는 경우는 없다는 사실을 묵시적으로 교육하고 있다. 하지만, 전기를 가하지 않아도 산소와 수소로 나뉘기도 하며, 평상시에도 수소와 산소가 만나 물이 되기도 한다.

그 양이 우리가 느끼지 못할 만큼 미미하긴 하지만, 전 지구로 치면 어마어마한 양이다.

금성은 우리 지구와 쌍둥이 별로 지금의 지구만큼 물이 많았던 적이 있지만, 금성에는 지금 물이 없다. 누가 금성에 가서 물을 전기분해 시켜버렸을 리는 없다. 수증기 상태로는 무거워서 금성의 중력을 벗어나 우주로 사라질 수도 없다.

전기분해 없이도 산소와 수소로 바뀌는 과정에서 가벼운 수소들이 중력권을 벗어나면서 다시 물로 만들어지지 않았기 때문에 현재 금성에는 물이 존재하지 않는 것으로 여겨진다.

육지보다 물이 더 많은 우리 지구도 약 15억 년이 흐르면 이와 같은 원리에 의해 물은 전부 사라지고 없을 것으로 추정된다.

물은 전기분해에 의해서만 수소와 산소로 분해된다는 것은 고정관념이다.

지구의 나이는 얼마나 될까?

초등학생들에게 물어봐도 쉽게 대답할 것이다.

"약 45억 년!"

수많은 책과 학교 선생님, 교과서, 학원 선생님들에게 들어서 알고 있는 답이다.

사람은 어머니의 뱃속에서 태어나는 사건이 존재하므로 나이라는 개념이 존재하지만, 지구는 기준점이 될 만한 사건이 없다.

정 찾는다면 아마 137억 년 전 빅뱅이 아닐까?

그때 생겨난 물질들이 우주를 떠돌다가 만유인력에 의하여 서로 이끌려서 계속 뭉쳐져서 커지기도 하며, 간혹 별의 폭발을 통해 쪼개지기도 한다.

그렇게 크게 뭉쳐진 것이 은하나, 태양과 같은 항성들이다.

뭉쳐지지 못한 물질들은 계속 우주를 미아처럼 떠돌다가 태양의 중력에 이끌려서 태양으로 빨려 들어가거나 아니면 태양의 궤도를 빙글빙글 돌기도 한다. 이런 물질들은 농도가 짙어지면 계속 충돌하여 커지면서 지구 같은 행성이 되어 간다.

지금은 훨씬 많이 줄어들기는 했지만, 그 충돌 과정은 아직도 끝

나지 않았다. 별똥별들이 지구와 충돌하며 조금씩이나마 계속 커가고
있다.

　지구의 나이를 언제부터 측정해야 할까?
　태양이 뱃속에서 낳아준 것도 아니요, 어느 순간 불현듯 나타난
행성도 아니다.
　지구를 구성하는 물질은 빅뱅에 의하여 생겨난 물질이고, 이들이
그때부터 지금까지 계속 뭉치는 작업을 지속하고 있는 것이라서 뭘
기준으로 나이를 계산할 것인가? 나이가 45억 살이 아니라 137억 살
이라고 한다면 맞는 말일까?
　지금 어린이들이 이야기하고 많은 물리학자, 천문학자들이 이야기
하는 지구의 나이는 은연중에 생겨난 약속에 불과하다.
　과학자들이 지구의 암석들을 조사했는데, 최고 오래된 암석이 약
43억 년쯤으로 나온다.
　처음 우리 태양이 생기고, 지구가 현재와 같은 모습을 하기 이전
에 지구 전체를 녹일 만큼 커다란 행성과 충돌한 적이 있다.
　지구는 전체가 물처럼 녹아 버렸고, 파편들이 지구 밖으로 날아가
서 흩어져버렸다.
　이 파편들이 다시 뭉쳐 만들어진 것이 지금의 달이고, 지구는 다
시 조금씩 식어서 땅도 생기고 암석도 생겨났는데, 암석의 나이인 43
억 년이라는 숫자는 이때부터 계산한 숫자다.
　그리고 태양은 약 46억 년쯤 빛을 발할 만큼 커진 것으로 파악되
고 있다. 그래서 지구의 나이는 43억년과 46억년 중간 어디쯤으로 은
연중에 약속이 되었을 것이다.
　백과사전마다 서로 다르게 나이를 적어놓고 있는 이유가 바로 이
때문이다.

'45억 년'이라는 숫자만 알고 이런 사실들을 정확히 알지 못하면 이 또한 고정관념이다.

나는 학교 자연 시간이나 생물 시간을 통하여 하나의 세포에는 하나의 미토콘드리아만 있는 것으로 알고 있었다. 교과서의 모든 세포 그림에는 미토콘드리아가 하나씩 그려져 있기 때문이다. 누구도 세포 하나에 미토콘드리아가 수백 개, 수천 개 존재한다는 사실을 알려준 적 없다.
이것이 고정관념으로 가득한 우리 교과서의 실체다.

이처럼 모든 기억이나 지식은 대부분 고정관념이다. 이를 수정하는 것이 '생각'이다.
여기서 '생각'이라는 단어는 아주 중요하며 이 책 전체를 통틀어 가장 중요한 단어가 바로 '생각'이다.
생각이 더해지지 않으면 배워도 배운 것이 아니다. 물이 끓는 점 100도, 물의 전기분해, 나이 45억 살, 단 하나의 미토콘드리아 등으로 알고 있을 것 아닌가?

우리는 처음부터 잘못 끼워진 기억의 단추 때문에 고정관념이 발생하고 있으며, 새롭게 수집되는 정보들도 가시광선 밖에 볼 수 없는 눈의 한계 때문에 고정관념화된 정보들이다.
어디 눈의 부정확성이 빛에만 국한되어 있겠는가?
작은 우주라고 할 수 있는 세포처럼 작은 영역도 우리는 눈으로 볼 수 없으며, 너무 큰 우주 같은 존재도 보지 못한다.
너무 가까워도 보지 못하고 너무 멀어도 보지 못한다.
그리고 그런 속성은 우리의 정보수집 기관인 모든 감각기관이 다 그런 한계를 가지고 있어서 우리는 늘 잘못된 정보를 수집하고 있는 것이며, 꼭 수정되어야 하는 이유다.

태어나서 지금까지 가장 친숙한 단어는 '어머니'지만, 그래도 어렸을 때의 어머니에 대한 개념과 나이가 들었을 때의 어머니에 대한 개념이 다르다.

나머지 것들이야 오죽하겠는가?

우리는 처음 태어났을 때부터 죽는 그날까지, 인류가 멸망하는 그날까지 이 고정관념에 대한 수정 작업을 계속해 나가야 하며, 사람은 얼마나 많은 지식을 담고 있는가도 중요하지만, 그보다 고정관념을 많이 수정해서 얼마나 정확하게 알고 있느냐가 그 사람의 지적 능력을 가름하는데 훨씬 중요한 요소가 된다.

수많은 고정관념에서 벗어나는 것이 통찰력이다.

◇ 섬세함

　'손재주가 비상하다.', 또는 '눈썰미가 대단하다.'라는 얘기를 듣는 사람들은 손이나 눈의 능력이 뛰어난 사람들이 아니다. 이 사람들은 섬세하게 이해하는 통찰력이 뛰어난 사람들이다.

　우리는 주변에서 '소심하다.'와 '뒤끝이 없다.'라는 말을 많이 사용하고 있다.
　소심(小心)하다는 말은 '마음 씀씀이가 작다.'라는 뜻으로 쓰이며, 뒤끝이 없다는 말은 뒷마무리가 깔끔하다는 뜻이고, 요즘은 '대범하게 용서해준다.'라는 뜻으로도 쓰인다.
　누군가 나에게 이 두 사람 중 한 사람을 직원으로 채용하라고 한다면 나는 소심한 사람을 골라 쓸 것이다.
　사실, 소심하다는 말은 마음이 작다는 뜻이지만 아이러니하게도 생각이 큰 사람을 가리킨다. 어떤 일을 하면서 여러 가지를 잘 생각해서 옳은 선택을 하는 사람이다.
　뒤끝이 없는 사람은 생각도 뒤끝을 잘라버림으로써 생각이 짧은 사람이다.
　이 차이는 포괄성에서 차이가 나는 것이며, 생각의 변수를 얼마나 많이 대입하는가 그렇지 않은가의 차이이다.
　소심한 사람은 섬세한 사람이며 창의적인 사람에 가깝다.

내가 아는 어느 구두 닦는 아저씨는 참으로 신통한 능력을 지녔다.

이 사람은 수백 명의 신발을 걷어다가 닦은 후에 돌려주는데, 틀리게 돌려주는 적이 거의 없다.

뭐, 이 정도는 대부분 구두닦이가 다 하는 일이다.

하지만, 이 사람은 구두만 보고도 건강한 사람인지 불편한 사람인지를 알아맞히는 능력이 있다.

또한, 달리기를 잘할는지 힘이 센지를 다 알아맞힌다.

이 아저씨가 구두를 보는 것은 눈이지만 그 능력은 눈이 아니라 그의 경험들과 생각의 능력이다.

미천한 눈의 능력을 뇌가 대신하는 것이다.

다들 똑같은 구두를 보지만 대부분의 사람에게는 보이지 않는 것이 전문가에게는 보인다. 그렇다고 시력이 좋은 것은 아니잖은가?

이것이 섬세함이고, 곧 통찰력이다. 얼마나 섬세한가가 전문가를 결정짓는 잣대다.

스티브 잡스는 제품을 완성할 때 디자인이 맘에 안 들면 출시 날짜가 곧 닥쳐도 OK 사인이 떨어지지 않았다.

그리고 될 때까지 날짜를 연기하면서도 꼭 원하는 디자인을 얻어 내고야 마는 성미를 가졌다.

비전문가들에게 보이지 않는 것도 전문가는 보는 섬세함을 가졌다.

목수는 치수에 섬세하고, 나무 특성에 대하여 섬세하며, 건축설계사는 재료의 특성에 섬세하다.

모차르트는 음감에 섬세하고, 리듬에 섬세하고, 박자에 섬세하다, 고흐는 색감에 섬세하고, 구도에 섬세하며, 표정에 섬세하다.

이순신 장군은 전략에 꼼꼼하며, 이 세상의 모든 전문가는 자신의 분야에서 가장 꼼꼼한 사람들이다.

훌륭한 곡을 많이 쓰는 작곡가일수록 그 곡을 받는 가수들은 괴롭고, 가장 뛰어난 조리사에게서 배우는 제자들은 프라이팬으로 많이 맞아야 할는지 모른다.

보통 사람들은 도공이 왜 그렇게 괜찮은 그릇들을 깨버리는 지 이해하기 힘들며, 화가가 잘 그려진 그림을 찢어버리는지 이해하지 못한다.

그런 사람들은 다 섬세하게 이해하는 뇌를 가졌기 때문에 그렇지 못한 제자들은 골치가 아플 수밖에 없다.

인간은 미천한 정보기관으로 세상을 느끼고 있으니 얼마나 세상을 판단하기 어렵겠는가? 그런 비참한 정보들을 가지고 뇌는 세상을 판단한다. 그러므로 이 세상에는 틀린 정보들로 가득하다. 그 속에서 옳은 정보를 알아보는 것, 이것이 바로 통찰력이다.

뜰에 빨간 장미가 피어 있다.

이 장미를 아빠도 보고, 엄마도 보고, 누나도 보고 형도 보고, 동생도 보지만 어떤 사람은 더 빨갛게 보고, 어떤 사람은 검은 빨간색으로 보고, 어떤 사람은 더 푸른 빨간색으로 본다.

이 세상 70억 인구가 똑같은 장미를 본다고 해도 모두 다른 색상을 보게 된다.

이는 우리 눈 속에 빛과 색상을 구별하는 감각세포의 숫자도 다르고, 크기도 다르고, 뇌로 전달하는 전류의 세기도 다르고, 그 세포들을 거쳐 가는 혈액의 양도 다르며, 그 혈액 속에 들어 있는 영양분이나 산소의 양도 다르며 궁극적으로 뇌의 모양, 뇌에 들어 있는 색깔에 대한 기억과 기대가 다르기 때문이다.

우리는 이런 엉터리 눈을 가지고 있다. 그런 눈으로 수집된 정보를 가지고 눈의 바로 뒤에서는 뇌라는 장님이 점을 치고 있다.

"아하! 그거로구나! 그렇게 생긴 놈은 장미야, 장미!"

만약, 뇌가 '그건 고양이야!' 한다면 잘못된 생각 하나를 만들어내는 것이다. 이 뇌라는 장님이 잘 맞춘다면 '눈썰미'가 있는 사람, '손재주'가 있는 사람이다.

그물망이 아주 크면 고기를 잡을 수 없다. 그러나 망이 아주 촘촘하면 멸치도 잡을 수 있으며, 모든 고기가 다 걸려들게 될 것이다.

이 세상의 모든 지식은 다 옳다. 그물망을 아주 크게 해서 보면 틀린 것들을 골라낼 수가 없다. 그러나 아주 작다면 모든 지식이 다 틀린 것이다. 설령, 아인슈타인의 상대성이론이라고 할지라도 말이다.

섬세함이란 이런 것이다. 아주 작은 그물을 써서 보면 잘못된 부분들이 다 드러나는 통찰력의 눈을 가지게 될 것이다.

사업이라고 어디 다를까?

섬세함은 성공으로 가는 지름길이다. 정확한 냉면 면발을 반죽하기 위하여 메밀 53: 전분 47과 같이 엄밀한 수준의 비율, 육수에 들어가는 각종 재료의 비율, 양념에 들어가는 재료비율들이 정확하게 준비되어야 하고, 종업원 복장, 표정, 주로 사용하는 말씨, 톤 등에도 섬세해야 하며, 고객의 시선을 끌 수 있는 간판과 상호, 추가 홍보장치, 덤으로 줄 수 있는 아이템, 한 번 찾은 고객이 다시 찾게 하는 무기 등도 아주 섬세하게 준비되어 있어야만 한다.

꼼꼼한 친구와 꼼꼼한 것을 짜증스러워하는 친구는 나중에는 전문가와 비전문가로, 성공한 사업가와 실패한 사업가가 되어 만나게 될 것이다.

섬세하게 본다는 것은 통찰한다는 말이며 창의력의 근본이다.

◇ 몰입

　　몰입은 생각에 생각을 더하는 일이다. 이는 '창의력은 생각하는 시간의 함수'에서 자세히 다룬다.

◇ 도구의 활용

　　가끔 TV 코너에서는 초밥의 달인들이 방영된다.
　　그들의 한결같은 장기 중 하나는 한 손에 쥐는 밥의 무게가 일정하다는 것이다. 그램(g)이 정확하게 똑같으며, 심지어 밥알의 숫자까지 똑같다고 한다.
　　달인으로 등극한 사람들뿐만이 아니라 수많은 초밥 만드는 사람들이 이와 같으며, 잘나가는 음식점에는 모두 이처럼 재료들을 아주 정확한 양을 사용하여 음식을 만든다.
　　전통적인 방식은 오랜 경험으로 터득한 정확한 손대중으로 음식을 만들지만, 현대방식은 정확한 기기를 이용한다는 점이 조금 다르다. 즉, 예전에는 오랜 경험이 있어야만 손대중이 익고 그래야만 고수가 될 수 있었지만, 요즘은 정밀한 기기들이 잘 나와 있어서 누구나 손쉽게 고수가 될 수 있다는 말이다. 예전에는 20-30년은 종사해야 고수가 될 수 있었지만, 요즘에는 한 달이면 가능하다는 얘기다.

잘나가는 국숫집에서는 밀가루와 물의 비율을 그램(g) 단위로 엄밀히 측정하여 반죽하며, 소금 및 기타 재료들은 0.1g 단위로 측정하여 첨가한다. 또한, 물을 끓이는데도 정확한 온도에 도달할 때 면을 삶기 시작하며 타이머를 눌러서 정확한 시간에 건져낸다. 또한, 습도계를 두고 그날의 습도에 따라서 더 삶거나 덜 삶아냄으로써 한결같은 쫄깃함을 유지한다.

이처럼 음식점에서는 정밀기기들을 사용해야 하는데 이 기기들은 0.1g 단위의 저울, 총처럼 생긴 비접착식 온도계, 국물에 녹아있는 소금량을 측정하는 염도계, 가게 안의 습도와 온도를 측정하는 습도계와 온도계, 삶는 시간을 측정하고 알려주는 알람시계 같은 기기들을 구비하여야 하며, 자주 쓰는 것들은 빠르게 양을 측정할 수 있는 계량컵을 구비하여 사용하기도 한다. 물론, 음식재료의 신선도를 측정하는 것은 눈뿐이므로 눈의 감각을 정확하게 익혀두는 것도 필요하다.

보통 음식학원이나 TV 강좌에서는 큰 한술, 작은 한술 같은 두루뭉술한 계량 단위들을 사용하고 있기 때문에 '뭐 다른 사람들은 대충 넣어도 맛만 좋더라!'라고 할는지 모른다.

하지만, 모르는 소리다. 강사는 매일 그것만 하는 사람으로 대충 넣는 것 같아도 늘 일정하게 넣고 있지만, 수강생들은 눈대중으로 따라 함으로써 맵거나 짜거나 싱겁거나 맛이 제각각 이다. 즉, 섬세한 통찰력의 차이를 간과하고 있는 것이다.

옛날 목수들은 톱질을 아주 정확하게 해야 했다. 비뚤비뚤하지 않아야 하며, 정확히 수직으로 자를 수 있는 능력이 있어야 했다. 따라서 그들은 수십 년 동안 톱이 몸에 익어야만 훌륭한 목수가 될 수 있었다.

하지만 오늘날은 기계가 일을 한다. 원하는 각도로 정확히 잘라주는 각도 절단기, 정확한 간격으로 일직선을 재단할 수 있는 테이블 톱, 원하는 두께로 0.1mm 단위로 깎아낼 수 있는 자동대패들이 그것이다. 이제는 '생각'만 지니고 있다면 누구나 전문가이다.

이처럼 신기술과 첨단 장비들이 대중화되면서 이제는 아주 손쉽고 싸게 접할 수 있게 되었다.

다시 한 번 말하지만, 창의력이란 뭔가 실생활에 필요한 것을 해결하는 능력을 말한다. 이들 장비를 적절하게 잘 운용하여 다른 사람들보다 조금 더 섬세하게 사업하는 것도 역시 창의력에 해당한다.

인간의 감각은 미천하여 섬세한 정보들을 받아들이기 힘들다. 이 같은 경우 첨단 장비들은 이 통찰력을 대신해준다.

예를 들면, 현미경, 망원경 등과 같은 것이며, 컴퓨터와 같은 계산 장비를 이용하면 수작업으로는 도저히 계산할 수 없는 경우라도 우리는 쉽게 결과를 얻어낼 수 있게 된다.

이런 장비들을 다룰 줄 아는 것도 통찰력에 해당한다.

나는 초대형 조각상을 쉽게 만들어낼 수 있으며, 초대형 그림도 쉽게 그려낼 수 있다. 이 내용은 마지막 부분에서 그 원리를 설명하고 있다.

나는 그 분야의 전문가는 아니지만, 생각과 적절한 기기를 응용하면 별 어려움 없이 해낼 수 있다. 그것은 오늘날처럼 훌륭한 기기들이 존재하지 않는다면 불가능한 일이다.

많은 과학자는 사실 발명가들이다.

과학적 두뇌와 발명가의 두뇌는 같은 부위에서 같은 작용을 한다.

발명도 사실은 이치의 발견 중 하나이기 때문이다.

아인슈타인은 냉장고를 발명하여 특허권을 갖고 있었다.

갈릴레오 갈릴레이는 망원경을 발명(개량)하여 금성의 위상을 알아냈으며, 목성 주위를 돌고 있는 위성을 네 개나 발견했으며, 태양의 흑점을 관측하고 분석했으며, 이런 관측들을 기초로 하여 그는 지동설을 주장한 사람이다.

영국인들이 가장 존경하는 과학자이자 인류 역사상 가장 영향력 있는 사람 중 한 사람인 뉴턴 역시 반사 망원경을 발명한 사람이다.

네덜란드 출신의 안톤 반 레이우엔훅이라는 사람은 특별한 교육을 받은 적이 없으나 미생물학의 아버지로 불릴 만큼 이 분야에 큰 업적을 남겼다. 그 역시 현미경을 발명한 사람이다.

위대한 학자들은 자신의 연구대상을 더욱 철저히 보기(통찰력)를 원한다. 그래서 과학자들은 손수 망원경이나 현미경들을 만들어낸 것이다.

많은 과학자가 실험기기들을 손수 발명하여 쓰고 있다.

그런 기기들이 실험 정확도를 높여주기 때문이다. 이 정확도를 높이는 것은 통찰력 향상이라 말할 수 있다.

그러나 첨단 장비를 가졌다고 다 창의적이 되지는 않는다.

원균은 200척의 군함을 가지고도 전멸하고 자신도 죽었지만, 곧이어 이순신 장군은 고작 12척만을 가지고도 333척의 왜군의 군함을 맞아 대부분을 파괴 또는 수몰시키는 전과를 거두지 않았는가?

에드윈 허블은 우주가 팽창하고 있다는 사실을 증명한 천재 과학자다.

그는 당시 월슨산 천문대에 있는 최첨단 후커 망원경을 이용하여 우주를 관측하고 우주 팽창을 증명하였다. 그러나 그 전후로 수많은 과학자가 똑같은 망원경을 가지고 연구를 하였지만 그런 천재적 업적을 남기지는 못했다.

M16 소총을 가지고 있어도 어떤 사람은 적의 심장을 관통시킬 수 있지만 어떤 사람은 하늘에 대고 쏘기도 하고 땅을 향해 쏘기도 한다.

첨단 장비는 만능이 아니다. 첨단 장비도 챙기고 생각도 챙겨야만 비로소 통찰력으로 살아나게 되는 것이다.

생각이 없으면 망원경은 가지고 있으되 어느 방향에서 안드로메다를 찾아야 할지 모르는 상황과 같다.

◇ 다양한 지식, 다양한 체험

　　많은 지식을 가지고 있으면, 이 지식으로부터 새로운 생각을 할 수 있게 된다. 여기서 많은 지식이란 대학이나 대학원 등 최종학력을 말하는 것이 아니다. 책을 많이 읽은 사람을 말하는 것도 아니다.

　　앞에서 애기했듯이 지식을 받아들이고 그것을 정확하게 재해석하여 저장된 기억을 말한다.

　　강의를 듣거나 다른 사람의 이야기를 듣거나, 책을 통하여 접하는 지식은 전달자가 전달하고자 하는 내용 그대로 피전달자에게로 들어가지 않는다. 그 사람의 기존 기억들과 버무려지기 때문이다.

　　이런 간접경험을 통하여 얻는 지식은 상당한 내공을 가지고 있어야만 사실에 근접한 지식으로 가공하여 알아듣게 된다.

　　어린아이들처럼 그런 내공이 없다면, 책을 읽는 등의 간접 경험이 아니라 체험과 실습 등 직접 부닥치면서 경험하는 것이 고정관념을 제거하는 최고의 방법이다.

　　체험에 대한 자세한 내용은 '체험은 본질을 알게 한다'에서 더 자세히 다룰 것이다.

◇ **습관 탈출**

　안경을 새로 한 적이 있는가?

　안경을 새로 맞춘다면 대부분은 조금 어질어질한 느낌을 받게 된다.

　안구를 돌리는 근육과 조리개를 움직이는 근육의 운동 값이 뇌에 저장되어 있다. 만약, 기존의 안경과 새 안경이 같은 도수가 아니라면 새 안경에 맞게 뇌의 운동 값을 수정하는 작업이 필요해진다. 이것도 생각의 수정이다.

　이 운동 값이 뇌와 조율을 이룰 때까지 다소 어지럽게 되며, 어느 정도 시간이 흘러서 뇌가 그 값에 습관이 되면 비로소 어질어질한 느낌이 사라진다.

　손으로 뭘 집으려고 할 때 수십 가지의 운동 근육이 정확하고 필요한 만큼만 움직여서 손을 원하는 위치에 가져다 놓는데, 우리가 어떤 근육은 얼마만큼 움직여야 하겠다는 판단을 하지 않는데도 다들 알아서 잘 움직인다.

　이처럼 익숙해지는 상태를 '뇌의 습관'이라고 한다. 이런 뇌의 습관은 주로 소뇌에서 담당하는데, 눈에 해당하는 뇌의 습관, 귀의 평형 기관에 해당하는 뇌의 습관, 팔과 다리의 운동에 관한 뇌의 습관 등이 합쳐져서 우리는 걷기도 하고 달리기도 하며 자전거를 타거나 스케이트를 타면서도 평형을 유지할 수 있게 된다.

내가 어렸을 적 자전거를 배우시던 아버지 생각이 난다.
어디서 구해 오셨는지 커다랗고 군데군데 녹이 슨 짐 싣는 자전거를 가지고 마당에서 연습하고 계셨다.
뒤에서는 어머니가 밀어주고 있었는데, 자전거는 이상하게도 앞으로 나가지 않았다.
"뭐해? 빨리 밀지 않고!"
"밀고 있는데……?"
"왜 이렇게 나가지 않는 거야?"

이유인즉, 아버지는 자전거 브레이크를 꽉 쥐고서 밀어달라고 하고 있었던 것이었다. 브레이크 기능을 몰라서가 아니라 익숙지 않아서 핸들을 잡고 있는지 브레이크를 잡고 있는지 몰랐던 것이다.
누구나 자전거에 익숙해지면 모든 기능이 몸에 익어서 페달을 밟으며, 핸들을 틀고, 브레이크를 잡는 동작 등 여러 동작이 동시에 저절로 이루어지지만, 처음 배울 때에는 좀처럼 동시 동작이 어려웠을 것이다.
자전거는 기울어져 가는데, 핸들은 반대로 틀어져 있기가 다반사다.
누군가는 '천 번을 반복하면 몸에 익숙해지고, 아무리 암기하기 힘든 문장도 기억된다.'라고 했다.
그래, 우리는 수도 없이 넘어지며 아마 천 번쯤 연습을 해서 능숙하게 탈 정도가 되지 않았을까?

배울 때에는 자전거가 기울 때마다 ‘오른쪽으로 틀어야 하나, 왼쪽으로 틀어야 하나?’라는 질문을 수도 없이 머릿속에서 생각하다 때를 놓치고 쓰러져 갔을 것이다.

그러나 익숙해진 후에는 그런 판단이 모두 소뇌의 ‘반복 숙달’ 기능으로 넘어갔기 때문에 매번 생각해야 할 필요가 없다.

자전거를 탄다는 것은 8천 가지의 판단을 해야 한다고 한다. 그러나 익숙해진 후에는 그 수가 팍 줄어든다. 순간적으로 소뇌에서 알아서 발과 손을 동시에 움직여서 균형을 잡도록 도와주기 때문이다.

우리가 말을 할 때에도 ‘어떻게 입을 움직이고, 혀를 움직이고, 성대를 움직여야 표현할 수 있는 거지?’라고 생각하고 판단하며 말을 하지는 않는다.

만약, 사고가 나거나 뇌출혈, 또는 소뇌에 치매가 와서 소뇌의 기능을 잃는다면 우리는 말을 할 때마다 이런 생각과 판단을 해야만 말을 할 수 있을 것이며, 걷는 것도 균형을 못 잡고 비틀거리다 쓰러지게 될 수도 있다.

이런 기능들이 없다면 우리는 얼마나 번거롭고 수고로울까?

아마 이런 기능을 터득하지 못했다면 ‘도망쳐야 할까, 말아야 할까?’에 대해 고민하다가 숙적들의 손쉬운 먹이가 되어 진화하지 못하고 아주 먼 옛날 도태되고 말았을 것이다.

이런 기능은 인간보다 덜 진화한 동물들에서 더욱 강하게 나타난다. 말이나 소 등 초식동물들은 태어날 때부터 뛰어다닐 만큼 강한 근육을 가지고 태어난다.

실제로 이들은 태어나서 한 시간 만에 대부분 뛰어다니는데, 그 짧은 시간 안에 근육이 발달한다는 것은 있을 수가 없는 일이다.

하지만, 가만히 생각해보자!

그들이 태반 속에 있을 때에는 뛰어다닐 수 없으며, 네 다리와 몸뚱어리, 꼬리와 머리가 유기적으로 조화롭게 움직이며 뛰는 연습을 한 적이 없어서 뛰는 방법을 모른 체 태어난다.

그런 새끼가 태어난 지 한 시간 만에 이 모든 것을 뇌와 조율하여 습관을 만들어냈다는 말이다.

인간은 손을 움직이는 방법을 뇌와 조율하고, 발을 움직이는 방법도 조율하고, 고개를 드는 방법을 조율해야 하며 그렇게 1년을 숙달시켜야 드디어 뒤뚱뒤뚱 걷게 된다.

이 초식동물들은 얼마나 습관이 잘되는 뇌를 가졌는지 이해가 갈 것이다.

우리의 뇌는 판단하는 뇌, 기억하는 뇌, 습관을 담당하는 뇌가 따로 있는 것이 아니고, 모든 뇌가 판단기능과 함께 습관과 기억의 기능도 동시에 담당한다.

그런데 습관이 빨리 드는 뇌는 판단이 잘 안 되고, 판단이 잘 되는 뇌는 습관이 잘 안 들며, 기억이 잘 안 된다.

사람 중에도 기억을 아주 잘하고, 암기를 잘하는 사람은 산술계산은 빨리 하지만, 방정식을 잘 못 풀며, 방정식 중에서도 고차원일수록 힘들어한다.

그뿐만 아니라 암기를 잘할수록 창의적 판단력이 떨어지며, 창의력이 아주 발달한 사람일수록 암기를 잘하지 못하는 관계에 있다.

빠른 계산, 단순 암기를 잘하는 사람은 빠르게 습관화되는 뇌를 가졌다는 말이다. 하지만, 빠른 습관화는 창의력에는 치명적으로 작용한다. 초식동물은 습관화가 빠르게 일어나므로 창의력이 없다.

우리는 어렸을 때 아주 계산을 빠르게 하거나 암산을 잘 해내면 수학 영재라고 생각하지만, 이런 성향의 아동들은 커가면서 대부분 인문계 성향을 띠는 경우가 훨씬 더 많다.

말을 빠르게 하는 아이들도 마찬가지다.

말도 역시 습관의 한 기능이기 때문이다.

하지만, 30살을 넘어선 성인이라면 이제 다시 생각해보자!

아직도 말을 잘하지 못하는가?

조리 있고, 설득력 있고, 프레젠테이션 능력은 초등학교에서의 웅변능력이 별로 없던 아이들이 더 잘한다.

왜냐하면, 어려서의 웅변능력은 암기 능력이고 언어 능력이지만, 나이가 들어서 조리 있고, 설득력 있는 의사전달 능력은 이성적 판단 능력이기 때문이다.

조리 있게 말을 잘하려면 웅변 연습을 할 것이 아니라 생각을 더 키우고 이성적 판단력을 더 키워야 하는 능력이다. 오바마 대통령처럼 웅변을 잘하려면 웅변연습보다 생각을 더 많이 해야 한다는 말이다.

다시 생각해보자!

30살을 넘어선 성인이라면 아직도 암기가 잘 안 돼서 속상한가? 이해하여 암기하게 되므로 훨씬 더 암기가 쉬워지지는 않았는가? 오히려, 암기만 잘하는 사람들보다 더 오래 기억하고 유용한 기억으로 저장되지는 않는가?

그렇다! 바로 이 '이해'하는 능력이 통찰력이다.

반대로, 어려서 잘 암기하던 사람들은 병원에서 의사가 하는 말을 집에 와서 다른 사람에게 잘 전달하지 못한다.

이런 것들은 이해를 통한 기억이 필요한 것이지, 전화번호나 차 번호를 암기하듯이 기억할 수는 없는 것들이기 때문이다.

나이가 들어서 생각해 보면, 무조건 암기해야 하는 것들은 거의 없어지고, 이해하며 기억해야 하는 것 투성이다.

이런 사실을 이해하지 못하면 초등학생 자녀에게 암기하는 능력을 키워주기 위하여, 암산하는 능력을 키워주기 위하여 무척 노력하게 된다.

창의력은 습관을 얼마나 잘 탈출하느냐에 달려 있다.

습관은 순발력과 같은 맥락 속에 있다.

순발력이란 일련의 반응 순서가 뇌 속에 기억되어 있다가 판단기능을 거치지 않고 반사적으로 반응하는 능력으로 습관의 일종이다.

우리는 종종 현란한 개인기를 가진 스포츠 스타들이 감독이 되어서는 좋은 성과를 내지 못하며, 훌륭한 성과를 내는 명감독은 현역시절에 그리 높은 명성을 날리던 선수가 아닌 경우가 많은 데, 그 이유가 여기에 있다.

우리가 잘 아는 히딩크 감독도 현역시절에는 영리하고 훌륭한 선수였지만 스피드도 떨어지고 현란한 개인기도 출중하지 않은 선수였다고 한다.

세계적인 축구선수 마라도나나 펠레는 아주 현란한 개인기를 가지고 세계의 축구를 풍미했지만, 감독으로는 아직 이렇다 할 성과가 없다.

앞서서, 창의력은 고정관념을 깨는 것이라고 말했던 것처럼 늘 하던 습관도 항상 '효율적인가? 옳은가?'라는 질문의 대상이 되어야 고정관념이 수정될 수 있지만, 많은 사람은 지금껏 해오던 관행에 대하여는 이런 판단을 보류하고 있다.

'지금까지 그래 왔잖아!'

'관행이다!'

'남들도 다 그렇잖아!'

창의적인 사람은 습관에 쉽게 길들지 않는다. 이런 말들을 쉽게 쓰지 않는 사람들이다.

지금까지 통찰력에 대하여 알아봤는데, 짧게 정리하자면, 첫째, 첨단분야뿐만 아니라 일상생활 모든 곳에서 창의력은 필요하다. 둘째, 우리가 알고 있는 지식 대부분은 고정관념일 가능성이 높다. 이 고정관념을 깨뜨리는 것은 통찰력만이 할 수 있는 일이다.

셋째, 통찰력은 대상을 가장 섬세하게 보는 것이다. 넷째, 습관, 관행, 다른 사람의 판단 여부 등에 길들지 말고 '무엇이 옳은가? 무엇이 더 효율적인가?' 하는 질문을 늘 던지고 스스로 판단하는 것이 중요하다.

⊞ 직관력

상상은 누구나 할 수 있다. 그러나 누구나 창의적이지는 않다. 창의력이란 상상하는 능력이 아니라, 결과를 순도 높게 예측하는 능력이다.

직관력(直觀力, intuition)이란 결과를 예견할 수 있는 능력을 말한다.

미래를 예측하는 방법에는 점술도 있고, 종교적 예언도 있고, 관상 등도 있지만, 직관력이란 이런 비과학적 방법들을 제외하고, 경험이나 추리, 연상 작용 등을 통하여 '앞으로 일어날 일에 대하여 정확도 높게 알아맞히는 능력'이라고 말할 수 있다.

아인슈타인은 물리학자들을 일컬어서 아서 코난 도일의 추리 소설에 나오는 명탐정 '셜록 홈즈' 같다고 묘사했다.

셜록 홈즈는 먼지의 색깔 등 일반인들은 전혀 관심이 없는 것들을 가지고도(통찰력) 어느 동네에서 온 먼지인지 알아내고(직관력) 범인을 잡아내는 능력이 있는 사람이다.

이 능력은 물리학자뿐만 아니라 모든 과학자와 발명가, 그 외에도 수많은 분야의 천재들에게 공통으로 나타나는 능력이다.

직관력이란 '미래의 일에 대한 확신'을 말한다.

남들이 만들어낸 무엇에서 '내가 저거 할 수 있다.'라는 확신이 든다면 그 '확신'은 통찰력이다. 그것을 만드는 원리를 알아냈다는 말이다.

그런데 아직 구현되지 않은 결과를 '확신하는 것'은 직관력이다. 어떤 원리를 가지고 결과를 확신하는 것, 어떤 결과를 내고 싶은데 그 방법이 뭐라는 것을 확신하는 것을 말한다.

고 박경리 선생이 '토지'를 쓰기 위하여 25년을 스스로 자택에 가두었을 때 그가 스트레스 푸는 방법은 집안의 벽을 허물고 다시 쌓는 일이었다고 한다. 집안 곳곳 그가 뜯어고치지 않은 곳이 없을 정도였다고 한다.

이 글을 읽으면서 나는 그가 참으로 확신에 찬 인물이구나 하는 것을 느꼈다. 주택의 벽을 어떻게 뜯어내면 붕괴하지 않을지, 어떻게 복구하면 온전히 복구되는지, 어떤 모양을 내기 위해서는 어떤 작업들을 해야 하는지에 대하여 성인 남자들도 대부분은 확신하지 못한다.

그녀의 그런 확신 능력이 엄청난 분량의 소설을 25년간 써 내려가는 '소설 기획능력'과 '소설 시공능력'으로 나타난 것이라 확신한다.

그것이 바로 직관력이고 창의력이다.

뉴턴은 사과가 나무에서 떨어지는 것을 보고 만유인력을 발견하였다고 전해진다. 사과는 누구에게나 떨어지지만 누구나가 그럴 수 있는 것은 아니다.

뉴턴만큼 직관력이 높지 않기 때문이다. 이처럼 훌륭한 업적을 남긴 과학자나 발명가들은 높은 직관력에 의하여 결정지어진다.

통찰력은 이미 생성된 결과물에 대하여 정확한 내용과 원인을 알아내는 것이고, 직관력은 그 반대로 원인을 바탕으로 새로운 결과를 예측해내는 것이다. 간단히 말해서, 통찰력은 분석하는 능력이고 직관력은 예측하는 능력이다.

하지만, 통찰력과 직관력은 사실 비슷한 개념이다. 둘 다 원인을 정확히 보는 능력이 있어야 하며, 그 원인과 결과의 짝 맞추기 게임이다.

직관력은 창의력의 본질이고, 통찰력은 창의력의 근본이다. 즉, '쓸모있는 새로운 아이디어' 자체가 '예측하는 생각'이므로 곧 직관력이고, 그 직관력을 만들기 위하여 평소 꾸준히 통찰하는 훈련이 되어 있어야 한다.

그렇다면 이 직관력을 가지고 뭘 할 수 있는가?

발명이나 논문이라면 성공할 가능성도 높고 가치도 높은 발명 주제나 **'연구 주제'**를 잡을 수 있도록 해준다. 창작이라면, '이런 줄거리가 독자들에게 교훈, 또는 감동, 재미를 줄 수 있어!'라는 **'확신'**을 가지고 덤벼들도록 해주며, 패션디자인의 경우도 마찬가지로 '이런 패션 구성과 디자인은 만족을 줄 수 있어!'라고 **'확신'**을 심어줄 수 있다. 사업함에 있어서는 제품의 품질, 고객서비스, 매출 등에 **'효과를 낼 수 있는 아이디어'**를 이끌어 내준다.

조금 정리하자면, 감성분야에서는 '~하면 감동을 줄 수 있다.'라는 확신이 들게 하며, 이성분야에서는 '~하면 ~된다. 그러면 유용(편리, 안전, 효율 등)하다.'라는 확신을 심어준다.

즉, 직관력은 뭔가 할 수 있도록 **'방향 설정'**을 해주는 일을 한다.

직관력은 문제를 만들고, 통찰력은 문제를 풀어 답을 제출하게 해준다는 표현이 좀 더 적절해 보인다.

우리나라 사람들은 그동안 누군가가 출제한 문제를 푸는 능력만을 배양하였기 때문에 주어진 문제는 잘 풀어내는 능력이 있는 것 같다. 하지만, 자신이 무슨 연구를 해야 할지, 무슨 발명을 해야 할지 주제를 잘 잡지 못한다.

장사가 잘 안될 때 옆을 보면 누군가는 잘하고 있음에도 경제 탓이나 정부 탓이나 운이 없음을 탓하며, 문제를 제대로 인식하지 못하는 사람들은 다 이 통찰력과 직관력을 키우지 못한 탓이다.

실례를 통하여 직관력에 대한 개념을 조금 더 살펴보자.

어떤 탐험가들이 열대 우림이 칠흑처럼 어두운 어느 섬나라를 조사하고 있었다.

이들은 놀라운 식물 하나를 발견했는데 꽃잎에서 꿀샘까지의 길이가 무려 30cm에 달하는 난초였다. 이들은 너무 신기해서 이 표본을 자신들이 존경하는 과학자에게 보냈는데, 이 과학자는 "그 주변에 주둥이가 30cm에 달하는 나비가 살고 있을 것이다."라는 예언을 해왔다. 그리고 그 예언은 사실이었다.

이 과학자는 찰스 다윈이었고, 그 나비는 아프리카 동쪽 해안에 있는 마다가스카르의 프리딕터(Praedicta)였다.

프리딕터는 다윈의 예언이 맞았다는 뜻을 담고 있는 이름이다.

이처럼 뭔가를 보고 다른 뭔가를 예측해낼 수 있는 능력이 직관력이다.

1957년 10월 구소련이 최초의 우주선 스푸트니크1호를 우주로 쏘아 올렸다.

이때, 존스 홉킨스 대학의 응용물리학과 실험실의 젊은 연구원 두 명은 농담 삼아 우주선이 내는 소리를 들어보자고 제안을 했다.

스푸트니크1호는 20MHz의 '삐삐' 하는 소리를 지상으로 발사하고 있었다. ‘내가 이런 신호를 보내니 미국 놈들, 어디 나를 한번 추적 해봐라!’하고 문제를 낸 것이다.

젊은 연구원들은 호기심이 발동하여 작은 안테나와 스피커를 장치하고 이 신호들을 추적하기 시작했다. 이들은 어렵지 않게 인공위성의 위치를 파악해낼 수 있었다.

이 연구를 지켜보던 한 상관은 이런 제안을 한다.

“거꾸로 한 번 해보지!”

“지구에서 인공위성의 위치를 파악하는 것이 아니라 몇 개의 인공위성이 지구에 보내는 신호를 가지고 내가 어느 위치에 있는지를 파악해보는 것 말이야!”

이 연구는 성공을 거두었고 이것이 오늘날 누구나 차량 등에서 사용하고 있는 GPS(Global Positioning System – 국제위치정보시스템)가 되었다.

상사와 젊은 연구원 중 누가 창의력이 출중한 사람인가?

연구원들은 구소련에서 낸 문제와 상사가 낸 문제를 훌륭히 풀어낸 통찰력이 강한 사람들이고, 상사는 그 원리가 GPS를 만들어 낼 수 있다는 확신을 한 직관력의 소유자였던 것이다.

GPS는 상사의 직관력과 연구원의 통찰력의 합작품이다. 그러나 창의력에서 직관력은 통찰력보다 훨씬 중요하다. 직관력은 연구의 방향을 설정하는 능력이며, 방향이 설정되지 않으면 아무리 능력이 뛰어나거나 노력을 기울여도 도달할 수 없기 때문이다. 직관력은 창의력의 본질이다.

오늘날 GPS는 지상에서 방향과 높낮이를 몇mm까지 정확하게 잡아내는 수준으로 발전했고, 전쟁용이나 차량뿐만 아니라 그 활용도가 아주 빠르게 확산하고 있다.

현재, 출시되어 있는 어떤 상품과도 이 GPS가 결합하여 좀 더 유용한 상품이 된다면 그것이 바로 발명이 아니겠는가?

참고로, 24개의 위성에서 발사되는 GPS 신호는 누구나 장비만 개발하면 공짜로 사용할 수 있도록 오픈되어 있다.

내게도 공개할 수는 없지만 이에 대한 좋은 아이디어를 가지고 있다.

우리나라를 포함하여 다른 나라나 국제적으로도 '창의력 대회'가 많이 벌어지고 있다. 그러나 나는 이런 대회들이 창의적인 인재를 정말로 선발해 낼 수 있는지에 대하여 깊은 의구심을 가지고 있다.

내가 품고 있는 의구심의 중심에는 바로 문제가 주어진다는 것에 있다. 제한된 조건과 제한된 도구, 제한된 재료를 통하여 '주어진 문제'를 풀도록 한다는 것이다.

창의력이란 통찰력과 직관력의 조합이지만, 그중에서도 직관력의 무게가 훨씬 더 무겁다. 문제 자체를 알아내는 것이 풀어내는 것보다 훨씬 중요하다.

조건과 도구, 재료는 어떤 것을 활용할 것이며, 무엇을 할지 정하는 것, 연구주제를 선정하는 것, 무엇이 문제인지를 알아내는 것이 더 큰 창의력이라는 말이다.

하지만, 이런 직관력을 무시하고 통찰력만을 시험하는 것이 무슨 창의력 대회인지 나는 이해할 수 없다. 그것이라면 학교의 시험문제 풀기와 무엇이 다르겠는가?

물론, 직관력이 없는 통찰력만으로도 훌륭한 가치가 있음은 틀림이 없다. 그러나 그것은 창의력에서 작은 부분에 불과하다.

어떤 사람이 사업에 실패하고 나서 '지나고 나니까, 대부분 결정이 모두 사업을 실패로 몰아가는 결정이었음을 깨닫게 되었다.'라는 말을 하며 후회하였다.

늦게라도 그 원인을 깨달은 것은 통찰력이다. 그러나 실패하기 전에 미리 그 결정에 대한 결과를 예측하는 능력은 직관력이다.

어떤 사람은 발명가 옆집에 산다. 그는 항상 이런 말을 하고 다닌다. "저 정도는 나도 할 수 있겠다. 뭐!"

하지만, 그가 모르는 게 있다. 어떤 것을 똑같이 모방해 내는 것은 통찰력이다. 그러나 처음 그것을 생각해내는 것은 직관력이다. 모방은 창작보다 가치가 별로 없다. 그가 모르는 것이 바로 이것이다.

세상에 통찰력이 있는 사람들은 많다.

뭔가 잘 만들어내는 사람들! 나무, 종이, 쇠 등을 이용하여, 차나 비행기, 총, 인형, 오토바이, 탱크 등 모형을 잘 만드는 사람들도 통찰력이 있는 사람들이다. 그러나 그런 사람들이 세상을 변화시키지는 못한다. 이들에게 직관력이 더해졌더라면 좀 더 세상에 크게 유용한 것들을 만들어냈겠지만, 모형을 만들어내는 지금은 아니다.

뇌에서는 단서 없이 생각이 시작되지 않는다.

평소 결과물을 보고 원인을 파악한 다음 기억해 두는 습관이 붙어 있으면, 어떤 원인이나 현상이 나타날 때 원인을 단서로 잡고 기억의 끝을 찾아간다. 거기에 직관력이 도사리고 있다.

◇ 창의력은 생각의 함수

생각이라는 신발을 신지 않고 갈 수 있는 곳은 없다.

이순신 장군은 임진왜란 때 왜구를 맞아 23전 23승이라는 전력을 세웠는데, 여태껏 전 세계를 통틀어서 이 같은 승률을 보인 장수는 없다.

이렇게 전승할 수 있었던 것은 이순신 장군의 정세에 대한 정확한 판단력 때문이다.

이순신 장군은 간첩을 많이 활용했다.

간첩들은 적의 동향에 대하여 많은 데이터를 전해주기 때문에 전쟁에서 간첩을 활용하는 것은 늘 있는 일이다.

적의 정보를 모으는 것은 간첩으로 명명된 군인들만이 아니다. 적의 지배 지역에 살거나 그 지역을 오가는 주민, 또, 포로로 잡힌 적들, 적들에게 잡혔다가 탈출하는 군인들 등 가능한 모든 자원으로부터 적의 데이터를 수집한다.

장군의 머릿속의 승률을 계산하는 함수에서 이런 데이터들이 변수로 활용된다.

변수로 활용되는 것은 이런 정보들 외에도 장군의 평소 경험이나 책을 통하여 읽은 병법들에 대한 기억들을 전부 떠올려서 변수로 삼아야 한다. 그것만으로는 불가능하다. 명상과 깊은 고뇌 속에서 기존의 기억들을 수정하고, 또 그 기억들을 바탕으로 새로운 기억들을 창조하고 저장하여 두었다가 필요할 때 변수로 잘 활용할 수 있어야 한다.

이렇게 내린 결론이 승리가 확실하다면 과감히 적진을 돌파하는 것이다. 이것이 이순신 장군의 전략이다.

이 전략의 승패는 바로 변수들을 얼마나 많이 모았는가, 그 변수들이 얼마나 정확한가, 그것들로 정확한 판단을 해내는가에 달려 있다. 이순신 장군은 승패를 가름하기 어려울 때는 싸움을 피하는 스타일이었다.

간첩을 이용하는 것이라면 어떤 장수라도 거의 같다. 병법을 읽은 정도라면 또 다른 장수들과 별로 다를 게 없다. 가장 큰 차이는 바로 평소 생각에 생각을 거듭하여 얼마나 기억의 정확도와 기억의 수를 많이 늘리는가에 달려 있다.

이것이 23전 23승을 만드는 비법이며, 창의력이다.

한 가지의 정확한 판단을 내리기 위해서는 수많은 정보가 수집되어야 한다. 그러나 앞에서도 언급했듯이 수집된 정보들은 우리의 감각기관들의 능력이 떨어지고 뇌가 착각을 많이 일으킴으로써 생겨난 고정관념일 가능성이 많다.

그래서 생각에 생각을 거듭하는 수정과정을 통해서 정확한 정보로 새로 태어나야만 창의적으로 이용된다고 하였다. 그런 정확한 생각들이 모여 하나의 판단을 만들고 전쟁을 승리로 이끌며, 발명이나 논문 등 창작품들이 만들어지는 것이다.

'큰칼 옆에 차고 깊은 시름 하던 차에……'

이순신 장군의 난중일기에는 그가 얼마나 많은 시름(생각)을 하는 사람이었는지 잘 나타나 있다.

창의력은 생각과 생각들을 대입하여 풀어내는 함수다.

대입해야 할 변수의 수가 적으면 작은 창의력이 만들어지고, 틀릴 확률이 높아지며, 변수가 많으면 큰 창의력, 정확한 창의력이 만들어진다.

기억은 기존의 기억을 바탕으로 생성된다고 하였다.

어느 순간에 열심히 생각했다고 되는 것이 아니라 평상시 늘 해온 깊은 생각들에 의하여 기억이 올바르게 저장되고, 수정 과정을 통하여 정확한 기억으로 만들어질 때 그 생각들을 변수로 하여 정확한 직관력이 발생한다.

창의력은 생각들을 대입해서 풀어내는 '생각의 함수'인 동시에, 얼마나 많은 시간을 생각하는 데에 투자했는지에 따라 달라지는 '생각하는 시간의 함수'이기도 하다.

이 '생각하는 시간의 함수'에 대하여는 다음에 나오는 '창의력은 생각하는 시간의 함수'에서 더욱 자세히 다룰 예정이다.

◇ 연역적 주제 선정의 중요성

    과학자들은 대체로 포괄성이 넓은 것은 맞지만, 그들이 다 훌륭한 성과를 내지 못하는 데에는 직관력에서 크게 차이가 난다고 볼 수 있다.

    신문지상에 오르내리는 기사들을 보면, '우리나라 과학자가 세계 최초로 ~를 발견해 냈다.' 등의 '세계 최고', '세계 최초'라는 제목으로 쓰인 기사들을 자주 보게 되지만, 우리나라에서 노벨상이 나오지 않듯, 그런 연구들이 훌륭하다는 생각이 들었던 적이 별로 없는 것 같다.

    대표적인 예가 줄기세포와 관련된 사건이다.

    그 연구가 사기가 아닌 진실이라 할지라도 그 연구의 크기는 훌륭한 것이 아닌 잔기술일 뿐이라는 생각이다.

    줄기세포를 세계 최초로 연구해냈다면 아주 훌륭한 연구일 것이다. 체세포를 복제할 때 어떻게 난자 속에 집어넣고 얼마의 전류를 통해야 하며 어떤 용액을 써야 하는지 전부 알아낸다는 것도 중요한 연구일 것이다. 그러나 이 모든 것이 다 밝혀진 상황에서 성공확률을 다소 높인 것이 그렇게 훌륭한 연구인지 나는 알지 못한다.

    신문지상에 '세계 최초'라는 제목으로 떠드는 연구들을 보면 누군가의 직관력에 의하여 길이 제시된 것들이고, 그 제시된 길 중 하나의 답을 풀어내는 것들이 대부분이라서 그다지 훌륭하다는 생각은 들지 않는 것이다.

그 평가는 그 길을 제시한 사람이 들어야 마땅한 평가이며, 그 후속 연구들은 대체로 잔기술들에 속하지 않겠는가?

연구의 길을 제시하는 연역적 주제 선정은 바로 직관력이 하는 일로, 이것이 직관력이 중요한 이유다.

수학분야에서는 7대 난제가 있다. 그중에 '푸앵카레의 추측'이라는 난제가 있다.

이는 천체가 어떤 형태를 띠는지에 대한 예측으로, 도넛이나 주전자처럼 구멍이 뚫린 천체인지, 공처럼 어느 위치에서도 뚫려 있지 않은 천체인지를 알아내고자 냈던 문제다.

'만약, 우주를 무한히 여행할 수 있는 비행기가 있고, 끝없이 긴 줄이 있다고 가정한다.'

'이 비행기에 줄의 한쪽 끝을 묶고 아무렇게나 우주를 날다가 다시 들어와 착륙하면 이 줄의 양 끝을 잡고 동시에 잡아당겨서 고스란히 줄이 회수될 것인가?' 하는 문제였다.

만약, 회수되면 우주는 공과 같은 공간이고, 그렇지 않고 한 번이라도 회수되지 않고 우주 공간에 줄이 걸린다면 이는 도넛과 같은 형태의 공간이라는 증명이다.

이 문제를 해결하기 위한 노력이 많이 있었으며, 5차원 이상에서는 스티븐 스메일 박사가, 4차원에 대해서는 마이클 프리드먼 박사가, 3차원에서는 그리고리 페렐만(필즈상 수상 거부)이 각각 해결하여 필즈상을 받았다.

나는 여기서 가장 훌륭한 사람은 푸앵카레라고 생각한다.

그가 없었으면 나머지 해결자 세 사람은 존재할 수 없으며, 세 사람이 없었더라도 언젠가 누군가는 해답을 낼 것이 분명하기 때문이다.

푸앵카레는 직관력이 아주 출중한 인물이다.

직관력은 연구주제를 만들고, 문제를 만들며, 발명거리를 만들어낸다고 했다.

'연구를 해보니 ○○가 발견되었다.', 또는 '만들다 보니 우수한 발명품이 되었다.' 또는 '길을 가다 보니 동전을 줍게 되었다.'와 같은 연구 방법은 귀납적 접근이라고 하며, '천재들을 전부 조사하였더니 그들은 대체로 엉뚱한 짓을 많이 한 사람들이더라, 그러므로 천재들은 엉뚱한 사람이다.'라고 결론을 내리는 것은 귀납적인 방법이다.

다른 것에서 힌트를 얻어서 '아하! 이렇게 하면 저렇게 되겠군!' 하는 직관에서 연구주제를 선정하는 것을 연역적 접근방법이라고 한다.

'천재들은 생각을 많이 한 사람들이다. 생각을 많이 하기 위해서는 생각할 시간이 충분해야 한다. 그러므로 암기보다 생각을 많이 한 천재들이라면 어린 시절 공부를 못했을 것이다.'라고 풀어가는 것처럼 원인을 가지고 결과를 유추해가는 것이 연역적 방법이다.

귀납적인 연구는 누구나 할 수 있다. 직관력이 없어도 약간의 통찰능력만 있으면 가능한 일이다. 위암에 걸린 100사람을 조사하면 그들이 어떤 식습관을 가졌는지 조사할 수 있으며 그중에 공통점이 많은 식습관 하나를 선택하여 '위암은 뭐 때문이다.'라고 발표할 수 있다. 이 방법은 귀납적인 방법이다.

그러나 연역적 방법은 몹시 어려운 방법이다.

고정관념을 수정할 수 있는 수많은 생각과 많은 지식, 원리와 결과를 늘 분석하는 자세 등이 오랜 세월 뇌에 고착되었을 때 가능한 방법이다.

귀납적 방법으로는 많으나 크지 않은 연구결과를 낳고, 연역적 방법으로는 많지는 않으나 큰 연구결과를 낳는다.

이미 현대의 학문은 인간의 5감으로 접근할 수 있는 한계를 대부분 넘어섰다. 그 이상이 되면, 미리 목적을 가지고 접근하지 않으면 보고 있어도 보이지 않으며, 닿아 있어도 느낄 수 없고, 시끄러운 소리가 발생하고 있어도 들을 수 없다.

아무리 훌륭한 망원경을 가지고 있어도 우리와 가장 가까운 별 무리인 안드로메다 별을 볼 수 없는 것과 마찬가지다.

목적을 가지고 찾아가는 것, 이것이 직관력이며, 이것이 연역적 접근이 필요한 이유이다.

수많은 암 덩어리를 조사해보니 A라는 물질이 많이 검출되었다. 그래서 'A라는 물질이 암을 일으킨다.'라는 결론을 이야기할 수 있지만, 그 A라는 물질이 암을 치료하기 위하여 몰려 있는 물질일 수도 있다.

암 덩어리 속의 체액에는 수백 가지 수천 가지의 물질들이 포함되어 있으며 그 중 어느 한 물질이 암 생성에 관여했을 확률은 1%도 넘지 못한다.

그렇다면 정반대의 결론을 내린 것이다.

귀납적 연구의 결과들은 아주 많은 경우 이와 같은 오류를 안고 있다. 현재 통용되고 있는 많은 연구결과가 이 같은 이유로 반대의 결론을 내리고 있는 경우도 허다하다.

그것은 과학분야나 의학분야는 물론이고 모든 분야가 그렇다.

아인슈타인도 귀납적 연구는 필요가 없다고 주장했다.

이 주장은 훌륭한 과학자들에게는 훌륭한 직관력이 있어야 한다는 말이다.

◇ 원리를 저장하는 뇌

우리는 보통 전두엽(앞이마에 있는 뇌)을 '판단을 담당하는 뇌'라고 알고 있지만, 정확히 말하자면 판단은 모든 뇌에서 다 담당한다.

어떤 판단을 담당하는가가 다를 뿐이다. 시각의 뇌는 빨간색인지 파란색인지 판단하는 능력이 있으며, 생명의 뇌는 영양분이 부족한지 남아도는지 판단하는 능력이 있다.

전두엽은 그냥 '판단을 담당하는 뇌'보다는 좀 더 정확하게 '원리를 기억하는 뇌'로 규정하는 것이 옳다.

'저 핸드백을 가지고 싶다!'라고 판단한다면 이는 전두엽에서 내리는 판단이 아니라 감정의 뇌에서 내리는 판단이며, '저 핸드백을 사면 공간이 커서 이런 물건도 가지고 다닐 수 있고, 칸이 여러 개라서 찾느라 시간을 허비하지 않아도 되겠어!'라는 판단은 전두엽에서 한다.

그 물건을 사야 하는 이유(원리)를 기억하는 것이다.

이 천재의 뇌, 창의력의 뇌인 전두엽을 잘 육성하기 위해서는 늘 모든 것의 원리를 파악하여 이해하는 버릇이 중요하다.

전두엽의 세포나 시냅스도 사용을 많이 하면 팔뚝의 근육처럼 튼튼해질 것이며, 사용을 덜 하면 오랫동안 깁스해서 사용하지 못한 근육이 쭈글쭈글해지듯이 '불용성 위축(不溶性 萎縮)'을 겪게 될 것이다.

만약, '어떻게 늘 모든 것의 원리를 파악하며 산다는 말인가?'라고 하는 사람이 있다면, 그 사람은 덜 창의적인 사람일 것이다. 항상 그렇게 살아가는 사람도 많다. 아마, 35%가 그렇게 살아갈 것이다.

원리로 이해하여 저장하면 전두엽에 그 각각의 원리에 대한 길(시냅스)이 생겨난다.

원리에서 같은 패턴을 발견하였다는 것은 동일한 길(시냅스)을 찾았다는 말이다. 그 원리의 길을 많이 만들어 놓지 않으면 당연히 그 길을 찾을 수가 없지 않겠는가?

우리는 창의적이기 위해 늘 원리로 이해하여 기억섬을 만들지 말고 늘 '기억의 대륙'에 연결되어 있어야 한다.

'하나를 배우면 열을 안다!'라는 속담이 있다.

이런 사람은 하나의 원리를 익혀서 저장하려고 보니 뇌 속에는 이미 열 개의 비슷한 원리의 길들이 저장되어 있더라는 얘기와 같다.

실제로 원리로 이해하는 많은 사람에게서 이런 일은 비일비재하게 나타난다.

⊞ 창의력 향상법

　앞에서 기억, 포괄성, 통찰력, 직관력이 뭔지 등에 대하여 정의하고 예를 들고 많은 이야기를 나누었지만 그런 과정은 창의력이 뭔지를 알려주기 위한 것일 뿐이었으며 정작 그것을 위하여 해야 할 일이 뭔지는 아직 막막하다.

　세간에 떠도는 창의력을 키우려는 방법들을 보면, 상상력을 키워라, 개방적 사고를 지녀라, 다양성을 수용해라, 통합적 사고를 해라, 호기심을 가져라, 긍정적인 생각을 해라, 질문을 많이 하라 등등 너무나도 많다.

　하지만, 그런 이야기들은 창의력이 뭔지를 잘 모르는 사람들이 하는 말이다. 창의력을 키우기 위하여 우리가 해야 할 일이 그렇게 추상적인 것들이라면 어떻게 창의력을 키우란 말인가?

　나는 추상적인 이야기가 아니라 실천 가능한 4가지를 주문한다. 첫째, 생각은 영양분이 하는 일이다. 잘 먹고 운동을 열심히 해라. 둘째, 체험을 다양하게 해라. 셋째, 생각을 많이 해라. 그리고 피드백해라. 넷째, 잠을 충분히 자라.

　'창의력을 키우기 위하여 상상력을 키워라.'라고 수많은 사람이 애기해 왔기 때문에 위 4가지 방법은 별로 귀에 와 닿지 않을 것이다. '뭐야? 그렇게 간단한 것이라면 왜 그동안은 못했겠어?'라고 할지 모르겠다.

　그래도 우리의 찬란한 미래를 여는 창의력 열쇠는 바로 이 네 가지가 쥐고 있다.

◇ **영양과 운동**

아이러니하게도 고도비만은 세포가 굶주리고 있는 상태다. 비만이나 다이어트나 세포가 굶주리고 있다는 것은 생각이 짧다는 말이다.

(생각과 영양)

내가 입대하여 훈련소 생활을 갓 마치고 자대에 배치받았을 때의 일이다.

저녁 점호 시간에 건빵이 특식으로 나왔다. 맨 앞에 있는 병장부터 한 봉지씩 나누어지며 내 차례가 점점 다가오는 그 짧은 순간 나는 참으로 행복했다. "햐! 자대 배치받자마자 나에게 저런 행운이 돌아오다니......!"

그런데 이게 웬일일까? 내 앞에서 건빵은 끊겼고, 나에게는 건빵이 돌아오지 않았다.

그 당시 군대에서는 행정적인 절차 때문에 다른 부대로 옮기는 중에는 며칠씩 이쪽 부대에도 소속되지 않고 저쪽 부대에도 소속되지 않는 기간이 생긴다.

그런 이유로 소속이 없는 내게 돌아올 건빵은 없었던 것이다.

순간, 행복은 비참함으로 바뀌었다. 점호가 끝나고 잠자리에 들었을 때 부스럭거리며 모포 속에서 건빵 먹는 소리가 너무도 크게 들렸다. 눈물이 글썽거려졌다.

그런데 얼마 지나지 않아, 어느 고참 한 명이 나를 찾아와서는 조용히 따라오라고 하는 것이었다. 그리고는 자신의 잠자리 옆에 누우라고 하고는 자신의 건빵을 모포에 쏟아 부으며 먹으라고 하는 것이었다.

군대 생활은 참으로 무식하고 야만적이고 툭하면 욕먹고 얼차려를 받아야 하는 무서운 곳이었다. 그렇게 느끼고 있던 신병이었다. 그런데 그게 다가 아니었다. 아주 가끔은 따뜻한 정도 있었다. 지금 이 고참처럼 말이다.

그렇게 생각하니 또 고마움의 눈물이 쏟아지려 했다. 신병은 늘 씩씩해 보여야 하지만 아무도 보지 않는 곳에서는 눈물도 많은 게 또 신병이다.

그렇게 한참을 먹다 보니 손을 더듬거려도 이제는 더는 만져지는 건빵이 없었다. 한참을 뒤적이니 건빵 하나가 손에 잡혔다. 그런데 그것은 마지막 건빵이라 차마 먹을 수가 없었다.

한참을 먹지 못하고 기다리고 있는데, 그 고참도 그러고 있는 듯했다. 그렇게 아주 긴 시간 10분 정도가 흘렀다. 나는 이런 생각에 빠져들었다. '이 고참이 지금 잠이 들어버린 것 같은데? 그럼, 이 건빵은 내가 먹어도 되는 건가?'

그리고는 조심조심 손을 뻗어 건빵을 입에 넣고는 씹지도 못하고 침으로 녹이고 있었다. 그때였다. 그 고참 손이 슬금슬금 그 건빵 한 조각을 향하여 더듬거리고 있는 것이 아닌가?

'아! 이 노릇을 어떻게 하지? 이미 되돌릴 수 없는 상태가 되어버렸는데?' 나는 그날 한숨도 잠을 잘 수가 없었다. 정말 미안해서 도저히 그 고참의 얼굴을 볼 수가 없을 것 같았기 때문이다.

입대 전에는 주어도 먹지 않던 건빵이었는데, 어떻게 사람이 한 달 반 만에 이렇게 바뀔 수 있는 걸까?

한참 세월이 흐른 지금에야 건빵이라는 탄수화물이 우리 몸에서 참으로 귀중한 존재라는 사실을 느끼고 있다.

뇌는 우리 몸의 약 2% 정도 되는 크지 않은 장기지만 영양분 사용량은 그 10배에 해당하는 25% 이상을 소비하는 아주 중요한 기관이다.

배고픈 장 발장(Jean Valjean)이 도둑질을 하는 것처럼, 건빵이라는 존재는 우리 마음을 조종하는 능력을 가졌다. 뇌에 영양분이 풍부하면 우리는 넉넉한 마음을 가지게 되며, 부족하면 냉정하고, 투쟁적이며, 생각의 범위는 아주 좁아진다.

뇌에서 하는 일, 즉, 생각은 모두 에너지로 하는 작용이며, 건빵에 들어 있는 탄수화물이 그 에너지의 원천이다.

제철소에서 철을 뽑아내는 데 필요한 원재료로는 철광석과 석탄이 필요하며, 이들을 가열할 에너지가 필요한데, 이 에너지는 주로 석탄이나 석유가 사용된다.

공장과 같이 우리 몸에서도 제품을 만드는 원재료와 에너지인 연료가 필요하다.

우리 몸에서는 ATP(adenosine triphosphate)라는 에너지가 절대적으로 필요하며, 휘발유가 없으면 자동차가 멈추듯이 우리 몸 속 대부분의 일은 이 에너지가 있어서 가능해진다.

이 에너지는 포도당(탄수화물)과 산소라는 두 가지 연료를 혼합해서 만든다. 둘 다 충분하면 포도당만으로는 1분자당 38개의 에너지를 만들어내지만, 산소가 모자라면 포도당만으로는 단 2개의 에너지밖에 만들어내지 못하며, 포도당이 모자라도 에너지는 생성되지 않으므로 세포는 제 역할을 할 수가 없다. 산소나 포도당이 모자라는 상태가 바로 죽음이다.

물론, 포도당이 모자라면 지방이나 단백질을 태워서라도 에너지를 만들어내지만, 이 경우는 효율이 떨어져서 몸은 많이 피곤한 상태에 빠지게 된다.

이렇게 만들어진 에너지가 원재료인 지방과 단백질을 반죽해서 우리 몸을 건설하고 또 유지에 필요한 모든 활동을 수행하는 것이다.

물론, 소금이나 칼슘 등 많은 종류의 미량요소들이 필요하지만, 이들은 소량만 있어도 되며, 일단 사용이 끝난 쓰레기들도 콩팥에서 분리 수거되어 대부분 재사용된다.

보통, 탄수화물, 지방, 단백질을 가리켜서 3대 영양소라고 해왔지만, 여기에 산소를 더 추가하여 두 원재료(지방, 단백질)와 연료 두 종류(탄수화물, 산소)인 4대 영양소라고 부르는 것이 더 적절하다.

이 원리는 뇌에서도 고스란히 적용된다.

뇌의 구성물질 대부분은 지방과 단백질이며, 이 뇌가 작동하도록 원동력을 제공하는 것은 포도당(탄수화물)과 산소로부터 만들어지는 에너지(ATP)이다.

뇌에서 일어나는 '생각'은 건설활동이 아니므로 지방이나 단백질 등의 원료가 거의 필요하지 않으며, 포도당과 산소인 연료만을 태워서 에너지(ATP)를 만들어서 이용하여 생각작용을 일으킨다.

즉, 탄수화물이나 산소의 부족은 곧 생각의 부족이다.

전투기 조종사들은 전투 중 비행기에 이상이 생기고 산소 공급장치가 고장 날 수도 있으며, 갑자기 급선회하게 되면 뇌의 혈액이 순간적으로 뇌 공간을 빠져나가 저(低)에너지 상태가 될 수도 있다.

이때를 대비하여 '저(低)산소 적응훈련'을 하게 된다.

뇌에서 에너지가 부족해질 수 있는 원인은 산소부족, 영양부족, 혈액 부족, 이 세 가지이다.

산소와 포도당이 원활하게 공급되어야 충분한 에너지가 생성되는데 이 중 한 가지라도 모자라게 되면 에너지 부족 사태가 일어난다. 또한, 이 산소와 포도당을 운반해 주는 것이 혈액이므로, 혈액 흐름이 원활하지 못하면 또한 같은 상황이 된다.

따라서 조종사들은 산소를 줄여가며 신체 적응 정도를 알아보는 이 훈련을 하는 것이다.

밀폐된 공간 안에 조종사들을 입장시키고 서서히 산소를 줄여가면서 여러 가지 테스트를 거친다.

산소가 줄어듦에 따라 처음에는 '이성의 뇌' 영역인 판단력이 흐려지다가, 점차 더하기와 빼기 같은 단순한 산술계산도 못 하는 시점에 다다른다.

더 산소가 부족해지면 감정의 뇌 또는 단순기억의 뇌인 '변연계'의 기능이 줄어들어서 식구들의 이름이나 자신의 이름도 기억해내지 못하는 상태가 되었다가, 더 진행되면 뇌의 기능이 소실되어 졸도에 이르게 된다.

뇌의 활동은 에너지를 소비하면서 일어나는 일로 영양상태는 창의력 요소 중 아주 중요하다.

깊은 생각을 하려면 충분한 영양분이 공급되어야 하며 어린 시절부터 영양분이 충분해야 뇌의 집중훈련이 가능하고 뇌가 발달하며, 통찰력이 자라나서 창의력으로 발전하게 된다.

(영양분과 성향)

　　모든 학습(기억)은 이전의 기억을 바탕으로 짜깁기 된다고 했다.
　　우리가 가치 있다고 여길만한 최초의 기억을 신생아일 때로 삼아
이야기를 하면서 두려움과 안도감이 최초의 기억을 이루며 이 기억이
이후 모든 학습의 기초가 된다고 언급한 바 있다.

　　그런데 이 두려움과 안도감의 비율은 반반이 아니다. 두려움이 훨
씬 많을 수도 있고 그 반대일 경우도 있다.
　　만약, 미숙아로 태어났다면 죽을 확률이 더 높아지므로 두려움이
훨씬 더 크게 작용하며, 튼튼하게 태어난다면 두려움에 대한 기억이
적을 것이다. 또한, 선천적인 장애를 가지고 있거나 소아 때 사고나
병마에 의하여 장애를 가지게 된 경우도 두려움이 커지며, 오랜 투병
생활을 한 경우에도 마찬가지다.
　　이 두려움은 외로움을 타는 사람으로 변하게 하며, 감성적인 성격
을 가지게 한다.
　　장애는 없다 할지라도 태아일 때 산모로부터 영양분을 충분히 공
급받지 못하여 조금 작게 태어난 아이, 태어난 후에 경제적 형편이 모
자라서 영양상태가 좋지 않은 아이, 성격적으로 잘 먹지 않는 아이들
도 대체로 외로움 많은 성격, 감성적 성격으로 변하게 된다.
　　임산부 또는 아이 자신이 갑상선 호르몬이 많이 분비되는 체형을
가진 아이, 도파민 분비가 많아서 과잉행동을 일으키는 아이들도 기
초대사량(일하지 않는 휴식 상태에서의 영양분 소비량)이 많아지므로
육체나 뇌의 성장에는 영양이 부족해지기 쉬우므로 마찬가지 영향을

미친다.

　태아 또는 성장기의 아이들에게는 꾸준하고 충분한 영양을 공급해 주어야 포괄성도 넓어지고 창의력도 커진다.

(포괄성에 따른 에너지 소비량)

　우리는 앞에서 '포괄성'에 대하여 다루면서, 뇌중에 창의력과 관련된 뇌가 세 가지 있다고 언급한 바 있다. 포괄성의 가장 안쪽에는 공포의 뇌가 있고 그다음은 감성의 뇌가 있으며 가장 바깥쪽에는 이성의 뇌가 있다.
　포괄성 중에서 공포 영역은 오로지 공포가 존재하는지, 해소되었는지가 가장 큰 관심사항이며 그 외의 것들에는 그다지 큰 관심을 갖지 못한다.
　감성 영역은 다소의 공포와 인간에 대한 관심이 제일 크게 나타난다. 이성적 영역은 공포가 많이 줄어들며 원리에 대한 이해를 많이 하는 특성이 있다.
　뇌의 영역에서 보면 공포는 조그만 뇌인 편도체에서 담당하며, 감성은 변연계, 이성적인 판단은 전두엽에서 담당한다('포괄성' 부분에 그려진 '뇌 그림' 참조).
　뇌에서 에너지를 소모하는 양은 '이성의 뇌'가 제일 많이 소비되고, '공포의 뇌'가 가장 적게 소모한다. 만약, 에너지가 부족해지면 에너지를 가장 많이 소모하는 뇌부터 타격을 입게 된다. 따라서 에너지가 부족하면 가장 먼저 창의력이 줄어들게 된다.

어떤 영화 이야기다. 암벽 등반을 하다가 발을 헛디뎌서 줄 하나에 매달려 구조대가 오기를 기다리는 경우가 있었다. 기다리다가 추위와 배고픔에 지친 이들은 칼을 꺼내서 스스로 줄을 자르고 떨어져 버렸다. 만약, 약간만 더 기다렸더라면 금방 도착한 구조대에게 구조되었을 텐데 말이다.

배고프면 에너지가 부족해지고, 그마저도 추위 때문에 더욱 심한 에너지 고갈을 맞게 된다. 이성적 판단력도 고갈되고 감정도 사라지며 공포의 뇌에까지 에너지의 배분을 줄인 결과가 그들의 죽음이다.

우리는 보통 죽음이 임박하면 '얼마나 무서울까?' 하는 생각을 하게 되지만 대부분 자연상태의 죽음은 이처럼 공포의 뇌, 감정의 뇌까지 에너지 공급이 현저히 떨어진 상태로써 슬픔이나 공포를 크게 느끼지 못하는 상태일 경우가 많다.

뇌의 능력은 에너지에 달려 있다.

따라서 정자와 난자가 결합하여 수정되는 순간부터 자라나는 기간 동안 에너지 부족 상태가 많아지면 공포나 감성적 인간이 되기 쉽고, 늘 에너지가 충만했다면 이성적으로 자라날 가능성이 높다.

또한, 다 자란 후에도 깊은 생각을 해야 하는 경우는 많은 에너지가 필요하므로 영양 섭취는 창의력에 불가분의 관계에 있다고 할 것이다.

뇌세포의 입장에서 보면 수정 후 다 자랄 때까지 꾸준하게 충분한 영양분이 공급되어야 포괄성이 최대로 넓어지며 가장 창의적인 상태에 이르며, 영양공급이 충분하지 못하거나 들쑥날쑥하면 포괄성도 줄어들며 창의력도 줄어든다.

(산모의 영양과 태아)

산모의 영양상태는 태아의 창의력에 막대한 영향을 끼친다. 또한, 출산하는 산모의 나이도 영향을 미친다.

우리가 어렸을 때는 보통 한 집에 5명 정도는 아이들이 있었다. 그런데 막내들은 보통 외향적인 성격이며 감성적 성향이 강했고, 첫째는 내성적이고 이성적 성향이 강했다. 막내들은 첫째보다 대체로 얼굴 크기도 작고 키도 작다.

보통의 엄마들은 나이가 약 20살 정도에 시집을 가서 약 35~40세 정도에 막내를 낳았다.

출산 적령기만을 따져보면 40세의 산모의 몸은 20~25세의 파릇파릇한 산모의 몸에 비해 호르몬 등 출산 기능이 많이 떨어지는 시기에 속한다.

태아 역시 산모로부터 적절한 호르몬이나 영양분이 적절히 조달되지 않아 뇌의 발달에 타격을 입는다.

2011년, 영국 킹스턴병원 산부인과의 데이비드 유팅박사의 연구에 따르면 35세의 산모는 25세의 산모에 비하여 임신하기가 6배 이상 어려워지고, 출산 위험이나, 다운증후군과 같은 뇌 질환의 가능성은 훨씬 높아진다고 한다.

안타깝게도, 오늘날 우리나라의 결혼 연령이 많이 늦어지고 있으며, 2010년 조사에서는 평균 초산 연령이 30세를 넘어섰다고 한다.

총명한 아이를 원한다면 산모의 출산 나이만큼이나, 영양분 섭취도 중요하다.

우리 집 베란다에는 깻잎과 상추들이 자란다.

아파트지만 나무 널빤지를 이용해서 약 반 평정도 상자를 만들고 흙을 넣어서 야채들을 심었다.

덕분에 고기를 구워먹을 때마다 싱싱한 유기농 채소를 먹을 수 있게 되었다.

이들 하찮은 깻잎에도 그들만의 생육 규칙이 존재한다.

보통 우리의 생각은 거름이나 물을 적게 주면 잘 자라지 않다가도 다시 거름을 주고 물을 잘 주면 빠르게 성장할 것으로 생각한다.

그러나 생장 중에 한 번 좋지 않은 환경에서 잘 자라지 못한 개체는 다음에 더 좋은 환경이 되더라도 자라는 데 한계가 있다.

베란다는 전체가 골고루 햇빛을 받기 힘들다.

따라서 햇빛을 덜 받고 덜 자란 개체를 몇 주일 후에 햇빛이 잘 드는 곳으로 옮겨놓았을 때, 그전보다 더 자라기는 하지만 이미 잘 자란 다른 개체를 쫓아가지 못한다는 것이다.

햇빛뿐만이 아니라, 물 부족이나, 거름 부족 등 여러 가지 경우도 마찬가지다.

또, 씨앗 상태에서도 작은 씨앗은 작게 성장하고, 큰 씨앗은 크게 성장한다.

이는 이미 아는 사람은 다 아는 사실이다.

그래서 옛날부터 농부들은 종자로는 튼실한 씨앗을 선별해두었다가 사용했으며, 필요한 양보다 더 많이 씨앗을 뿌리고 어느 정도 자라면 불량한 싹들을 솎아내는 작업을 통하여 가능성 없는 개체들을 제거했던 것이다.

우리 옛말에는 '될성부른 나무는 떡잎부터 알아본다!'라는 말이 있는데, 정말, 떡잎을 보면 이 개체가 잘 자랄 것인지 아닌지 알아낼 수 있다.

이 원리는 동물이나 인간에도 모두 마찬가지다. 소 장수는 어린 송아지가 커서 얼마나 잘 자랄는지 알아낼 수 있으며, 다른 동물들도 다 마찬가지다.

어렸을 때 특히, 태아의 영양상태는 죽을 때까지 짊어지고 갈 짐이 된다.

싹수가 노랗다는 말도 마찬가지다. 싹수는 어린 식물의 싹을 이르는 말로, 파종된 씨앗에서 갓 피어나는 싹이 영양분이 부족하거나, 햇빛을 잘 받지 못하면 엽록소가 많이 생성되지 못하여 노란색을 띤다.

어린싹이 다른 싹들보다 노란색이 오래가면 그 개체는 잘될 가능성이 없으므로 농부들이 솎아버리는 싹이다.

성장기 중에 영양분이 부족하면 그 영향은 끝까지 가게 된다. 특히, 그 영향은 어릴수록 커진다.

내 친구 중에는 늘 질병과 함께 살아가는 친구가 있다.

늘 허리가 아프고, 여기저기 많은 질병으로 오랫동안 시달려야 했으며 아직도 완쾌되지 않은 상태다.

언젠가 그 친구의 어머니께서 그 이유에 대하여 설명을 해 주셨다.

그 친구를 임신한 기간은 일생에서 가장 힘든 시기였다고 한다. 경제적으로도 어려워서 잘 먹지도 못하였고, 계속되는 입덧으로 영양 섭취는 거의 불가능했으며, 집에 큰일이 생겨서 그나마 잘 쉬지도 못하였다고 한다.

친구의 어머니는 그것이 친구를 평생 힘들게 하는 주된 이유라고 설명해 줬다.

그 이유에 대한 인과관계는 충분히 성립된다.

사람은 자랄 때 세포의 수가 많아지지만, 어미 세포가 수많은 알을 낳듯이 세포를 낳는 방식이 아니라 스스로 분열하여 하나의 세포가 둘이 되고, 넷으로 나뉘고, 여덟 등으로 분열하며 세포 수를 늘리는 방식이다.

새끼를 낳는 방식이라면 어미가 잘못되어도 새끼는 정상적인 새끼를 낳을 수 있지만, 분열방식은 그게 불가능하다.

자신이 오류를 포함하고 있는 세포라면 분열하여 만들어진 세포 역시 오류 세포가 되는 것이다.

이렇게 만들어진 신체기관이 심각한 오류로 생명 유지가 불가능한 경우는 사산이 되고, 생명에는 지장이 없을 정도가 되면 선천적 장애로 태어나는 것이다. 또한, 겉으로는 멀쩡해 보여도 속에 있는 기관들이 장애를 가진 경우도 많다.

약간의 선천적 심장병을 가지고 태어나는 아이도 있을 수 있으며, 어느 기관이 작거나 뒤틀려 있는 경우도 있다. 또, 생김새는 멀쩡해도 기능이 떨어지는 사람들도 있다.

오류 세포는 이러한 장애를 일으키는 큰 요인이 된다.

이러한 원리로 태아의 영양부족 사태는 병약한 인간으로 자랄 수밖에 없게 되는 것이다.

물론, 잘못된 세포들은 우리 몸 자체의 수정 시스템에 의하여 고쳐지고, 제거되는 과정을 거치지만 늘 성공하지는 않기 때문에 문제가 생겨난다.

태아가 영양이 부족하면 제일 타격을 크게 받는 신체부위는 태어날 때 가장 크게 태어나는 뇌이며, 아무래도 제일 나중에 만들어지는 이성적 판단의 영역인 앞이마 뇌가 될 것이다.

따라서 영양상태가 좋지 않은 태아기를 보낸 아이들은 감정을 억제하는 중추인 '이성의 뇌'가 잘 발달하지 못하여 감정이 풍부하고,

암기는 잘하지만, 이성적 판단력이 모자라고, 창의력(통찰력과 직관력)이 모자라는 인간으로 자라날 가능성이 높다.

이 시기의 영양 상태를 중요도로 따지자면 단연 50% 이상이다.

성인의 뇌는 1,200~1,400cc 정도이며, 태어나는 시점의 뇌 용량은 약 400cc로 30% 정도에 이르는데, 이때 만들어진 30%의 뇌세포들은 성인으로 자랄 때까지 영향을 미치기 때문이다.

인간은 나이에 따라 부위별로 성장하는 속도가 다르다.

이를 이용하면 어느 시기에 영양분이 충분했는지, 부족했는지를 어느 정도 파악할 수 있다.

예를 들면 얼굴이 아주 작고 몸도 작은 경우는 태아일 때나 태어나고 나서 사춘기 이전까지 적절한 영양분 공급이 안 된 사람들이다.

또, 얼굴이 좌우로는 좁고 위아래로는 길쭉한 사람이라면 태아일 때는 영양부족, 태어나고 나서는 충분한 영양상태로 볼 수 있다.

이는 얼굴이 작고 발이 큰 사람도 이와 같다고 판단할 수 있다.

태아의 영양부족이란 산모가 잘 먹지 못한 것만을 말하는 것이 아니라 산모의 기초대사량 등 그 이유는 다양하다.

태아의 영양상태와 건강은 창의력에 절대적이다.

(쌍둥이와 영양)

　‘칠삭둥이’라는 말은 임신 일곱 달 만에 태어난 아기를 일컫는 말이다.

　옛날에는 정상적으로 열 달을 다 채우고 태어나도 백일 또는 1년 동안 살아남기가 어려웠다. 그래서 백일이나 돌잔치를 하는 것이다. 열 달을 다 채우지 못하고 태어나는 아기들은 살 가망성이 희박했다.

　열 달이라는 기간은 세상 밖으로 나와도 될 만큼 허파와 같은 기관들이 성숙해지는 기간인데, 열 달을 다 못 채우면 독립호흡이 아주 힘들어진다. 이들은 한 번 호흡으로도 허파가 상처를 입을 만큼 허약한 상태이기 때문이다.

　그런 ‘칠삭둥이’는 하늘의 보살핌 없이는 살아날 가망성이 없는 사람으로 성인에 이르는 확률은 매우 희박했다.

　물론, 요즘은 의학기술이 발달하여 ‘5삭둥이’도 태어나고 살 가망성도 많이 높아졌다.

　이들은 매우 허약한 상태로 늘 위급 상황이 일어난다. 하루하루가 죽을 고비의 연속이다. 아직 미성숙 피부나 허파, 소화기관 등을 통하여 들어오는 세균들을 자체적으로 막아낼 수 있는 면역체계가 완성되지 않은 상태이기 때문에 온몸이 전쟁터와 같다. 즉, 잦은 위기로 에너지 소비량이 아주 크다는 말이다.

　또한, 그동안 탯줄을 통하여 영양분을 공급받던 체계가 사라지고 미성숙한 소화기관을 통하여 영양분을 흡수해야 하므로 이 또한 보통 일이 아니다.

　온도 또한 따뜻한 엄마의 자궁 속이 아니라 춥거나 덥고 습하거나 건조한 환경에 노출되어 에너지의 소비는 더욱 증가한다.

이래저래 미숙아는 에너지 부족사태가 말이 아니다.

임신 5개월부터 출산 때까지가 가장 뇌가 크게 자라나는 시기인데, 미숙아는 이런 어려운 상태에서 뇌까지 발달을 시켜야 하니 그게 제대로 되겠는가? 이들은 공포를 잘 타고, 암기를 잘하고, 감성적이고, 외향적인 인간으로 자랄 가능성이 높다. 이성의 뇌는 제대로 발달하기는 어렵다는 말이다.

쌍둥이들은 어떠한가?

산모가 잘 먹고 잘 소화해서 태아들에게 영양분을 공급하는 데에는 상한선이 존재한다. 즉, 쌍둥이들은 뱃속에서 한정된 영양분을 나눠 써야 한다는 말이다.

또한, 이들은 좁은 자궁이라는 공간도 나누어 써야 하므로 다른 태아들처럼 더 커지기 전에 탈출해야 하는, 조산 가능성이 매우 높다. 따라서 이들 역시 감성적 성격인 경우가 많다.

쌍둥이 과학자 비율이 쌍둥이 가수 비율보다 훨씬 낮은 것도 다 이런 이유에서이다.

(태어난 후)

출생 직후 아기의 뇌는 사춘기가 지나면 약 세배 이상을 자라게 되는데 당연히 이 시기의 영양관리는 아주 중요하다.

창의력을 결정짓는 이성의 뇌인 전두엽은 보통 초등학교 6학년까지 세포의 수가 증가한다.

그리고 그 이후가 되면 세포 수는 점차 줄어들면서 필요한 것들만 남게 되는데, 세포 수보다 더 중요한 세포 간 연결고리인 '시냅스'는 이 시기와 관계없이 사춘기까지 폭발적으로 증가하며 그 이후에도 사용빈도에 따라 더 증가하기도 하며, 반대로 정체 또는 위축되기도 한다.

따라서 초등학교 때는 영양을 편식 없이 골고루 잘 섭취하여야 이성적 인간으로 자라나서 창의력이 풍부해지게 된다.

몸 상태는 약간 통통한 상태를 유지하고 적절한 운동을 하는 것이 바람직하다.

예전 60~70년대에 학교에서 공부 잘하는 아이들은 대체로 가정환경이 좋은 아이들이었다. 정미소 집 아이, 가게 하는 아이, 약국이나 병원 집 아이 등 모두 잘 먹을 수 있는 환경 속에서 자란 아이들이 좋은 성적을 받았다는 사실은 뇌 발달에 영양이 얼마나 중요한가를 보여주는 좋은 예이다.

과학분야의 천재들은 어린 시절부터 잘 먹고 자란 사람들이 대부분이며 초등학교 시절까지 내내 불우하게 보낸 사람들은 찾아보기 힘들다.

만약, 그런 천재가 있다면, 정말로 그의 업적이 세계사에 남을 만큼 가치가 있는지 살펴볼 필요가 있으며, 그렇지도 않다면, 불우하더라도 먹는 것만큼은 잘 먹지 않았는지도 살펴볼 일이다.

조선의 천재 발명가인 장영실은 노비로 태어나 비참한 어린 시절을 보냈지만, 지체 높은 양반가의 노비라 먹는 것만큼은 잘 먹었을 것이다.

우리가 어렸을 때만 해도, 대를 잇는 위치에 있는 큰아들은 할아버지나 아버지가 먹는 밥상에서 충분하고 맛있는 식사를 하게 마련이지만 나머지 형제들은 어머니와 바글바글한 식구들과 함께 음식 경쟁을 벌이며 클 수밖에 없었다.

초등학교 내내 뇌가 발달해야 하지만 없는 형편에 채식 위주의 불균형한 식사와 그나마도 부족한 먹거리로 말미암아 발달에 방해된다.

이것이 '형만 한 아우 없다.'라는 속담이 생기게 된 이유일 것이며, 영양이 모자라는 막내들은 감성의 뇌인 변연계가 잘 발달하여 어디다 내놔도 붙임성 있게 잘 살아간다고 하는 이유일 것이다.

일찍 아버지를 여의고 편모슬하가 된 아이들은 버릇이 없다는 이야기를 들은 적이 있다. 물론, 아버지로부터 가정교육을 잘 받지 못하여 그렇게 되었을 가능성도 있겠지만, 그것만이 다는 아니다.

예전에 아버지라는 존재는 집안의 경제 그 자체였기 때문에 일찍 편모슬하가 된다는 것은 어린 시절 영양 부족에 시달렸을 가능성이 높다는 말이다.

두뇌의 크기를 증가시키고 발달시키는 데에는 원재료인 지방이나 단백질, 그리고 이들을 가지고 건설작업을 할 에너지가 필요하며, 뇌에서 일어나는 '생각'이라는 고등한 작용은 산소와 포도당인 연료가 필요하다.

이래저래 잘 먹어야 하는 것은 중요한 일이다.

(사춘기와 영양)

사춘기에도 영양적인 문제가 발생한다.

사춘기 때에는 성장호르몬과 성호르몬 등 각종 호르몬 생산이 활발해져서 영양분 소모가 많아진다.

이 시기에 몸무게는 크게 변하지 않으면서 키만 커지므로 체질량지수가 갑자기 떨어진다.

키가 커지고 얼굴의 형태, 성대의 모양 등, 몸 구석구석이 틀어지면서 그동안 잘 조율해두었던 뇌는 신체와의 부조화를 겪게 된다.

이들은 성장에 많은 에너지를 사용하며, 신체와 뇌의 조율작업을 다시 해야 하므로 더 많은 에너지를 소비함으로써, 짜증이 늘어나고, 이성의 뇌는 성장에 필요한 에너지를 제대로 공급받지 못하게 된다.

청소년기의 뇌는 에너지 부족현상으로 집중력이 떨어지고, 심하게 감성적이 되면서 가출이나 불법행위 등에 노출되는 일탈이 일어날 수 있으며, 창의력을 담당하는 뇌인 전두엽의 위축이 일어날 수 있다.

따라서 사춘기에는 날씬한 몸매를 생각하지 말고 잘 먹어 두어야 한다.

(장애와 천재성)

선천적 장애는 DNA의 오류 등 영양 외적인 요인일 가능성도 없지는 않으나 영양분 문제나 이를 운반하는 혈관의 문제일 가능성이 높다.

장애를 가진 기관이 뇌가 아니라고 하더라도, 그 오류의 원인이 영양부족이 맞는다면 그 당시 뇌에서도 비슷한 영양부족 사태를 맞았을 것이며, 그로 말미암아 가장 늦게 발달하기 시작하는 이성적 뇌가 잘 발달하지 못하여 감성적인 인간이 될 가능성이 높다.

그뿐만이 아니다. 일단 장애를 가지고 태어난다면, 어린 시절을 놀림당하며 자랄 가능성이 높으므로 외로움이 커지고 감성적으로 자라게 된다.

선천적 장애를 가진 사람들이 철학자, 과학자, 발명가 등 이성적 인재로 이름을 크게 날린 사람이 많지 않은 까닭이다.

또한, 영유아기에 얻은 영구 장애 역시 선천적 장애와 같은 환경에서 자라게 되면서 특성은 비슷해진다.

물론, 장애는 내성적으로 자랄 가능성이 높아지면서 감성적 분야의 천재 또는 훌륭한 인재로 자랄 가능성은 많다. 세계적인 여류 소설가 헬렌 켈러는 생후 19개월쯤에 걸린 질병으로 시각과 청력을 모두 잃은 장애를 가지고 있다.

그 외에도 선천적 장애 덕택에 감성적 분야에 천재적인 재능을 나타내는 사람들은 많다.

그와 반대로 거의 자란 후에 질병이나 사고 등으로 장애를 갖게 되는 경우는 조금 다르다.

스티븐 호킹, 루즈벨트 등은 다 자란 후 질병으로 장애를 가진 경우인데, 이 같은 경우는 뇌는 정상적으로 자랐으나, 장애 덕택에 내성적 성격으로 자라게 되면서 생각의 크기를 키우고 이성적 천재 또는 훌륭한 인재로 자라날 가능성이 커진다.

또한, 스티븐 호킹은 우리 몸 중에서 25%의 에너지 소비 기관인 근육이 사라지면서 뇌에서 사용할 수 있는 가용 에너지가 충분해서 천재가 되지 않았을까 조심스럽게 생각해본다.

(운동과 산소 공급능력)

뇌출혈이나 뇌혈관이 막히면 그 혈관으로부터 산소와 영양을 공급받던 세포들은 에너지 생성이 불가능해져서 몇 분 후부터 세포들이 죽어가기 시작한다. 에너지 부족은 곧 세포의 죽음이다.

또한, 모세혈관 기능 저하도 뇌에 크게 영향을 미친다.

우리 혈관 중에서 세포에 영양분이나 산소를 직접 공급해주는 일은 오로지 모세혈관만이 할 수 있으며 다른 혈관들은 그저 혈액의 이동통로 역할만 한다.

이 모세혈관 능력이 저하된다면 혈액 중에는 산소와 영양분이 충분하더라도 세포들은 충분하게 공급받지 못하여 부분적인 영양실조 상태에 이르게 되며 심하면 뇌세포들이 죽어가기 시작한다. 당뇨병도 이와 같은 상태에 해당하며, 고도비만도 여러 가지 이유로 혈관 속에는 영양분이 충분하지만, 세포 속에서는 영양부족 상태와 같다('창의력으로 과학에 도전하기' 참조)

이 경우에 뇌 기능이 떨어지는 것은 당연하다.

또, 세포 속에서 주로 에너지를 만들어내는 곳은 미토콘드리아라는 소(小)기관인데 이 소기관 숫자가 부족해지면 산소와 포도당이 충분해도 에너지 생산에 차질이 생기므로 산소나 영양분이 모자라는 상태와 같아진다.

이 미토콘드리아가 충분히 많이 있어야 한다. 세포 하나에 수십 개가 존재하는 것보다 수천 개가 존재하는 상태가 훨씬 에너지 효율이 높아진다는 것이다.

뇌가 활발한 활동을 하려면 에너지가 많아야 하는데, 에너지 생성에 관련된 것들은 미토콘드리아의 숫자, 모세혈관의 숫자와 굵기, 물질 교환능력이 좋아야 하며, 병들어서 폐쇄된 모세혈관이나 동맥, 정맥이 없어야 한다.

이 모든 것을 한꺼번에 가능하게 하는 것이 바로 운동이다.

그것도 숨을 가쁘게 하는 운동!

세포는 산소가 부족하면 신호물질들을 혈액 속으로 흘려보낸다. 이 물질들은 콩팥에 의하여 분석되고 산소를 운반할 적혈구 생산을 늘리도록 요청한다.

또한, 신경세포를 자극하여 허파와 심장의 활동을 늘림으로써 심혈관계를 자극한다.

이 과정에서 허파가 늘어나고, 산소 흡입능력이 좋아지며, 심장이 튼튼해지고 동맥과 정맥이 좋아지며, 모세혈관이나 림프계가 좋아져서 원활한 영양과 산소 공급이 늘어나게 되며 세포 속의 미토콘드리아 숫자가 많이 생성됨으로써 에너지 효율이 높아지게 된다.

하루에 30분 이상 숨 가쁜 유산소운동을 해주면 이 모든 것이 활성화되어 당연히 뇌가 좋아질 수밖에 없다.

우리가 열심히 운동하면 살이 빠진다.

살이 빠지는 원리는 에너지를 많이 소모했기 때문만이 아니다. 에너지를 많이 소모하는 것으로는 탄수화물 종류가 사용되기 때문에 살이 빠지는데 크게 도움이 되지 않는다.

운동 중에 살이 빠지는 것이 다이어트 효과 중에 20%라면, 그날 저녁 잠자는 동안에 빠지는 것이 80%에 해당한다.

운동 중에는 세포 속의 모든 기관이 힘차게 작동한다.

하지만, 우리 세포 속의 기관들은 자동차 엔진처럼 별 마모 없이 작동되는 것이 아니라 작동하면 할수록 손상을 입는다. 심한 경우 많은 세포 속의 소(小)기관들이 죽기도 하고, 세포 자체가 죽기도 한다. 탄수화물과 산소를 섞어 에너지를 만들어내는 미토콘드리아가 죽기도 하며, 근육이 찢어지기도 한다.

그런데도, 운동하면 건강하게 살 수 있는 것은 밤중에 적절한 보수가 이루어지기 때문이다. 이 보수 작업에는 어김없이 4대 영양소가 사용되며 특히 지방이 많이 사용된다.

손상된 기관들의 벽을 보수하는 데에도 쓰이며, 주변 세포들에게 정보를 전달하는 호르몬으로도 쓰이며, 탄수화물 대신 에너지를 만드는 데도 쓰인다.

이 보수 작업은 이전보다 약간 더 잘 보수함으로써 점점 튼튼해지며, 지방이 소모되면서 멋있는 몸매가 형성되는 것이다.

성악가 중에는 몸이 뚱뚱한 사람들이 많다. 이들은 풍부한 성량을 보유한 사람이 많은데, 많은 사람은 덩치가 커서 소리 울림통이 크므로 성량이 풍부하다고 생각한다. 하지만, 뚱뚱하면 오히려 소리 울림통은 좁아지게 된다.

성량이 풍부해지는 이유는 바로 성대가 잘 다치지 않기 때문에 성량에 대한 자신감이 커져서이며, 다치지 않는다는 것은 실제로 다치지 않는다는 뜻이 아니라 보수가 잘 이루어진다는 뜻이다.

뇌의 운동은 생각이다. 뇌는 생각하는 중에 다치고 밤에 잠을 자면서 회복된다.

또, 지방은 탄수화물이 변형된 형태로써, 탄수화물이 부족해지면 지방이 다시 에너지화할 수 있는 형태로 바뀐다. 물론, 탄수화물이 남아돌면 다시 지방으로 변형되어 저장되는 것이고 말이다.

뇌의 활동에서도 마찬가지다.

탄수화물이 부족하여 뇌에 생각이 짧아지게 되면 지방을 녹여서 다시 에너지로 사용하기 시작한다.

물론, 지방에서 탄수화물 종류로 변환되는 데에는 여러 가지 복잡한 과정과 에너지가 수반되기 때문에 탄수화물을 가지고 에너지로 사용하는 것과는 조금 다르고 매우 힘들어진다.

그럼에도 지방은 적당히 있는 것이 '생각의 깊이'를 더하는 데 좋다.

뇌의 충분한 활동을 보장하기 위해서는 탄수화물이 풍부할 것, 단백질과 지방도 적당히 있을 것, 그리고 운동을 열심히 해서 순환계가 활성화되어 산소 공급도 잘 이루어질 것이 요구된다.

(다이어트)

오늘날 우리는 대체로 물질이 풍부한 세상에 살고 있다. 하지만, 현재도 영양적인 측면에서 문제점이 적지 않다. 잘 먹어야 하지만 너무 먹는 것 역시 문제다.

너무 뚱뚱해서 소아 당뇨환자가 늘어나고 있는데 당뇨는 혈액의 효율을 현저히 떨어뜨려서 부분적으로 영양결핍과 똑같은 문제를 일으키기 때문에 뇌 발달에 악영향을 미친다.

꼭 당뇨가 아니더라도 운동이 모자라고 뚱뚱한 것 자체만으로도 산소효율이 떨어지기 때문에 똑같은 영향이 나타난다.

또 다른 문제는 유치원이나 초등학생은 물론이고 중고등학생들의 다이어트도 심각한 문제다. 연예인들처럼 삐쩍 마른 몸매를 예쁘다고 생각하는 이상한 문화가 생겨서 약간만 뚱뚱해도 놀려대기 일쑤고 부모들까지 나서서 살을 빼라고 부추기고 있다.

이런 아이들은 영양부족 때문에 뇌는 감성적으로 자라고 창의력(통찰력과 직관력)이 부족한 아이로 자라게 되는 것이다.

편식도 필수 영양소들이 결핍되어 에너지 대사에 부정적 영향을 끼치므로 마찬가지의 효과가 있다.

이처럼 4대 영양소(산소, 탄수화물, 단백질, 지방)는 우리 몸의 모든 일을 가능하게 한다. 이 영양소들이 부족해지면 뇌에서는 생각이 짧아지며 집중하지 못하게 된다.

아마, 정크푸드를 많이 먹는 것도 세포의 에너지 효율을 떨어뜨려서 생각 기능에 영향을 주지 않을까 생각하고 있다. 그 이유는 뒤에 '장수 비법은 스트레스'에서 자세히 설명하게 될 것이다.

- 결론 -

창의력 측면에서 바라본 영양의 중요성에 대하여 정리해보자!

'유전적 요인', '선천적 요인'이라는 말은 '어쩔 수 없다!'라는 뜻을 내포하고 있다. 그러나 앞에서 열거한 여러 사실을 알고 나면 우리가 능동적으로 노력할 수 있는 일들이 많아진다.

영양에 관한 한 DNA에 의한 영향이라기보다는 부모의 습관과 행동에 의하여 더 크게 좌우되지만, 그동안 이런 사실들을 모르고 있었기 때문에 '선천적', 또는 '유전적'이라고 불러온 것이다.

실제로 'DNA의 요인'은 50~70%가 아니라 그보다 훨씬 적은 20~30% 정도가 되지 않을까 생각하고 있으며, 그 중 또 절반 정도는 '기초대사량'과 관련이 있을 것이다.

그 나머지 DNA 외적 요인은 이 태아일 때 혹은 유아기일 때의 섭식에 관련되어 있으리라 생각된다.

우리 집 큰 아이는 이미 고3을 겪었고, 작은 아이는 지금 그 시기를 마쳤다. 둘은 모두 살이 찐 편이지만, 우리 집에는 고3일 때 지켜야 하는 원칙이 세 가지 있다.

첫째는 고2~고3까지는 몸무게가 빠져서는 안 된다.

둘째는 무조건 7시간 이상은 자야 한다.

셋째는 점수를 높여야 하는 것이 아니라 열심히 하는 것이 목표다.

첫째 원칙은, 영양과 두뇌가 불가분이라는 이유 때문에 정해진 것이다.

얼마 전 서울시는 '무상급식'이라는 주제를 가지고 정치권 싸움이 있었다. 투표로 결론은 났지만, 이에 대한 싸움은 계속될 것이다. 아무리 지식을 많이 습득시킨다 해도 점심을 거르는 아이들을 방치하는 것은 죄악이다. 물론, 어느 한 쪽도 아이들을 굶기겠다는 생각을 하고 있지는 않을 것이다. 하지만, 이 문제는 우리가 평범하게 생각하는 것보다는 훨씬 더 중요하다.

경찰이 마약사범을 잡으면 제일 먼저 하는 일이 머리카락을 잘라 마약 성분이 잔류해 있는지를 검사하는 일이다. 이는 머리카락 속에 언제 어떤 마약을 섭취했는지 정보가 남아 있기 때문이다.

운동선수들에게 행해지는 '금지약물 복용 검사'도 이와 비슷한 방식으로 수행된다.

뇌를 포함한 우리 모든 세포는 한 번 겪었던 영양부족에 대한 정보를 죽는 그 순간까지 기억하고 있다.

이번 싸움에서 어느 쪽이 이겼는지보다 이를 계기로 아이들의 영양문제가 좀 더 높은 수준으로 검토되기를 희망한다.

'개천에서 용 났다!'라는 말이 있다. 어려운 형편에도 공부를 열심히 하면 훌륭한 사람이 될 수 있다는 것을 강조하기 위하여 지어낸 말일 게다.

하지만, 이 말은 틀렸다. 암기를 잘하는 사람이 될 수는 있으나 창의적인 사람이 될 가능성은 매우 낮아진다. 앞에서 내내 설명한 바와 같이 영양이 뇌와 그 활동을 만드는 것이다.

사업에 성공하는 사람, 창의력이 샘솟는 사람, 천재들은 잘 먹고 운동도 열심히 한 사람일 가능성이 높다.

영양이 창의력에 얼마나 밀접한 관계가 있느냐는 증명은 그리 어렵지 않다.

특허청에 특허 등록되어 있는 모든 발명가를 조사하여 그들의 키와 몸무게, 성향, 얼굴 크기 등을 조사하면 쉽게 증명될 것이다.

키는 표준 키이며, 몸무게는 어렸을 때와 청소년기를 기준으로 약간 통통하고, 얼굴은 클 것이다.

이를 기준으로 정규분포를 보일 것이다. 그리고 발명 건수가 많을

수록, 큰 발명일수록 이 기준에 수렴해 갈 것이다.

뿐만 아니라 노벨상을 받은 과학자들을 조사해도 이와 같을 것이며, 세계적으로 명성 높은 철학자들도 이 기준에 수렴할 것이다.

그 외 분야의 천재들도 키와 몸무게, 얼굴 크기 중 적어도 한 가지 이상은 이 기준을 충족할 것이며, 편차는 조금 벌어지지만 이들 역시 이 기준에 근접하게 표준분포를 이룰 것이다.

천재들뿐만 아니라 어떤 분야든 세계적인 고수들은 다 그렇다.

> 보지도 듣지도 못하면서 뛰고 날 수는 없다.

어린 시절의 아이작 뉴턴은 온통 '만들기'에 빠져 살았다. 못 다루는 연장이 없었으며, 작은 물레방아를 만들어서 그 속에 쥐를 집어넣고 옥수수로 유인하여 자동으로 돌아가도록 고안한 자동 동력장치를 만들어내기도 했다.

그는 물시계와 해시계도 잘 만들었다. 물시계에서는 물이 떨어지는 힘을 이용하여 바늘이 움직이도록 고안해내기도 했다.

특히 연을 아주 잘 만들었는데, 특이한 모양의 연들을 만들어 어떤 형태의 연이 중심을 잘 잡고 오래 나는지를 연구하기도 했다. 어느 날 밤에는 연 꼬리에 불이 붙은 양초를 매달아 날려서 마을 사람들이 혜성으로 착각하는 소동이 일어나기도 했다.

아인슈타인도 연을 아주 잘 만들었던 과학자다.

훌륭한 과학자들은 어린 시절에 연이나 물레방아를 잘 만든 사람들이 아주 많다.

도르래의 원리를 발견한 아르키메데스도 물레방아를 잘 만들었던 사람으로 그는 이 원리를 이용하여 양수기를 발명하여 농업에 기여하기도 했다.

레오나르도 다빈치 역시 연과 물레방아를 잘 만들었던 사람이다.

뭔가 손으로 직접 만들어본다는 것은 최고의 공부라고 생각한다. 이는 자신이 직접 머릿속에서 구상하고 톱이나 칼 등을 사용하여 직접 재단하고 완성품을 만들어내는 것을 말하며, 조립식 장난감 같은 것을 말하는 것은 아니다.

칭찬이 고래도 춤추게 한다고 했는가? 이와 같은 완성품을 만들어내는 것은 자신에게 주는 최고의 칭찬에 해당한다. 그 과정이 어려우면 어려울수록 그 칭찬의 크기는 커진다.

관심이 큰 분야에서 칭찬을 듣는다는 것은 큰 동기부여가 되지만, 간혹 자신이 별로 관심 없는 분야에서 큰 칭찬을 듣는다면 비적성분야에 관심을 갖게 만드는 '칭찬의 역효과'를 일으킬 수도 있다.

그러나 만들기를 완성하였을 때의 성취감은 자신이 가장 흥미 있어 하는 분야에서 최고의 칭찬을 들은 것과 같은 효과가 있다.

궁금한 것이 있을 때, 자신이 직접 실험을 해서 결과를 알아보는 것과 아는 사람에게 전화해서 물어보는 방법 두 개가 있다고 했을 때, 더욱 정확한 것은 바로 실험에 의한 방법이다.

우리가 책을 읽거나 선생님에게 배우는 방법은 전화해서 물어보는 방법과 같고, 체험하는 것은 실험적 방법이라 할 수 있을 것이다.

귀로만, 또는 글자로만 지식을 습득하는 것은 뇌에서 작업하여 새로운 그림을 그려내야 하므로 많은 고정관념을 만들 수밖에 없지만, 체험을 통하여 오감으로 습득하는 방법은 훨씬 통찰력 있는 기억이 되며 만들기 등 체험은 바로 통찰력과 직관력을 키우는 가장 적합한 훈련방법인 것이다.

과학자들은 만들기 외에도 많은 체험을 즐긴다. 갈릴레오 갈릴레이는 탐험과 조사를 좋아하였다. 그의 특기는 혼자서 동굴이나 빈 터널, 빈 건물들을 수색하기였다. 그런 모험을 즐긴다는 것은 두려움이 있는 사람들은 하기 힘든 취미다.

찰스 다윈은 친구들과 어울려 놀기보다 바닷가에서 조개껍데기를 주워다 같은 것끼리 분류하는 일이 주특기였다.

레오나르도 다빈치는 숲 속에서 새들이 날아다니는 모습을 지켜보며 나는 원리를 눈여겨보고 스케치하기를 좋아했다. 시장을 둘러보며 장바구니 문양을 연구하고 짜는 방법을 알아내기도 했다. 아낙네의 머리 땋은 모양을 연구하기도 했다.

피카소 역시 친구들과 어울려 놀기보다는 비둘기 관찰하기를 더 즐겼다.

아마 이들이 우리나라에 태어났더라면 "왜 너는 친구가 없니?", "친구 좀 사귀어라, 애!" 하며 엄마들이 성대한 생일상을 차려서 친구들을 초대하고 친구 만들어주기에 몰두하였을 것이다.

이들에게 그런 일들이 일어났더라면 아마 우리에게 이름이 알려지지 못했을 것이다.

자연은 최고의 과학교실이다. 자연상태를 체험한다는 것은 최고의 통찰력을 기르는 일이다.

나는 유치원이나 초등학교 아이들이 방안에 틀어박혀서 책을 읽는 것에 찬성하지 않는다. 특히, 책을 너무 많이 읽는 아이들에게는 책 읽기를 만류한다. 책은 많이 읽는 것보다 적당히 읽고 그에 대한 생각을 많이 하는 것이 더 중요하다.

그런 시간이면 자연에서 뒹굴고 노는 것이 더 훌륭한 공부가 될 것이다.

성인이 돼서도, 책을 10시간 읽는다면 적어도 그 시간 이상은 '생각'에 할애해야 한다. 책만 많이 읽는 것은 남의 생각에 지배를 당하는 일이다.

그것이 남의 생각이 아니라, 참된 자신의 지식이 되고, 능력이 되기 위하여는 '생각'이라는 방법을 통할 수밖에 없다.

최고의 학자들은 그런 사람이며, 그들의 어린 시절도 공부보다는 노는데 더 열중한 사람들이다.

책을 읽는다는 것은 고정관념을 수정 없이 받아들이는 과정일 가능성이 높다. 수정이라는 것은 관찰이나 생각에서 나오기 때문이다.

나는 어렸을 때 다람쥐를 보지 못하고 자랐다.

동화책에 나오는 다람쥐를 보고서 다람쥐의 형태는 알 수는 있었지만, 내가 아는 것은 고정관념이었다.

다람쥐를 산토끼만큼 큰 줄 알았었으니까?

왜, 동화책 같은 데에서는 다람쥐 친구와 토끼 친구 등 대부분 친구는 같은 크기로 그려지지 않는가?

나중에 대학을 가서야 진짜 다람쥐를 보게 되었고, 몸통이 쥐만큼 작다는 것을 알고는 허탈하게 웃었던 기억이 난다.

다람쥐를 직접 보는 것처럼, 관찰은 정확하게 알게 하는 통찰력이며, 고정관념을 가장 빠르게 해소하고 본질에 다가가게 하는 지름길이다.

체험은 생각의 각도를 잡아준다.

백 번 머리로 해보는 것보다 한 번 손으로 해보는 것이 났다.

나에겐 포괄성이 큰 조카가 한 명 있다. 난 그 아이에게 만들기와 같은 많은 체험을 쌓게 해주고 싶었다. 하지만, 그의 부모는 둘 다 아주 겁이 많은 사람이라서 아이들에게 날카로운 연장 주변에도 있지 못하게 한다.

그들은 놀이동산과 같은 인위적인 체험보다 자연적인 체험이 얼마나 중요한 일인지 깨닫지 못하는 듯하다. 그것 때문에 그의 포괄성은 성장이 멈출지도 모른다.

내가 어렸을 때만 해도 모든 물자가 부족하던 때라 필요한 모든 것을 만들어 써야만 했다.

요즘이야 연이 필요하면 문방구에서 연을 구입하면 된다. 팽이가 필요하면 그 또한 문방구에서 사면된다. 스스로 만들어 사용하는 아이들은 아마 거의 없을듯하다.

나는 어렸을 때 새총을 아주 잘 만들었다. 새총은 얼마나 잘 만드느냐에 따라 정확도가 크게 달라진다. 동네에서 내 새총실력이 가장 뛰어났다고 기억된다.

새총의 정확도를 높이는 방법은 'V'자형의 나무를 고를 때 벌어진 부분이 넓지도 좁지도 않아야 하며, 두 나뭇가지에 고정된 고무줄의 길이를 똑같게 만들어야 한다. 물론, 여기에 사용되는 새 총알도 구형에 가까울수록 정확도가 높아진다.

조금 있다가 '스스로 판단하는 능력'이 얼마나 창의력에서 중요한지를 '독립심과 창의력'에서 논의하게 될 것이다.

바로 이처럼 정확도를 높이는 여러 가지 판단과 작업들이 모두 통찰력을 높여서 창의력에 밑거름이 된다.

팽이를 만들 때에는 어떻게 하면 중심을 잘 잡고 잘 돌 수 있는지, 연을 만들 때에는 어떻게 대나무를 깎으면 중심을 잘 잡게 되는지, 연줄은 어떻게 매어야 하는지 등 각종 체험에서 수많은 독립판단을 경험하게 된다.

체험은 많은 지식을 얻는 데 필요한 것이 아니라 이와 같은 독립판단을 경험하는 최고의 방법이다.

체험한답시고 조립식 장난감을 가지고 놀면 이 모든 기회가 날아가 버린다. 문방구에서 연이나 팽이를 사서 놀면 연이나 팽이가 무엇인지는 알 수 있지만, 독립판단의 기회는 얻지 못한다.

어렸을 때는 많은 시행착오를 겪어야 한다. 처음부터 잘 되는 것이 어디 있겠는가? 이런 시행착오들이 나중에 커서 생길 수 있는 시행착오들을 줄여줄 것이다.

나는 중학교 입학선물로 어머니한테서 아날로그 손목시계를 받았다. 그 당시만 해도 손목시계는 아주 귀한 것이었다.

하지만, 그 시계는 땅에 묻히고 말았다. 내 호기심에 그 시계를 수십 번도 더 수술했고, 급기야 사망하고 말았던 것이다.

아버지가 제일 아끼시던 트랜지스터라디오 대여섯 개도 수많은 수술 끝에 그렇게 장례를 치러야 했다.

한 번은 잘못된 수술 끝에 회복 불능에 빠진 라디오를 도저히 어쩌지 못하고 어두컴컴한 쌀독 옆에 숨겨둔 일이 있었다.

저녁이 돼서 누나가 밥을 짓기 위하여 쌀독을 여는 순간 아직 마지막 숨이 끊어지기 직전인 이 라디오가 몇 마디를 했던 모양이다. "찌지직~!"

너무 놀란 누나는 도둑이 든 줄 알고 혼비백산하여 도망치며 쌀을 집어던지는 바람에 집안이 온통 하얘진 적이 있었다.

이렇듯 어린 시절 수많은 시행착오는 점차 피드백되어 통찰력과 직관력으로 자라나게 된다.

아직도 부모님께 고맙고 죄송한 점은 누나하고 싸워서는 매를 맞아봤지만 이같이 수많은 장례식에는 한 번도 매를 맞거나 욕을 들어본 적이 없다는 점이다. 만약, 크게 욕을 듣거나 매를 맞았다면 아마 오늘날의 나는 많이 달라지지 않았을까 하는 생각이 든다. 혹시, 부모님께서 이 시행착오의 교육적 효과를 아셨을까?

요즘의 도시 생활은 참으로 자연을 체험하기 어려운 환경이다. 기껏 체험이라고 해봐야 오락시설이나 동선이 다 짜여 있는 견학 정도가 고작이다.
내가 말하는 체험이라는 것은 그 안에서 그것들과 함께 흥미롭게 노는 것을 말한다. 그 대상이 자연이기를 바란다.

생각이 여기에 이르면 우리나라 교육에 무슨 일이 벌어지고 있는지 깨닫게 될 것이다.
기저귀를 차고 지내는 유아원 시절부터 우리는 떠들지 말고 가만히 앉아서 선생님의 이야기를 들으며 자신의 생각은 비워내고 거기에 선생님의 생각을 담으며 자라야 한다.
요즘 유치원 아이들은 바쁘다.
우리가 어렸을 때는 중학교부터 배우던 영어가 이제는 유치원까지 내려가 있다.
유치원에서 만유인력을 왜 배워야 하며, 빛의 속도를 왜 배워야 하는가?

많은 것을 담아주려 하면 할수록 그들의 머릿속에서는 생각이 자라지 않는다.
그 시간에 더 많은 것을 보여주고 만지게 해야 거기에서 흥미가 자라며 흥미가 자라나야 생각이 돋는다.
그들에게 만유인력이나 빛의 속도란 흥미를 자라게 하는 것이 아니라, 나중에 흥미를 느낄 수도 있는 것에 짜증나게 하는 일이 될 것이다. 그 아이들은 결코 만유인력을 좋아하는 아이들로 자라나기 어려울 것이다.

암기를 많이 시키는 것 역시 그렇다. 암기 숙제를 하면서 짜증이 나지 않는 사람은 별로 없을 것이다. 그 분야에 지식은 있으되 그 지식을 활용할 아이디어는 없는 사람을 만들 것이다.

조금 있다가 '생각하는 시간'의 중요성에 대하여 이야기해볼 것이다. 생각하는 시간이 얼마인가에 따라서 천재인가 아닌가가 결정된다. 많은 체험은 이성적 분야에 눈을 뜨게 하여 포괄성을 키우게 된다. 만약, 체험을 많이 한 사람이 생각하는 시간도 많다면 이성적 천재에 접근해가는 것이다.

그런 교육이 우리에겐 필요하다.

◇ 창의력은 생각하는 시간의 함수

> 생각은 생각하는 시간 속에서만 자라날 수 있다.

창의력은 '혼자 조용히 생각하는 시간' 속에서 차곡차곡 자라난다.

아인슈타인도 '나는 몇 달이고 몇 년이고 생각하고, 또 생각한다. 그러다 보면 99번은 틀리고, 100번째가 되어서야 비로소 맞는 답을 얻어내게 된다.'라고 하였고, 뉴턴은 '나는 문제를 끊임없이 내 앞에 두고 생각한다. 그리고 여명이 시작되고 나서 조금씩 대낮과 같이 밝아질 때까지 기다린다.'라고 했다.

레오나르도 다빈치는 '홀로 있을 때는 철저하게 혼자여야만 한다. 만약 친구 한 명이 곁에 있다면 자신의 반은 없다고 봐야 한다.'라고 했으며, '나는 생각한다. 고로 존재한다.'라고 했던 수학자이자 현대철학의 아버지 데카르트는 밥 먹고 나서 하는 일이라고는 침대 위에서 뒹굴 거리며 혼자 생각하며 지내는 일이 전부였다.

아르키메데스는 목욕탕에서도, 걸어 다닐 때에도 언제 어디서나 생각만 하는 사람이었으며 죽는 순간에도 생각하다 죽었고, 이순신 장군의 난중일기를 보면 그가 홀로 생각에 잠겨 있는 시간이 얼마나 많았는지를 보여주고 있다.

수백 권의 위인전을 다 들춰봐도 정치가나 봉사활동가 등 사람들과 많이 어울려야만 하는 분야를 제외한다면 각 분야의 전문가들은 '생각의 대가'가 아닌 사람들은 찾아보기 힘들다. 아니 정치가나 봉사활동가들도 이름을 크게 남긴 훌륭한 인재라면 그들 역시 생각의 대가일 것이다.

가끔 밤하늘을 가로지르는 별똥별인 혜성은 1900년대 초 프레드 휘플(Fred Whipple)이라는 미국의 천문학자에 의해 우주 먼지와 얼음 덩어리라고 밝혀졌다.

우리나라의 천재 정약용은 그보다 100년이나 앞선 1811년 혜성을 보고 이는 불이 아니라 얼음이라는 사실을 추측해내고, 혜성의 정체를 궁금해하는 그의 형 정약전에게 편지를 쓴 사실이 밝혀졌다.

얼마나 그의 통찰력과 직관력이 높은 수준이었는지를 짐작하게 해주는 이야기다.

그는 이뿐만 아니라 조수간만이 일어나는 이유가 달과 태양 그리고 지구의 인력 때문이라는 사실도 알고 있었다.

이러한 통찰력과 직관력은 그의 오랜 유배생활을 통하여 '혼자 생각하는 시간'이 증가함에 따라 아주 깊어졌을 것이다.

우리 조선 시대의 고서들은 상당 부분이 유배지에서 쓰였다는 사실이 이를 뒷받침한다.

스티브 잡스는 아이폰을 만든 사람으로 알려졌지만 실제로 만든 사람들은 직원들이다. 하드웨어는 전자관련 직원들이 만들고 소프트웨어는 프로그래밍 전문가들이 만들고 디자인은 디자인 전문가들이 만들었다. 도대체 스티브 잡스는 뭘 만든 걸까?

그가 만든 것은 생각, 즉, 구상이었다.

빌 게이츠가 윈도우즈를 만들었을까? 그것 역시 프로그래머들이 만들었고, 그도 구상한 것뿐이다.

소설이나 시는 글재주로 쓰는 것이 아니라 생각으로 쓰는 것이며, 훌륭한 그림이나 조각품들도 손재주가 하는 것이 아니라 생각이 이루어내는 일이다.

생각은 그 모든 작업보다 훨씬 더 위대한 것이다.

영국의 정치가이자 소설가인 벤자민 디즈레일리(Benjamin Disraeli)는 "위대한 생각을 길러라, 우리는 어떤 경우에도 생각보다 높은 곳으로 오르지 못한다."라고 했다.

벤자민이 '생각'에 대하여 가장 적절한 가치를 매겼다고 생각한다.

사람이 어떤 일을 하고, 어떤 업적을 남기고, 어디에 있건 그것은 다 그 사람의 생각에서 비롯된 것이며, 생각이 큰 사람은 높은 곳을 향해 갈 것이며, 생각이 많아야 그 분야에서 성공할 확률이 커간다.

우리 집 가훈은 '생각하며 살자!'이다.

대부분 사람은 '아이들은 질문을 많이 해야 한다!'라고 생각하겠지만 나는 아이들의 질문에 대한 대답을 잘 안 해준다.

그리고 질문하는 데에도 갖추어야 할 형식이 있다.

"저는 이렇게 생각하는데 아빠는 어떻게 생각하세요?"라고 말이다.

이런 이유는 스스로 '생각하는 습관'을 들여야 한다는 의도에서다.

궁금한 것을 질문하고 누군가에 의해 해답을 빠르게 얻는다면 그만큼 그 사람은 생각할 시간을 잃어버리는 것이다.

그래서 미리 생각을 해보고 확인하는 차원에서 물어보는 것을 유도한다.

세계에서 가장 머리가 좋은 민족인 유대인들은 질문을 많이 하기로 유명하지만, 그들도 "아빠, 이건 뭐예요?"와 같은 단순 질문을 많이 하는 것이 아니라, "이건 이거라고 생각하는데, 왜 어떤 사람들은 그렇게 행동하지 않는 거죠?"와 같이 풀리지 않는 의문사항을 질문하는 방식이다. 그들은 질문의 질을 많이 따지는 사람들이며, '생각 없는 사람'을 최고의 치욕으로 생각하는 민족이다.

우리의 뇌는 묻고 또 물으면 대답을 해준다. 이것이 생각이다.

우리 집 고3 원칙 세 번째는, '점수를 높여야 하는 것이 아니라 열심히 하는 것이 목표다.'이다.

우리나라의 고3 아이들은 너무 점수에 매달려 있다. 생각의 속도를 늦추지 않으면 만날 수 없는 것이 '직관력'이다. 속도를 늦추지 않으면 어느 하나에 깊이 몰입하여 생각해볼 수 있는 시간을 제거하는 것이다.

내가 생각하는 천재의 조건은 바로 이 '생각하는 시간'이 얼마나 많았는가 하는 것이 가장 중요한 조건이다.

그것은 이성적 분야든, 감성적 분야든 상관없이 생각하는 시간이 많아지면 모두 자신의 분야에서 가장 창의적인 사람, 전문가가 되는 것이다.

프랑스의 철학자 파스칼은 '인간은 생각하는 갈대'라고 표현했다.

인간은 이 지구 상 어떤 동물보다도 나약한 존재다.

사자와 같은 이빨도, 코끼리와 같은 힘도, 곤충과 같은 날개도, 치타와 같은 빠르기도 가지지 못하였기에 인간은 바람에도 흔들리는 갈대처럼 나약하다.

그러나 인간이 갈대가 아닌 이유는 '생각'이라는 엄청난 능력을 갖췄기 때문이다.

인간은 생각하는 시간이 줄어들면 줄어들수록 갈대에 다가갈 것이며, 생각하는 시간이 많아지면 드디어 자연 생태계에서 가장 무서운 무기인 생각을 가진 인간이 되는 것이다.

　우리는 앞서 '직관력'을 이야기하면서 '창의력은 생각의 함수'라고 정의를 했었다.
　여기서 생각이란, 수많은 고정관념이 계속 수정되어 정확한 지식으로 머릿속에 저장된 새 기억들을 이야기한다.
　그런 기억들이 변수처럼 유기적으로 결합이 되어야 하나의 창의력이 탄생하는 것이다.
　그리고 이 기억들은 태어나는 순간에 생겨난 '공포'에서부터 출발하므로 수정에 수정을 거듭하지 않으면 아주 어설픈 판단력을 가질 수밖에 없다.
　이 인간의 수정 작업은 어느 한순간에 필요하다고 해서 수정이 되는 것이 아니라 오랜 시간에 걸쳐 일어나는 일이고, 일찍 수정되면 될수록 그로부터 파생되는 기억들이 훨씬 통찰력 있는 기억들로 만들어진다.
　그래서 창의력을 '생각의 함수', '생각하는 시간의 함수'라고 하는 것이다.

　'어렸을 때의 생각은 대부분 틀리고 얕은 생각이지만, 인생에서 그 당시의 생각했던 시간의 가치는 성인이 되고 나서의 옳고 깊은 생각보다 무한히 크다.'
　처음은 별 차이 없어 보이는 작은 각도일지라도 자라면 자랄수록 그 차이는 엄청나게 벌어지는 법이다.
　앞에서 예시되었던 '매 맞는 아이'에 대한 생각, 즉, 내가 무슨 말을 하든 상대방은 나와는 다른 이미지로 받아들인다는 생각은 내가 고등학교 2학년 때 깨달은 내용이다.

사람은 태어나서 죽을 때까지 단 한 번도 생각을 멈추지 않는다. 꿈은 그 생각의 연속선상의 한 부분이며, 잠을 자는 동안에는 전두엽의 판단이 흐려지므로 그 대부분은 변연계에서 작용하는 동영상이다.

이 내용은 내가 고등학교 1학년 때 어렴풋하게 깨달았고, 나이 30쯤에 완성한 깨달음이다.

초등학교 6학년 때부터 고2까지 종교에 심취해 있었는데, 종교역사를 스스로 공부하면서 신은 존재하지 않는다는 확신을 가진 것도 고등학생 때다.

사람의 신체나 진화론에 큰 관심을 가지게 된 이유도 그때 '인간이란 도대체 무엇인가?'라는 끝없는 탐구로부터 생겨난 것이며, 창의력 연구에 빠지게 된 것도 그때 심취했던 관상학 때문이었다.

나의 고등학교 시절은 온통 이런 잡다한 생각투성이였다.

어려서부터 혼자서 생각하는 시간이 많아지면 많아질수록 통찰력과 직관력이 커간다.

그럴수록 뇌에서는 그 분야에 새로운 생각의 통로(시냅스)들이 자라고 확장되어 창의력이 지나가는 통로가 될 것이다.

창의력을 키우는 것은 생각하는 시간이다.

명상과 같은 말이지만 '눈을 감고, 좌정하고, 허리를 펴는 등'의 겉모습은 전혀 중요하지 않다.

그냥 혼자 있는 시간을 늘리는 것, 사람은 늘 생각하는 존재이므로 혼자 지내는 것만으로도 충분히 생각하는 시간을 늘리는 것이다.

◇ 내성적 성격은 천재 유전자

우리는 참으로 이상한 시대에 살고 있다. 이 지구 위에 43억 년을 살아오면서 터득한 질서인 DNA를 단 며칠 만에 조작하여 다른 특성의 생명체로 만들 수 있다.

많은 사람은 먼 훗날 이 유전자 조작기술에 의하여 천재가 생겨날 수도 있을 거라고 기대하고 있다. 하지만, 단언하건대, 그럴 가능성은 거의 없다. 내성적인 성향을 갖도록 유전자를 조작할 수는 있으나 지능 자체를 높일 수는 없다.

지능을 높이는 것은 유전자가 아니라 생각하는 시간이기 때문이다

생각하는 시간이 창의력에 필수적이라면 인간의 성향 면에서는 당연히 내성적인 성격이 훨씬 유리하다.

내성적인 사람은 생각하는 시간이 많아지고, 외향적인 사람은 다른 사람의 생각을 듣는 시간이 많아진다.

'스스로 생각하는 시간'이 많아진다는 것은 창의력이 향상되고 있다는 것을 말한다. 따라서 내성적인 사람은 문제를 스스로 해결하고

외향적인 사람은 인맥을 통하여 해결하려고 노력한다.

　내성적인 성격과 외향적인 성격은 어떻게 형성되는지 조금 알아보자!

(외향적 성격이 되는 이유)

　인간의 외향적 성격, 사회성은 외로움에서 출발한다.

　'내성적인가요, 외향적인가요?'하고 물어보면 대답하는 기준은 보통 남들 앞에서 말을 잘하는가, 못하는가로 판단한다. 하지만, 이 기준은 정확하지 않다.
　사람들과의 관계를 좋아하는가, 그렇지 않은가가 더 정확한 기준이다.
　주변에 사람들이 없을 때 외롭고 불안하면 외향적, 그렇지 아니하면 내성적이라는 말이다. 사람과의 관계를 좋아하면 자연스레 말주변이 늘고, 그렇지 않으면 대화에 대한 불안감을 가지게 된다.
　외향적인 사람은 사람들이 많이 모인 곳이면 벌써 뇌에서는 흥분성 신경전달물질들이 활성화되기 시작한다. 놀이공원이나 공연 등 인파가 많이 몰리는 장소를 좋아하는 사람들은 대부분 이런 사람들이다.
　그러나 내성적인 사람들은 많은 사람에 둘러싸여 있을 때 오히려 더 가라앉아버리고, 기계나 자연 등 자신이 좋아하는 분야에서 그런 반응이 나타난다.

포괄성 때문에 지능이 낮은 사람이 더 외향적인 성격을 갖는다. 또한, 이러한 성향은 인간만이 아니라 사회성을 가진 모든 동물이 다 그렇다. 특히, 인간과 친숙한 개를 보면 더욱 확실히 알 수 있다.

개가 짖는 것은 위협하거나 경계하는 행동이라고 대부분 생각하겠지만 진짜로 위협하거나 경계하는 짖음은 으르렁거리는 소리로 나타내며, 보통의 짖는 소리는 외로움의 표시다.

묶여 있는 개는 짖지만 풀려있는 개는 잘 짖지 않는 이유도 그렇고, 큰 개보다 작은 개가 더 잘 짖는 이유도 그렇다. 배고픈 개는 잘 짖지만 배부른 개는 잘 짖지 않는다.

늑대가 서로 무리에서 떨어져 사냥하다가 다시 만나면 서로에게 짖는 습성이 있다. 이 또한 반갑다는 표시다. 만약, 다른 늑대가 나타나면 짖는 것이 아니라 으르렁거린다.

코끼리들도 마찬가지 습성이 있으며 많은 사회적 동물들이 그런 습성을 지니고 있다. 사실, 사회성이란 포유류의 뇌라고 알려진 감성의 뇌, 변연계의 작용으로 대부분 포유류에 잘 발달한 성질이다.

외향적인 성격, 사회성은 무서움이나 외로움에서 생겨난다.

우리는 앞에서 '포괄성'에 대하여 이야기를 나눴다.

거기에서 인간의 기억과 학습은 태어나기 이전부터 출발하지만, 태어나는 시점부터 논의하였으며, 그즈음에는 '살 것인가, 죽을 것인가?'라는 생각에만 관심이 있다고 했다. 즉, 공포에만 관심을 가지게 된다.

아기가 울면 달려와서 도와주는 조력자들을 접하면서 자신의 생사가 주변인들과 관계되어 있다는 사실을 발견하게 된다. 그중에서 엄마라는 존재도 알게 되며, 가족 등 내가 아는 사람과 모르는 사람들로 점차 기억과 학습의 범위를 넓혀가게 된다.

처음에는 죽음과 관련된 공포에서 인간관계를 익히고, 내가 어떻게 표현하고, 어떻게 요구하면 사람들이 어떻게 반응하게 되며, 또, 그들이 어떻게 요구를 할 때 나는 어떻게 반응해야만 하는지를 학습하게 된다.

사람의 성격은 어느 범위에 큰 관심을 두느냐에 달린 문제다.

공포나 감정에 큰 관심을 둔다면 외향적인 성격이 될 것이며, 그 범위를 뛰어넘어서 주변의 동식물이나 무생물들, 자연현상 등에 더 큰 관심을 둔다면 이는 내성적인 성격이 되는 것이다. 즉, 포괄성이 아주 넓은 사람은 내성적이고, 좁은 사람은 외향적인 사람이다.

'내성적'이라는 단어는 밖으로 표현을 잘하지 못하고 안으로 숨겨두는 성격이라는 뜻이었고, '외향적'이라는 단어는 밖으로 향해 있다는 뜻을 포함하고 있지만, 이 포괄성에 대하여 알고 나면 이러한 표현이 잘못된 것이며 오히려 그 반대의 개념이라는 사실을 깨닫게 된다.

여기에다 말을 잘하지 못하는 사람도 인간관계에서 소외되면서 내성적인 성향을 가지게 되며, 생각하는 속도가 느린 사람도 대화에서 응대가 느려지게 되어 내성적인 성향을 가지게 된다.

그러나 말을 잘 못하거나 생각하는 속도가 느린 사람 중 대부분은 포괄성이 큰 사람들일 가능성이 높다.

창의력을 관장하고 포괄성에서 가장 넓은 범위를 아우르는 뇌인 이성의 뇌 전두엽은 다른 뇌들에 비하여 '생각의 속도'가 느린 속성이 있으며, 말을 담당하는 뇌들은 감정의 뇌나 감각의 뇌와 밀접하게 연관된 뇌이기 때문이다.

이 뇌는 베르니케 영역이라고 하는데, 시각의 뇌, 청각의 뇌, 감각의 뇌 사이의 삼각지에 있다('포괄성' 부분에 그려진 뇌 그림 참조).

그리고 그 안쪽에는 감정의 뇌인 변연계가 자리 잡고 있다.

말의 속도가 느리든, 인위적으로 친구들을 멀리하여 어떠한 일에 몰두하는 행위 등 사람들과 따로 떨어져 있다는 것은 모두 생각하는 시간을 많이 가지는 행위다.

사람은 태어나서 죽을 때까지 단 한 순간도 생각을 멈추지 않는다.

그러나 생각의 질은 매 순간이 달라진다.

뜨거운 물체가 손에 닿았을 때 '앗 뜨거워!'라는 소리가 내뱉어질 때까지 보통 약 0.6초 정도가 걸린다고 한다.

만약, 별다른 생각 없이 일차원적으로 생각하고 말을 한다면 대화에 대한 응답속도가 아주 빠르므로 대화가 쉬워지므로 외향적인 성향으로 발전하게 된다.

외향적인 성향은 대화의 응답속도와 민감하게 관련되어 있다.

수다스러운 사람들의 대회를 분석해보면 대체로 이처럼 별 깊이 없는 감각적인 말들과 이미 했던 얘기 반복해서 하는 경우 등 기억 속에 저장된 말을 고스란히 꺼내서 하는 말들로 대부분을 채우고 있다는 사실을 알 수 있을 것이다.

여러 가지 정황을 종합하고 판단하고 생각해서 하는 말들은 시간이 길어지므로 수다에 낄 수가 없다. 이 경우는 수다가 아니라 토론이 되는 것이다. 대화의 속도와 대화의 논리는 서로 반비례하는 관계에 있다.

논리는 이성의 뇌에서 원인과 결과를 분석한 다음 생겨나는 것이기 때문이다. 내성적인 사람들이 나중에 어른이 되어서 프레젠테이션이나 강의, 토론 등을 더 잘하게 되는 이유도 여기에 있다.

이런 데에 대화의 속도가 중요하지는 않기 때문이다.

'한비자'를 쓰고 '법가' 사상을 설파한 '한비'는 기록상으로 보면 역사상 가장 말을 잘 못하고 더듬거린 사람으로 보인다. 하지만, 그의 논리의 설득력은 대단했다. 진시황은 "한비와 만나 사귈 수만 있다면 죽어도 여한이 없을 것이다!"라고 할 만큼 탄복했으며, 결국은 그를 얻기 위하여 한나라를 침공하기까지 했다.

어렸을 때 바보라고 했을 만큼 말이 느리고 잘하지 못했던 아인슈타인도 '내성적이고 말을 잘 못하는 과학자들일지라도 자신이 알고 있는 범위 안에서는 아주 당당해질 수 있다.'라고 했던 말의 의미를 짐작할 수 있을 것이다.

이외에도 외향적인 성격은 선천적으로 갑상선 기능이나 도파민과 같은 신경전달물질들과 관련이 깊다.

앞서 '기초대사량'을 언급하면서, 갑상선 호르몬이 많이 분비되는 사람들은 심장이 빨리 뛰고 온몸의 모든 세포의 활동이 빨라진다고 했다.

이들은 뇌세포도 빠르게 돌아간다. 몸이 마른 사람 중에 외향적인 성격이 많은 이유가 여기에 있다.

갑상선 호르몬이 많이 분비되는 사람들은 뇌 속에서는 '생명의 뇌'가 잘 발달해 있는 경우로 도파민의 수치도 높다. 이 도파민의 수치가 높으면 항상 들떠 있는 과잉행동장애로 나타나며, 낮으면 조용하고 산만한 아이로 변하게 된다.

이 경우도 외향적과 내성적으로 표현할 수 있을 것이다.

성격 형성에 관한 외부 환경적 요인에는 격리 외에도 여러 가지가 작용한다.

매 맞고 자란 아이는 좀 더 신중해지고 사람에 대한 두려움이 겹쳐지면서 내성적으로 자랄 가능성이 커지며, 부모들의 싸움이 잦은 집에도 아이들은 주눅이 들게 되어 내성적으로 자라게 된다.

또, 신체적 장애를 가지고 있거나, 얼굴이 비호감형이거나 성격이 거칠어서 다른 아이들에게 소외되는 아이 역시 내성적으로 자랄 가능성이 커진다.

어린 시절부터 편모슬하에서 자라서 아버지를 그리워하거나 형제자매 없이 외동으로 자란 경우는 자제력이 없어지고 외로움이 커지면 감정의 뇌를 키우고 이성의 뇌가 약해지므로 외향적으로 자랄 수 있다.

어린이가 코나 목의 구조가 잘못되어 코를 고는 어린이는 질 높은 잠을 자기 어려워서 집중력이 떨어져서 뇌에 똑같은 영향을 끼쳐 외향적이 된다.

사춘기를 일찍 맞는 사람이나 마른 사람도 외향적으로 자랄 가능성이 매우 높다.

(내성적인 성격이 창의력에 미치는 영향)

　성격을 결정짓는 요소는 크게 포괄성이 영향을 미치며, 대화의 응답속도, 갑상선 호르몬, 도파민 반응성 등 여러 가지가 깊이 관련되어 있다.

　어떤 원인으로 내성적이 되었든 간에 창의력에는 영향을 미친다. 여기에는 성격뿐만 아니라, 스스로 사람들을 멀리하여 혼자 조용히 생각하는 경우와 유배생활이나 산골에서 태어난 사람 등 환경적으로 고립되어 사람 접촉이 적은 경우도 포함된다.

　여하튼 '혼자 생각하는 시간'이 많아지면 많아질수록 창의력은 향상되어간다.

　우리 옛말 중 "침묵은 금이다!"라는 말은 참으로 창의력에 어울리는 말이다.

　애플을 창업하고 애플에서 쫓겨났다가 다시 복귀한 후 사라져간 스티브 잡스는 스탠퍼드대학 졸업식 연설에서 "나는 애플에서 쫓겨나지 않았다면 나에게 이런 일들은 생겨나지 않았을 것이라 확신합니다."라고 얘기했다.

　인류 역사상 가장 위대한 과학자로 일컬어지는 뉴턴은 흑사병이 전 유럽을 휩쓸고 학교가 휴교령이 내려지고 주요 도로에는 통행금지령이 내려지자 고향으로 내려가 다락방에서 3년을 숨어 살면서 위대한 학문적 업적을 키우게 된다.

　사과가 떨어지는 것을 보고 만유인력을 발견하게 된 것이 바로 이 시기였다.

다산 정약용 선생이 목민심서 등 주옥같은 저서들을 저술한 것도 흑산도 유배지에서의 일이다.

경제에 박식하다는 평을 듣는 고 김대중 전 대통령은 오랫동안 추방되어 해외에서 보냈으며, 감옥에서 지내기도 했다. 이 시기에 그는 경제 등 다양한 소양을 다져갔다. 그의 일생을 돌아보면 정치인생 초반에는 다른 정치인들과 크게 다를 바 없었지만, 세월이 흐름에 따라 점점 생각이 무르익어감을 느낄 수 있다.

공자는 공직 생활 중에 혁혁한 성과들이 많았음에도 왕의 버림을 받아 철야를 방황했다. 스스로 고민하고, 늘 제자들의 질문에 답을 해야 했기에 그는 늘 생각에 생각이 겹쳐 있었다.

많은 훌륭한 사람들이 고립으로 말미암아 늘어난 '생각하는 시간'이 그들의 업적에 크게 기여한 것이다.

달마대사는 깊은 굴속에서 벽을 바라보며 명상하는 '면벽'의 대가였다. 수준 높은 대사들은 대부분 내성적인 성격에다 명상 수행의 대가들이다.

이분들의 수준도 생각하는 시간의 총합과 관련이 깊다.

진화론의 창시자인 찰스 다윈도 내성적인 성격이 강했다. 피카소 역시 친구들보다 비둘기를 그리는 일에 더 정성을 쏟았고, 레오나르도 다빈치도 혼자서 숲 속에서 새가 나는 동작, 물이 흘러가는 원리, 물레방아를 돌리는 원리 등에 관심을 쏟았다. 이들은 이처럼 혼자 있는 시간에 의하여 만들어진 천재들이다.

대한민국 최고의 문학작품으로 알려진 '토지'는 소설가 고 박경리 선생이 세상과 모든 인연을 끊고 자신을 집안으로 유배시킨 25년과

맞바꾼 작품이다.

어찌나 오랜 세월을 격리되었던지, '너무 앉아만 있어서 다리를 못 쓰게 되었다.'라는 소문까지 돌았다.

정 글쓰기가 지루하고 뭔가를 해야 한다면 마당에 돌을 깔아서 징검다리를 만든다든지, 집을 여기저기 뜯어다가 고치기를 반복하는 정도가 고작이었다.

공자는 논어에서 "나는 천하게 어린 시절을 보내서 많은 능력을 갖추게 되었다(吾少也賤故多能)."라고 했다.

기독교의 시조 예수나 이슬람의 시조 마호메트 역시 인간은 어떤 존재이며 신은 어떤 존재인가에 대한 고민하기 위하여 그들 스스로 토굴에 가두고 정신을 키운 사람들이다.

수많은 천재는 이처럼 혼자서 생각하는 시간 속에 만들어졌다.

우리나라 과학고 학생들의 성격 조사에서도 내성적 성격 비율 높게 나타났다. 사고의 깊이는 원리를 생각하게 하며 이성적으로 자라게 한다.

나는 우리 아이들이 고등학생인 동안 휴대폰 사용을 금했다. 처음에는 휴대폰을 사주었으나 시간이 날 때마다 하는 짓이라고는 휴대폰과 노는 일이었다. 문자와 오락!

예전에는 TV가 바보상자였으나 이제 휴대폰이 몇 배는 더 바보스러운 상자다.

'친구 한 명이라도 옆에 있다면 나의 반은 없다고 봐야 한다.'고 했던 레오나르도 다빈치가 이를 봤다면 '사람이 보이지 않는다!'라고 탄식했을 것이다.

컴퓨터 게임도 마찬가지다. 휴대폰이나 이런 게임에 몰두해 있는 동안은 생각은 썩어간다.

컴퓨터나 스마트폰은 스마트한 기능과 스투피드(stupid)한 기능을 동시에 가진 판도라 상자였다. 아니, 대다수에게는 스투피드폰인 게 더 옳다.

머리말에서 적었던, 큰아들이 군에 가게 돼서 '참 다행이다.'라고 생각했던 이유 중 또 하나는 바로 이 컴퓨터와 스투피드폰과의 결별 때문이었다. 얼마나 다행한 일인가? 생각이 자라날 수 있어서……!

지금 작은아들에게도 다시 스마트폰을 사주기는 했지만 계속 강조하고 있다. 휴대폰을 멀리하라고……!

(스트레스와 창의력)

'생어우환(生於憂患)하고, 사어안락(死於安樂)이라'

이 말은 맹자가 한 말로써, '스트레스가 나를 살릴 것이요, 편안함이 나를 죽일 것이다.'라는 말이다.

강한 자극은 생각을 키운다.

강한 자극이란 정신적 육체적 고통, 칭찬, 감동 등이다. 그런데 칭찬은 남들에게 자랑하고 싶어지며, 감동은 남들에게 전파하고 싶어진다. 따라서 남들과 같이 있고 싶어지는 특성 때문에 조금 그 효과가 떨어지긴 하지만 생각의 크기를 키우는 것은 맞다.

고통은 생각의 크기를 키우며 거기에다 남들과 떨어져 있으려는 특성까지 더해져서 훨씬 그 크기를 키운다.

우리는 그동안 어린아이들이 스트레스받지 않도록 해야 한다는 데에 크게 공감해왔으며, 매를 때려서는 안 된다는 생각이 지배적이지만, 더 잘 생각해보면 이런 개념은 근자에 와서 생겨난 개념이며, 서양 교육시스템과 함께 들어온 개념으로 동양에서는 매를 들고 엄격하게 교육하는 문화였다.

스트레스 자체도 명확하게 정의되지 않은 혼란스러운 개념이다. 사실, 스트레스 정도를 측정하는 스트레스 호르몬은 즉각 사용할 수 있는 에너지를 조달하기 위하여, 저장된 영양분을 에너지화하는 호르몬이다.

오히려 적당한 스트레스는 머리 건강을 향상하는 운동과 같은 역할을 한다. 물론 운동처럼 회복을 잘해야 한다는 전제하에 말이다.

천재들의 어린 시절은 대체로 스트레스를 많이 받았다.

에디슨도 어린 시절 생긴 청각장애 때문에 사람들과 잘 어울리지 못하는 스트레스를 받았다.

뉴턴은 아버지가 죽고 어머니가 맘에 들지 않는 사람과 결혼하여 어린 시절 내내 죽이고 싶을 정도로 스트레스를 받았으며, 아인슈타인은 유대인이라는 딱지 때문에 늘 스트레스를 받았고, 스티븐 호킹 박사는 루게릭이라는 죽음의 병 때문에 스트레스를 받았다.

이런 스트레스도 몰입하는 뇌를 만드는 데 일조한다.

우리 옛 조상은 이런 사실을 알고 있었던 것 같다.

이기이원론(理氣二元論)을 주장하였던 주자학자들은 '이성'과 '감성'이 존재한다고 믿었으며, 어린아이들은 '감성'이 더 강하므로 이를 억누르기 위하여 매를 드는 것도 서슴지 말아야 한다고 생각했다.

'침묵은 금이다!'

'경거망동하지 마라!'

'촐싹대지 마라!'

'말을 많이 하지 마라!'

이 말들도 가벼운 언행을 억제하고 생각의 크기를 키우기 위한 훈육이었다.

베토벤은 수도 없이 아버지에게 감금과 구타를 당하며 피아노를 배웠고, 시련의 어린 시절을 보내면서 내성적인 성향으로 바뀌었다.

모차르트도 베토벤처럼 아버지한테 두들겨 맞으며 음악을 강요당하였으며, 결혼할 때까지 다른 사람들과 어울리며 노닥거릴 시간이 전혀 없는 격리 생활을 해야만 했다.

물론, 모차르트는 그럼에도 끝까지 외향적 성향이 있었던 것으로 생각하지만, 격리된 생활 속에서 생각의 깊이를 키웠을 것이다.

　세계적으로 유명한 사람들 대부분은 어려서부터 어려운 환경에서 자란 사람들이며, 폭압적 부모 밑에서 자란 사람들도 부지기수다.

　모두 '생각'을 크게 하는 요인들이다.

　어느 유행가가 생각난다!

　'아픈 만큼 성숙해지고.'

　그 가수도 이 사실을 알았을까?

　아픈 만큼 생각이 많아지고 깊어지면서 통찰력과 직관력이 자라며, 그만큼 깊이 각인된다.

　아픔은 생각만큼 나쁘지 않다.

　우리 옛말에 이에 딱 맞는 말이 있다.

　'젊어서 고생은 사서도 한다.'

　스트레스로 인하여 생각이 많아진다면 포괄성이 작은 사람은 감성적 천재로, 포괄성이 큰 사람은 이성적 천재로 자라나게 되는 것이다.

　다만, 내성적인 특성과 큰 스트레스는 사회에 반항하는 방법 등 잘못된 방향으로 전문가가 될 가능성도 있다. 또한, 이들에게 영양부족까지 겹친다면 그럴 가능성은 더욱 높아진다.

　이런 사람들에게는 사회에 유용한 방면에 흥미를 느끼도록 누군가의 도움이 필요하며, 건설적인 재능이 발굴되도록 도와주어야 하겠지만, 그렇더라도 지금까지 알려져 있는 것처럼 결손가정이나 폭압적 부모, 환경적 어려움이 범죄자를 양산하고 있다는 생각은 일부만을 본 편협한 생각으로, 너무 강조되고 부풀려져 있다는 느낌이 든다.

　포괄성이 큰 사람은 그럼에도 범죄자가 될 가능성은 아주 낮다.

(독립심과 창의력)

> ○ 어른이 된다는 것은 나이가 아니라 스스로 판단하며 사는
>   가, 타인의 판단으로 살아가는가에 달려 있다.
> ○ 창의력은 스스로 내린 판단의 횟수가 얼마나 되는가에 따
>   라 비례하는 함수다.

우리나라 부모들은 아이들의 일거수일투족을 전부 책임진다. 생각도 부모가 하고, 결론도 부모가 내며, 아이들의 진로도 부모가 결정하며 심지어 '어떤 학원에 다닐 것인가?' 하는 결정까지 모두 결정한다. 자식이나 부모 중 한쪽이 죽는 날까지 늘 자식이라는 제품의 A/S 기간 안에 포함된다.

이들을 헬리콥터 맘이라고 한다. 항상 아이들의 주변에서 얼쩡거리며 아이들의 생각할 기회를 기어이 차단하고야 만다.

그렇게 하면 공부 잘하는 아이가 되는 것은 맞다. 하지만, 나는 그런 아이들에게 능력점수를 줄 수는 없다. 그들에게는 생각하는 기술이 없기 때문이다.

요즘은 대학생 아들이 엄마에게 무슨 과목을 수강해야 하는지 물어보는 시대라니 말을 다했지 않는가?

대기업에서 학교 성적순으로 직원을 채용한다면 많이 암기한 사람이지만 생각 없는 직원을 채용하는 것이다.

아이들에게 독립심은 아주 중요하다.

독립심이란 방을 따로 쓰게 하는 등의 육체적 독립을 애기하는 것이 아니라 스스로 생각하고 판단하여 결정하게 하는 정신적 독립을

말한다.

물론, 아이들이 스스로 생각하고 결정하는 능력이 어디 믿을만하겠는가? 부모 조력이 필요한 것은 사실이다. 다만, 조력에 좀 더 깊은 내공이 필요한 것이다.

아이의 생각이 잘못되었다고 하더라도 이유를 설명해주며 즉시 바로잡아주는 것은 바람직하지 않다.

"그래? 그럼 그렇게 한 번 해보자!"하고 어떻게 진행되고 어떤 결론에 도달하는지 스스로 깨닫도록 해야 한다.

결과가 잘못되는 것에 대하여 크게 걱정하면 안 된다.

사실, 부모 자신들이 옳다고 생각하는 방향도 그 절반 이상은 잘못된 방향일 수 있다는 생각을 해야 한다. 이미, 공부! 공부! 외쳐대는 것 자체가 잘못이라지 않는가?

팔다리가 잘릴 일이거나 크게 다칠 일이 아니라면 적당한 찰과상이나 탈골 정도는 오히려 정신적 성장에 튼튼한 밑거름이 된다.

인생의 진로에서도 생각을 깊이 해서 내린 결론이라면 어느 정도 잘못된 방향으로 가더라도 크게 우려할 일은 아니다. 결과가 '생각하는 과정'보다 중요하지는 않다.

최선을 다한 일이면 나쁜 결과가 나오더라도 중요하지 않으며, 80%의 성공확률에 도전했는데 20%의 실패에 빠진다면 어쩔 수 없는 노릇이다.

항상, 그런 일은 존재한다.

미리부터 20%의 실패를 염려해서 도전하지 않는다면 결코 성공한 인생을 살아갈 수는 없다.

앞에서 언급했던 나의 고등학생 시절 쓸데없는 공부들은 요즘의 부모들이라면 결코 용납할 수 없는 잘못이었다. 중학교 때는 괜찮았던 성적이 고등학교 내내 천정과 바닥을 오가는 주가차트처럼 요동쳤기 때문이다.

결국, 명문 대학에는 들어가지 못했지만, 잘하려고 하다가 20%의 실패에 빠진 이 상황을 결코 후회해본 적이 없다. 아니, 너무 잘했다는 생각이 든다. 그렇다고 PC방에서 헛된 시간을 보냈거나 나쁜 짓을 한 것은 아니지 않은가?

이 시기는 내 인생에서 '독립된 생각들'이 봇물처럼 쏟아지던 시기로, 보석 같은 시기였다.

아인슈타인이 우리나라 나이로 5~6세쯤 되었을 때 그의 어머니 파울리네는 아인슈타인을 뮌헨의 가장 번잡한 거리에 혼자 남겨두고 숨어서 지켜본 적이 있었다.

그때 아인슈타인은 전혀 두려워하지 않고 좌우를 조심스럽게 살피며 당당하게 길을 건넜다고 한다.

아인슈타인도 대단하지만, 그의 어머니가 더 대단해 보이는 대목이다.

어머니의 그런 독립심을 키워주고자 하는 생각이 가장 영향력이 큰 천재를 만들어냈을 것이다.

이 '독립판단의 함수'는 직선함수가 아니다. '생각의 함수'나 '생각하는 시간의 함수'나 다 어렸을 때의 가치가 훨씬 더 중요하며, 시간이 지남에 따라 점점 그 가치가 줄어든다.

물론, 어렸을 때는 생각이나 스스로 내린 판단에 오류투성이일 것이다. 그러나 그 모든 것은 다 중요한 것이다.

나는 프라모델을 끼워 맞추는 놀이가 아니라 스스로 자르고 재단해서 만드는 만들기, 놀이공원에 놀러 가는 것이 아니라 자연을 체험하는 것, 컴퓨터 게임 같은 놀이가 아니라 실제 친구들과 노는 놀이에서 생각이 자란다고 강조한다.

거기에는 '독립판단의 기회'가 숨어 있다.

번화가에 혼자 내버려진 아인슈타인처럼 자연 체험에서도 스스로 결정해야 할 사항들이 아주 많으며, 놀이에서도 '어떻게 하면 이길 수 있지?'와 같이 스스로 질문하고 스스로 해답을 찾아가게 될 것이다.

이 독립적 결단들은 그에게 창의력을 만들어 줄 것이다.

우리는 '6535 법칙'에서 두 가지 실험을 살펴봤다. 어느 나라, 어느 계층에서도 다른 사람의 눈치를 보며 스스로 결정하지 못하는 사람들이 65%나 된다고 했다.

이들이 바로 어린 시절부터 독립 판단 경험을 쌓지 못한 사람들이다. 이들은 자신이 어떤 결론에 다다르더라도 "에이, 그래도 아니겠지? 다른 사람들은 그렇게 생각하지 않잖아!" 하고 자신의 결론을 포기하게 된다. 자신의 생각은 쉽게 포기하고 여론은 물리치지 못한다.

더 안타까운 것은 이들이 자라나서 다시 어른이 되면 자식들에게 똑같은 방법으로 지도해나가게 된다.

"누구는 요렇게 하는데 왜 너는 이것도 못하니?"

"누구는 100점 맞는데 왜 너는 이 모양이니?"

아이를 학원에 보내야 하는 이유도 "다들 그러잖아!"다.

그래서 어렸을 때부터 다른 사람들과 떨어져서 지내는 훈련이 필요하고, 체험이 필요하고, 독립판단 횟수가 중요해지는 것이다.

물론, 독립심만이 전부는 아니다. 앞에서 체험에 대하여 언급할 때, 어린 시절의 체험에는 시행착오가 많다고 하였다. 이 시행착오가 나중에 어른이 되었을 때 시행착오를 줄이는 방향으로 작용하기 위해서는 피드백이 중요하다.

무엇이 시행착오를 만들었으며 다음번에는 그러지 말아야겠다는 생각 수정이 필요하다는 말이다.

요즘 어머니들에게 독립심이 뭐냐고 물어본다면 혹, 어린아이들에게 방을 따로 쓰게 하는 것이 독립심을 심어주는 것으로 잘못 알고 있을 수도 있다.

방을 따로 쓰는 데에 아이의 저항이 크지 않을 경우는 문제가 없으나, 저항이 클 경우는 혼자 있는 것에 대한 두려움이 큰 경우이므로 억지로 떼어놓는 것은 두려움을 더욱 크게 만들고, 외로움을 크게 하여 이성의 뇌인 전두엽을 위축시켜서 창의력(통찰력과 직관력)을 오히려 억제하는 효과가 있음을 잊어서는 안 된다.

어른들은 어떻게 독립심을 키워야 할까?

아이들은 부모들이 주도적으로 유도해 나갈 수 있지만, 어른들은 오히려 훨씬 어렵다.

뱀을 극도로 무서워하는 공포증이 있는 사람에게 '뱀을 무서워하지 마라!'라고 타일러서 공포증을 없앨 수 있는 것은 아니듯이, '독립심을 가져라!'라는 주문으로 마음을 돌리는 것은 정말 어려운 일이기 때문이다.

그래도, 앞으로 직접 사업을 영위할 때도 있을 것이며 그 외에도 독립심을 키워야 하는 것은 시대적 요청일 것이다.

이전까지 사업은 매일 똑같은 양상이었지만, 경쟁이 치열해지는 앞으로의 사업은 판단과 결정의 연속이다.

사사건건 주변의 인맥들에 물어보거나 전문가를 찾아다닐 수 없는 노릇이다. 스스로, 그 분야에서는 전문가가 되어야 한다. 그러려면 독립심을 키우는 수밖에는 없다.

시간이 날 때마다 주변의 동종 업종을 눈여겨보면서 분석하고 더 아이디어를 추가하여 자신의 사업에 적용하는 것이 필요하다.

생각의 독립은 독창적인 인간을 만든다.

다른 사람에 의존하지 않고 스스로 내린 결정의 횟수가 바로 독창성의 크기다.

이 책에서 '함수'라는 단어를 사용한 것은 모두 세 가지다. 첫째는 '생각'이고, 두 번째는 '생각하는 시간'이고, 세 번째가 바로 '생각의 독립'이다.

공통분모는 모두 '생각'이다. 그렇다면 '창의력은 생각이다.'라고 정의해도 좋은가? 그렇지는 않다. 모든 생각이 다 창의력이 아니라 그중에 '쓸모있는' 것, '내가 만든 것'만을 말한다. 그러므로 '창의력은 쓸모있는 나만의 새로운 생각'이 명확한 정의다.

무엇을 보는 것도 사실은 판단이다. 그 보이는 무엇에서 색깔도 판단해야 하며, 형태도 판단해야 하며, 의도도 파악해야 한다.

'생각의 독립'에는 남을 의식하지 않고 살아가는 것도 포함된다. 남을 의식하여 내린 결정은 '독립 판단'이라고 볼 수 없다.

모든 것을 스스로 판단하는 사람이 뜻밖에 많다. 선생님에게 어떤 지식을 배우더라도 암기하는 것이 아니라 이해하여 저장하고, 어떤 사람의 말을 듣더라도 스스로 판단하여 가부를 결정하는 사람들은 많다.

이 같은 창의적 인재들이 35%는 될 것이다.

　2011년 대학 입학을 거부한 학생들이 있었다. 그들에게 찬사를 보낸다. 대학을 포기한다는 것은 아주 큰 결정이다.

　그들의 생각이 잘못되었을 수 있다. 또한, 그렇게 될 확률이 결코 낮지 않다. 그리고 내가 대학을 가지 말라고 종용하는 사람도 아니다.

　그러나 내가 박수를 보내는 것은 그들이 혼자서 내리는 결정 능력이다. 그 결정은 혼자 판단하는 횟수를 무한히 축적한 결과일 것이다. 그들에게 '쓸모있는 새로운 자신만의 생각'이 자라나리란 예상은 그리 어렵지 않다.

　그들은 젊고, 앞으로 살아나가야 할 날들이 거의 백 년 가깝게 남아 있다. 그 결정으로 인한 악영향은 잠깐의 시간 안에 사라질 것이며, 지금 그것이 잘못일지라도 끝내는 바른길을 찾아가는 능력, 남들에게는 없는 능력이 그들에게는 점점 크게 자라날 것이다. 그들은 스스로 판단할 줄 알기 때문이다.

　몇 십 년 후 그들은 크게 성공한 사람으로 사회에 나타날 것이라 믿는다.

　- 결론 -

　우리는 지금까지 외향적인 성격이 내성적인 성격보다 좋다고 생각해 왔다. 하지만, 이는 서양문물과 함께 흘러들어온 그들의 잘못된 문화다. 이제는 그렇지 않다는 사실을 알게 되었을 것이다.

　2004년, 대한상공회의소에서 우리나라 CEO 200명을 대상으로 조사한 결과, 성격을 묻는 질문에 '양향적'이라고 대답한 사람은 45.0%, '외향적' 19.1%, '내성적'인 사람은 35.9%이었다고 한다.

　단순 수치상으로도 내성적인 CEO가 외향적인 CEO보다 두 배 가까이 더 많았으며, 더 자세히 분석해보면 그 차이는 극명해진다.

'양향적'인 사람들은 대부분 원래 내성적 성격이었으나 외향적인 성향을 겸비하기 위하여 부단히 노력했다는 말이다. 또한, 내성적이 사람들이 자신의 주장을 논리 정연하게 펼칠 수 있게 되면서 자신도 내성적인 성격에서 외향적으로 바뀌고 있다고 생각할 수 있을 것이다. 이들이 모두 '양향적'이라는 대답을 내놓았으리라 판단하고 있다.

외향적인 사람이 내성적으로 변하는 경우란 환경 악화나 우울증 같은 병적인 요인에 의하지 않고, 자체의 노력으로 전환되는 경우는 극히 드물다.

이 양향적 성향의 특성은 다른 사람들과 같이 있을 때는 외향적 성격이, 혼자 있을 때 '깊게 생각'하는 내성적 성격이 나타나는 사람 으로 외향적, 내성적 두 가지로만 분류한다면 내성적으로 분류할 수 있으므로 위의 수치는 80.9 : 19.1의 비율로 훨씬 내성적 CEO 비율 이 높다고 할 수 있다. 이는 다른 나라에서 조사하더라도 크게 달라지 지 않는다.

외향적 성격이면서 최고의 전문가가 되기 힘든 이유는 외향적이라 는 성격 자체가 외로움을 못 견디는 성격이기 때문이다.

모든 전문가는 엄청난 노력이 필요하며, 남들이 노력하지 않는 시 간에 혼자만의 외로움을 견디며 이루어내어야 하는 고통스러운 작업 이 뒤따라야 한다.

최고의 음악가는 늘 악기와 함께 살다시피 해야 하며 화가는 수많 은 그림을 그리며 익숙해질 때까지 숙련해야 하는 작업이고, 최고의 운동선수는 수많은 반복동작을 통하여 뇌와 육체가 조율될 때까지 뇌 를 습관화시켜야 하는 작업이다.

문학가들은 '인간이란 무엇인가?'에 대하여 끝없이 생각해야 하며, 물리학, 화학분야 등의 학자들은 생각의 깊이를 키워서 통찰력과 직관력을 통하여 뭘 연구해야 할지를 생각해 낼 수 있는 생각의 대가들이다.

또한, 그 연구를 수월하게 진행하기 위한 장비들도 스스로 개발해 내야 하는 경우가 아주 흔하다.

이것 또한 생각의 대가들이 아니면 불가능한 일들이다.

따라서 이들이 사람들과 친분 쌓기를 좋아하고 외로움을 많이 타는 외향적인 성격이라면 이처럼 홀로 지낸다는 것은 생각할 수 없는 노릇이다.

평범하게 살겠다는 목적이 있다면 외향적 성격이 더 좋겠지만 어떤 분야에서 전문가가 되고자 한다면 내성적 성격일 때 그 효과가 훨씬 커진다.

외향적이어서 좋은 직업은 그리 많지 않으며, 이는 암기력에 의해 크게 좌우되는 직업들이다. 하지만, 그런 분야도 크게 성공한 사람들은 대부분 생각을 많이 하는 사람들이다.

노동력 공급 과잉 시대를 맞아 취직하려는 사람이 훨씬 많아지면 뽑는 사람들은 최고의 창의력 있는 사람들을 뽑으려 할 테고, 창의력은 내성적이어야 가능한 능력이라니 어쩔 것인가?

내성적인 성격을 걱정하는 부모들이 아주 많다.

그러나 내성적인 성격은 외향적인 성격에 비하여 오히려 전문가로 커 나갈 수 있는 성향이다.

많은 부모가 내성적 성격은 행복하지 못하다고 생각하지만, 행복이란 자신이 원하는 것에 만족을 느끼는 상태로써, 내성적인 사람들은 벗들과 어울리면서 느끼는 행복보다 자신의 일에 성취를 느끼면서 얻는 행복이 더 크다는 사실을 알아야 한다.

생각하는 시간이 창의적인 인재를 만들며, 가장 바람직하게는 깊이 몰입한 상태로 오랜 시간 생각하는 것이다.

집중력을 키우는 요소는 '에너지'와 '충분한 잠'이다. 그럼에도, 우리나라 학생은 정 반대의 길을 택한다.

요즘의 우리나라 어머니들은 그렇게 혼자 놀도록 내버려둘 수 없다. '4당 5락'이라는 말처럼 우리 아이들은 잠도 잘 자지 못한다. 늘 학교 책상 위에 엎드려 자는 것이 버릇처럼 되어 있다.

점수라는 무게에 짓눌려서 생각하는 시간도 거의 없고 생각의 질도 아주 낮다. 이것의 우리 아이들의 현실이다.

정부나 부모들은 무엇이 중요한지를 모른 채 아이들만 잡아 족치고 있는 것이다.

한시도 혼자 있지 못하도록 항상 학원에 가 있어야 한다.

초등학교 입학하는 순간부터 대학을 졸업하는 순간까지 뇌가 자라는 모든 시간을 우리는 학교와 학원 주변에서 밤늦게까지 점수와 싸우고 있다. 공부도 생각하면서 해야 하지만, 우리나라에서는 그럴 여유조차 없다. 죽으라고 유형을 암기하고 시험에서 어떤 유형이 나오는지 찾는 일에만 매달려 있다.

이와 같은 행위는 나라 전체적으로도 커다란 손실이다.

우리나라 부모들은 유대인 부모들이 어떻게 훌륭한 자식을 키워내는지 눈여겨봐야 할 것이다.

유대인들은 정말 자녀들에게 많은 생각을 하며 살게 한다. 독립심을 키워주고, 질 높은 질문을 유도하여 자녀들에게 생각의 기회를 넓히도록 이끌어왔던 것이다. 용돈은 벌어서 써야 하며, 어떤 곳에 써야 할지 독자적인 판단을 해야 한다. 그들은 일찍 성인식을 치르고 그 이

후부터는 독립성을 부여한다.

　창의력은 그렇다.
　남들과 똑같이 그린 화가는 화가가 아니며, 남들과 똑같이 부르는 가수는 가수가 아니다. 대가는 누구도 다른 사람을 흉내 내지 않는다. 지식은 흉내이지 창의력이 아니다. 지식만 많이 습득한 학생은 다른 사람의 지식을 출력해내는 프린터이지 결코 창의적 인재가 될 수 없다.

　나의 정체는 무엇인가?
　'지금까지 해온 생각의 합(合)이다.'
　근대철학의 아버지, 데카르트는 거기에서 결론을 얻고 이렇게 말한다.
　"나는 생각한다. 고로 존재한다."

　무소유의 철학자, 법정 스님을 떠올려보자!
　그의 말 한마디, 그의 행동 하나, 입고 있는 누더기 옷 한 가지도 그의 오랜 생각에서 비롯된다. 즉, 그의 겉모습이나 내면의 모습 모두 그의 생각에서 비롯되었다면 '그의 존재는 곧 생각이다.'라고 말할 수 있겠는가? 데카르트는 그것을 느낀 것이다.
　우리는 다 그런 존재다. 깊이 생각하든지 얕게 생각을 하든지 말이다. 깊게 생각하면 생각 깊은 인재로 자라며 얕게 생각하면 얕은 인재로 자란다. 썩은 생각을 하면 썩은 인재가 생겨날 수밖에 없다.

　천재는 만들어진다는 말이 더 옳다.
　오랜 기간에 걸쳐서 조금씩 말이다.

◇ 잠은 건설이다

아인슈타인은 보통 10시간 이상 잠을 잔 것으로 알려졌으며, 어려운 연구를 할 때에는 수시로 잤다고 한다.

잠은 정말 두뇌에 큰 영향을 미치는가?

아니라고 말하는 사람도 많지만, 그 영향은 크다.

잠은 뇌의 효율성을 극대화한다.

하룻밤을 새운 사람들과 잠을 잘 잔 사람들의 사고능력을 비교하는 여러 실험에서 충분히 입증되었다.

잠자는 시간이 중요한 것이 아니라, 시간도 충분해야 하고 잠의 질도 좋아야 뇌의 효율성을 증대시킬 수 있다.

잠이란 우리 몸을 회복하는 시간이라고 말할 수 있다.

우리의 몸을 이루고 있는 세포들은 의외로 약한 존재들이며, 우리가 깨어 있는 동안에 이루어지는 운동, 생각, 소화, 호르몬 분비 등의 모든 활동으로 세포들은 손상을 받는다.

소화를 시키느라 위벽의 세포들은 3일 정도에 한 번씩 완전히 죽고 새롭게 태어나며, 피부도 한 달도 되기 전에 완전히 새것으로 바뀐다.

항암제 치료 중에 머리카락이 빠지고 식도, 위벽이 헐고, 피부가 늙는 것은 항암제가 독해서가 아니라 이 약이 회복작용을 방해하기 때문이다.

잠을 자는 동안에는 이 기관들의 활동이 천천히 돌아가면서 낮에 입은 상처를 치료하게 된다.

우리도 모르는 사이에 우리 몸은 늘 부상과 치료를 반복하며 살아간다.

뇌도 마찬가지다.

깨어 있는 동안에 열심히 생각하면 뇌세포에서는 미토콘드리아에서 산소와 포도당을 버무려서 에너지를 만들어내고 이 에너지는 칼슘이온과 나트륨이온, 칼륨이온들을 동작시켜서 생각을 만들어내며, 핵의 DNA에서부터 출발한 단백질 생성 프로그램은 생각작용에 필요한 효소와 단백질들을 만들어내어 시냅스를 완성해 간다.

이 과정에서 무수한 뇌세포의 소(小)기관들은 다치고 사멸해 간다.

다시 잠이 들어 생각이 줄어들면 이를 회복하는 프로그램을 가동하여 원상회복해 두어야 내일 또다시 생각이라는 일을 처리할 수 있다.

이 회복에 필요한 물질들은 지방과 단백질의 쪼가리인 아미노산들이며, 산소가 들어가서 포도당과 섞여 에너지를 생산해 주어야 또 회복이라는 일을 한다.

이 과정을 이해하면 잠을 잘 자지 못하는 이유도 이해하게 된다.

잠을 충분하지 못하게 방해하는 요소들로는 스트레스, 통증, 호흡부족, 영양부족 등이다.

영양부족은 포도당이 부족하여 에너지를 만들어내지 못하고 회복에 동참하지 못하여 잠에서 깨어나게 되며, 지방이나 단백질과 같은 재료물질 부족도 마찬가지다.

에너지 부족은 각성을 일으킨다. 식사하고 난 후 졸리는 현상을 사람들은 여러 가지로 설명을 하고 있지만, 뇌에서는 에너지가 부족한 각성 상태에서 식사함으로써 다시 에너지가 채워져서 각성이 깨지고 졸리는 현상이다.

코골이 등과 같은 호흡부족도 포도당 부족과 마찬가지로 에너지를 잘 만들어내지 못하므로 깨어나게 된다.

스트레스는 에너지를 극심하게 소모하는 뇌의 작용이므로, 에너지 부족을 야기하게 되어 각성하게 되며, 통증은 다른 장소로 영양분이 몰리게 되면서 상대적으로 뇌에서는 영양부족 사태를 맞게 되는 것이다.

따라서 몸이 홀쭉한 사람은 잠이 적을 가능성이 높다. 또한, 코를 고는 사람들은 잠의 질이 떨어질 가능성이 높다.

스트레스를 받고 있는 상태에서도 잠을 적게 자게 되고, 질도 떨어지게 된다. 이는 다른 부위의 통증도 마찬가지다.

이런 사람들의 뇌는 높은 효율을 가질 수 없으며, 창의력이 모자랄 수밖에 없다.

다시 한 번 말하지만, 창의력이란 엉뚱한 생각이 아니라 현실적인 문제를 찾아내고 해결할 수 있는 능력을 말한다.

그런 능력이 떨어질 수밖에 없다.

창의력이 떨어진다는 것은 기억을 잘 수정하지 못하는 상태를 말하며, 기억을 잘 수정하지 못하면 점점 원리를 이해하는 사고에서 멀어져서 인간 중심적 사고에 머무를 수밖에 없으며, 외향적인 특성을 띰으로써 생각의 시간을 더욱 짧게 만든다.

사람들이 어느 순간 극심한 우울증으로 빠지는 경우는 대부분 불면증을 동반한다.

아니 정확하게는 스트레스, 통증, 호흡, 영양의 측면에서 뭔가 애로사항이 있어서 불면증에 빠졌으며 그 때문에 여러 부위의 뇌에 에너지가 부족해져서 잠이 부족하고 생각 기능이 떨어지면서 우울증까지 발전했다는 표현이 더 옳다.

창의력은 생각의 함수라고 했다.

기억 변수가 많으면 많을수록 좀 더 정확한 생각을 만들어낼 수 있으며, 변수가 많다는 것은 몰입하지 않으면 함수를 풀어낼 수 없다는 말과 같다.

따라서 고차원적인 복잡한 문제들을 생각하고 풀어내기 위해서는 몰입할 수 있는 충분한 잠이 필수적이다.

따라서 어려서부터 코를 고는 아이는 빨리 그 원인을 찾아 수술하는 것이 좋다.

보통은 입과 기도를 연결하는 부위에 있는 편도선이 크거나 코와 기도를 연결하는 부분의 아데노이드가 커서 코를 고는 경우가 많고 턱관절 이상, 치아 이상 등으로도 코를 고는 원인이 되기도 한다.

또한, 축농증이 있는 아이도 잠자는 동안 숨쉬기에 애로사항을 느끼게 됨으로써 잠이 충분하지 못할 가능성이 높다.

어려서부터 잠을 자는 데에 불편해지면 공포를 많이 느끼며 밤을 두려워하게 되는 것이 보통이다. 그러는 사이 창의력은 계속 위축되고 있는 것이다. 또한, 잠을 적게 자는 아이는 에너지 소모량이 커지므로 키도 덜 크게 된다.

이런 이유로 우리 집 아이들의 원칙 두 번째는 잠은 적어도 7시간 이상은 자야 한다는 원칙이다. 그리고 허파가 말라서 산소교환이 어려워지지 않도록 가습기도 신경 써서 틀어주고 있다.

CEO들이나 사회의 리더 중에는 자신이나 부하직원들이 늦게까지 일하고 아침 일찍 출근해 주기를 바라는 사람들도 종종 있다. 이 직원들은 부족한 잠 때문에 조금씩 창의적 두뇌가 위축되어 갈 것이다. 더 많은 시간을 일하고도 창의적 효과를 내지 못할 수 있다는 걸 명심해야 한다.

잠을 잔다는 것은 보수 공사하는 건설 시간이다.
잠을 가장 사랑한 사람은 철학자, 수학자인 데카르트였다. 데카르트 박물관으로 변한 그의 생가에서 밀랍인형으로 변한 채 그는 의자에 앉아서 현재도 졸고 있다.

⊞ 창의력을 알면 보이는 진실들
◇ 창의력과 성적, 암기력의 차이

우리는 앞에서 창의력을 정의하면서 지식, 암기력과 창의력은 어떻게 다른지를 생각해봤어야 하지만 창의력이 뭔지 제대로 알아보기 전이었다. 충분히 창의력을 논의해본 지금, 그 차이점을 알아보자!

◉ 지식과 창의력 중 어느 것이 더 중요한가?

침팬지 사회에도 그들만의 문화가 있으며, 인간과는 비교할 수 없지만 나름대로 지식이 창조되고 학습을 통하여 다음 세대로 전달된다.

그들은 나뭇가지를 꺾어다가 잔가지를 다듬어서 긴 막대기를 만들 줄 알며, 그 막대기를 이용하여 흰개미를 낚아서 먹을 줄 안다.

또한, 그들이 좋아하는 견과류를 받침돌 위에 올려놓고 돌멩이로 내리쳐 깨뜨려 먹을 줄도 안다.

그런데 이와 같은 도구 이용방법들은 본능적으로 아는 것이 아니라 스스로 개발해 내기도 하고 또한 어른 침팬지들이 하는 것을 보고 따라 배우는 과정을 통하여 계속해서 후대로 지식이 전달된다.

견과류를 까먹는 기술은 침팬지보다 지능이 더 떨어지는 다른 원숭이들에게도 더러 존재하는 문화로, 같은 종류의 원숭이면 다 그런 지식을 가지고 있는 것이 아니라 그런 문화가 지역적으로 한정된 것을 보면 그들이 학습을 통하여 다음 세대로 전달한다는 사실을 입증할 수 있다.

일본원숭이들은 고구마를 바닷물에 씻어 먹기를 좋아한다. 그런데 이 문화는 오래전부터 있었던 문화가 아니라 1953년 '이모'라는 한 원숭이가 민물에 씻어 먹기 시작한 것으로, 이를 다른 원숭이들이 따라 하였고 바닷가가 많은 일본 특성에 따라 바닷물에 씻어 먹는 문화로 바뀌었으며 지금은 일본 열도에 있는 대부분 원숭이가 이를 따라 하고 있다고 한다.

이들은 스스로 학습하고 변형 또는 창조할 수 있는 지능을 가지고 있는 것이다. 침팬지도 약 9% 정도 크기의 이성의 뇌(전두엽)를 가지고 있다.

인류의 역사는 약 700만 년이라는 오랜 역사를 가지고 있지만, 전기 500만 년 정도는 언어가 따로 없었으므로 이들 침팬지와 유사한 학습형태를 보였을 것이다.

언어를 구사할 수 있었던 약 200만 년 전부터 서서히 언어를 통하여 가르치고 가르침을 받는 지식 전달체계를 만들 수 있었을 것이며, 이때부터 이들의 역사와 기술 등 지식이 노래처럼 만들어져서 학습되었을 것이다.

이러한 유형의 노래는 오늘날까지 남아 있다. 메소포타미아 지방의 길가메시, 고대 그리스의 일리아드, 오디세이, 몽골지방의 게세르, 장가르, 인도 지방의 라마야나, 마하바라타 등과 같은 대서사시로 발전하였을 것이며, 모든 민족에게 공통으로 퍼져 있었을 것이다.

우리나라의 판소리도 아마 예전에는 이런 역사나 기술들을 전달하는 방편이었다가 서서히 책과 같은 기록물들에 자리를 내어주고 옛날이야기나 소설들을 읊어주는 노랫소리로 자리를 잡게 되었을 것이다.

지식을 창조하지도 못하고 후대로 전달하여 축적하지도 못한다면 인간도 한낱 다른 포유류들과 다를 바 없을 것이다. 즉, 보잘것없는 인간을 가장 훌륭한 존재로 만들어준 무기는 바로 두뇌로, 지식을 창조하는 창의력, 그렇게 만들어진 지식을 후대에 전달하고 축적하는 능력인 학습능력이 곧 그것이다.

그런데 이 두 가지 능력 중 어떤 능력이 인간에게 더 중요한 능력일까?

이 질문은 아주 중요한 질문이므로 옛날이야기를 하나 하는 동안 대답과 그 이유를 잘 생각해 보자!

‘창조하지 못한 지식은 전달되지도 못한다.’라는 식의 유치한 대답 말고.

옛날, 구석기 말의 인구는 아주 작았다.

지금은 7천만이 살아가는 이 한반도 전체에 약 5천 명 정도 살았으리라 추정하고 있다.

한 무리의 크기를 10~50명 정도로 추정하면 100~500 무리 정도가 한반도 전역에 흩어져 있었을 것이며, 평생을 살면서 다른 무리를 만나기가 그리 흔치 않았을 듯하다.

당시에도 전쟁은 있었지만 그리 흔치는 않았다. 위험한 무리를 만나면 피해서 다른 곳에서 살아가면 되었을 테니까!

　그런데 신석기 시대에 이르러 농경을 시작하게 되자 집단이 커지기 시작했으며 문화가 융성하고 물질이 풍요로워지면서 전쟁이 시작되었다. 처음에는 풍요롭지 못한 자들의 약탈로부터 시작되었겠지만, 점차 넓은 영토도 필요하고, 더 센 왕이 되고 싶었던 것이다.

　이 당시 전쟁에서는 어떤 무리가 이겼을까?

　오늘날도 마찬가지지만 첨단 무기를 가지는 자가 전쟁에서 가장 유리했을 것이다.

　신석기 문명을 이길만한 최첨단 무기가 메소포타미아 지역에서 시작되었다. 바로, 청동기 문명이었다.

　청동기는 그동안 석기시대의 무기들인 돌도끼나 돌창에 비하면 비교가 안 될 정도의 첨단무기였다. 이 청동기 무리는 빠르게 국가를 형성해 갔으며, 소위 문명이라고 하는 큰 도시들을 형성해 갔다.

　요즘도 군사기밀은 일급비밀에 해당하듯이 이 당시 청동기 기술 역시 마찬가지였으므로 쉽게 주변국으로 지식이 전달되지 못하였다.

　하지만 그렇다고 전파되지 않을 수 있겠는가? 세력다툼에서 밀린 왕자들이나 귀족들은 이런 일급비밀 기술자들을 몇몇 대동하여 주변국을 침탈하고 거기서 왕이 되는 과정을 반복하면서 사방으로 뻗어나갔다.

　당시, 인간이 사는 지역은 산이나 밀림지역이 아닌 주로 사막 가장자리 초원지대나 몽골지방 같은 스텝 초원지역 등으로 말이나 낙타 등을 이용하여 쉽게 이동할 수 있는 지역 또는 배로 이동할 수 있는 해안가, 큰 강가가 대부분이었다.

　우리 한반도 방향으로 청동기 문명, 철기문명이 전달되는 경로는 권력의 이동을 따라 대개 중동 사막 초원지대를 거쳐 몽골 초원지대를 거쳐 한반도로 전달되었을 것이다.

이렇게 시작된 우리 청동기 문명이 바로 단군 조선의 건립이며 우리 문명의 시작이다.

이러한 문명의 전달과정을 거쳐 신무기뿐만이 아니라 언어나 생활도구 등을 포함한 모든 문화가 이전되었다. 그것이 우리의 언어가 몽골과 비슷한 우랄알타이어 계통인 이유다.

첨단무기의 개발은 청동기 하나로 끝나지 않았다.

청동기 중에서도 더 강력한 청동기 무기가 탄생하면 계속 세력다툼의 파도를 타고 퍼져 나갔으며, 철기문명 또한 그리스와 중동지방에서 시작하여 같은 루트를 타고 계속 퍼져갔다.

이러한 과정에서 새로운 지배세력이 나타나면 기존의 세력들은 한 단계 낮은 등급으로 전락하면서 한 나라의 백성도 파도처럼 등급을 띄게 된다.

우리나라 초기 형태인 부여, 동예, 옥저 등은 물론이고 초기의 고구려나 백제, 신라 등의 지배계층은 이런 세력다툼의 도미노를 타고 건너온 세력들이었다.

세력다툼에서 밀린 백제의 왕자가 무리 얼마를 이끌고 일본으로 건너가 왕이 된 것도 같은 맥락이다.

여기서 첨단무기란 첨단 지식을 말하며 정복하는 자는 지식이 있는 자, 정복당하는 자는 지식에서 뒤떨어진 자를 말한다.

지식이 있는 자가 없는 자를 지배하는 세상이었다.

이 당시의 지배형태를 봉건주의라고 한다.

청동기나 철기 같은 첨단무기들이 생겨나면서 새로운 왕이 탄생하면 기존의 왕들은 새로운 왕 밑에서 기존의 영토를 다스리는 새로운 호족이 되었다.

한 나라 안에는 큰 호족도 있고 작은 호족도 있어서 이들 세력의 크기에 따라 왕궁에서도 위계질서가 세워졌다.

그러므로 이들 호족은 무역 등을 통하여 돈을 많이 벌어서 군사를 모으고 무기를 사들이거나 그렇지 않으면 전투에서 혁혁한 공을 세우는 방법으로 왕에게 충성하여 영토를 물려받는 등의 방법으로 세력을 키우는 것이 곧 자신의 신분을 상승시키는 길이었다.

이 시대에 가장 중요한 봉급생활자들은 군사들뿐만 아니라 지식인들도 포함된다.

이 지식인들은 청동기나 철기에 대한 높은 지식을 가진 대장 박사들이나 병법 등에 능한 전술가들, 각종 지식을 지니고 있는 학자 또는 모사(謀士)들이었다.

중국 춘추전국시대의 제자백가는 바로 이런 학자들을 일컫는 말이다.

이들은 대우가 좋지 않으면 사표를 쓰고 다른 주군을 찾아가서 취직하는 방식이었으며, 군주들은 이들이 찾아오면 며칠 동안 먹여주고 재워주면서 면접을 치렀다.

중국의 춘추전국시대를 마감하고 진 나라를 세운 진시황은 이런 지식인들을 잘 골라 씀으로써 전국을 통일할 수 있었다.

물론, 서방의 새로운 철기나 새로운 지식, 새로운 인물들이 드나드는 길목인 중국 서북방 무역로인 실크로드를 끼고 있었던 것도 한몫하였다.

이 당시 지식의 새로운 창조는 아주 느렸고, 미미한 것들이었으므로 창의력보다 학습능력이 더 중요한 시대였다.

조선 시대 우리 조상이 태어나서 죽을 때까지 거의 책만 읽다가 생을 마감하였던 것처럼 지식이 중요한 시대였다.

이처럼 창의력보다 지식습득능력이 중요한 시대는 그 이후 르네상스 직전까지 계속되었다.

지식의 재창조가 느렸던 이유는 중요한 지식이 비밀등급을 분류되면서 왕 또는 귀족이나 종교시설들에 한정되어 소장되었기 때문이었다.

그러나 이러한 지식의 봉인이 풀리는 사건이 발생하였다. 바로 활자의 발명이었다. 순식간에 지식이 넘쳐나는 시대를 맞이하게 된다. 이것이 바로 르네상스, 산업혁명 등으로 나타난 것이다.

이처럼 봉인이 풀려 퍼져 나간 지식은 창의력에 불을 지피고 새로운 지식을 만들어내는데 일조하면서 바야흐로 현대를 맞이하게 된다.

이때부터 인터넷의 발명 이전까지는 지식도 중요하고 창의력도 중요한 시대였다.

과학이 급격하게 발전하고 발명이 국가의 경쟁력이 되었던 시대!

초기 발명을 이끌었던 영국은 세계 최강의 자리를 얼마간 차지하기도 했으며, 국가의 설립과 동시에 발명을 가장 중요하게 여긴 미국은 짧은 역사에도 세계에서 가장 강력한 국가가 되었다.

그러나 이 시대는 200년 남짓 유지하다가 인터넷에 자리를 넘겨주었으며, 이제는 지식을 습득하기 위하여 훌륭한 교수를 찾아가거나 도서관을 찾는 것보다 집안에서 인터넷을 서핑하는 빈도가 비교도 안 될 만큼 높아지게 되었다.

어떤 미래학자 중에는 앞으로 통역사도 필요 없고 변호사도 필요 없는 세상이 올 것이라고 말하는 사람도 있다.

지식은 인터넷 안에 다 있다.

지식을 구걸하던 시대에서, 지식을 찾아가던 시대를 지나, 이제는 늘 지식과 함께하는 세상이 되었으며, 창의력이 거의 없던 시대에서, 창의력도 중요한 시대를 지나, 지금은 창의력만 중요한 시대를 살고 있다.

과거 지식을 머릿속에 넣고 있어야 창의력을 발휘할 수 있었고 필요한 일 처리가 가능했던 시대에서, 필요할 때마다 원하는 지식을 찾으면 되는 시대로 바뀌었다.

이제 지식은 기본 80점만 받아 뼈대만 알고 있으면 된다. 그보다 '생각하는 시간, 생각하는 훈련'이 아주 중요한 시점이 되었다.

아직 밤낮없이 공부만 해야 한다는 사람이 있다면 구시대적 사고에서 벗어나지 못한 사람일 것이다.

돼지가 있다.

몇 미터 앞에는 맛있는 음식이 있으며, 그 옆에는 찬란한 보석이 놓여 있다. 이 돼지는 어느 쪽으로 움직이게 될까? 이 돼지의 미래를 짐작하는 것은 어렵지 않다. 하지만, 음식이 아주 멀리 있다면 어떻게 될까? 이 돼지는 그 음식을 찾아가게 될까?

또, 음식의 위치가 수시로 변한다고 생각해보자. 경사면을 따라 아래로 굴러가고 있다거나, 원운동을 하는 원심력에 의하여 점점 멀어지거나, 흘러가는 냇물에 떠서 흘러간다고 생각해보자!

이 돼지의 미래를 짐작할 수가 없다. 인간이라면 어떨까? 돼지는 음식을 차지하지 못하겠지만, 인간은 그래도 음식을 쫓아갈 수 있을 것이다. 우리는 음식이 달아나는 속도를 짐작하고 그보다 빠른 속도로 다가가거나 미리 길목을 지키고 있다가 낚아챌 수 있을 것이다.

학교에서는 이처럼 달아나는 음식을 잡는 방법을 알려주지는 않는다. 다만, 속도에 대하여 알려줄 수 있으며, 원심력이나 상대속도를 가르쳐줄 수 있다. 이런 기술들과 몇 가지 단서들을 조합하여 우리는 스스로 생각하고 판단하여 음식을 쫓아가야 한다.

학교에서 가르쳐줄 수 있는 기술들은 한정되어 있지만, 사회에서 우리가 풀어내야 할 문제들은 수도 없이 많으며, 계속하여 기하급수적으로 늘어나고 있다.

학교에서 배우는 지식만으로는 단편적인 지식에 지나지 않으며 거의 실생활에서는 사용되지 못한다. 그것이 진짜 우리에게 필요한 능력이 되려면 현실에 맞는 응용능력이 필수적이다.

창의력이란 '쓸모있는 새로운 나만의 생각'이므로, 응용능력이 바로 창의력이다.

또 학교에서 배우는 지식은 강한 기억이 형성되기 어렵다.

실생활에서 많이 적용되는 과정을 통하여 강한 기억으로 저장되는데 실생활에 적용한다는 것은 응용능력이며 스스로 생각하지 않으면 생겨날 수 없는 과정이다.

창의력을 통하여 새롭게 창조된 아이디어는 또 하나의 지식이 되어 머릿속에 아주 강력하게 저장된 다음, 다시 또 다른 창의력의 토대가 된다.

습득되는 지식은 생각이라는 작용 없이는 스스로 증가하지 않는다. 생각하는 시간이 길면 길수록 자신이 스스로 만들어내는 지식의 양은 기하급수적으로 많아지게 될 것이다.

지금 시대는 인터넷 시대라서 지식 습득 기회는 모든 사람이 엇비슷하다고 봐야 한다.

이제 서로의 능력의 차이가 되는 것은 바로 그들의 '생각의 차이' 뿐이다.

이미 우리는 정보 홍수 속에 살고 있다. 우리가 배우고 있는 기술들과 스스로 포착하는 정보 같은 단서들을 조합하여 미래를 짐작하여야 하고, 그에 맞는 신지식을 스스로 개발해내야 한다. 또한, 그 정보 홍수 중 어떤 것들이 틀린 정보인지도 스스로 가려낼 줄 알아야 한다.

이 또한 창의력이다.

학교 공부를 소홀할 수는 없다는 것은 분명하다.
그러나 1등이 필요하지는 않으며, 학교 공부에 투자하는 시간보다는 훨씬 더 '생각하는 능력'을 키우기 위한 노력이 필요하다.
독자들의 이해를 돕기 위하여 내가 생각하고 있는 성적은 80점 정도로 생각하고 있으며, 시간비율은 50:50으로, 점수위주의 교육만큼 '생각하는 시간'이 절실하다고 보고 있다.
또한, 학교에서 배우는 지식은 생각이라는 터널을 통과하지 않으면 고정관념에 버무려지기 때문에, 습득하는 시간보다 생각하는 시간이 훨씬 더 중요하고, 암기하는 능력보다 창의력이 훨씬 더 필요한 것이다.

애플을 창업한 스티브 잡스, 마이크로 소프트를 만든 빌 게이츠, 페이스북의 열풍을 일으킨 주커버그, 이들 세계 최고 부자들의 공통점은 다 대학 중퇴라는 점이다.
최고의 교육제도가 창의력을 최고로 뭉개는 교육은 아닌지 생각해봐야 한다.

이것이 앞서 했던 질문, 창의력이 중요한지 지식이 중요한지에 대한 대답이다.

내 주위에는 영재 아이가 자라고 있다.

이 아이는 7살에 구구법을 다 외웠으며, 아주 빠르게 암산도 해낸다. 우리는 당최 엄두도 못 낼 일이다.

그 아이의 엄마는 늘 우리에게 그 아이 자랑을 해댔다. 그리고 그 엄마의 머릿속에는 '수학박사' 아들이 자라고 있었다.

나는 그 자랑을 들으면서 '걔는 수학박사가 아니라 영어분야나 사회복지 분야, 아니면 법학 분야 등 인문분야가 더 어울리지 자연계는 아니다.'라는 얘기를 하고 싶으나 꾹 참았다.

그 말을 한다면 그 사람에게 나는 바보다!

수학적 능력은 계산을 빠르게 하는 것이 아니며, 정확하게 계산해내는 것도 아니다. 오늘날, 자연계에 속하는 과학이라는 학문도 빠른 계산이 필요하지는 않으며, 공과대학에서도 이런 능력이 필요하지는 않다.

이제 그런 능력은 컴퓨터가 하고 계산기가 한다.

그 아이는 이제 컸고, 점점 고학년, 높은 학교로 올라갈수록 공부를 못하는 아이로 변해 갔다. 부모의 기대에 실망만을 안겨주게 된 그 아이는 점차 마음도 황폐해져 갔다. 아이들을 패고 싸우고 도둑질하고 결국은 경찰서까지 들락거리게 되었다.

그들은 최후의 방책으로 이민을 선택했고, 오랫동안 국내에는 들어오지 않고 있다. 모쪼록 거리서라도 잘살고 있기를 바란다.

만약, 당시 내가 강하게 그 사실을 바보처럼 얘기했더라면 여기까지 오지는 않았을지도 모른다. 하지만, 그때는 나 자신도 이런 사실에 확신하지 못했었다.

이제라면 잘 애기해 볼 텐데......!

내 이야기가 의심이 간다면 주변의 고등학생들에게 한 번 물어보라! 어렸을 때 구구법을 언제 외웠는지를 물어보고, 암산을 잘했는지를 물어보자! 그리고 그들이 인문계인지, 자연계인지 파악해보자! 이런 능력이 출중한 학생들이 자연계로 끝까지 버텼을 가능성은 의외로 적다.

어려서 숫자 계산을 잘하고 암기를 잘하는 것이 어떻게 인문 계통의 능력인가?

(암기)

우리 몸은 단세포 동물들 60조 개가 뭉쳐서 이루어졌다고 생각해 볼 수 있다.

세포 하나를 분석해 보면, 그 세포는 단일 생명체처럼 작용한다는 것이 느껴질 것이다. 주변 물속에 흘러다니는 포도당과 산소를 흡수해서 에너지를 만들어 활동하고, 단백질과 지방질을 흡수하여 필요한 벽이나 소(小)기관을 만들며 살아간다.

필요하다면 분열하여 또 다른 개체를 만들어내기도 한다.

이 생명현상은 아메바나 짚신벌레에도 똑같이 일어난다. 그들이 사는 물속에서 영양분을 흡수하여 에너지를 만들고, 살아가는 데 필요한 원재료들을 얻는다.

이로 본다면 분명히 우리 몸은 60조 개의 단세포 동물들의 집합체라고 할 수 있다. 우리 몸속에도 아메바와 똑같은 백혈구가 살고 있다.

이 단세포 동물들에게 기억이 있는가? 그들도 밝은 곳으로 가야 할지 어두운 곳으로 가야 할지 알고 있으며, 어떤 상태에서 분열하여 개체를 증식해야 하는지 알고 있다. 그들의 생명활동은 어쨌거나 어떤 기억에 의하여 활동하고 있다.

그렇다면 우리의 세포들도 어느 부위에 있건 그들은 어떤 종류의 기억에 의하여 특유의 활동들을 해내고 있을 것이다.

DNA는 어떤 단백질을 생산해 내야 하는지 기억하고 있으며, 미토콘드리아는 산소가 모자라면 어떤 물질을 분비하고 기다려야 하는지, 어떤 물질은 받아들이고 어떤 물질은 내뱉어야 하는지, 백혈구는 어떤 세포들이 접근하면 잡아먹어야 하는지 기억하고 있다.

그렇지만 대체로 일반 세포들은 원초적인 기억만 하게 되어 있다. 한군데만 제외하고.

바로 우리의 두뇌다.

어느 한순간, 우리 눈에 들어오는 정보는 약 150도 안에 있는 모든 물체 정보가 한꺼번에 다 들어온다.

이 정보를 우리 뇌는 기억한다. 그것들이 뒷머리 쪽에 있는 시각의 뇌를 거쳐 대뇌 전체에 필요한 곳곳으로 정보를 전파해 준다.

그런데 이렇게 수많은 정보가 모두 뇌 속으로 들어오지만, 우리 뇌는 그중에 가장 중요하다고 판단되는 몇 개만을 기억한다. 좀 더 정확히 말하자면 모두 저장은 되었으되 인출해서 사용할 수 있는 기억이 그 정도라는 말이다.

중요한 몇 개!
그 수많은 것 중 어떤 것은 중요하고 어떤 것은 중요하지 않은 것인가? 그 기준은 바로 '우리 기억 속에 연관된 기억이 있는가?'이다. 온종일 도로에는 차들이 지나다니지만, 대부분 아무런 기억도 해내지 못하는 정보들이다.

그러나 아는 사람의 차량이 지나가면 그때는 뇌에서 그 정보를 포착해 낸다. 기존에 그 사람의 차량이 머릿속에 기억되어 있었기 때문이다.

이 '중요한 몇 개'에 포함될 가능성이 높은 순서는 공포나 걱정 관련 기억이 가장 크고, 그다음은 희로애락과 관련된 감정의 기억, 제일 낮은 것이 이성적 판단과 관련된 기억들이다.

기억 중추는 해마로 알려져 있다. 사고로 해마가 손상된 사람은 몇 시간 동안은 새롭게 배우는 것을 기억할 수 있지만, 다음날이면 까맣게 잊어버리는 장애가 나타난다.

한동안, '해마 학습법'이라는 공부방법이 등장한 적이 있다. 이미지를 연상해서 기억하는 학습법이었다.

이 해마라는 기관이 바로 감정의 뇌의 핵심이다. 그 맨 앞에는 공포의 뇌라고 하는 편도체가 조그맣게 달려 있다.

우리가 뭔가를 암기할 때 두렵거나 감정이 크게 이입된 정보는 아주 강력하게 암기가 되는 것도 이 때문이다.

암기 또는 기억의 정체는 뇌세포 간의 연결이다.

예를 들어서 고양이가 눈앞으로 지나갔다고 하자! 눈을 거처 후두엽의 시각 뇌에 다다르면 다른 뇌로 내용이 전파된다. 이 정보가 편도체에 다다르면 이전 기억에서 고양이 관련해서 두려웠던 기억들을 더듬어 낸다. 이 일련의 연결이 바로 기억이다.

과거 고양이에게 크게 할퀴었던 기억이 있다면 이 고양이는 실체와 상관없이 무서운 놈으로 기억된다. 그 무서운 정보를 다른 뇌들로 실어 나르기 시작한다. 온몸은 긴장하고 많은 피가 근육으로 이동한다. 땀샘에서는 땀이 맺히고 눈은 커진다.

이 행동들은 다 뇌에서 내린 명령에 의해 몸이 반응한 것이다. 이 정보전달 과정은 한 번으로 끝나는 것이 아니라 공포가 크면 클수록 초당 몇 번에 해당하는 주기로 계속 반복이 된다.

강력한 기억은 이 반복이 얼마나 여러 번 진행되는가에 따라 강하게 기억이 되며, 실제로는 뇌의 정보전달 통로인 신경섬유 가닥이 얼마나 많이 다발을 이루는가, 섬유 가닥의 연결부위인 시냅스가 얼마나 강하게 연결되어 있는가? 등으로 나타난다.

공포가 강하면 온종일 기억이 떠나질 않을 것이고, 밤에는 꿈을 통하여 나타날 것이며, 그러는 동안 내내 수 없는 반복 작업을 통하여 시냅스를 강화해 나갈 것이다.

공포와 관련된 기억은 사실 온몸으로 기억된다. 그러니 얼마나 강력하게 기억되겠는가? 밤중에 귀신을 보았다고 상상해보라! 그 기억은 평생을 두고 잊지 못하는 강력한 기억이 될 것이다.

그보다는 못하지만, 감격에 겨웠던 기억도 온몸으로 기억된다. 올림픽 금메달을 땄다면 뒹굴고 울고 난리를 떨었을 것이다. 그렇게 온몸으로 기억이 되는 것이다.

암기는 공포 관련 정보가 가장 강하고 빠르게 기억이 되며, 그다음은 감정 관련 정보, 그다음은 원리 등과 같은 것들이다.

남의 전화번호나 차량번호, 단어암기 등 단순암기를 아주 잘하는 사람은 공포의 뇌가 가장 잘 발달한 사람으로 포괄성이 작은 사람일 가능성이 매우 높다. 그다음이 감성적인 사람이며, 이성적인 사람은 정확한 원리가 이해되지 않으면 너무 암기하는데 고생을 해야 할 것이다.

단위 시간당 얼마나 잘 외우는가와 같은 테스트는 모두 공포와 감정에 관련된 뇌에서 작용하는 일이다.

가끔 TV를 통해서 암기력 콘테스트를 보면서 이런 생각이 들곤 한다. "왜 저런 사람들을 뽑고 상을 주지?", "거기서 일등 한 사람들을 어디다 써먹지?"와 같은 생각들이다.

내가 아는 어떤 친구는 선망받는 대기업에 다닌다.

그는 입사 공부를 하던 중 잠시 바람을 쐬기 위하여 차를 몰고 나갔다가 교통사고를 당하였다. 빗길에 차가 미끄러지면서 몇 바퀴를 굴렀고, 그 친구는 튕겨 나와 뭐엔가 부딪쳐 앞머리가 박살 나 버렸다.

수술을 끝내고 몇 달간 입원 중에 만났던 그 친구의 모습을 잊을 수가 없다.

앞이마 부위에 함몰 골절을 당했던 그 친구는 당시 2차 수술을 하기 전이라 오백 원짜리 동전 크기만큼 앞이마 뼈가 비어 있었다. 웃을 때마다 그 부위가 볼록볼록 거리며 피부 속에 감춰진 뇌가 움직이는 것을 볼 수 있었다.

해부하지 않고도 뇌가 움직이는 모습을 본 전무후무한 경험이었다.

아마 그 친구는 약 5개월 정도를 입원했던 것 같다. 당시 입사 시험은 몇 달 앞으로 바싹 다가와 버렸고, 그 친구는 낙심이 말이 아니었다.

그런데 실로 기적이 일어났다.

암기에 그렇게 자신 없어 하던 친구였는데, 서너 번만 읽으면 영어책 한 권이 뚝딱 거의 암기가 되어 버리는 것이었다. 그렇게 해서 그는 대기업에 아주 우수한 성적으로 합격하였다.

그는 기도 덕분에 기적이 일어났다고 생각하고 있지만, 나는 그것이 이성의 뇌인 전두엽을 다친 덕분이라고 생각한다.

암기는 편도체와 해마 등 변연계의 주 기능이고 이들은 이성의 뇌인 전두엽에 의하여 억제된다.

뇌로 흘러들어온 영양분을 각 부위에서 나눠 써야 하므로 전두엽이 활성화되면 변연계로 많은 영양분을 나눠줄 수 없게 된다.

이러한 이유로 전두엽이 잘 발달하면 변연계가 위축되고, 변연계가 발달하면 전두엽이 위축되는 대립 관계에 있다. 암기가 잘되면 냉철한 판단력이 떨어지고, 냉철한 판단력이 높으면 암기능력도 떨어지고 감성도 떨어진다.

이러한 예는 많이 있다.

TV 강좌에서 들었던 예를 하나 더 들자면, 어느 육군 소위가 수류탄 투척 훈련장에서 부하가 잘못 던진 수류탄을 다시 잡아 던지려고 하다가 채 던지기 전에 머리 위에서 터져 버렸다.

수류탄 파편들이 철모를 뚫고 머릿속 여기저기에 박혀 버렸고 팔 한쪽이 작살나버렸다.

이 사람도 암기력이 획기적으로 향상되어 대기업에 입사하는 행운이 돌아갔다.

더스틴 호프만이 출연했던 영화 '레인 맨'에서도 보았듯이 많은 서번트 장애를 앓고 있는 사람들이 암기력은 뛰어나나 이성적 판단이 모자라서 정상적인 생활이 안 되는 경우도 허다하다.

암기 능력은 지식 습득에 도움을 주기는 하지만 창의력을 저해하는 요인에 해당한다.

아이들의 암기력을 높이기 위하여 암기력 학원 등에 아이들을 맡겨놓고 할 일을 다하였다고 생각하는 부모들은 다시 한 번 더 생각해 봐야 한다.

암기력은 뇌의 반복 숙달에 의하여 뇌에 습관이 일어나는 것이다. 그 반복 작업이 가장 잘되는 뇌는 공포의 뇌이며, 그다음은 감정의 뇌, 가장 되기 힘든 것이 이성의 뇌이다. 창의력은 뇌의 습관과 반대되는 능력이다.

수학은 판단능력이지만 계산 능력은 이 반복 숙달에 의한 뇌의 습관에 의한다. 계산이 빠르고 정확한 그들을 영재라고 하지만 천재로 자랄 가능성은 떨어진다.

사람마다 기억 총량은 사실 크게 다르지 않아 보인다. 아주 똑똑한 사람과 저능아의 뇌를 비교해도 뇌세포의 양과 시냅스의 양에서 크게 차이 나지 않는다는 것이 그 증거다.

문제는 얼마만큼 정확도 있는 기억인가, 얼마큼 유용한 기억들인가, 그리고 어떤 분야의 지식인가가 차이가 날 뿐이다.

기억력이 좋을수록 응용능력, 창의력이 떨어지는 것은 우연이 아니다.

(학교 성적)

너무 빨리 읽거나 느리게 읽으면 아무것도 얻지 못한다. – 파스칼
생각 없는 독서는 소화되지 않는 음식과 같다. – 에드먼드 버크

생각은 지식보다 중요하다.

지구인 전체 70억 인구가 어떤 책 하나를 읽었다고 치자! 그 책을 읽고 얻은 지식은 다 같은 것인가? 누구도 같지 않다. 100번을 읽으면 읽을 때마다 얻어지는 지식도 다르다. 전 인구가 수백 번을 읽어도 마찬가지다. 왜 그럴까?

책이라는 물질이 담고 있는 것은 언제나 같은 내용이지만 그것을 읽고 어떤 사람은 천재적 업적을 남기고 어떤 사람은 평생 한 번 써먹지도 못하고 죽기도 한다. 당연히 그것은 인간 각각의 머릿속에 있는 바탕 기억이 다르고 생각이 다르기 때문이며, 그로부터 만들어지는 새 기억도 또 다 다르다. 그것은 생각의 차이다.

이것이 지식보다 생각이 더욱 중요한 이유다.

시험이라는 시스템을 통과하면서 교과서에서 얻을 수 있는 지식은 거의 엇비슷해진다. 교과서를 가르치는 사람도 시험에 나올 것과 나오지 않을 것을 구분하여 가르치게 되고, 공부하는 학생도 그 책에서 시험에 나오지 않을만한 지식을 골라 버리는 것이 공부라 한다. 그런 시스템을 통과하기 때문에 교과서는 어떤 사람에게도 비슷한 책으로 인식되는 것이지 책은 엄연히 모든 사람에게 언제나 다른 물건이다.

방송통신에서 사용하는 3가지 용어를 예로 들어보자!

첫 번째는 'Hot-Line'이라는 용어가 있는데, 이는 '직통회선'이라는 뜻이다. 이 회선은 입력된 정보가 다른 곳으로 이동할 수 없으며 정해진 목적지에만 전달된다. '남북한 핫라인' 같은 것이다.

공포심이 강한 사람은 이 핫라인 같은 암기력을 가지고 있다. 아주 강하고 빠르게 암기가 된다.

어떤 고양이가 지나가도, 심지어 책 속의 그림 고양이만 봐도 이 사람은 예전에 자신을 할퀴었던 고양이로 핫라인이 연결될 것이다. 이것이 '고양이는 무섭다.'라는 고정관념이 된다.

두 번째는 'Broad Casting', 즉, 방송이다.

방송의 특징은 송신하는 사람은 한 사람인데, 받는 사람은 정해지지 않았다. 안테나를 통하여 사방팔방으로 전파를 방사하면 누구나 지나가는 전파를 캐치하여 증폭시키면 방송을 들을 수 있다.

눈앞에 고양이를 두고 그 생각이 어디로 튈는지 모르는 사람이다. "왜 저 고양이는 눈이 갈색이지?", "멜라닌 색소가 부족한가?", "참 게으르게 생겼네!", "저놈은 아침에 뭘 먹었을까?" 등등.

똑같은 고양이를 내일 또 봐도 오늘과는 다른 생각을 한다.

이런 유형의 방송 스타일은 이성적 성향의 사람에게 어울리는 예다. 창의력이 강한 사람이다. 하지만 암기는 잘하지 못하는 사람에 속한다.

세 번째 예는 '교환방식'이다.

우리는 거의 모든 사람이 전화기를 쓴다. 그것이 집전화든 핸드폰이든 전화는 '교환방식'을 이용하여 통화가 이루어진다.

미리 전화번호라는 가상의 회선을 정해두고 누군가에게 전화를 걸면 그 회선과 연결되어 통화가 된다.

즉, 목적하는 곳이 정해지면 그때 원하는 바가 이루어진다.

고양이를 보는 순간 여러 가지 기억들이 떠오른다.

"고양이는 세 가지 종류가 있어!"

"첫째, 내가 열한 살 때 나를 할퀴어서 병원에 입원하게 한 고양이!"

"두 번째, 만수네 고양이처럼 귀엽고 부드러운 고양이!"

"세 번째, 철수네 고양이처럼 더러운 고양이야! 아무 데나 똥을 누는 고양이 말이야!"

"음! 저놈은 어떤 놈일까? 첫 번쩰까, 두 번쩰까, 아니면 세 번쩰까?"

"눈이 부리부리한 게 아마 첫 번쩰 거야! 내 짐작이 틀림없어!"

이 유형은 자신이 경험이나 기억하고 있는 것에는 분석할 줄 알지만, 직관력을 활용하여 더 많은 유형의 고양이가 있다는 사실을 알아내지는 못하는 형이다.

학교 성적에서 1등 하는 사람은 이 유형일 가능성이 가장 높다. 특히, 요즘의 학교 교육에서는 말이다. 많은 것을 기억하고는 있지만, 도무지 생각할 기회를 스스로 만들지 않기 때문이다.

뇌에서도 뇌세포의 연결은 실제로 이와 같은 방식으로 일어나며 이 세 가지 유형으로 나누어 놓는 것이 가능하다.

첫 번째 핫라인 같은 유형은 시냅스가 너무 강하고 굵은 다발로 이루어져 있어서 다른 길로 셀 여지가 별로 없다.

두 번째, 방송형은 나무줄기에서 나뭇가지들이 점점 가늘고 많이 뻗어 가듯이 기억과 기억이 서로 조합하여 새로운 기억을 만들기도 하고, 계속 가지에 가지를 펴나가는 시냅스를 가지게 된다. 생각할 때마다 이 가지들이 생겨난다.

　세 번째, '교환형'은 기억과 기억은 잘 연결되지만 새로운 기억이 잘 형성되지 않는 '사다리 타기'와 같은 유형이다.

　두 번째 유형이 공부를 잘하지 못하는 이유는 너무 생각이 많기 때문이다.

　동명왕이 고구려를 세웠다는 역사를 배우고 있는데, '그 시절 사람들은 어떤 복색을 하고 있었을까?'와 같은 시험에도 나오지 않는 딴 생각을 한다면 1등 하기는 글렀다.

　하지만, 동명왕이 고구려를 세웠다는 사실보다 그 시절 사람들이 무슨 생각을 하며 살았고, 무슨 복색을 하고 살았는지가 역사를 이해하는데 있어서 훨씬 더 중요하다.

　세 번째 유형은 암기도 어느 정도 잘하고 통찰력도 어느 정도 있어서 문제들도 잘 푼다.

　창의력이 모자란 이유는 스스로 뭐를 해야 할는지 공부 외에는 생각해본 적이 별로 없으므로 직관력이 모자라게 된다.

　이들이라고 창의력이 특출하지 말라는 법이 있는가? 물론, 예외가 전혀 없지는 않을 것이다. 하지만 그들이 생각할 시간을 많이 가졌는가를 한 번 생각해 봐야 한다.

　80점을 맞은 학생이 8시간을 공부했다면 100점을 맞은 학생은 10시간만 공부했을까? 어쩌면 20시간 이상 공부를 하지 않았을까? "모나리자를 그린 화가가 '레오나...' 뭐더라?" 하는 정도만 알고 있어도 사실은 아는 것이다. 하지만, 100점을 맞기 위해서는 잘 아는 것도 몇 번이고 더 반복하며 외우고 또 외우지는 않았을까?

　그리고 그게 시험문제에 나오기는 했지만, 정말 필요한 지식인가도 생각해 봐야 한다.

사실, 배운다는 것은 아주 즐거운 일이다.

모든 인간, 모든 동물은 배우는 것을 아주 좋아한다.

사자 새끼들은 형제들과 물어뜯고 뒹굴고, 나무 막대기를 뺏는 놀이동작들을 통하여 배운다.

사람의 아기들은 모든 것을 다 입에 넣어보면서 좋은 것과 나쁜 것을 판가름하는 방법을 배우고, 소꿉장난하면서 배우고, 궁금한 것은 부모들에게 물어보며 배운다.

그리고 대학을 졸업하고 나면 스스로 인터넷을 뒤지고, 지식IN에 문을 두들기고, 책을 구입하며 즐겁게 배우려 한다.

그런데 학교만 가면 배우는 것이 왜 너무너무 싫은 일이 되는가? 가장 큰 문제가 바로 학생들이 배우는 것에 흥미를 느끼지 못한다는 것이다.

스스로 배우는 것을 모두 반납한 체 교과서로부터, 칠판으로부터, 선생님으로부터, 학원으로부터 주입하는 것만을 공부라 하고, 그것만을 평가하는 교육 시스템, 스스로 공부하고, 생각하는 것이 지식을 많이 가지는 것보다 훨씬 더 중요하다는 것을 망각한 교육, 그 자체가 문제다.

현재의 시스템하에서 공부는 욕심이 센 사람이 가장 잘한다. 욕심은 이성의 뇌 소관이 아니라 감성의 뇌의 영역이다. 공부를 제일 잘하는 사람을 채용한다는 것은 가장 욕심이 큰 사람이 뽑는다는 뜻으로 뇌의 상쇄 효과에 의하여 창의력이 떨어지는 사람을 뽑는다는 뜻이다.

우리 집 아이들은 최상위 점수를 받을 능력도 없지만, 난 80점만 맞으면 된다고 한다. 그 대신에 '생각하며 살자!'인 우리 집 가훈대로 생각하는 시간을 많이 가지라고 주문한다.

그런 사람들이 필요한 시대가 정말 빠르게 올 것이다.

공부에서 일등은 창의력에서 일등이 아니며, 능력에서 일등이 아니다.

(IQ와 창의력)

결론부터 말하자면 아이큐는 학교 성적과 깊은 관련이 있고, 학교 성적이 창의력과 무관하듯이, 아이큐 역시 관련이 적다.

아이큐는 Intelligent Quality라고 해서 사람이 이 세상을 살아나가는 데 필요한 지능 정도를 나타내려고 만든 지수다.
그런데 아이큐 검사 시스템을 가만히 들여다보면 학교의 시험 점수와 마찬가지로, 문제를 인식하는 능력인 직관력을 체크할 방법이 없다는 한계를 발견하게 된다.
왜 그럴까?
현대의 사람들은 인간의 능력이 공부로 나타난다고 생각하고 있다. 그래서 인간의 능력을 지수로 나타내고자 하는 IQ 역시 공부 잘하는 능력을 가려내는 테스트라 할 수 있다.
그리고 세월에 따라 어떤 사람이 지능이 높은 사람인지 개념도 바뀐다. 그에 따라 공부의 방향도 바뀌고 IQ 문제도 바뀌는 것이다.
그러므로 IQ의 방향이 학교 성적을 반영하는 것은 당연하다. 또한, 학교 성적이 인간의 능력이 아니라고 판명되면 IQ 지수 역시 측정 기준을 바꾸게 될 것이다. 나중에라도 인간의 능력은 창의력이라고 인식하는 날이 온다면 IQ 시스템은 어떻게 해서든 창의력을 측정하려들 것이다. 그때가 돼서야 비로소 IQ는 인간의 능력을 측정하는 지수라고 말할 수 있을 것이다.

현재의 학교 교육은 통찰력은 모르되 창의력의 가장 중요한 요소인 직관력을 키워줄 수 없는 교육이므로 IQ 테스트에는 직관력을 측정할 수 있는 장치가 없다.
항상, 주관하는 측에서는 문제를 내고 대상자는 그 답을 찾아내는 방식이다.
직관력은 뭐가 문제인지를 알아내는 능력, 연구할 주제가 뭔가를 알아내는 능력, 뭐를 발명해야 할는지를 알아내는 능력이 아니던가? IQ 테스트에는 그걸 측정해낼 수 있는 장치가 없다. 아직은 IQ가 인간의 능력을 제대로 가리키는 지시자는 아니다.

언젠가 순위관련 전문지에서 IQ 순위 10위를 발표한 적이 있다.
1위는 '젊은 베르테르의 슬픔', '파우스트' 등의 작품을 남긴 독일의 대문호 요한 볼프강 폰 괴테가 차지했으며, '모나리자'를 그린 레오나르도 다 빈치, 경제학자 존 스튜어트 밀, 근대과학의 아버지 갈릴레오 갈릴레이 등이 거론되었다.
나는 참으로 의아했다.
IQ가 높으면 위대한 과학자가 될 수 없다고 믿고 있는데 이상해서 자료를 뒤져 봤더니, 아니나 다를까? IQ는 1912년부터 사용되기 시작했고, 이들은 대부분 그 이전에 사망한 사람들로써 IQ를 측정했을 가능성은 전혀 없었다.
다만, 철학자 루트비히 요제프 요한 비트겐슈타인은 그 이후에도 생존해 있었으나 IQ를 측정했었는지는 기록을 찾을 수 없으며, 학교 다닐 적의 성적이 늘 중간에서 맴돌았다는 것으로 보면 IQ가 상위였을 가능성은 없어 보인다.

그들은 IQ 테스트를 거친 결과를 발표한 것이 아니라 그들의 능력을 보고 IQ 지수를 대입하여 발표한 것이라고 해야 옳다.

그러나 현재의 시스템하에서 IQ가 높은 사람은 오히려 직관력이 높은 천재가 될 가능성은 희박하며, 현실적으로도 IQ가 높은 사람이 이성적 분야에서 큰 영향력을 발휘하며 사는 사람은 별로 없다.

이런 관점에서 본다면 '영재'에 대한 개념도 명쾌하게 재해석 되어야 옳다.

공부를 잘하는 영재는 천재가 아니다. 영재는 오히려 천재가 될 가망성이 적다. 영재는 현재의 관점으로 명석한 두뇌를 가진 아이지만, 천재는 명석하지 않은 사람들이기 때문이다. 공부와 같은 관점에서는 말이다.

전두엽적 사고 때문에 빠르게 결론을 내리지도 못하며, 잘 암기하지도 못하고, 학교 성적도 최상위급이 아니다. 영재는 일정한 시간 안에 문제를 많이 풀어낼 수 있지만, 천재는 그런 능력이 별로 없다.

영재는 아이큐가 높지만, 천재는 그다지 높지도 않다.

왜 그럴까?

영재는 학교 성적이나 아이큐와 비슷한 시스템에서 골라낸 아이들이기 때문이다.

학교 성적이나 아이큐가 천재적 능력인 통찰력과 직관력의 크기, 즉, 창의력과 무관하다면 영재는 분명히 천재가 아니다.

영재들은 부지런히 월반해서 어린 나이에 대학을 다니고, 좀 더 일찍 사회에 발을 내딛는다.

그들이 이뤄낸 것은 무엇인가?

남들보다 몇 년 일찍부터 보수를 받는 사회생활을 경험하는 것? 그 외에 학문적 성과라든지 더는 없어 보인다.

영재보다 천재가 더 만들기 쉽다. 영재는 DNA 영향 아래 있고, 천재는 생각하기 훈련 속에 있다.

명문대에도 형광등 못 갈아 끼우는 사람 수두룩하다.

형광등도 못 갈아 끼우면 창의력이 없는 사람이다. 다른 분야에서는 잘할 수도 있지 않으냐고 할지 모르지만 그럴 가능성은 거의 없다. 형광등도 못 갈아 끼우는 것은 지식이 모자라서일까? 그에게 갈아 끼우는 자체는 배워야 하는 지식일 것이다. 하지만, 다른 사람에게 그것은 상식이고 누구나 가능한 응용능력일 뿐이다.

지금껏 창의력이 상상력이라고 생각해온 65%의 사람들은 형광등 갈아 끼우는 능력이 창의력이라는 사실을 아무리 설명해도 이해하기 힘들 것이다.

형광등 갈아 끼우는 방법을 배워서 하는 것이 아니라 스스로 터득해서 하는 일이라면 그들에겐 직관력이 있다. 원인과 결과를 예측하고 확신한다는 말이다. 이것이 바로 직관력이다.

우리 고등학생들이 배우지 못하는 것이 이와 같은 확신능력이고 스스로 내리는 판단능력이다. 그들은 단 한 가지를 빼고 모든 것을 포기한 상태다. 그들이 붙잡고 있는 하나는 대학이고, 포기한 것은 바로 이런 것들이다.

창의력은 뭘 해야 할지를 아는 것에서 출발한다.

어떤 할머니가 운전면허증을 따기 위하여 힘들게 공부하고 있었다.

마치 고시 공부하듯이 열심히 공부했지만 벌써 일곱 번째 떨어지고 이제 여덟 번째 도전을 준비 중이다.

가끔 할아버지 도움을 받아가며 운전 연습을 했기 때문에 실기는 어찌어찌 될 것 같은데, 문제는 학과시험이 문제였다. 돋보기를 써서 올렸다 내렸다 하며 봐야 하지만 그것도 문제는 아니었다. 문제를 읽고 보기를 읽고 있노라면 문제를 잊어버리고, 다시 문제를 읽노라면 보기를 잊어버리는 것이 아닌가?

할아버지가 문제를 내주면 잘 맞히는데 시험지로 풀어보려면 이런 문제점이 생기는 것이다.

여러 번 떨어지다 보니 이제는 그럴 때마다 '아! 뇌가 다 돼서 이제 죽을 날이 머지않았구나!' 하는 생각만 든다고 한다.

어떻게 이런 일이 일어나는 것일까?

우리의 머릿속도 육체와 마찬가지로 세월이 가면 어린이에서 청소년으로, 청장년으로 다시 노년으로 늙어가면서 결국은 한 생을 마감하게 된다.

우리의 지능을 담당하는 뇌는 외형적으로는 임신수정 후 약 22일에서 30일 사이에 뇌와 척수신경의 기초가 되는 신경관이 만들어지면서 시작된다.

약 4~8개월 정도에는 감각세포들이 대부분 형성이 완료되고, 태어나면서부터는 이들 세포로부터 정보를 수집하여 학습을 시작하는데,

이때 발달하는 뇌가 우리의 지능을 담당하는 대뇌다.

대뇌의 하부 안쪽에 있는 공포의 뇌 편도체와 감성의 뇌 변연계 등은 생후 4~5년이면 외형적 발달이 완료되며, 창의력의 뇌인 전두엽은 초등학교 6학년까지 발달하게 된다.

하지만, 이들 기간은 외형적인 발달 기간이며 인간의 지능을 결정하는 실질적인 발달은 뇌세포가 아니라 뇌세포 간의 연결, 즉, 시냅스라고 할 수 있는데, 이 시냅스들은 사실 뇌세포가 생겨나는 순간부터 죽는 순간까지 확장과 축소를 계속한다.

보디빌딩 선수들을 생각해보자!

그들이라고 항상 그런 우람한 근육을 가지고 살아가지는 않는다. 그들의 근육은 대회기간 중이 가장 크고 우람하며 그 시기가 지나고 운동의 강도를 약간 떨어뜨리면 조금씩 작아져 간다.

그러다가 다시 시합 일정이 잡히면 운동 강도를 높이고 다시 근육 부풀리기에 들어가는 것이다.

사실, 근육은 눈에 보이기 때문에 보디빌딩 선수를 예로 들어 설명하였지만 모든 운동선수가 이와 같은 패턴으로 살아간다.

항상, 최고의 강도로 운동한다는 것은 누구도 불가능한 일로써, 훈련 강도가 시합일정에 따라 오르내리는데, 이에 따라 그들의 신체 기능도 오르락내리락한다.

우리의 신체는 모두 '사용하면 강화되고 사용하지 않으면 위축되는 불용성 위축(不溶性 萎縮)' 원리하에 있다.

그것은 살아 있는 세포나 뼈, 연골, 머리카락, 이빨과 같은 세포의 변형조직들도 예외 없으며, 다만, 어떤 조직이냐에 따라 이 불용성 위축이 빠르고 강하게 나타나는가, 또는 그렇지 않은가의 차이 정도만 있을 뿐이다.

뇌세포도 이 원리 속에 있으며, 시냅스 역시 이 원리 속에 있으므로 사용하면 많아지고 두꺼워지며, 그렇지 않으면 작아지고 끊어지며 죽는 과정을 통하여 위축이 일어난다.

시냅스는 우리 신체 기관 중 가장 빠르고 강하게 적용되는 분야로, 반복 암기하면 기억되지만 한 번만 암기한 것은 빠르게 기억에서 지워지는 현상은 이런 작용으로 나타난다.

초등학교 저학년이나 유치원 아이들에게 '혹시, 우리 아이가 창의력이 모자라지는 않는가?' 하는 걱정은 쓸데없는 우려다.

그들의 머릿속에는 아직 창의력을 이룩할만한 기본 베이스가 부족한 상태이기 때문에 부모들은 조급한 마음을 가져서는 안 된다.

'창의력은 생각의 함수'라고 하였으며, 머릿속에 기억된 정보들을 기본 변수로 하여 함수를 풀어가는 것이다.

그러므로 교과서나 경험 등을 통하여 기억된 정보가 정확한 정보일수록, 그 양이 많을수록, 생각하는 시간을 많이 가지고 독립판단을 많이 해서 '생각하는 훈련'이 잘 되어 있을수록 창의력은 풍부하게 나온다.

그러므로 초등학생은 창의력이 발휘되기는 이른 나이다.

또한, 뇌가 위축되지 않는다면 나이가 들수록 창의력이 풍부해진다.

창의력이 풍부한 사람은 기존의 기억 중에 정확하지 않은 정보들을 계속 끄집어내서 수정하고 다시 기억하는 과정을 반복했을 것이다.

그러므로 창의적 완숙의 경지는 30세 이후에 나타날 가능성이 높아진다.

그러나 창의력은 노화라는 변수에 의하여 저해되어 간다. 우리 몸

속의 세포들은 지방과 단백질이라는 재료를 가지고 탄수화물과 산소로 만든 에너지를 이용하여 모든 생명활동을 해나간다. 특히 뇌 속에서 일어나는 생각이라는 활동은 대부분 탄수화물과 산소에 의존한다.

그런데 나이가 들면 몸은 각 세포에서 필요한 물질을 원활히 공급해주지 못하게 되고, 세포는 일을 게을리하게 되는 상태가 된다. 이 상태가 지속되면 세포들은 점차 죽어가게 된다.

이런 일들이 뇌세포에 일어나면 기억력 감퇴, 창의력 감퇴 등이 일어나며 더욱더 진행되면 치매나 파킨슨병이 생기게 되며, 더 진행되면 사망에 이르게 된다.

이런 진행은 뇌의 발생순서의 역순으로 진행될 확률이 높고, 에너지를 많이 사용하는 부위 순서대로 위축되어 간다.

만약, 창의력 활성화에 적절한 활동을 하지 않는다면 창의력이 제일 먼저 쇠퇴하며, 노인이 되면 이성의 뇌에 억눌렸던 감정이 살아나며 사람을 무척이나 그리워하게 되어 손주녀석이 찾아와주길 학수고대하게 되는 것이다.

그다음에 노화되는 것이 감정의 뇌인 변연계이며 점차 기억이 소실되며 변연계와 편도체까지 노화에 이르면 기억이 저장되지 않는 치매로 넘어가게 된다.

만약, 노화가 생명의 뇌인 뇌간에 이르면 운동 장애를 일으키는 파킨슨병으로 진행되는 것이다.

태어날 때는 순서가 있어도 사망은 순서가 없다고 하듯이 뇌의 노화 역시 꼭 발생 순서의 역순으로만 발생하는 것은 아니다.

이 노화는 뇌를 많이 사용할수록 늦게 오며, 운동을 열심히 해서 순환계가 건강하면 훨씬 늦게 찾아온다.

노인정에 가면 많은 사람이 화투를 치고 있는데, 이는 뇌를 많이 써서 뇌의 노화를 줄이려고 하는 모양이다. 춤 등과 같은 많은 신체활동 등도 노화를 늦춘다.

요즘은 마라톤에 도전하는 노인들도 많다. 80대도 많고, 90대도 있으며, 100세의 인도계의 미국 할아버지도 마라톤 풀코스를 완주해 냈다.

기네스북에 따르면, 90세가 넘은 할아버지가 자식을 낳는 일도 종종 있다.

운동도 열심히 하고, 창의적인 두뇌 활동도 창의력을 오랫동안 유지하는 지름길이다.

나이 별로 창의력 관련성을 정리하면, 초등학교 저학년까지는 창의적 두뇌 활동이 약하므로 관찰, 체험, 놀이 등을 통하여 통찰력의 기초를 닦는 것이 중요하며, 대학생까지는 통찰력과 직관력을 집중적으로 키우고 연마해야 하는 시기다.

중장년에는 창의력이 꽃피는 시기이며, 창의적 성과에 의해 창의성이 더욱 성장하는 시기이다.

운동과 두뇌 활동은 노화와 창의력의 감퇴를 늦추므로 젊어서부터 노력이 필요하다.

◇ 실력보다 욕심이 더 강하다

회사가 이익을 많이 내고 상황이 좋아지면 경영자들은 자신의 경영 수완이 좋은 것으로 오판하고 자신감이 넘치면서 하향식 의사결정 패턴을 가지게 된다.

이런 상황에서는 상사의 의중을 빠르게 파악하여 그에 맞출 수 있는 사람, 정계나 금융계 등 사회 인맥을 총동원하여 상사에 줄을 대고 비위를 잘 맞출 수 있는 사람, 밤을 새워서라도 상사가 시킨 일을 가장 빨리 완성하는 사람들이 대거 약진하게 된다.

상사의 의중 파악, 인맥형성, 아부 등은 제2단계의 포괄성을 가진 사람들의 전형이다.

창의적 인재들은 인맥 쌓기도 싫어하고 아부하는 것보다 원리원칙대로 하는 것을 좋아하며, 불필요한 야근도 싫어하는 성향을 보이는데, 이들은 그들보다 뒤처질 수밖에 없다.

이런 현상을 '기업의 보수화'라고 한다.

만약, 회사의 이익이 줄고 환경이 나빠지면 경영자들은 여러 가지 시도들을 해볼 것이다.

그러나 불황이라는 사회적 현상에 맞서기는 그리 쉽지만은 않기 때문에 계속 작전실패를 맞보게 될 것이다.

이때쯤 되면 경영자들의 귀가 열리며, 부하직원의 말이라도 들으려고 하고, 소비자의 소리에도 귀를 기울이게 된다.

하지만, 그런 정도의 정책 변화로 바로 잡을 수 있는 어려움이라면 큰 어려움이라고 말할 수 없다. 앞으로의 위기는 이보다 훨씬 크다.

더 회사가 힘들어지면 그때야 본격적으로 경영자를 바꾸고 전면 개편에 들어가게 된다. 이때에야 비로소 창의적인 경영자, 창의적인 직원들이 약진하게 된다.

하지만, 그것도 잠시뿐이다. 회사의 상태가 호전되면 또 빠른 기간 내에 이들은 사라지고 또다시 보수화의 길을 걸어가게 된다.

스티브 잡스는 애플을 설립한 창업자다.

이들은 개인용 컴퓨터 애플을 만들어 팔면서 승승장구하였지만, 항상 성공만 있을 수는 없다.

스티브 잡스는 애플에서 쫓겨나게 된다. 아마, 잡스의 창의력이 바닥난 줄 알았을 것이다. 또한, 자신들이 잡스보다 더 유능한 줄 알았을 것이다.

그러다가 애플의 최악의 상황에 다다르자 다시 잡스를 불러들였다.

다시 경영일선에 복귀한 잡스는 창의력을 발휘하여 스마트 폰을 개발해내서 마이크로소프트사를 제치고 세계 최고의 회사로 새롭게 만들어내는 데 성공했다.

이 현상은 모든 회사, 모든 사회에서 나타나는 원리이지만 가장 적절한 예를 '애플'에서 보여준 것이다.

이런 엄연한 과정은 정치에서도 나타나며, 심지어 어린아이들 사이의 관계에서 나타난다.

안정 상태에서 조직의 인재 비율은 하위층에서는 65:35의 비율이 잘 지켜진다. 그러나 점점 위로 올라갈수록 65는 100을 향하여 수렴하고 창의적인 인물은 거의 없게 된다.

‘6535 법칙’에서도 보았듯이, 65는 감성의 뇌가 잘 발달하고 욕심이 센 사람, 35는 이성의 뇌가 발달한 사람으로 창의력이 있으며 실력이 있는 사람을 말한다.

이 현상이 깨지는 것은 조직의 멸망 직전에야 나타난다.

그 이유가 뭘까?

어떤 포수 두 명이 산토끼 사냥을 나갔다.

얼마간 시간이 흘러 사냥 성과를 보니 한 사람은 11마리를 잡았는데, 다른 한 사람은 달랑 2마리가 고작이었다.

둘은 서로 사격실력도 비슷한데 어떤 면에서 이런 차이가 났을까?

그 이유는 창의력 차이였다. 한 사람은 제일 먼저 높은 지형을 찾아 올라가서, 어느 쪽에 싱싱한 풀들이 많은지를 확인하고 그 방향으로 사냥터를 선택했으며, 다른 한 사람은 무조건 경쟁자보다 부지런히 돌아다니면서 사냥하면 될 줄 알았던 것이다.

그 생각의 차이가 11마리와 2마리라는 차이로 나타난다.

방법이 정해지지 않으면 스스로 방법이나 방향 등을 설정할 줄 아는 창의적인 사람이 유리하다.

그러나 이 지역을 잘 아는 안내자가 있다면 어떨까?

‘저 두 봉오리 사이 넓은 분지가 있죠? 토끼는 거기에 가장 많이 있습니다!’라고 가르쳐 준다면 상황은 아주 달라진다.

오히려, 생각이 많은 사람은 ‘에이, 항상 그런 것은 아니겠지! 높은 곳을 올라가서 보고, 저기보다 더 좋은 곳이 있으면 그리로 가는 편이 좋을 거야! 그렇지 않으면 난 저 사람을 이길 수 없을지도 몰라!’라고 생각해서 시간을 허비한다면 오히려 성적이 뒤처질 수 있다.

또한, 욕심이 센 사람은 이것저것 따질 것 없이 경쟁자보다 빠르게 달려나가 가장 먼저 그 알려준 장소에 도착할 것이며, 수단과 방법을 가리지 않고 사냥을 해댈 것이다.

이 상황은 기업에서도 똑같이 일어난다. 경영자가 목표를 정해주지 않고 자유스럽게 놔둔다면, 가장 창의적인 사람이 높은 봉우리를 찾아가서 어느 쪽에 토끼들이 많은지 판단해 보듯이 새로운 방향을 모색하여 옳은 방향으로 나아가게 되며 그 사람이 두각을 나타내게 된다.

그러나 CEO가 방향을 설정해주면 상황은 달라진다. 예를 들어서 매출목표가 정해지고, 이의 달성 여부에 따라 승진이 결정된다고 하면, 창의적인 사람이건 비창의적인 사람이건 모두 그 방향으로 매진할 것이며, 마누라, 어머니, 아버지, 삼촌, 모든 인맥을 동원하여 매출액을 초과 달성하게 된다.

여기서 인맥에서 달리는 창의적인 인물은 당연히 승진에서 밀리게 되는 것이다.

더 심한 경우를 볼까?

35는 자신의 출중한 아이디어 능력을 믿고 이런저런 아이디어를 내나, 상관은 자신의 의견과 다르므로 '쓸데없는 데 정신을 쏟고 있다.'라고 생각할 수 있다.

그러나 65는 승진 욕심이 세므로, 룰을 어겨가며 술이나 선물 등으로 상관과의 친분을 챙긴다. 심한 사람은 상관의 가사까지 챙긴다. 대부분은 후자가 먹힌다. 당연히 승진은 65가 차지하게 된다.

욕심이 센 사람은 비도덕적 수단도 거리낌 없이 쓴다. 다른 사람의 눈치를 봐가며 그런 사람이 한 사람이라도 있다면 그들은 당연하다는 듯 그런 수단을 쓴다. 누가 유리한지는 불을 보듯 뻔하다.

욕심이 세면서 창의적이라면 더욱 좋겠지만, 욕심은 감정의 뇌 소관이고 창의력은 이성의 뇌 소관으로 시간, 영양, 집중 등에서 서로 치열한 대립관계에 있으므로 그런 사람이 존재할 가능성은 매우 낮다.

난세가 아니라면 욕심이 센 사람이 실력이 좋은 사람보다 강하다.

어떤 보험회사에 다니는 A라는 친구가 있었다.

이 친구는 엑셀과 같은 소프트웨어들을 아주 잘 다룬다.

보험 회사의 특성상 고객들의 자료로 보고서를 만들어야 하는 경우가 많았지만, 이 친구는 별문제 없이 척척 처리해낸다.

그리고 옆 부서에는 B라는 직원이 있었다.

이 직원은 엑셀교육을 여러 번 받았지만, 컴퓨터에 대하여는 별로 취미가 없는지라 쉽게 배워지지 않았다.

그저 기본적으로 다루는 사칙연산 정도와 간단한 자료처리 능력 정도가 고작이었다.

어느 날은 B라는 직원이 A라는 친구를 찾아가서 점심을 사면서 '내일이 지점장님께 보고가 있는 날인데, 자료 처리가 너무 어렵다.'라며 엑셀 작업을 부탁해왔다.

뭐 이런 일은 가끔 있는 일이라서 종종 점심을 얻어먹는 사이였다.

그리고 엑셀작업이라는 것이 보통은 함수 하나 잘 골라 쓰면 수십만 건의 데이터도 몇 초 만에 끝나지 않는가?

어느 날, A라는 친구는 낙심한 얼굴로 나를 찾아와 하소연했다.

승진에서 B라는 직원이 승진하고 이 친구는 물먹었다는 것이다.

그것도 이유가 가관이었다. 이 친구의 근무 성실도는 늦게까지 일하는 예가 없는 '보통'이고, B라는 직원은 거의 매일 밤늦게까지 업무를 수행하는 '우수직원'이고, 성격이 밝다는 것이 그 이유였고, 아주 근소한 차이로 역전되었다는 것이었다.

"형님! 승진은 말이죠, 일을 잘하고 많이 하는 사람이 아니라, 늦게까지 남아서 오래 하는 사람이 승진하는 거라구요!"

"……?"

그는 혀가 꼬부라지도록 술을 마셔대고 있었다.

이것이 안정된 조직에서 고위층으로 올라갈수록 창의적인 인물이 부족해지는 결과를 낳는 예다.

밤늦게까지 작업할 수 있는 것도 승진 욕심에 해당하며, 성격이 밝은 것도 겉으로 드러난 것은 그렇지만 속으로는 다를지 모른다. A에게 밥을 사는 것처럼 상사나 다른 사람들에게 저녁을 잘 사는 것이 그렇게 비쳐졌을 수도 있다.

이런 현상은 기업에서만 일어나는 것은 아니다.

'난세에 영웅이 난다!'라는 말이 있다.

이 말은 안정된 조직에서 영웅이 나타나기 어렵다는 말이다. 공자, 노자, 한비자 등과 같은 제자백가(諸子百家)는 세상이 안정되지 않았던 춘추전국시대라는 난세였기에 나타난 사상적 스승들이다.

춘추전국시대처럼 끊임없이 전쟁이 치러진다면 전쟁에서 승률이 높은 장수는 금방 알려지고 영웅이 되겠지만, 전쟁이 없는 상태라면 칼싸움을 시켜보고 잘하는 사람을 장수로 뽑거나, 활쏘기 시합을 시켜보는 수밖에는 없으며, 칼싸움을 잘하거나 활쏘기를 잘한다고 전쟁에서 이기는 장수는 아니다. 싸움을 잘하는 기술은 '뇌의 습관'에 속하고, 그렇게 되기까지는 눈물겨운 노력이 있었을 것이며, 이 역시 욕심이 센 사람이다. 그런 최고 고수는 창의적 인물일 가능성이 낮다.

어떻게 영웅을 골라내겠는가?

어느 시대건 영웅이나 천재, 창의적 인재들은 늘 비슷한 비율로 세상에 존재해 왔다.

그것도 35%의 높은 비율로 수많은 사람이 존재하지만, 그들은 조직이 안정되면 거의 보이지 않는다.

안정된 조직에서는 65들이 더 승진이 잘되고 창의적 인재들은 오히려 이들에게 밀려난다.

망할 것 같다는 위기감이 없이는 기업 등 조직사회는 직급이 높을수록 비창의적이다.

창의성은 문제를 출제하는 능력, 연구할 과제를 정하는 능력이 크게 작용한다고 했는데 평상시에는 늘 같거나 비슷한 문제들이 항상 출제된 상황과 같다.

이 상태에서는 욕심이 센 사람이 가장 유리하다. 욕심이 센 사람은 수단과 방법을 가리지 않고 목표를 위하여 돌진하기 때문이다.

그러나 난세에는 문제 자체가 사라지고 스스로 새로운 문제를 만들어내고 연구 주제를 선정해야 하는 상황이 되는 것이다.

그때는 창의력이 없다면 방향을 모르므로, 욕심만으로는 어쩔 수 없는 지경에 이른다. 그래서 난세에 영웅이 나는 것이다.

전라도 남해안의 어느 선창가에 돈 많은 선주가 있었다.

이 선주가 고깃배를 맡아 운영해줄 선장 두 사람을 구하고 있었다. 조금 후하게 몫을 챙겨주겠다는 조건에 많은 사람이 몰려들었다.

성국씨도 여기에 아는 사람을 통해 줄을 대 두었다.

하지만, 성국씨는 떨어지고 말았다.

공교롭게도 선택된 두 사람의 선장은 모두 성국씨가 잘 아는 동생들이었다.

더구나 한 명은 선장 경력이 몇 년 되지도 않았다. 경력으로 보나 실력으로 보나 성국씨를 따라갈 만한 사람은 별로 없었다. 20년 넘게 뱃일을 했고, 선장만 벌써 12년째였으며, 바다의 특성도 잘 파악하고 있는지라 고기를 잘 잡는 편에 속했다.

그뿐만 아니라 용접기술도 수준급이어서 배에서 일어나는 대부분의 용접은 스스로 해결했으며, 웬만한 배의 기중기는 스스로 만들기까지 하는 일인다역의 보기 드문 일꾼이었다.

약간의 문제가 있다면 그 지역 출신이 아니라는 것인데 뭐 요즘에야 그런 것이 무슨 문제가 되겠는가? 틀림없이 될 것으로 생각했었는데 그는 떨어져 버렸다.

그 선발 기준에는 실력이 아닌 다른 기준이 적용되었음이 분명해 보였다.

그로부터 4개월쯤 지난 어느 날 그 선주에게서 전화가 와서 자신의 배를 맡아줄 수 없는지 물어왔다. 그때 뽑은 선장 중 한 명이 결국 좌초사고를 냈기 때문이다.

그 후 2년 가까이 흐른 지금, 성국씨는 그 선주가 고용한 6명의 선장 중에 가장 어획량이 많고, 가장 많은 배당을 받는 선장이 되어 있다.

좌초사고와 같은 어려움이 닥치지 않았더라면 그 선주의 눈으로는 창의적 인재가 보이지 않았을 것이다.

욕심이 센 사람들에게는 '성공하는 기술'로 사용되는 강력한 무기들이 많다. 어느 소설 제목을 인용하자면 '교도소 담장 위를 걷는 남자'가 바로 그 기술이다.

야구에는 '위협구'라는 용어가 있다.

투수가 타자를 위협하기 위하여 눈 근처로 빠른 공을 던져 위협하는 공을 말한다.

타자는 바깥쪽 공도 잘 치기 위하여 바짝 다가서려고 하므로 투수는 다가서지 못하도록 위협구를 던지는 것이다.

아무리 훌륭한 투수라 할지라도 항상 원하는 위치에 공을 던질 수는 없다. 때에 따라서는 위협구를 던지다가 정말 위험한 공이 될 수도 있다.

약간 빗나가서 타자의 머리를 강타한다면 타자는 치명적인 부상을 입을 수도 있기 때문에 이는 위험한 플레이로써 반칙에 해당한다.

투수들은 이런 공을 던지면 안 됨에도 실수인척하며 이 공을 섞어 사용하고 있고, 어떤 경우는 정말 타자를 향하여 던지기도 한다.

이런 행위들은 투수의 승수를 쌓는 데 도움이 되기 때문에 그들은 자꾸 유혹에 빠져든다.

이런 비인간적인 플레이는 비단 야구에만 있는 것이 아니고 사회 곳곳에 깔렸다.

축구의 태클이 그렇고, 헤딩하면서 팔꿈치로 상대방의 얼굴을 가격하는 것이 그렇다.

이것이 운동경기에만 해당하는 일일까?

선거야말로 정말 '교도소 담장 위를 걷는 남자'를 생각나게 한다. 누군가 조금이라도 더 위법을 저지르면 당선되고 착하게 선거하면 낙선하는 ......

기업이라고 다른가?

목표를 위하여 법과 규칙, 도덕의 경계를 넘나들며 목표만을 위하여 최선을 다하는 사람이 언제나 유리하다. 이것이 욕심 센 사람들은 가지고 있고, 도덕적 창의적 인사들은 결코 넘볼 수 없는 비장의 무기이다.

그래서 조직이 위험하지 않은 상태에서 창의적인 인재들은 늘 그
늘에 가려 나타나지 않는다.

이것이 35%나 되는 인재들이 잘 보이지 않는 이유다.

상황이 어려워지면 어김없이 그들이 보인다. 그 예는 하찮은 세균
에서도 나타난다.

슈퍼박테리아(다제내성 세균)에 대한 감염이 유럽뿐만 아니라 일
본, 우리나라까지 확인되면서 공포가 확산하고 있다.

1928년에 발견된 페니실린을 시작으로 해서 세상에는 수많은 항
생제가 나와 있다. 그 이전에 세균 감염은 강력한 사망원인 중 하나였
지만 이 덕분에 획기적인 변화를 겪게 되었다.

그런데 이 슈퍼박테리아는 세상에 나와 있는 대부분 항생제에 내
성이 있어서 감염되면 죽음에 이를 수 있는 무서운 세균이다.

이 슈퍼박테리아가 만들어지는 과정을 조금 알아보자.

보통 박테리아들은 어떤 일정한 환경하에서 최고로 많이 번식할
수 있는 개체 수가 정해져 있다.

예를 들어서, 20도의 온도와 70%의 습도와 1kcal의 영양분이 있
는 공기 중에서 번식할 수 있는 박테리아 수가 10,000개라고 할 때,
항생제를 뿌리면 대부분 박테리아가 죽고, 이 항생제에 내성을 가지
는 한 두 개 정도의 박테리아가 살아남았다면 다시 이들이 번식하여
10,000개의 항생제 내성 박테리아로 번식하게 된다.

만약, 항생제를 쓰지 않았다면 이들 내성 박테리아는 더는 번식하
지 못하고 계속 1~2개 정도로만 남아 있을 것이다.

이들 박테리아를 가지고 계속 다른 항생제에 같은 과정을 반복하
면 결국에는 어떠한 항생제에도 죽지 않는 슈퍼박테리아만 남을 것이

고 이들이 분열하여 10,000개가 생겨나는 것이다.

이 세상에는 이처럼 실력이 빵빵한 박테리아들 천지가 된다는 말이다.

이것이 항생제 오남용을 경고하는 이유이며, 이런 과정을 거쳐서 태어난 슈퍼박테리아가 전 세계에 두루 퍼져가고 있다고 한다.

이것이 난세에 영웅이 나는 원리이며, 위기의 조직에서 창의적 인재들이 약진하는 원리다.

요즘의 기업은 제2차 세계대전 이전과는 많이 다르다. 그 이전에는 부지런히 제품을 만들어내기만 하면 되었기 때문에 열심히 하고, 문제를 일으키지 않는 것이 최고의 미덕이었다.

당시는 창의적인 사람 한 사람이 뭔가를 발명해내어 상품화하는 것이 대부분이었다.

그러나 근래에는 창의적인 한 사람이 필요한 것이 아니라 사내 연구소를 설립하여 수많은 사람이 연구하고 개발한다.

최근에는 아예 전 직원이 창의적인 아이디어에 매달리고 있다. 그 대표적인 예로, 세계 최고의 자동차 회사인 일본의 '도요타'가 있다. 그 회사는 모든 직원이 발명가이고 사내 시스템을 개선해나가는 개발자들이다.

다시, 옛날처럼 돌아갈 가능성은 없다. 도요타와 같은 모델로 더욱 빠르게 전환되어 갈 것이다.

어쩌면, 회사의 명운이 이 창의적 인재의 발굴에 달려있는지도 모르겠다.

숨어 있는 인재를 발굴해 내는 것이 기업이나 사업체를 운영하고자 하는 사람들이 가져야 할 안목이지만, 이처럼 조직이 안정되면 창의적 인재들을 발굴해내기가 무척이나 어려워진다.

경제가 요동치는 요즘의 추세에도 아직 위기를 못 느끼는 기업에서는 대체로 학교 성적을 기준으로 뽑아 쓴다.

승진하는 인사 시스템에는 보통 인맥이 넓거나, 야간까지 해가며 열심히 근무하는 사람이거나, 보고서를 잘 쓰는 사람들이 대체로 승진을 잘한다.

특히, 고위직이라면 인맥이 넓어서 공무원들이나 은행 간부들과 잘 사귀어두면 회사의 일을 쉽게 처리할 수 있기 때문에 승진하는 데 더욱 도움이 많이 된다.

내성적 성격보다는 외향적 성격을 더 선호하는 등 하나에서 열까지 전부 창의성과 거리가 먼 사람들만 골라가며 채용하고 승진시키게 된다.

공부를 잘하여 일류 대학을 졸업한 사람들이 선배가 끌어주고 후배가 밀어주는 인적 네트워크를 통하여 앞서 나가거나 소위 학연, 지연, 혈연 등 활용할 수 있는 모든 인맥이 동원된다.

그리고 끝내 창의력이 있는 사람들은 점점 조직 내 하위 등급으로 밀려나게 되어 있으며, 결국은 사표를 내고 자리를 옮기는 선택을 한다. 그러나 나가는 사람들이 회사에서 그토록 원했던 사람들이라는 사실을 끝내 알아채지 못한다.

효율성 높은 기업이 되려면 이런 사람들을 잘 골라내야 한다. 쌀처럼 보이는 하얀 돌을 잘 골라내서 밥을 지어야 이빨이 상하지 않는 법이다.

거친 파도가 강한 어부를 만드는 법이며, 위기가 강한 조직을 만드는 법이다.

위기가 있을 때마다 예측하고 대처하는 능력의 소유자인 통찰력과 직관력을 갖춘 인재들이 드러나고 그 사람들이 조직의 근간을 튼튼하게 다져나간다.

CEO에게 스톡옵션, 막대한 연봉을 지급할 게 아니라 창의적 인재를 붙잡아두고 역량을 키우는데 그 돈이 쓰이기를 희망한다.

그러나 역설적이게도 창의적인 인재들의 미래가 어둡지만은 않다. 안타깝게도 세상이 요동치고 있기 때문이다. 조직이 안정될 수가 없는 세상으로 가고 있다. 어떻게 끝을 맺게 될는지 모르는 '난세'가 펼쳐지고 있다.

끝없이 석유나 철 등 원자재 가격이 뛰고, 곡물가가 뛰며, 금값이 천정부지로 솟아오르고, 수많은 나라가 IMF 자금에 의존하며 인플레이션과 디플레이션만 반복되는 진동경제가 펼쳐지고 있다.

난세에 영웅이 난다.

수많은 기업이 살아남기 위하여 창의적 인재를 뽑아 쓰려 안간힘을 쓸 것이다.

더는 창의적 인재들이 썩히는 세상이 지속하기는 어려울 것 같다.

◇ 정반합의 법칙

철학에는 '정반합의 법칙'이라는 이론이 있다.

헤겔이 세상 돌아가는 원리를 '변증법적 유물론'으로 설명하였는데, 이 법칙을 후세들은 '정반합의 법칙'이라고 부른다.

그가 설명하는 이 세상은 이런 것이다.

누군가 아주 훌륭한 제도를 입안하여 태평 정치를 이루다 보면(正) 이를 이해하지 못하는 수많은 사람이 끼어들고 오염되면서 점차 폐단(反)으로 변해간다.

이 폐단이 더 심해지면 누군가 이를 뒤엎는 사람이 나타나 다시 정비하고 좋은 정치(合)를 펼치게 된다.

이후 시간이 흐르면 다시 오염정치(反)가 나타나게 되는데, 이런 과정이 반복되면서 세상이 돌아간다.

이것이 '정반합의 법칙'이다.

이 이론이 어쩌다 '실패한 공산주의' 이론에 적용되어 공산쿠데타의 당위성을 제공하고 말았고, 그 때문에 많은 욕을 먹고는 있지만, 정반합의 법칙 자체만 놓고 본다면 헤겔은 세상을 통찰력 있게 바라본 철학자임이 틀림없어 보인다.

물론, 현실 정치에서 이 이론이 극명하게 나타나는 경우는 쿠데타나 혁명 등으로 그리 흔하지는 않으며, 대개는 서서히, 아주 약하게 일어남으로써 보통 사람의 눈에는 보이지 않을 수도 있다. 그러나 늘 적용되고 있다.

우리나라의 삼국이나 고려, 조선 등 나라의 멸망에는 항상 파국 정치가 있었으며, 더 위로 거슬러 올라가면 조선의 세종대왕, 고려의 왕건, 신라의 진흥왕 등 태평성대의 시대가 있었다.

이와 같은 현상은 세월을 크게 본 정반합의 법칙이다.

신석기가 멸하고 청동기가 흥한 시절이 있었으며, 청동기가 망하고 철기가 새롭게 흥한 시절이 있었고, 산업혁명 시대, IT 시대 등 더 크게 보면 문명의 정반합의 법칙 속에서 인류는 발전을 계속해 왔다.

어디 문명이나 정치뿐이겠는가?

인간이 사는 모든 사회는 이러한 법칙에 의하여 비슷한 유형으로 굴러간다.

차와 기차는 서로 경쟁 관계에 있다.

산업혁명 초기만 해도 기차는 차에 비하여 그 수송능력이 비교할 수 없을 정도로 차이가 났기 때문에 승용차, 화물차의 전성시대가 올 것이라고는 상상하지 못했다.

그러나 기차는 갈 수 있는 곳이 철로 위라는 제한 때문에 점점 자동차에 밀려나기 시작했다.

그러다가, 기차가 속력을 높이기 시작했다.

시속 300km를 능가하고 400km를 넘어서자 이제는 다시 기차 우위의 시대를 맞이하고 있다.

무선통신과 유선통신은 서로 대립 관계에 있다.

이들 중 최초의 통신기술은 1844년 모스 전신이 생겨나면서 무선통신이 먼저 발전하다가, 1876년 유선전화기가 발명되면서 본격적으로 유선과 무선의 대립하기 시작했다.

이들은 새로운 기기가 생길 때마다 엎치락뒤치락 패자가 바뀌었다.

전화기가 생기자 주도권은 유선전화기가 쥐게 되었으나 전쟁이 일어나면서 불특정 지역으로의 송수신이 필요해지자 다시 무선전화기가 우위를 점하게 되었다.

무선전화는 적군의 도청이 가능해지면서 다시 유선이 우위를 점하였다.

그러나 평화가 오고 핸드폰 시장이 열리면서 무선 우위에 있다가 인터넷이 터지면서 다시 유선 우위, 스마트폰 시대가 되면서 다시 무선 우위의 시대를 맞이하고 있다.

이들은 서로 대립하면서 엎치락뒤치락하지만 기차 또는 핸드폰이라는 각각의 상품을 놓고 보면 새로운 기술이 도입되면 흥했다가 점점 쇠퇴하기 시작한다. 새로운 기술이 개발되면 또다시 흥하는 이 사이클이 반복된다.

창의력이 발휘되면 정(正)이 되었다가 창의력이 꺼지면 반(反)이 되고 다시 창의력이 켜지면 합(合)이 되는 반복 시스템하에 있는 것이다.

이것은 어떤 물건이 대중들에게 매력이 있는가, 아니면 매력이 식었는가에 달려 있다.

이 정반합의 법칙은 창의적 인재와 비창의적 인재가 시류 속에서 이루는 관계를 적절하게 설명해주고 있다.

창의적 인재들은 포괄성이 넓으므로 숲을 볼 수 있다. 그런 안목에서 보면 비창의적 인재들의 행위들이 너무 못마땅해서 당장에 깨부숴야 할 대상으로 판단한다. 그러나 이 정반합의 법칙 안에서 보면 바꾸기는 해야 하지만 그들 역시 이 세상을 유지해가는 원리이기 때문에 한꺼번에 모든 것을 갈아치워야 할 대상이 아니라 서서히 바뀌어 가야 할 대상이다. 이 사회에서는 서서히 진행하는 것보다 급격하게 진행되면 엄청난 비용이 들어가게 된다.

아무리 훌륭하게 개혁을 했다고 해도 더 개혁해야 할 부분이 언제나 있고, 또한, 개혁했다고 하나 때로는 그게 개악일 수도 있다. 그러므로 정반합의 법칙은 인간이 멸종하는 날까지 계속 돌아가야 할 원리이다.

회사 안에서나 국가적인 정치의 틀 안에서나, 조그마한 친목회에서도 그렇다.

이것은 창의적 인재들이 비창의적 인재들을 그 조직 안에서 깨부수려 하지 말고 꾸준히 설득해나가야 한다는 사실을 말해주고 있다.

또한, 아무리 많은 기억의 변수들을 동원하여 기획하였다 하더라도 개악일 수도 있기 때문에 늘 뒤돌아볼 줄도 알아야 할 것이다.

◇ 보상의 구멍

2000년대가 막 시작되면서 대한민국은 초고속 인터넷 시대를 맞았다.

때를 같이하여 홈페이지 열풍이 몰아닥쳤다. 어떤 기업체에서는 직원들의 홈페이지 기량을 향상하기 위하여 홈페이지 경진대회를 열었다.

누가 홈페이지를 잘 만드는가, 콘텐츠를 어떻게 꾸미고 어떻게 운영하는가를 측정하는 대회였다. 부상으로는 특진까지 걸려 있어서 수많은 직원이 몰렸고, 열띤 경쟁이 벌어졌다.

입안자들은 '실력 있는 자들이 두각을 나타낼 것이며, 전체 직원들의 인터넷에 대한 수준을 가늠하게 될 것'이라는 기대를 하고 있었다.

하지만, 문제가 생겼다. 별로 컴퓨터에 관심이 없었던 사람들도 전문가들의 도움을 받아 홈페이지를 제작하고 입상이 되었다는 소문이 돌았다.

그리고 그것을 체크할 수 있는 것은 면접에 의하여 그들의 실력을 가름해보는 방법밖에 없었으나, 선수들도 제작한 전문가에게 애프터 스터디를 철저히 받고 대비하고 있었기에 그것도 여의치 않았다.

심증이 간다고 해도 물증 없이 입상에서 제외하는 것도 무리가 있었다.

그래서 그 대회는 그다음 회까지 약간 더 방법을 개선하여 개최하였으나 2회 대회를 마지막으로 행사 자체가 슬그머니 사라지고 말았다.

이 회사는 막대한 경비를 들여가며 무엇을 얻었는가? 직원들의 기량은 향상되었을까? 직원들끼리 혹은 경영진에 대한 거리감이 더 생겨나지는 않았을까? 직원 전체의 실력향상을 도모할 수 있었을까? 많은 실력자가 의욕을 잃고 스러져가지는 않았을까?

많은 나라의 기업이나 대학에서 소위 '모의 투자 대회'라는 이벤트를 많이 열고 있다.

이 대회는 실제의 주식 거래 규정에 따라 일정한 금액의 가상 현금을 이용하여 일정 기간에 가장 높은 수익을 내는 사람 순으로 입상이 결정된다.

그런데 나는 그런 대회가 왜 필요한지 이해할 수가 없다.

실제 증권 거래에는 첫째 안정된 주식에 투자하고, 둘째, '계란을 한 바구니에 담지 마라.'라는 주식 격언도 있듯이 분산투자 하는 것이 가장 중요한 원칙이다.

하지만, 모의 투자대회에서 이 두 가지 원칙을 아주 잘 지키는 사람은 1등은 생각하지도 못하며 평균 이하의 수익을 내는데 그칠 수밖에 없다.

입상하는 사람들은 모두 이 두 가지 원칙을 철저히 포기하고 고위험 주식에 소위 몰방해서 투자한 사람일 가능성이 많다.

물론, 가장 크게 망하는 사람도 이런 사람들이지만, 크게 망해도 실제상황이 아니기 때문에 상관없으며, 입상하기 위해서는 이런 전략을 쓰는 것은 당연하다.

즉, 모의 투자대회는 우수한 인재는 버리고 불량한 인재를 얻는 결과가 되는 것이다.

우리나라는 고려 후기부터 과거시험이 있었다.

과거시험 이전에 나라를 다스리는 정부의 관리들은 호족들이었다.

이 호족들은 자신의 재정능력에 따라 사병을 거느리고 자신의 영역 안에서 백성으로부터 세금을 걷는 등 지방의 왕과 같은 존재였으며, 이들은 권력을 세습하여 자자손손 권력을 누렸다.

이 안하무인격인 봉건제도를 무너뜨린 것이 바로 과거제도였다.

지방의 호족이 아니어도, 집안이 가난해도 누구나 실력만 있으면 나라의 권력자로 성장할 수 있는 기반이 마련되었다.

그러나 과거제도는 커다란 문제점을 안고 있었다.

조선왕조에 들어서면서 과거시험 대과의 과목이 사서삼경으로 지정되었고, 대과에 합격하면 부와 영예, 집안의 부흥을 이룰 수 있는 대단한 보상이 주어졌기 때문에 모든 사람은 사서삼경에 몰입했고, 나머지 다른 학문은 업신여겨졌다.

이 때문에 조선 500년은, 철기시대 초기의 미개한 시대에 살았던 사람인 공자의 머릿속에서 한 치도 벗어날 수가 없었다.

만약, 잡과에 속하던 각종 기술을 대과에 집어넣었더라면 과학기술이 발달하여 서양보다 앞서서 산업혁명이 일어났을 것이며, 문예부흥도 우리나라에서 일어났을 것이다. 서양 문명 부흥이 활자에서 시작되었고, 그 활자가 바로 우리나라에서 시작되었기 때문이다.

과거제도에 너무 큰 보상만 주어지지 않았더라도 500년을 발전이 없는 정체 속에 보내지는 않아도 되었을 것이다.

결국, 조선 초만 해도 미개한 나라였던 일본에 역전되어 임진왜란을 당했고, 한 세대인 36년을 식민국가로 살아야만 했다.

성균관(成均館), 사학(四學), 향교(鄕校), 서당(書堂) 등 나라 안의 모든 교육 기관이 이 사서삼경의 열매인 급제라는 보상에만 매달려 있었다.

이런 형국을 개탄한 학자가 있었다. 이 학자가 세운 서원은 '만약, 과거시험을 보려고 하는 자는 이 서원을 다닐 수 없다.'라는 학규(學規)를 정해놓고 있었다.

이 학자는 미오 김원행이라는 선비였다. 그는 임금이 여러 차례 벼슬을 내리고자 했으며, 학자 최고의 영예인 세자의 스승으로 삼고자 했으나 거절하고 학문에만 전념한 학자였다.

조선 후기 과학자 홍대용이라는 사람은 우리나라에 처음으로 '태양이 지구를 도는 것이 아니라, 지구가 태양의 주위를 돌고 있다.'라는 '지동설'을 전파한 우리나라 최초의 천문학자였다. 이 과학자가 바로 과거시험을 포기하고 이 석실 서원에서 연구한 사람이었다.

보상을 크게 걸면 걸수록 욕심이 최고 센 사람들이 제일 많이 달라붙으며, 수단과 방법을 가리지 않고 채택되어버린다. 결국, 창의적 인재보다 포괄성 2단계 사람들을 뽑는 제도로 전락하여 버린다.

과거제도의 문제점은 첫째, 사서삼경이라는 문제가 주어져 있다는 것이다. 그렇지 않았더라면 과학이나 기술 등도 골고루 발전했을 텐데 말이다. 두 번째는 보상이 컸다는 점이다. 보상만 작았더라도 온 학문에 사서삼경에만 집중되지는 않았을 것이다.

옆집 밤나무가 담을 넘어와서 어느 노인이 사는 집 마당에 밤이 떨어졌다.

이 노인은 매일 아침 밤을 주워 담 너머로 던져 주었다. 그러자 건

넛집에서는 매우 미안하여 밤을 한 바구니 들고 와서 주려 하자 이 노인은 이렇게 말하였다.

"이 나무는 여름이면 시원한 그늘을 만들어주고, 이렇게 밤을 던지는 운동까지 하게 만들어주니까 나는 이 나무의 은혜를 톡톡히 입고 있지요!"라고 말했다고 한다.

오늘날까지 우리나라에서 가장 많이 사용된 화폐는 천원 권 지폐이다. 이 지폐의 모델은 이 노인, 퇴계 이황이다.

이 노인의 벼슬이 무엇이었는지 아는 사람은 많지 않을 것이다.

조선 시대의 유명한 사람 대부분은 현대로 치면 적어도 국무총리나 장관 정도인 정승이거나 적어도 판서 정도가 보통인데, 이황은 최고의 벼슬이 현재의 차관 정도인 참판이 고작이었다.

그리고 그의 전문분야는 첫째 '사표 쓰기', 둘째는 임금이 자리를 주면서 불러도 '사양하기', 세 번째는 중앙관료보다는 지방관료를 더 좋아하여 주로 지방에서 보내는 것이 그의 주특기였다.

조선 시대 최고의 보상시스템에서 한 발 물러나서 연구하며 살아가는 것이 그의 생애였으므로 그는 그 어떤 정승들보다도 훌륭한 사상을 깨우칠 수 있었고, 화려하게 지폐의 모델로 부활할 수 있었다. 물론, 후대에 이르러 사상을 오용함으로써 당쟁을 불러오는 결과가 되었지만, 그렇다고 해도 그가 조선 최고의 학자였음은 부인할 수가 없다.

계속 거론되는 이야기이지만, 우리나라 명저들은 대부분 보상시스템에서 가장 멀리 떨어진 귀양지에서 저술되었다는 사실 또한, 이를 증명한다.

현대의 과목에서 과학이라고 할 수 있는 실학(實學)은 모두 귀양지 전문 학문이거나, 벼슬을 포기하였을 때 비로소 터득할 수 있는 선물 같은 학문이었다.

과거시험이라는 마시멜로의 유혹에서 벗어났을 때 비로소 과학이 열린 것이다.

중국에서도 대 사상가는 이런 사람들이었다. 공자도 직장에서 명퇴를 당한 후에 사상이 커졌으며, 노자도 직장을 때려치운 후에 사상이 커졌다. 창의성은 보상시스템의 반대편에 있고 욕심은 그 중심에 있다.

전 세계의 모든 나라에서 이런 일들이 공통으로 일어난다.

포상을 크게 걸면 걸수록 욕심쟁이들만 걸려든다. 이제는 포상을 적게 걸어야 원하는 바를 얻을 수 있다는 경영이론이 생겨났다.

많은 직장에서는 아이디어를 내는 직원에게 승진이나 호봉 승급 등 막대한 포상을 하지만, 개선활동(카이젠)이 가장 왕성하게 일어나고 있는 일본의 '도요타'는 몇 백 엔밖에 안 되는 작은 보상금만 지급하는 것으로 유명하다.

그래서 욕심쟁이들은 다 사라지고 알맹이들만 가득한 개선이 수도 없이 지속적으로 일어날 수 있다.

LSE(런던 정경대)의 경제학자들은 성과주의를 도입한 51개 기업을 연구하여 '경제적 인센티브가 전체 성과에 부정적 영향을 미칠 수 있다.'라는 결론을 내린 것도 이와 같은 맥락이다.

보상을 크게 주는 이유는 그들이 평소 창의적 인재를 골라낼 능력이 부족하여서 경진대회를 열고 보상을 크게 주고서라도 어찌해보려는 것이다. 하지만, 그것은 틀렸다.

기업이나 작은 사업체에서도 이벤트성 대회나 입사 시험을 통하여 손쉽게 인재를 뽑아 쓰려 한다면 이처럼 한 그물 가득 욕심쟁이만 건저 올리게 될 것이다.

　창의성이 무엇인지를 명확히 파악하고 그에 맞는 인재를 뽑아 쓸 방안을 마련하여야 하며, 승진에서도 평소에 유심히 눈여겨보며 어떤 인물이 창의적인지, 진정한 성과를 내는지를 가려내어 승진시키는 안목이 필요하다.

　작은 가게를 운영하며 단 1명의 직원을 고용해서 쓴다고 해도 그 직원의 머리를 빌려 쓸 생각이 있다면 창의력을 판별할 수 있는 혜안을 갖추어야 한다.

　사람은 관심이 없는 분야에서 창의력을 발휘할 가능성이 별로 없다. 즉, 관심은 창의력의 필요충분조건이다. 관심 있는데 생각 안 할 수 없고 생각하는 곳에 관심 없을 수 없다.

　경영자가 직원 중에서 창의력이 출중한 사람을 골라내는 방법은 바로 어떤 분야에 얼마나 관심이 많은가를 눈여겨보는 것이다.

　대회를 열어서 그중에 가장 우수한 사람을 뽑는 제도는 육상과 같은 체육분야, 제품디자인 같은 분야들은 가능한 제도다. 그러나 사람의 능력을 뽑는 일이라면 경진대회는 방법이 틀렸다.

　만약, 경진대회를 열어서 그런 인재를 뽑고 싶다면 연례행사로 해서도 안 되며, 준비기간을 장시간 주어서도 안 된다.

　필요할 때마다 즉흥적으로 계획해서 공고하고 5일 이내에 대회를 치르는 방식이어야 그 분야에 큰 흥미를 느끼는 인재, 가장 창의적인 인재를 뽑아낼 수 있다.

　결론은 보상이 크면 65들이 약진하며, 정말 창의적 인재들이 뛰게 하려면 보상을 없애거나 아주 미미하게 해야 하며, 그렇지 않으면 욕심쟁이들을 걸러낼 묘안이 따로 마련되어 있어야 한다.

◇ 아는 만큼 보인다.

　　미국에서 어떤 박사가 테이터 송수신 분야의 기막힌 아이디어를 가지고 우리나라를 찾아왔다.

　　처음에는 정부 관련 기관을 찾아서 이 아이디어를 설명했으나 '필요 없다.'라는 짤막한 답변만을 받았다.

　　'아니, 이런 사람들이 있나? 이게 얼마나 기막힌 아이디언테? 그래도 모국이라고 미국에 넘기지 않고 여기까지 가져왔는데, 이런 대우를 받다니......!'

　　이번에는 관련 업체를 모두 찾아 다니며 이 아이디어를 설명했으나 저렴한 가격임에도 모두 구입을 거절했다.

　　결국은 미국에서 일반기업체에 아이디어를 넘겼고, 그는 대금으로 아주 많은 금액을 받았다. 그 후 20년이 지난 오늘날, 그 기술은 전 세계의 모든 사람이 사용하는 보편적인 기술이 되었다. 그리고 우리나라는 그 기술을 뒤늦게 도입하고 로열티를 물어야 하는 후발주자에 속한다.

　　보통의 사람들은 큰 아이디어를 알아보는 눈이 없다.

　　왜냐하면, 인간은 자신이 무얼 모르는지 모르는 존재이기 때문이다. 만약, 필요한데도 알지 못하는 것이 무엇인지 알고 있다면 얼마나 세상 살기가 편하겠는가? 바로 배우면 될 테니 말이다.

발명가와 비 발명가는 바로 이 차이다. 효용성을 알고 만들어내는 사람은 발명가이고, 발명품을 보고도 쓸모가 있는지 없는지 모르는 사람이 비 발명가이다.

위대한 발명품이 출시되면 누구나 알아보고 호응할 것 같지만, 이는 아주 극소수에 해당한다. 만약, 스마트폰을 만들어 제품화하지 않고 아이디어만 팔려고 했다면 과연 성공했을까? 이는 알 수 없는 일이다. 아마, 실패했을 가능성이 훨씬 크다.

나중에 자세히 설명하겠지만, 그 성공은 잡스의 '설득 능력' 덕택이다.

스마트폰의 안드로이드 운영체제는 사실 처음에 우리나라에서는 퇴짜맞은 제품이다.

인간은 자신의 능력만큼만 보인다. 많은 아이디어는 그렇게 사라져갔다.

때는 1597년, 임진왜란이 한창 진행 중일 때였다.

임란 초기에 육지에서는 한 번도 힘을 써보지 못하고 연전연패하며 세자는 죽고, 선조는 압록강까지 피난 가는 지경에 이르렀다.

그러나 시간이 얼마간 흐르자, 우리도 이기는 전투들이 생겨났다. 바다에서 이순신 장군이 이끄는 조선 수군이 그들이었다.

옥포해전, 사천해전, 한산도대첩, 부산해전 등 수십 번의 해전에서 단 한 번의 패전도 없이 전부 승리만 하고 있었다.

수군이 계속 승리하자 왜군은 병력이 분산되었고, 육지에서도 조금씩 승리하는 전투가 생겨나고 있었다.

이를 보고 선조는 흡족해하며 여러 생각에 잠겼다.

"음, 우리 수군은 막강하군!"

우리 수군의 장점들이 점점 머릿속에 그려졌다.

'첫째, 왜군들은 몇 문 되지도 않는 대포에 그나마 사거리도 들쭉날쭉해서 잘 맞지도 않아!'

'그뿐만이 아니라, 왜군의 배는 빠르기는 하지만 흔들림이 심해서 대포로 우리를 맞출 확률은 아주 떨어지지!'

'반면, 우리의 대포는 사거리도 비교적 정확하고, 배의 밑바닥도 평편하여 잘 흔들리지도 않으므로 적들을 잘 맞추고 있어!'

'둘째, 우리는 거북선이라는 돌격선이 있어서 적들이 아무리 총을 쏘아도 우린 죽지 않아!'

'셋째, 우리 수군은 아주 훈련이 잘되어 있어서 왜군들과는 달라!'

'넷째, 거기다가 우린 그동안 많은 군함을 제작하여 거의 이백 척이나 되잖아!'

"그래, 이참에 모든 왜놈을 바다에서 쓸어버리는 거야!"

하고는 이순신 장군에게 총공격명령을 내렸다.

선조는 이순신 장군의 창의적 능력을 잘 알지 못하였으며, 우리 군선과 장비가 훌륭해서 이긴 것으로 판단하고 있었다.

군선과 장비가 왜군보다 크게 훌륭한 것은 사실이다. 그러나 그것만이 승리의 요인이라면 세계사의 훌륭한 전투들은 대부분 반대의 결과를 가져왔을 것이다.

알렉산더 대왕이 10배가 넘는 페르시아 군대를 쳐부순 사건, 살수대첩으로 유명한 113만 명의 수나라 군대를 물리친 고구려의 을지문덕 장군의 전투 등 수많은 전투들은 승패가 달라졌어야 옳다.

선조는 이순신 장군의 낮은 지명도 때문에 더욱 자신의 판단을 신뢰하게 되었다.

그리하여 '무모한 공격은 절대 불가하다.'라는 이순신 장군을 '항명죄'로 잡아들여서 사형을 언도해 버린다. 이 선조의 뒤에는 인맥으로 똘똘 뭉친 막강한 지원군 신하들이 응원하고 있었다.

그러나 그들만 있는 것은 아니었다. 유성룡처럼 눈이 밝은 신하들도 한두 명 섞여 있어서 그들에 대적하여 목숨을 걸고 간언하고 있었다.

결국, 사형만을 간신히 면한 무기 징역으로 감형되었다.

그리고 후임 장수인 원균으로 하여금 총공격을 감행하도록 명령을 내렸다.

물론, 원균 장군도 불가함을 아뢰다가 명령 불복종으로 끌려가서 총원수인 권율에게 곤장까지 맞고 나서야 울며 겨자 먹기로 출전했다. 이 해전이 바로 유명한 '칠전량 해전'이다.

이겨서 유명해진 것이 아니라 콜드게임 패를 당하여 더 유명해졌다.

이백여 척에 이르던 우리 군함들이 물속으로 사라져 갔고, 조그만 보트 같은 정탐선까지 합하여 겨우 12척만이 줄행랑을 쳐서 살아났으며, 원균 장군마저 목숨을 잃고, 수병들은 뿔뿔이 흩어져 조선 수군은 완전히 궤멸하고 말았다.

그제야 선조는 군함이나 대포가 우수해서가 아니라 이순신 장군의 통찰력과 직관력이 출중하여 전승을 거두었다는 사실을 깨달았다. 그리하여 그를 무기징역에서 풀어 주게 되었다.

그러나 선조도 자존심이 있는지라 '성과를 높이면 살려주겠다.'라는 조건부 석방을 하게 된다. 물론, 계급장도 없는 보조 군인으로 말이다.

그리고 그 이후에도 12척의 군선을 이끌고 왜군 333척의 군함을 맞아 수십 척을 수장시키고 백 척 가까운 적선을 파괴한 명량해전을 비롯하여 노량해전 등 연전연승하여 전 세계에 유례없는 23전 23승이라는 로또의 확률보다 더 힘든 성과를 일궈낸다.

임진왜란이 끝날 무렵, 연합군으로 우리나라를 도우러 왔던 명나라 사령관은 황제에게 긴급한 편지를 썼다.

'이순신 장군은 세계 최고의 명장입니다. 그러나 선조의 미움을 크게 받고 있어서 전쟁이 끝나면 죽임을 당할지도 모르는데, 우리 명나라가 높은 직책을 주어 스카우트해 버립시다!'라고 간언을 했던 것이다.

한 사람의 우둔한 생각으로 우리는 거란이나 여진, 말갈, 돌궐 등과 같이 흔적도 없이 사라진 민족이 될 뻔했다.

그 갈림길에 선조의 우둔한 판단력이 있었고, 12척의 배로 수백 척의 적선을 박살 낸 말도 안 되는 이순신 장군의 명량해전이 있었다.

이순신 장군의 초반 전투에 대부분 이기는 이유가 뭔지, 사업에 왜 실패했는지, 자신이 저걸 해낼 수 있는 능력이 있는지 등 지나간 것에 대하여 평가는 누구든지 다 할 수 있다.

그러나 미래에 일어날 일에 대하여 정확히 예견하고 미리 풀어내는 것은 어렵다. 이것이 직관력이고 우리에게 필요한 창의력이다.

이것이 아는 만큼만 보이는 이유다. 창의력이 있는 자만이 창의적인 인재를 알아볼 수 있다는 말이다.

CEO들에게 필요한 것은 선조와 같은 '지나간 것에 대한 평가'를 해낼 수 있는 능력이 아니라, 미리 창의적 인재를 알아보는 능력이며, 그들이 창출해낸 아이디어를 제대로 알아보는 능력이다.

대포의 성능, 거북선, 잘 훈련된 병사, 군함의 건조 등 선조가 생각한 정보들은 틀리지 않았음에도 그는 왜 틀린 판단을 내리게 되었을까?

선조의 실수는 첫째, 수많은 변수 중 일부만을 채택했다. 창의력은 생각의 함수다. 수많은 생각(정보)들이 수집되고 이 생각들이 유기적으로 결합하여 함수를 풀어내야만 정확한 값을 찾아낼 수가 있게 된다.

그가 찾아내지 못한 변수들은 바로 이순신 장군의 창의력에 관한 것들이었다. 대포의 성능을 향상한 것도 이순신이요, 거북선을 채택한 것도 이순신이요, 군사를 잘 훈련시킨 것도 이순신이며, 군함 건조를 독려한 것도 그라는 사실을 잊어버린 것이다.

그리고 가장 중요한 이순신 장군의 전략은 적과 정확한 사정거리를 유지하는 것이었다.

왜군들은 배에 대포가 별로 없었으며, 있다 해도 성능이 많이 떨어지는 것들뿐이었다. 그들의 전략은 해적들처럼 빠르게 적의 배에 올라타서 육박전으로 해치워버리는 것이었다.

반면에, 우리 수군은 일부만이 적의 중심부를 공격하고, 대부분은 튀어나오는 적선을 조준하여 박살내는 임무를 맡고 있어서 그 사정거리를 뚫고 달려오는 적선은 별로 없었다. 또한, 몇몇 왜선이 그 사정거리를 뚫고 돌격해 온다고 해도 그들이 올라탈 수 없는 거북선이 접근전을 통하여 박살내 버린다.

그러므로 적의 사정거리를 유지하는 것은 고도의 전략이 필요한 일이었다. 하지만, 선조는 '그거야, 누구나 다 할 수 있는 일이지!'라고 너무 쉽게 생각해 버렸다. 이것이 그가 생각하지 못한 변수 목록이다.

모두 창의력에 관한 것들이다. 즉, 이순신의 직관력들이 곳곳에 작용해있다는 사실을, 그것이 창의력이라는 사실을 간과하고 있었던 것이다.

둘째, 변수 중에 틀린 변수는 없었을까? 그는 수많은 신하의 응원 또는 종용에 '다수결의 원칙'을 믿어버린 것이다. '여론과 권위, 권력에 의한 창의력 위축'에서 자세히 다루겠지만, 다수 의견은 소수 의견보다 옳을 확률이 조금은 더 높긴 하지만, 그렇다고 해도 맞을 확률이 틀릴 확률보다 그다지 높지는 않다.

만약, 이때 이순신 장군만 잡아들이지 않았어도 2년간의 정유재란은 일어나지 않았을 가능성이 높다. 그들이 돌아가려던 참에 이순신 장군을 잡아들여 버린 것이다. 이것이 선조의 판단능력이었다.

하지만, 선조의 능력을 탓할 수만은 없다. 왜냐하면, 그런 사람이 65%나 될 만큼 대부분 사람의 능력이기 때문이다. 선조의 뒤에서 부추긴 자들이 모두 그러하였기에 일어난 일이다.

나는 현재, 우리나라 CEO의 상당수는 그런 사람이라고 판단하고 있다.

'왜? 요즘 CEO들은 제대로 배운 유명대학의 박사출신들도 많은데!'라고 할는지 모르지만, 그것도 아는가? 선조는 그 당시 가장 많이 배운 사람이었다는 사실을……!

가장 훌륭한 스승에, 가장 훌륭한 기자재에, 가장 훌륭한 왕립 대학에서, 가장 오랫동안 배운 학생이 바로 선조 아니던가?

많이 배웠다고 그 사람이 CEO의 능력이 있는 거라면 인구대비 박사 비율이 세계 최고인 우리나라가 경제적으로 세계를 지배하고도 남아야 한다.

빌 게이츠와 스티브 잡스는 대학교 1학년 중퇴라는 학력으로 어떻게 세계 1, 2위 부자가 되었는가? 에디슨은 정규교육을 받은 것이라고는 고작 3개월뿐이었다.

미국의 금융사태의 도화선이 된 리먼 브러더스는 최고의 스펙을 가진 전문 경영인을 영입했다가 부도났다는 사실을 아는가? 그때는 이미 잡스가 애플에서 쫓겨났듯이 리먼 브러더스의 창업자는 이미 쫓겨난 상태였다.

훌륭한 교육을 받지 못해도 성공한 사례와 훌륭한 교육을 받아도 실패한 사례를 열거하라면 책으로 한 권을 써도 부족할 것이다.

지능은 지식이 아니다.

지능이 '이 세상을 살아가는 데 필요한 인간의 능력'이라면 그것은 지식이 아니라 당연히 창의력이어야 한다. 창의력이 바로 그런 능력이기 때문이다.

영입된 전문 경영인들은 그렇다 치고 나머지 대부분 경영인을 왜 그런 쪽으로 싸잡아 몰아가고 있는가?

조직 내부에서 승진을 거쳐 CEO까지 오른 인물이라면 어떤가?

현재의 조직문화는 가장 상사의 말을 잘 듣고, 가정을 팽개칠 정도로 밤낮없이 열심히 일하며, 두터운 인맥의 도움을 받아야 하며, 사교적인 성향으로 상사를 기분을 맞춰줘야 승진하는 문화다.

또한, 우수한 대학을 나오고 토익이나 토플 성적이 우수해야 하는 등 스펙도 훌륭해야 한다. 하지만, 이 모두는 창의력에 마이너스 영향을 미치는 요소들이다.

그렇다면 스스로 창업하고 자수성가해서 크게 키운 CEO라면 어떤가?

물론, 그들 중에 창의적인 CEO들이 있다. 그러나 그 숫자는 많지 않을 것이다.

CEO들이나 조직의 수장들은 창의적이어야 한다. 포괄성이 넓고 생각이 깊어야 인재를 볼 수 있으며, 창의적 아이디어를 골라낼 수 있다.

이것이 앞으로의 CEO와 관리자의 덕목이다.

삼국지는 주로 유비와 조조의 싸움으로 그려지고 있다. 이 둘 중 승자는 후덕한 유비가 아니라 노비나 기생 등 지위고하를 막론하고 능력 있는 인재를 골라 쓸 줄 알았던 조조였으며, 세종대왕도 출중한 인재라면 노비나 기생을 가리지 않았다. 중국의 진시황도 인재를 잘 등용함으로써 통일을 이룬 사람이다.

요즘의 기업들을 보면 창의적인 인재를 등용해야 한다면서 성적이 우수한 사람, 영어를 잘하는 사람, 스펙이 좋은 사람, '엉뚱한 생각을 잘하는 사람'들을 뽑아내고 있다.

사실, 창의력이 무엇인지 알지 못하니 어쩌면 당연한 결과다.

창의적인 눈으로 봐야 하는 것은 인재만이 아니다. 아이디어 자체를 봐야 한다.

대부분 사람은 인터넷 쇼핑몰을 아주 쉽게 생각한다.

인터넷 쇼핑몰에서 성공하기 위한 조건은, 첫째 제품을 제대로 보고 고르거나 만들 수 있는 능력, 두 번째는 연출 능력, 세 번째는 홈페이지 관리 능력, 네 번째는 인터넷 홍보 능력, 다섯 번째는 마케팅 능력이 있어야 한다.

그 외에도 많지만, 어느 것 하나 쉬운 것이 없다.

조그만 가게 하나 내서 그 좌판 위에 과일들을 진열하고 손님을 기다리는 것과는 아주 차원이 다르다.

도전하는 사람 70~80%는 실패하고 15% 이상 이익을 내지 못하는 상태에서 버티거나 오프라인 가게 홍보용으로 전락하며, 97% 이상 실패하고 있다.

상당수의 사업체가 한때는 인터넷 판매를 겸해보려고 뛰어들었을 텐데, 현재 전자상거래로 등록된 업종 수는 3,625개(2008년 기준)로,

전체 사업체의 0.16%밖에 되지 않는다.

왜 사람들은 인터넷 쇼핑몰을 쉽게 생각할까?

아는 만큼 보이는 것이다. 선조의 판단처럼 모르면 모를수록 그것이 쉬어 보인다. '뭐, 조금 배우면 되겠지!' 그렇지만 사업은 암기가 아니다.

사람은 자신이 관심 있는 분야만 보이며, 이미 알고 있는 분야만 보인다. 컴퓨터에 관심이 없는 사람이 컴퓨터 분야의 어려움을 알 수가 없다. 인터넷 쇼핑몰에서 성공한 사람들을 약간의 운이 좋은 사람들 정도로 생각하고 있는 것이다.

'아는 만큼 보인다.'라는 명제는 경영자에게만 국한된 논리는 아니다. 개인 스스로도 늘 명심하고 있어야 한다.

만약, 자신에게 기막힌 사업 아이디어가 있다고 한다면 주변 사람들에게 한 번 이야기해보라! 아마, 대부분은 모두 위험하다고 말하며, 그 이유를 몇 가지 말해줄 것이다.

그러나 이렇게 생각해야 한다. 새로운 아이디어로 창업하여 성공한 이 세상 어떤 사람도 그와 같은 반대에 부딪히지 않은 사람은 없다고 말이다. 사실이다.

그 이유가 바로 아는 만큼만 보이기 때문이다.

앞에서 설명했던 '어머니에게 매 맞는 아이'를 생각해보라! 새로운 아이디어를 아주 잘 설명한다고 해도 다른 사람은 사실 딴 설명을 듣고 있는 것과 같다.

확신이 있으면 남의 조언을 듣지 말고 실천하라. 창의력이 높으면 높을수록 이해할 수 있는 사람은 적어진다. 만류가 크면 클수록 창의력이 큰 것이다.

그 반대 의견을 판단하는 기준은 그 의견이 총론인가, 각론인가다.

만약, 아이디어 전체에 걸쳐 큰 하자가 있다는 총론이라면 조금 더 신중해질 필요는 있다. 사업이란 위험부담이 작지 않기 때문이다.

그러나 대부분은 인정하면서도 한두 가지에서 문제점을 거론하는 각론이라면 실제로 그런 문제점이 발생한다 할지라도 분명히 해결할 방법은 있다.

누구나 튀어나오는 많은 문제점을 해결해 나가면서 성공을 이루어 간다. 성공은 수많은 문제해결의 연속선상에 있다.

◇ 여론과 권위에 의한 창의력 위축

어떤 꼬마가 동네 친구들과 놀다가 '폭포를 거슬러 올라가는 물고기가 있다!'라고 말했다가 바보가 되고 말았다.

주변의 아이들은 깔깔거렸고 그 웃음소리에는 '일고의 가치도 없는 코미디다!'라는 의미가 깔려 있었다.

그 아이는 "진짜야!"라고 말은 하지만 얼굴은 붉어지고 이미 자신감이 사라진 표정이 역력했다. '혹시나 내가 책을 잘못 보았나?' 하는 의심을 하고 있었다.

영국의 철학자 버트런드 러셀의 지적은 시의적절하고 명쾌한 설명이다. "어리석은 자들은 독단적으로 자신만만한 데 비하여, 똑똑한 자들은 의심으로 가득 차 있다는 것이 이 세상의 문제점이다!"

성인이라면 그런 물고기가 있다는 사실은 따로 설명하지 않더라도 아주 잘 알 것이다. 그것도 많다는 사실을……!

이런 일은 아이들에게만 일어나는 일이 아니라 어른들 사이에서도 흔하게 일어나는 일이다.

나에게도 이런 어처구니없는 경험이 있다.

요즘은 조그만 창이 천정에 달린 자동차들이 많이 나왔다. 이 차가 80km 이상 달린다면, 이 창이 열려있더라도 웬만한 비는 들어오지 않는다.

이런 사실을 여러 사람이 모여 있는 자리에서 얘기했다가 코미디라는 소리를 들어야 했다.

이는 공기가 차의 유선형 곡선을 타고 흐르면서 속도가 높아지면 빗방울은 안개처럼 아주 작은 물 알갱이로 쪼개지고, '베르누이 원리'로 차 안의 공기가 밖으로 빨려나가는 현상에 의하여 차 안으로는 비가 들어오지 않게 된다.

이는 웬만한 과학적 지식이 있는 사람이라면 어렵지 않게 이해하는 정도의 과학이다. 하지만, 야유하는 분위기가 너무 강했던 지라 나는 이런 원리를 설명조차 하지 못했다.

사람들은 이해하지 못하면 '틀렸을 것이다.'라고 생각하기 쉽다. 그리고 그런 사람이 많아지고 여론이 형성되면 추측이 아니라 '틀렸다!'라는 확신으로 바뀌게 된다.

비창의적인 사람과 창의적인 사람은 대략 65:35 정도로 나타난다. 하지만, 창의적인 사람이 극소수라고 생각하는 것이 보통이다.

창의적 인재 대부분은 여러 가지 이유로 위축되어 버린다.

그 이유 중 하나가 바로 여기서 설명하는 '여론과 권위, 권력에 의한 창의력 위축'이다.

1961년 미국이 쿠바를 침공한 사건이 있었다.

미국은 쿠바의 민주화를 일으키기 위해 망명 쿠바인 1,300명을 모아 군사훈련을 시킨 후 침투시켰다.

약간의 동요만 주어도 주민이 봉기를 일으켜서 독재정권이 무너지고 민주주의 정권이 들어설 것이라는 계산에서였다. 그러나 이 계획은 사흘 만에 처참한 실패로 끝나고 말았다. 100여 명이 숨지고 나머지는 생포되고 만 것이다.

오합지졸이라고 여겼던 쿠바군은 신속한 대응으로 침입자를 소탕하였고, 민중들의 봉기를 기다리던 미국의 기대도 무너졌다. 오히려 민중들이 더욱 단합하여 그 정권을 옹호하는 계기를 만들어 버렸다.

또한, 그들이 침투한 지역은 늪지대여서 꼼짝도 못하고 생포되거나 죽을 수밖에 없는 상황이었다.

당시 보고서를 보면 CIA와 미국 정부가 제정신인지 의심스러울 정도로 정말 바보스러운 계획이었음이 드러났다.

계획 당시 작전회의에서는 미 행정부 최고의 지성을 자랑하는 엘리트들이 많이 참석하였으며, CIA 요원을 포함한 몇몇 사람들이 여러 가지 문제점들을 잘 알고 있었음에도 문제를 제기하지 않았다는 사실이 드러났다.

거기에는 '다들 찬성하는 분위긴데 반대하면 나만 바보 되는 거야!'라는 심리가 깔려 있었을 것이다.

앞서 소개한 밀그램의 실험과 애쉬교수의 실험을 통하여 설명한 바와 같이, 많은 사람이 잘못된 정보나 잘못된 판단을 하고 여론을 형성하여 다른 사람들의 창의적 접근을 차단하는 경우가 아주 흔하게 일어난다.

이처럼 여론 집단에서의 결론이 항상 옳은 방향으로만 결정되지 않으며, 거꾸로 결론이 나는 수도 흔하며, 최상의 결론이 아닐 경우가 대부분이라는 말이다.

이런 '여론'에 의하여 일어난 사고들은 의외로 흔하다.

‘챌린저 우주왕복선 폭발 사고’도 이와 같은 사고였다.

이 사고는 1986년 1월 28일에 발사된 우주 왕복선 챌린저호가 이륙한 지 1분 13초 만에 공중 폭발하여 민간인 여교사 크리스타 매콜리프 등 7명이 사망한 사건이었다.

이 사고는 조그만 고무패킹이 부식되어 제 역할을 다하지 못함으로써 큰 사고로 이어진 경우였다.

발사 전 NASA와의 회의에서 관련 회사와 기술자들이 발사를 취소하거나 일정을 조정해달라는 수차례의 요청에도 관리자들은 받아들이지 않았다.

아는 만큼 보이는 법이다. 통찰력이 부족한 사람들은 조그만 고무패킹 하나가 우주왕복선 발사 사업을 중단시킬 수 있다는 사실을 이해할 수 없었을 것이다.

참담한 결과로 나타난 후에야 ‘고무 패킹 불량이 곧 폭발’이라는 필연적 사실을 깨닫는다.

이 사고는 여론과 권위에 눌려 일어난 사고다.

대개는 숨은 인재의 목소리를 청취하기보다는 직위 서열에 따라 영향력이 달라지며, 말을 잘하거나 표현력이 좋은 사람들이 좀 더 영향력을 행사하게 된다.

이런 것들이 창의력과는 전혀 무관함에도 말이다.

2003년 2월 18일은 대구 지하철 화재 참사가 일어난 날이다. 이 사고는 192명이 사망하고 148명이 부상을 당하는 엄청난 사고였다.

그런데 사고 조사를 하던 중, 어느 승객이 촬영한 핸드폰 사진 하나가 발견되었다. 이 사진은 객차 안으로 연기가 스며들고 있는데도 아무도 신경을 쓰지 않는 장면이 들어 있었다.

이 사진을 찍었던 사람은 어떤 생각을 하고 있었을까?

‘어? 이거 화재 같은데, 왜 사람들은 아무도 액션을 취하지 않지? 큰일이 아닌가? 에이 뭐 큰일이겠어? 큰일이면 이 사람들이 이러진 않겠지!’ 등의 생각을 하고 있었으리라!

여론은 때때로 심각하게 진실을 왜곡할 수 있으며, 이처럼 큰 재앙으로 몰아갈 수도 있다. 여론과 권력, 권위는 그 자체로는 무가치한 경우가 대부분이다.

○ 사람들은 왜 권위나 여론에 의존하는가?

사람을 설득하는 데 있어서 가장 좋은 방법은 '유명한 사람의 명언'을 언급하며 설득하는 방법이며, 통계자료나 기사자료를 보여 주면서 설득하는 방법도 좋다.

전자는 다른 사람의 '권위'를 이용하는 방법이고, 두 번째 방법은 '여론'을 이용하는 방법이다.

이런 방법들을 이용하면 실상은 틀렸다 할지라도 대부분 설득당하게 된다.

종종, 청와대나 안기부를 이용한 사기 사건들, 신문기사처럼 꾸며진 자료들을 이용한 부동산 분양사건 등 많은 사기 사건들이 이러한 인간의 특성을 이용한다.

여론이란 대중의 권위를 말한다.

왜 이런 현상이 일어나는 것일까?

우리 뇌는 운동근육만큼 막대한 에너지를 소비하는 특수 기관이다.

특히, 여기저기 흩어져 있는 정보들을 끌어모아서 비교 분석하고 원리를 파악하여 명확한 판단을 내리는 이성의 뇌인 전두엽이 하는 일은 특히나 많은 에너지를 소비하는 일이다.

모든 생명체는 에너지를 적게 사용하고자 하는 경향이 있다.

공부를 열심히 하는 것보다 가능하다면 공부 잘하는 사람 옆에 앉아서 훔쳐보기를 할 수 있다면 그것이 훨씬 더 쉽고 에너지를 절약하는 길이다.

이런 눈치 보기는 아주 빈번하게 일어나며 동물들의 세계에서도 마찬가지다.

수십만 마리의 멸치 떼들은 천적들이 공격을 시작하면 0.3초 사이에 이 모든 멸치가 동시에 방향을 바꾸는 군무를 춘다.

그 천적들로부터 반대쪽에 있는 멸치들은 천적이 보이지도 않는데도 정확히 보고 동작하는 것처럼 순간적인 동조가 일어난다.

멸치 떼뿐만이 아니라 무리 지어 생활하는 대부분 물고기가 이와 같은 군무를 춘다.

수많은 개체가 무리 지어 다니는 새떼들이 그러하며, 곤충들이 그와 같다.

아프리카 초원에 사는 영양이나 누우(소 종류), 얼룩말 같은 포유류들도 사자가 달리기 시작하면 동시에 달아나기 시작한다.

순간적으로 모든 동물이 사자를 볼 수 있는 것은 아니다.

무슨 일인지 정확한 판단을 하고 난 다음에 행동을 취한다면 이미 때늦은 행동이 될 수 있으며, 진화의 과정에 적응하지 못하고 도태되는 결과를 맞이할 수도 있다.

인간은 포유류 중 가장 나약한 동물이다.

어쩌면 달리기를 잘하는 토끼보다도 나약하고, 귀가 밝은 쥐보다도 나약한 것이 인간일 텐데, 에너지를 잘 절약하여 세상에서 환경에 가장 잘 적응한 동물 또한 인간이다.

이성의 뇌가 판단을 많이 하여 에너지를 많이 소비하면, 감정의 뇌에서는 에너지가 줄어들므로 짜증이 일어나게 된다.

이런 인간에게 있어서 자신의 판단을 보류하여 에너지를 절약하고 대신 다른 사람들의 판단을 채택하는 것은 어쩌면 당연한 진화론적 결론인지도 모른다.

앞에서 열거했던 고정관념이 생겨나는 여러 원리를 살펴보았듯이, 사람이란 아무리 훌륭하더라도 잘못된 생각을 할 확률이 매우 높다.

그러므로 아무런 원인 분석 없이 권위나 여론을 믿어버리는 것은 또 다른 잘못된 생각을 파생하는 길이다.

권위나 여론을 믿는 사람은 아무리 일목요연하게 원인과 결과를 가지고 설명을 하더라도 끝내는 '그래도, 뭔가 다른 이유가 있어! 대부분 사람이 호응하는 이유가 뭐겠어? 그들이 뭐 바보야?'라고 합리화시키며 믿지 않을 것이다.

반대로, 권위나 여론이 대세임에도 원인과 결과를 정확히 설명해주면 설득이 되는 사람도 있다.

권위나 여론에 의한 판단 여부도 포괄성에 따른 현상이다.

포괄성의 3단계인 사람들은 원리나 시스템을 이해하는 능력이 있기 때문에 원인과 결과가 명확하면 더는 권위나 여론에 의한 설득이 먹히지 않는다.

창의성은 '원리의 이해'에서 나온다. 권위나 여론에 대한 믿음이 어느 정도 강한가만 파악해봐도 그 사람이 창의적인지 아닌지 판가름할 수 있다.

○ 설득: 여론과 권위 이용하기

(설득해야만 하는 이유)

　　언어, 불, 문자, 활자, 인터넷의 발명을 나는 '창의력의 5대 혁명'
이라고 부른다.
　　여기서 '제4차 창의력 혁명'에 해당하는 '활자의 발명'은 인류 역
사를 바꾼 발명에 속하지만, 이 활자를 발명하여 특허를 낸 '구텐베르
크'는 인쇄소를 개업하여 많은 책을 찍어냈지만, 결국 파산하고 말았
다.
　　이 사업은 당연히 블루오션이었다.
　　지금 전 세계인이 가장 많이 사용하고 있는 핸드폰은 1902년 미
국의 발명가 나단 스터블필드(Nathan Stubblefield)에 의하여 발명되
었고, 1908년에는 지금의 휴대전화와 흡사한 기기를 만들어 냈다.
　　그리고 평생을 이 연구에 몰두하였으나 빈털터리가 되어 1928년
세상을 떠나고 말았다.
　　전구를 상용화하여 세상에 빛을 선물한 발명가 에디슨은 모든 가
정에 전기를 공급할 발전소를 발명하고 투자하였지만 실패하고 말았
다.

핸드폰만큼이나 폭넓은 사랑을 받고 있는 자동차를 최초로 발명한 것은 1769년에 프랑스의 니콜라 조세프 퀴노(Nicolas-Joseph Cugnot)에 의해서였다.

사람들이 호응해주기는커녕 퀴노가 파리 시내를 타고 돌아다니다가 혐오감을 준다는 이유로 감옥에 감금되기까지 했다. 그 이후에도 한 대를 더 만들었으나 끝내 사람들은 무관심했고, 이에 좌절한 퀴노는 유럽을 방황하다 결국은 객사하고 말았다.

통찰력의 '자기화(自己化)'에서 언급했던 코닥의 디지털카메라 또한 이와 같은 경우에 해당한다.

넓리 쓰이는 제품들일수록 발명적 가치가 가장 뛰어난 것들이라고 할 수 있으며, 그 제품을 발명하여 사업한다면 분명한 블루오션이 맞다.

하지만 그 최초 발명가들은 대부분 사업에 실패하고 만다. 그 이유는 대중들이 그 아이디어를 이해하지 못하며, 그런 대중들을 설득하지 못하였기 때문이다.

발명품을 사업화할 경우뿐만 아니라 발명특허를 팔려고 할 때에도 이런 일은 발생한다.

유용한 것을 발명해내면 모든 사람이 다 필요해서 사줄 것이라고 착각하지만, 대부분 사람은 어떤 제품이 만들어져서 세상에 나오기 전에는 그게 필요하다는 사실을 잘 느끼지 못한다. 발명가들의 그런 생각은 남들도 자신과 생각이 같을 것이라는 '자기화(自己化) 현상' 때문이다.

세상에 TV가 나타나기 전에는 TV가 필요한 줄 몰랐다. 라디오 하나만 있어도 신나고 즐거운 일이었다.

막상, 아이디어가 특허가 되어도 사람들이 시큰둥한 반응을 보이면 그때는 '사람들이 왜 그러지?'라며 의아해한다.

그런 발명품이 필요하고 그 점이 불편하다는 것은 소수만이 느끼는 일이며, 일반인들은 대중화된 다음에야 그 점을 느끼게 된다. 65%의 사람들은 원인과 결과로 생각하지 못하고 남들은 어떻게 하는가에 더 민감하게 반응하기 때문이다.

제품을 출시하기 전부터 이 점을 염두에 두고 시작한다는 것은 매우 중요하다.

특허를 사줄 사람을 찾아가서 설득해도 그 발명품의 필요성을 쉽게 이해하지 못하리라는 사실을 깨닫고 철저하게 준비를 해야 설득에 성공할 수 있다.

발명뿐만이 아니라 창업을 할 때에도 홍보가 매우 중요하다. 특히, 새로운 아이템이라면 더욱 시장형성을 위한 설득작업이 필요하다.

또, 사업을 구상하고 나서 배우자나 동업자에게 알려줄 때에도 '아이템만 봐도 잘 이해할 것'이라는 착각에 빠지게 된다. 그러다가 남들이 잘 이해해주지 않을 때에야 비로소 이런 사실들을 깨닫게 된다.

발명이든 사업이든 손에 돈을 쥐기 전까지는 성공이 아니다. 그 길은 기나긴 설득의 터널이다. 다른 사람을 상대한다는 것 자체가 대부분 상대방을 설득하는 작업이다.

이 설득분야에서 뛰어난 인물이 바로 잡스다.

그는 사람들이 사용하기 편리한 윈도우즈를 만들어낸 것과 터치스크린을 핸드폰에 적용하고 컴퓨터 기술을 도입하여 스마트폰을 만들어낸 것은 그의 창의성이다.

그러나 창의성이 성공을 보장해주지는 않는다. 그 창의성을 성공으로 연결한 것이 철저한 설득, 즉, 디자인과 그의 프레젠테이션 능력이다.

보기 좋은 디자인이나 감동 있는 프레젠테이션은 제품의 효용성을 증대시켜주지는 않지만, 여론을 형성하여 대중을 크게 이해시키는 설득 무기다. 요즘 들어 '디자인, 디자인!'하는 이유가 바로 거기에 있다.

그는 프레젠테이션하기 위하여 열흘을 연습하고 하루 열 시간 이상을 연습한다고 알려졌다. 프레젠테이션은 가장 짜임새 있게 상대방을 설득할 수 있는 기술이다.

그가 추구했던 완벽한 기술, 완벽한 디자인, 완벽한 프레젠테이션 중에 완벽한 기술은 이제는 기본이다. 거기에 감동이 더해져야만 빠르게 설득할 수 있고, 빠르게 설득이 되어야만 제품이 성공을 거둘 수 있다.

기막힌 발명품도 홍보에서 실패하면 망할 수도 있다. 앞에 열거한 수많은 발명품과 실패 이야기가 바로 그 실례다.

이 설득은 35%의 창의적 인재들이 중요하게 생각하지 않음으로써 가장 취약한 부분이 된다.

나는 노무현 대통령의 실패 원인을 권위를 버렸기 때문이라고 생각한다. 권위가 유용하지 않다는 그의 생각은 옳다. 그럼에도 그것을 버리면 65%를 설득할 가장 중요한 수단을 버리고 맞짱뜨는 꼴이다. 검사들과의 토론을 생각해보면 더 이해가 쉬울 것이다.

그들을 설득하는 수단은 일목요연한 설명이 아니라 권위여야 했다.

(설득 요령)

　35들은 좀 더 포괄적이고 좋고 나쁨보다 옳고 그름의 기준으로 판단하며 권위와 여론을 믿지 않으며 원리와 근거를 통하여 판단한다. 자기화(自己化) 정도는 조금 덜하지만, 그들도 역시 자기화(自己化) 현상에 무관하지 않다고 언급한 바 있다.
　자신들이 원인과 결과를 잘 따져서 이해하므로 다른 사람들도 원인을 정확히 설명하면 잘 이해할 것으로 오해한다.
　35들의 설명의 특성은 아주 길게 설명이 되며, 어렵다. 원인부터 언급하고 끝에 결론을 맺는다.
　이런 설명을 들으면 65들은 '짜증나는 설명', '어렵다', '결론이 뭐야?' 등의 반응을 보인다. 물론, 35들은 원인을 설명해주지 않으면 짜증을 내지만 그런 사람의 숫자는 35%밖에 되지 않는다는 것이다.
　65들을 이해시킬 때에는 권위와 여론을 이용하는 것이 훨씬 더 손쉽고, 효과적이다. 어떤 전문지나 훌륭한 교수의 말이라든지, 어떤 전문가의 말 등 그들의 권위를 빌리거나 신문기사나 설문조사와 같은 여론의 힘을 빌리면 쉽게 설득할 수 있다.
　설득함에 있어서는 결론을 먼저 내리고 그 이유를 간략하게 설명해주는 순서가 중요하다. 원인 설명은 최대한 간략하게 끝을 내야 한다. 그 이유는 35들은 작은 글씨도 찾아서 그 원인을 파악하고자 하지만, 65들은 빠르게 결론만을 읽어 내려가기 때문이다.
　어떤 강의를 듣더라도 35들은 원인을 메모해 가지만, 65들은 결론만 목록처럼 기록해 간다.
　또, 35들은 너무 상세히 설명하려는 특성이 있으며 이로 인하여 설명이 아주 길어진다. 이 또한 65들은 짜증스러워하는 것 중 하나다. 내용을 함축하여 짧게 작성하는 것이 필요하며 그래도 길다면 나눠서 짧은 문장 두 개로 작성하는 것이 바람직하다.

사업에서 이런 설득 요령은 홍보나 마케팅 전략으로 충분히 활용할 만하다.

예를 들자면, 'ABC 방송 ○○○ 프로에 소개되었던 집'이라고 식당을 소개하거나, 유명 정치인, 연예인들이 들렀던 사진이나 사인 등을 통하여 홍보하는 것 등이다.

이 경우는 뭐가 얼마나 맛있고 등등을 어렵게 설명할 필요가 없어진다. 신문에 났었던 기사들을 대문짝만 하게 홍보하는 것도 이와 같다.

정확한 논리를 가지고 다른 사람을 설득할 수 있다는 생각은 잘못된 생각이다. 설득은 논리가 아니라 분위기에 훨씬 더 크게 좌우된다.

아주 슬픈 예를 들어가며 좌중을 울릴 수 있으면 그 설득은 논리적으로 틀리더라도 대성공이다. 시종일관 웃을 수 있게 만드는 설득도 성공이다.

히틀러의 연설을 기억하는가? 그는 몹시 나쁜 논리로도 분위기를 압도하는 능력이 있었다.

강의에서도 정말 가치 있는 강의는 논리적으로 충분한 설명이 곁들여진 강의지만 그런 강의에 학생들은 늘 졸고 있고, 웃기는 얘기, 슬픈 얘기 등 감정에 호소하는 강의에서만 눈을 초롱초롱하게 뜨고 있는 이유도 같은 것이다.

설득에서 '논리'는 분위기에 밀리고, 여론에 밀리고, 권위에도 밀린다.

누가 아무리 논리 정연하게 설명을 했다고 하더라도 그에 반대하는 누군가가 여론조사 결과를 예로 들며 반박하거나, '미국 루즈벨트 대통령은 이러저러한 말을 했다.'는 식으로 남의 권위를 이용하면 결론은 반대로 나게 되어 있다.

그러나 원인을 충분히 설명하지 못함으로써 35들의 불만을 사서는 안 된다는 사실도 잘 인식하고 있어야 한다. 고객은 65들만 있는 것이 아니기 때문이다.

대중은 65와 35로 이루어져 있고, 우리가 설득해야 할 대상도 그렇게 나뉘어 있다. 이 두 부류의 조화로운 설득이 필요하다.

아무리 훌륭한 집단 토론이라 할지라도, 맴버 개인의 창의력에 약간의 플러스 알파가 더해진 것이 토론 효과의 상한선이다.

앞에서 소개한 미국의 '쿠바 침공사건'과 '우주왕복선 폭발 사고'에서 봤듯이 우수한 집단이나 큰 집단에서의 토론이면 더 우수한 아이디어가 모일 것으로 기대되지만, 오히려 그 반대일 가능성이 높으며, 경우에 따라서는 최악의 아이디어로 결론이 나기도 한다.

요즘 기업들은 가장 큰 덕목으로 직원 간의 협동심을 꼽는다.
자! 협동하면 어떤 일들이 일어날까? 열 사람이 모여서 협동하면 자가용을 뒤집어버릴 수 있다. 백 사람이 모여서 밀면 전철도 밀어버릴 수 있다. 협동은 이런 일들을 가능하게 한다.

　그러나 이 협동은 육체적, 물질적 세계에서는 1+2=3이 정확하게 나오지만, 정신의 세계, 생각의 세계, 아이디어의 세계에서는 이런 계산이 나올 가능성은 거의 제로에 가깝다.

　그리고 개인의 특출한 아이디어보다 토론에 의한 아이디어가 더 못할 가능성도 매우 높다. 즉, 협동심이 답이 아니라는 이야기다.

　만약, 협동심이 답이라면, 세계 최고의 아이디어는 항상 인구가 가장 많은 중국에서 나와야 한다. 정책도 중국이 최고여야 하고, 경제도, 첨단과학도, 노벨상도 다 중국이 휩쓸어야 옳다.

　그렇다면 어떤 나라든 정책 결정 방식은 전 국민이 참여하여 토론하고 거기서 모든 것이 결정되어야 옳다.

　요즘은 너무 치열한 경쟁 사회라서 효율성을 높여줄 창의적 아이디어를 찾기에 혈안이 되어 있으며, 각종 아이디어 창출기법들이 난립하고 있다. 이 기법들의 능력은 무한대일 것 같지만 그렇지 않다. 이 기법들은 다수 원리에 맹신적으로 빠지는 공통적이고도 치명적인 약점이 있다.

　두 명보다는 세 명이 났고, 세 명보다는 열 명이 나으며, 열 명보다 100명이 났다는 논리에 오류가 있다는 생각을 하지 못하고 있다.

　이런 기법들로도 도출해낼 수 있는 최고의 아이디어는 그 멤버들 중 통찰력과 직관력이 가장 뛰어난 멤버의 두뇌에 의하여 좌우된다.

　또한, 3~4차례의 연속적인 검토가 아니라 백 번, 천 번을 검토해도 창의적 아이디어가 계속해서 증가하지는 않는다. 멤버가 동일하면 서너 번의 검토에서 얻어진 아이디어와 별반 다를 게 없다.

　이 말을 증명하기는 아주 쉽다.

　몇 억이 넘는 국가에서 수많은 공모전이나 토론회 등을 개최하지만, 항상 최고의 업적은 국가의 인구가 많고 적음을 떠나서, 개인의 연구에서 나타난다는 사실이 바로 그 증거다.

가장 인구가 적은 민족인 유대인들이 전 세계의 노벨상 중 27%에 해당하는 179개(2009년 기준)를 휩쓸고 있는 사실이 또한 그 증거다.

토론 집단의 능력은 '가장 출중한 일인의 능력'과 '안목'을 뛰어넘을 수 없다는 말이다. 이것은 바둑에서 1급 10명이 1단 한 명을 이기기 힘든 이유와 같다.

여기서 능력이란 평소 그가 지니고 있는 지식과 창의력을 뜻하며, 안목이란 토론 중에 타인의 제안으로부터 좋은 점을 배우고 수정하여 자신 안건과 접목할 수 있는 능력을 말한다.

이 안목이라는 것이 토론에서 생기는 유일한 플러스알파 효과다.

이 공식도 최적의 조건에서만 나타나며, 토론 집단의 운영 차이에 의하여 우수한 아이디어가 채택되지 않을 가능성은 의외로 높다.

그 이유는 '어머니에게 매 맞는 아이'의 이야기처럼 다른 사람 설득하는 게 쉬운 일이 아니기 때문이다. 새로운 발명이 시장을 설득하기 힘들듯이 토론에서 제출되는 아이디어 역시 이와 같다.

'아는 사람만 보인다.'는 원칙이 철저하게 적용된다. 보통 사람은 창의적 인재나 창의적 아이디어를 잘 알아볼 수 없다는 말이다.

따라서 더 뛰어난 아이디어를 얻기 위해서는 더 창의력이 뛰어난 새로운 멤버가 필요한 것이며, 토론 집단 구성원 대부분을 다른 사람의 아이디어를 잘 이해하는 창의적 인재들로 채워야 한다.

그래서 기업에서도 기를 쓰고 훌륭한 인재를 영입하려 애쓰는 것이다.

단 한 사람도 같은 생각을 하는 사람은 없다.

대체로 토론에서 의사결정은 다수결이나 다수 의견을 반영하게 되어 있다. 포괄성이 좁은 사람들이 많으면 창의력 있는 의견은 소수의견이며 채택될 가능성은 희박해진다.

　　그러므로 창의적 인재를 골라 쓰는 일에 몰방하지 않으면 창의적 아이디어를 고르는 데 실패할 수밖에 없다. 그러기 위해서는 자신 스스로 창의적 안목을 키우는 것이 먼저라는 사실을 기억해야 한다.

성공의 4가지 조건

새로운 생각만이 새로운 미래를 창조할 수 있다.

여기쯤에서 우리는 앞에서 언급했던 내용을 정리해서 다시 한 번 상기해보자!

앞으로의 세상은 무척 어려워진다.

자본의 집약으로 대기업은 더욱더 커지고 효율성은 극대화되며, 생산량에 비해 직원의 수는 자연히 줄어들게 된다.

그 잉여인력에 의하여 모든 업종과 모든 분야에서 피 튀기는 경쟁이 벌어질 것이다. 3D업종이건 농업이건, 어업이건 어디나 사람들은 남아돈다.

그리고 대기업들이라고 해도 상황이 좋은 것은 아니다.

이들은 경쟁 무대가 국내에서 전 세계로 넓어지면서 이들 역시 경쟁이 너무 치열해졌고 한순간 방심하면 쉽게 문을 닫아야 하는 상황으로 내몰리고 있다.

예전의 대기업은 중소기업의 사업 영역을 침범하면 안 되는 불문율이 있었지만, 최대 이윤을 내지 못하면 쓰러지는 상황에서 중소기업의 영역은 물론이고 소상공인의 영역까지 들어와서 닭도 튀겨서 팔고, 오뎅도 팔며, 국수도 팔고 있다.

이래저래 개인들은 더욱 힘들어지게 되었다.

이제 개인들의 선택은 분명해졌다.

어려운 경쟁률을 뚫고 기업에 취직하여 그 안에서 도태되지 않기 위하여 머리 싸매며 노력을 하던가, 그렇지 않으면 다른 사람들은 물론이고 대기업들도 쫓아오지 못하는 틈새 영역으로 들어가서 자신만의 창업을 하다가 경쟁자들이 쫓아오면 빠르게 보따리를 싸서 다음 창업을 하던가, 이도 저도 아니라면 다른 사람에게 영업이 허락되지 않는 특허 같은 배타적 권리를 취득하는 수밖에는 없다.

이제 생명은 연장되었지만, 경제력은 보장되지 않는 세상에서 무한정 회사생활을 할 수도 없는 노릇이므로 창업은 아마 필수적인 것 같다.
이런 세상을 뚫고 나아가려면 필수적인 요소가 바로 창의력이다.

사업에서 성공과 관련된 결정적 요소 4가지는 바로 다음과 같으며, 앞으로는 직장생활에서도 마찬가지로 적용될 것이다.

첫째, '그릇의 크기'가 얼마나 크게 성공할지를 결정한다.
둘째, '욕구의 강도'가 끊임없이 도전하게 하는 원동력이다.
셋째, 사람마다 '성공할 수 있는 분야'는 따로 정해져 있다.
넷째, '창의력(통찰력과 직관력)'이 성공확률을 결정한다.

전에는 얼마나 많이 배웠는지, 학교 성적이 얼마나 높았는지가 사업에 큰 역할을 했으나 현대에 와서는 별로 사업과 연관시키기 어렵다. 교과서에 나와 있는 지식은 많은 사람이 이미 알고 있는 지식이므로 다른 사람과 차별화하여 성공으로 이어지기 어렵다.
그런 면에서 위의 4가지 요소는 그 영향력이 훨씬 크다고 할 수 있다.

⊞ 『그릇의 크기』를 결정하는 포괄성

복권에 당첨돼서 패가망신했다는 애기는 흔하게 듣는 애기다. 그리고 그 확률은 아주 높다.

왜 그럴까?

그것은 정해진 운명이다.

웬 뚱딴지같은 소리냐고 할는지 모르지만, 뇌 과학 속을 잘 들여다보면 앞에서 언급했던 창의력을 포함하여 그릇의 크기, 욕구의 세기 등 인간 됨됨이의 어느 정도는 태어날 때부터 정해져 있고 어른이 돼서는 거의 고착되어 있어서 뇌의 능력에 따라 잘사는지 못사는지 경제력이 정해지게 된다.

복권에 매달리는 사람은 복권시스템에서 이길 확률이 적다는 사실을 이해하지 못하거나 이해하더라도 '사고 싶다.'라는 욕구를 통제하지 못하는 사람들이다. 즉, 이성적 판단력이 높지 않으면 복권 1등 당첨금을 관리할 만한 그릇이 못 된다는 말이다.

복권에 당첨되었다면, '그 복권금액을 잘 관리하여 더 크게 불릴 수 있느냐 없느냐?'에도 6535 법칙이 적용된다.

35%는 복권에 투자하면 할수록 손해라는 사실을 알고 있는 사람들이라서 복권에 거의 투자하지 않으며, 이성적 판단력이 높지 않은

사람들이 복권에 투자하는 대부분의 사람이므로 '복권에 당첨되면 망한다!'라는 논리가 성립하는 것이다.

　'인간은 평등하다.'라고 하지만, 직업 등으로 판단해서 어느 정도는 묵시적으로 높낮이가 정해져 있다.

　'대통령은 높고 백성은 낮은 사람', '장군은 높고 졸병은 낮은 사람'과 같이 '그릇의 크기'는 정해져 있다.

　그릇 크기가 큰 사람은 많은 사람에게 영향력을 크게 미치며, 하는 일도 넓고 크다.

　그리고 사람은 아는 만큼 보이는 것이기 때문에 그릇이 작은 사람은 큰 사람을 이해하기 힘들다. 이것이 그릇이 작은 사람들이 할 수 있는 한계다.

　따라서 복권 1등 당첨금으로 할 수 있는 일 자체가 달라진다. 그릇이 큰 사람은 이 돈을 굴릴 능력이 있으나 작은 사람은 그렇지 않다. 그래서 결국은 돈 관리 능력보다 씀씀이만 헤퍼져서 쪽박으로 끝나는 경우가 허다하다.

　이 그릇의 크기는 우리가 보통 사용하고 있는 '통이 큰 사람'이라든지, '베짱이 센 사람'을 가리키는 말이 아니라 어느 정도 큰일을 해낼 수 있는 사람을 가리키는 말이다.

　그릇이 큰 사람은 작은 사람에 비하여 관심분야가 넓어지고, 그만큼 넓은 가치관이 형성된다. 즉, 아프리카나 동남아시아에서 굶어 죽는 사람들이 많은데, 이에 크게 관심을 가지고 걱정하고, 그들의 정치를 비판하고, 그들의 문화의 개선점을 제시하는 사람도 있지만, 그런 뉴스를 보더라도 무관심한 사람들도 많다.

　이 경우는 그릇의 크기가 국제적 가치관을 담고 있는가, 그렇지 못한가에 대한 차이이다.

가치관이란 어떤 분야에 옳고 그름을 판단하는 기준을 말하는데, 사람은 모든 분야에 대하여 확고한 가치관을 가질 수는 없다.

어떤 분야에는 강하고, 어떤 분야에는 약하며, 어떤 분야에는 전혀 가치관이 형성되지조차 못할 수 있다.

가치관이 얼마나 확고하며, 얼마나 바르며, 얼마나 많은 분야를 담고 있는가가 그 사람의 '그릇의 크기'가 된다.

그릇의 크기는 '포괄성'의 영향을 크게 받는다.

대통령이 되고자 꿈을 꾸는 학생이 해야 할 노력은 정치분야뿐만 아니라 경제에도 관심을 많이 두고 자신의 경제 가치관을 키워야 하며, 사람에 대한 이해의 폭도 넓혀야 하는 등 인간과 관련된 대부분 분야에 대한 가치관을 키워야 한다.

이런 노력을 꾸준히 하여 그의 가치관이 옳고 확고하며 다양해질 때 '음, 나에게 대통령 자리를 맡겨준다면 나는 이런 정책들을 이렇게 펼칠 거야, 잘할 수 있어!'와 같은 철학으로 충만하게 될 것이다.

이것이 그 사람의 그릇의 크기가 되는 것이다.

이 '그릇의 크기'가 태어날 때부터 어느 정도 정해져 있다는 말은 무엇을 말하는가?

공포를 잘 느끼는 사람은 그 공포의 대상이 되는 분야에서는 배울 수 있는 것이 아무것도 없다.

우리는 전기가 없이는 살 수 없는 세상에 살고 있다. 그러나 전기를 잘못 만지면 죽을 수도 있다는 공포를 느끼면, 형광등 하나 갈아 끼우기 어려운 사람이 된다.

그런 사람은 전기분야에 관한 한 그릇의 크기가 아주 작아진다.

연장을 만지다가 다칠 수 있다는 공포에 싸여 있으면 그들은 결코 이공계 분야에서는 그릇의 크기가 사라진다.

고소 공포증이 있는 사람은 산악인과 같은 그릇이 사라지며, 대인 공포증이 있는 사람은 사람을 다루는 분야에서는 그릇의 크기가 작다.

이처럼 두려움은 가장 그릇의 크기를 여러 방면으로 위축시키는 요소다.

외로움을 잘 느끼는 사람은 자신의 주변에 있는 사람들에게 듬뿍 정을 쏟는다. 그래서 가까운 사람들이 하는 일들은 다 옳아 보이고, 자신이 좋아하지 않는 사람에게는 그들이 어떤 행동을 해도 나쁘게 판단해버리고 만다.

요즘 리비아에는 카다피 정권을 몰아내고 새로운 정치가 들어섰는데, 그동안 카다피의 정치행위나 부의 축적, 친인척의 부패, 끝내 내전을 일으켜서 백성을 죽음으로 몰아넣은 현실들을 보면 소름이 끼치지만, 아직도 그를 추종하고 그에게 충성을 바치는 사람들이 있다.

그 추종자들에게는 옳고 그른 것이 문제가 아니라 좋으냐 나쁘냐의 문제로 판단하기 때문에 생겨나는 양상들이다.

이런 일은 그 외의 다른 나라에도 허다하다.

우리나라라고 다른가? 우리나라에도 최악의 대통령들이 있었으며, 아직도 그를 추종하는 세력들은 여전히 존재한다.

이처럼 공포의 뇌와 감정의 뇌가 발달하면 할수록 그릇의 크기는 작아진다. 또한, 이들보다 이성적 판단의 뇌가 더욱 발달하여 통찰력과 직관력이 큰 사람도 유전적 요인에 다소 좌우된다.

이와 같은 뇌의 유전적 영향은 약 50~70% 정도라고 판단하고 있다. 사실, 이 정도의 퍼센트만 하더라도 어마어마한 능력이다.

또한, 50~70%의 선천적인 요인도 좀 더 세밀하게 파헤치면 산모의 영양적인 문제, 자신의 영양적인 문제, 성격적인 문제 등으로 어느 정도 개선이 가능한 요인들이라고 언급한 바 있다.

고쳐 말하자면 50~80% 이상 개발될 소지가 충분하다는 말이다. 다만, 어떻게 개발하느냐의 문제가 남아 있다.

어떤 아버지가 있었다.

그에게는 다섯 명이 아들이 있었는데, 어느 날 그들을 모아놓고 다섯 수의 나무를 내놓으며 이렇게 말했다.

"너희는 이 나무를 심고 정성껏 돌보아라!"

"1년 뒤에 가장 잘 키운 사람에게 뭐든지 원하는 소원을 들어주겠다!"

드디어 1년이 흘렀고, 다섯 아들 중 가장 병약하고 총명하지도 못하며 늘 주눅이 들어 지내던 아들이 심었던 나무가 가장 건강하고 잘 자라났다.

"애야, 너는 참으로 나무를 잘 키우는 능력이 있구나!"

"너는 커서 훌륭한 식물학자가 될 거야!"

하면서 아버지는 칭찬을 아끼지 않았고 식물학자로 자라나도록 물심양면으로 지원하였다고 한다.

이 아이가 바로 세계를 대공황에서 건져낸 미국의 대통령 프랭클린 루즈벨트이다.

위의 이야기는 루즈벨트의 아버지가 그에게 용기를 주고 칭찬을 해주기 위하여 생각해낸 아이디어였으며, 사실은 그 아버지가 다른 사람 몰래 그 나무에 온갖 정성을 쏟아서 키워놓은 것이었다.

그의 아이디어가 아무 생각이 없던 루즈벨트에게 '그릇의 크기'를 식물학자까지로 넓혀 준 것이다.

그릇의 크기는 훌륭한 사람이 주변에 있거나, 자서전 등을 통하여 깊게 감명받은 사람이 있을 때 커지며, 주변인들의 칭찬에 의하여 더 자라나게 된다. 또한, 아는 것이 많을수록, 관심영역이 커질수록 더 자란다.

법률가가 많은 고장에서는 다시 법률가가 생겨날 가능성이 높고, 정치가가 많은 지방에서는 정치가가 생겨날 가능성이 높은 이유가 거기에 있다.

이 루즈벨트 역시 그런 영향을 받은 사람으로 미국의 제26대 대통령인 시어도어 루즈벨트는 프랭클린 루즈벨트의 12촌 형이 되는 먼 친척이었다. 그의 영향이 그릇 크기에 크게 작용하였을 것이다.

포괄성은 '관심 영역의 넓이'라고 말한 바 있다. 주변인들이나 주변 환경은 관심 영역 안으로 들어올 가능성이 높아진다.

어떤 과학자는 '해저 이만리'라는 소설을 읽고 과학자로의 꿈을 키웠고, 위대한 원자력 분야의 과학자로 성공했는데, 여기에 나오는 잠수함의 동력이 바로 원자력이었기 때문에 그 영향을 크게 받았던 것이다.

정확하게 일치하지는 않지만, 그릇의 크기를 꿈의 크기라고 생각해도 좋겠다.

그런데 요즘 우리의 고등학생들에게는 '꿈이 없다.'라는 대답이 60%가 넘었다는 조사가 있었다.

꿈을 꾸는 자만이 미래를 창조할 수 있으며, 꿈을 꾸지 않는다면 남들이 만들어놓은 미래에 편승해 가는 꼴이다.

포크로 지구본을 찍어 올리며 자신의 장래 희망을 이야기했던 독일의 철혈재상 비스마르크처럼 꿈은 크고 명확하게 꾸는 자가 큰 뜻을 이루게 될 것이다.

그릇의 크기를 스스로 가름해보는 방법은 친구들과 이야기를 하거나 집단토론 등에서 내가 얼마나 확고하고 신념에 찬 판단을 내릴 수 있는가를 측정해보는 방법이다.

만약, 어떤 분야에서 남들에게 명확한 이유를 설명할 수 있을 만큼 신념에 찬 판단을 내릴 수 있다면 그 분야에 관한 한 그릇의 크기는 크다고 할 수 있다. 그런 분야가 자신에게 얼마만큼 많은가가 자신의 그릇의 크기다.

이런 판단에는 '싫다.' 또는 '좋다.' 등으로 판단해서는 안 되며, 여론이나 권위에 의하여 설득하려 해서도 안 된다. 분명한 이유, 원인, 원리, 근거 등으로 명확히 설득할 수 있는 것들에 한한다.

그릇의 크기는 얼마나 크게 성공할 수 있는지를 나타내는 지표다.

⊞ 집념을 나타내는 『욕구의 세기』

"끝까지 꿈을 추구할 용기가 있다면, 모든 꿈은 이루어질 수 있다."라고 월트 디즈니는 얘기했다.

큰 꿈을 가져야 하고 그 꿈을 끝까지 강하게 밀어붙일 힘이 필요한데, 이 힘은 '욕구의 세기'에서 나온다.

대통령이란 자리는 한 나라에 한 자리밖에 없다.

국회의원이나 지방의회 의원이나 그 외에도 고위 공직에 있는 사람들은 점점 더 높은 지위를 원하며, 대부분 그 끝에 있는 최고위직인 대통령 한 자리를 향하여 노력한다.

김영삼 전 대통령은 수많은 단식투쟁을 했고 가택연금 등 정권의 압박에도, 그동안 정치적 신념이었던 진보정당을 버리면서도 꼭 대통령이 되고 싶었다.

그리고 대통령에 당선되고 나서 고향에 있는 아버지를 찾아 절하며 한마디 했다.

"아버님, 제가 그동안 겪은 모든 일이 다 이 당선증 한 장을 위해서였습니다."

이처럼 김영삼 전 대통령은 어떠한 대가를 치르더라도 죽어도 하고 싶은 게 대통령이었다. 그가 대통령에 대한 생각이 어떻든, 통치에 대한 철학이 어떻든 간에 '욕구의 세기'를 보여주는 대목이다.

우리나라에서 임의의 한 사람이 대통령이 될 확률은 5천만 분의 1밖에 안 되는 실현 불가능한 자리일지라도 욕구의 크기는 그것을 가능하게 한다.

'욕구의 크기'는 그 사람이 원하는 것을 얻기 위하여 '치를 수 있는 대가'의 크기와 같다.

실패하면 또 하고, 또 실패해도 또 하는 도전, 몇 번이고 도전하게끔 하는 것이 바로 '욕구의 크기'라는 말이다.

'욕심'이라는 말은 주로 나쁜 뜻으로 쓰여왔기 때문에 나쁜 어감을 담고 있으나 사실은 좋고 나쁨에 상관없이 인간의 성향 중 하나이고 이것이 인간의 성공을 좌우하는 요소 중 하나이다.

우리나라에는 에베레스트 8,000m급 14좌를 완등한 사람들이 몇몇 있다. 이 사람들은 아주 욕구의 크기가 큰 사람이다.

그런 성과를 얻기까지는 수많은 실패와 동료 산악인들의 죽음, 자신의 목숨을 담보해야 하는 등 말 못할 저항들이 많았을 것이다.

이런 저항들이 매우 큼에도 '14좌 완등'이라는 타이틀을 가지고 싶었던 것이다.

이 사람들의 욕구의 크기는 자신의 목숨과 다른 수많은 저항을 합해놓은 것과 같은 크기라고 말할 수 있겠다.

욕구의 크기는 끈질긴 도전을 이끌어내는 원동력이다.

옛날 일본에서 가진 것이 없는 사람들이 크게 명성과 부를 이루는 방법은 유명한 사무라이가 되는 길이었다.

하지만, 사무라이의 길은 멀고도 험난한 길이다.

수없이 도전하고, 또 도전해오면 죽을 수도 있는 진검 대결을 벌여야 하며, 결코 회피할 수가 없다. 사무라이에게 도전을 회피한다는 것은 최고의 불명예이기 때문이다. 그들은 회피해도 사무라이로 살수 없으며, 승부에서 져도 사무라이로 살 수 없다.

또한, 이들은 전쟁에서 물러섬이 없다. 당장 죽을 위험이 닥치더라도 상관이 명령이 있으면 돌격하다 죽어야 한다. 그뿐만이 아니다. 전쟁에 져서 상관이 죽으면 스스로 할복하여 따라 죽어야 하는 직업이다.

살 확률이 아주 희박하고, 살아남는다 해도 병신으로 살아남을 확률이 높다. 수많은 사람이 그 길에 도전하였다가 스러져 갔다. 그러고도 살아남은 자만이 영웅이 된다. 사무라이는 그런 직업이다.

그들은 욕구가 큰 인물들이다.

욕구는 뇌에서 보면 감정의 뇌인 변연계에 해당하는 기능이다. 이성적 판단을 근거로 하지 않는다. 확률적으로 가능성이 희박해도 그걸 가지고 싶다는 생각이 욕구이며, 때로는 그게 나쁜 짓일지라도 꼭 이루고 싶은 것일 수도 있다.

가난한 환경에서 자라면 영양분이 부족해져서 이성의 뇌는 위축되고 변연계는 강화되어 '욕구의 강도'는 강해지고 '창의력'은 줄어든다. 또한, 가난으로부터 탈출 욕구가 강해져서 욕구의 강도는 더욱 커지게 된다. 국가대표 축구선수들에게 종종 쓰는 단어인 '헝그리 정신'이 바로 '욕구의 크기'를 키우라고 할 때 쓰는 말이다.

욕구의 강도는 타고난 유전적 성향이 강하고, 영양분의 영향을 크게 받는다. 그러나 인위적으로 강화할 수도 있다. 욕구의 크기는 '경쟁심’에서 불타오르고, 칭찬으로 커지며, 꾸중으로 약해진다.

종종 학생들 책상 앞에 붙여진 각종 구호를 볼 수 있다. 책상 앞에 자신이 존경하는 사람의 사진을 붙여놓는 것은 ‘그릇의 크기’를 키우는 방법이지만, 그렇지 않고 경쟁 대상인 친구 사진을 붙여 놓고 경쟁의식을 키운다면 이는 ‘욕구의 강도’를 키우는 방법이다.

‘오늘 흘린 침은 내일 흘릴 눈물이다!’

‘게으른 나그네 석양에 바쁘다!’

“impossible과 I’m possible은 땀 한 방울 차이다!”

책상 앞에 붙어 있는 이와 같은 문구들은 모두 욕구의 강도를 키우려는 방편이다. 사실, 요즘 교육 시스템하에서 공부를 잘하는 사람은 머리가 좋고 나쁨보다도 훨씬 더 ‘욕구의 크기’가 좌우한다.

이성적 판단력이 높은 철학자나 과학자, 발명가들은 확률 낮고 별 이득도 없는 지위 높은 정치가를 거의 꿈꾸지 않는다. 그들은 권위 세우는 일을 이득이라고 생각하지 않으며 오히려 치러야 할 대가가 더 큰 비용이라고 생각한다.

이처럼 이성적 판단력이 높은 사람들은 확률이 높지 않으면 도전하지 않으며, 욕구의 크기가 큰 사람들은 실패확률이 매우 높더라도 가지고 싶으면 끝까지 노력하기 때문에 이들 중 성공한 자들이 사회의 주류로 살아간다. 감성적이고 외향적인 사람들이 이성적 판단의 소유자들보다 더 성공하는 것처럼 보이는 이유이기도 하다.

스스로 창업하여 사업한다 해도 성공확률을 높여주는 것은 문제를 발견하고 해결하는 능력인 창의력이 높아야 하지만, 욕구가 큰 사람은 이 창의력은 떨어지고 욕구만 큼으로써 실패확률이 높아지는 것이다.

　국가적으로는 실패하는 사람이 많더라도 누군가는 욕구의 크기가 매우 커서 크게 성공할 사람이 필요한 것은 사실이나, 개인적으로 보면 큰 욕구는 큰 실패를 초래할 가능성도 높다.

　이런 사람들은 욕구보다 창의력을 채워야 할 것이다. 그리고 욕구를 채우려다 훨씬 많은 사람이 사라져간 사실도 기억해두면 좋겠다.

⊞ '업종 궁합'인 『적성 분야』

똑같은 꽃을 보더라도 감성적인 사람은 '아름답다!'와 같이 감성적 뇌로 느끼며, 이성의 뇌가 발달한 사람은 '세포 덩어리'로 느낄 수도 있으며, 공포의 뇌가 발달한 사람은 꽃의 색깔을 보며 '무서운 보라색이네!'라고 느낄 수도 있다.

즉, 같은 것을 보더라도 자신의 성향에 따라 다르게 느끼고 배우고, 터득한다는 말이다.

어떤 분야의 뇌가 발달했는가에 따라 적성분야는 달라진다. 그 분야에 생각하는 시간이 많아지면 창의력이 자라나면서 그 분야의 전문가가 되고, 그 분야의 천재로 자라날 수 있게 된다.

아인슈타인이나 찰스 다윈같이 이성적 판단의 뇌가 발달한 천재 과학자들이나, 감성의 뇌가 발달한 고흐, 피카소 같은 화가, 모차르트나 베토벤 같은 음악가들도 다 자신의 '적성 분야'에서 '생각의 크기'를 키운 사람들이다.

아인슈타인에게 부모들이 음악을 그렇게 가르쳐도 음악분야로 대성할 수 없었고, 의사 아버지가 찰스 다윈에게 의사가 되기를 원하며 의과대학엘 보내고 공부시켜도 의사가 될 수 없었다. 고흐는 성직자

수업을 받았지만, 성직자가 될 수 없었다.

　사람은 정해져 있는 자신의 '적성 분야'에 매진할 때 가장 성과가 크게 나타나며, 흥미를 느낄 수 있으며, 힘든 노력도 참아낼 수 있게 되며, 가장 큰 행복을 느끼게 된다. 그 분야라야 돈을 크게 벌거나 명성을 크게 쌓을 수도 있게 된다.

　어떤 사람은 노래를 부를 때 가장 행복하다고 하며, 어떤 사람은 사랑할 때, 어떤 사람은 승진할 때, 어떤 사람은 연구가 성공할 때가 가장 행복하다.

　행복이라는 것은 도파민이나 엔도르핀 같은 쾌락과 관련된 신경전달물질이 작용하는 과정이며, 이 물질들은 크게 만족할 때 많이 분비된다.

　그리고 크게 만족하는 상황은 이성적인 사람은 이성적 상황에서, 감성적인 사람은 감성적 상황에서, 공포를 잘 느끼는 사람은 공포에서 벗어나는 상황에서 생겨난다.

　이처럼 공포의 뇌, 감성의 뇌, 이성의 뇌는 발달 정도에 따라 인간의 적성도 변화된다.

　다 자신만의 적성 분야를 가지고 있다.

　인간의 다양한 직업이나 문화, 놀이 등에서 자신이 가장 행복을 느끼는 분야, 가장 재미있어하는 분야가 바로 자신의 '적성 분야'이다.

　따라서 직장은 자신의 취미를 따라가는 것이 가장 신바람 나고 최선을 다할 수 있으며, 능력에 가장 적합한 직장일 가능성이 농후하다.

　예를 들면, 탁구에 흠뻑 빠져 있는 사람이라면, 탁구 코치가 되던가, 탁구장을 열던가, 아니면 스포츠용품 가게를 차릴 수 있으며, 탁구라켓 제조공장, 아니면, 탁구공이나 탁구 테이블, 탁구 의류 제조 등에도 어느 정도 적합한 분야가 될 것이다.

이 사람들은 탁구용품들에도 아주 민감해지므로 라켓의 마찰력이나 탄성이 얼마나 중요한지를 깨닫고 있다는 말이다.

이런 분야에서 일하거나 접해있을 때 뇌의 민감도가 가장 예민해지며, 작은 변화에도 큰 작용으로 나타난다.

다만, 한 가지 주의해야 할 점은, 자신이 좋아하는 분야라고 다 적성분야는 아니다. 예를 들자면 대부분의 어린이는 컴퓨터 게임을 무척 좋아하지만 그들의 적성분야가 게임은 아니다.

'적성분야'란 가장 자신에게 적합한 분야라는 뜻이며, 얼마나 사람들이 몰리며 그 사람들과 비교하여 자신이 경쟁우위에 있는지도 고려해야 한다.

예를 들어서 축구를 잘하는 어린이가 있다고 하자. 그렇다면 이 어린이의 적성분야는 축구일까? 축구선수라는 직업은 많은 사람이 할 수 있는 분야가 아니다. 만약, 우리나라에서 축구선수를 업으로 하는 사람 숫자가 1만 명이라고 하면, 그 어린이가 자라서 그 1만 명 안에 들어갈 수 있느냐는 것도 고려해야 한다.

축구를 좋아하고 잘하는 어린이들이 10만 명이라면 적어도 10% 안에는 들어야 가망성이 있으며, 축구에 적성이 맞는다고 할 수 있을 것이다.

적성분야는 고정된 것이 아니다.

칭찬에 자라고 꾸중에 작아진다. 만약, 어떤 분야에 큰 상을 받고 크게 기뻤다면 그 분야가 점차 자신의 적성분야가 되어갈 것이다.

적성분야를 정확히 판단하는 것은 무척 중요한 일이긴 하지만, 파악이 그다지 쉽지는 않다.

어린이들은 아직 이성의 뇌가 완성되지 않은 상태이기 때문에 적성을 파악하기가 조금 어려워지며, 중학생 이상일지라도 이성적 판단 능력이 크게 성장하지 못하였기 때문에 쉽게 판단할 수는 없다.

자신의 적성분야를 파악하기 위해서는 전문적인 테스트를 거치는 것이 좋다. 그 시기는 초등학교는 넘어야 하며, 사춘기 중에도 감성적으로 치우칠 수 있다는 점을 고려해야 한다.

그 외의 경우라면 조금이라도 일찍 전문검사를 받아서 그 분야의 능력을 키워주는 것이 좋다. 지금처럼 무턱대고 음악학원도 보내고, 태권도, 합기도, 검도, 미술학원, 웅변학원 등등을 다 보내보면서 어디에 적성이 있는지를 찾아보는 것은 참으로 무지몽매한 일이다.

우리 집의 큰아들이 대학진로를 결정할 때 나에게 조언을 구한 적이 있다.

뭣 때문에 그 과를 선택했느냐고 물었더니, '장래가 유망한 뜨는 종목'이란다. 나는 '장래가 유망한 종목보다는 자신이 가장 좋아하는 일을 해라! 그다음에 그 유망한지 아닌지를 따져봐야 한다!'라고 조언을 했다.

유망하다고 고른다면 크게 후회할지도 모른다. 장래가 유망한 종목이라면 많은 사람이 몰려갈 것이고, 그 사람들이 전부 경쟁 대상이 되면, 업종은 유망하되 직업으로 유망한 것은 아닐 수 있다. 직업을 고르는 데는 이와 같은 기준으로 고르는 것이 바람직하다.

아이들의 교육도 이와 같았으면 좋겠다. 일률적으로 똑같은 교육이 아니라 자신이 좋아하는 분야, 즉, 적성분야를 일찍 파악하고 그 분야에 좀 더 신경 써서 공부할 수 있도록 말이다. 그렇게 되면 가장 교육의 효과도 높을 뿐만 아니라 국가적으로도 가장 효율성 높은 교육제도가 될 것이다.

아직은 적성분야에 크게 관심이 없는 듯하며, 적성검사를 받더라도 그냥 검사에 만족하고 있지는 않은가?

공자가 이르기를 '아는 사람은 좋아하는 사람만 못하고, 좋아하는 사람은 즐기는 사람만 못하다.'라고 하였다.

어떤 분야에 일하면서 즐길 수 있는 것은 자신의 적성과 잘 맞는다는 말이며, 최대의 효과를 낼 수 있게 된다.

어른들에게는 쉽지 않지만, 아이들은 금방 컴퓨터나 IT기기에 대하여 배울 수 있다. 그것은 관심분야인가 아닌가에 따라 달라지기 때문이다.

흥미는 스스로 찾아 배우는 공부를 가능하게 하며, 사업에도 성공하게 할 것이다.

⊞ 『성공확률』을 결정하는 창의력
◇ 창의력으로 성공하는 방법

(상품개발과 상품개선)

　순댓국밥집이 즐비하게 늘어선 어느 시장에 어떤 아주머니가 순댓국밥집을 열었다. 이 아주머니는 개업하기 전에 주변에 늘어선 모든 가게의 순댓국밥을 다 먹어 보면서 어떤 재료들이 들어가는지를 전부 파악하고 가장 특징적인 재료들을 다 넣어서 순대를 만들고 국밥을 만든 것이다.

　그럼에도 1년 8개월을 넘기지 못하고 문을 닫고 말았다.

　경쟁이 치열한 사업을 하려면 상품이 비슷하면서도 색다른 특징이 있어야 훨씬 유리하다. 순대를 많이 넣어봤지만, 더 많이 주는 A집이 먼저부터 있었고, 찹쌀과 냉이를 넣은 순대를 만들어 봤지만, 이 역시 B집에서 커닝한 것이었고, 견과류를 넣은 순대도 해봤지만, 이 역시도 커닝 작품이었다.

　잘나가는 다른 집들과 경쟁에서 이길 수 있는 특별한 무기가 없었다.

　똑같은 맛을 낸다고 해도 기존 사업자에게는 단골이라는 충성고객들이 있지만, 신규 사업자에게는 그런 고객이 존재하지 않으며 거기에 그런 가게가 있었는지 알아주는 고객들도 별로 없다.

결국, 문을 닫을 수밖에 없었던 것이다.

경쟁이 치열해지면 가격도 깎아줘야 하고, 이윤은 내려감에도 일은 아주 많아지게 되지만, 경쟁이 없는 상태에서는 수요와 공급 평형이 무너지면서 사업이 잘되기 때문에 이윤도 극대화되고 사업도 편해질 것이다.

창의력으로 새로운 상품을 개발하여 특허를 받는다면 이는 경쟁 없는 독점 사업과 같다.

그 순댓국밥집 아주머니가 웰빙 시대에 맞게 한약재를 넣은 순대를 개발하고 특허를 받았으면 어땠을까?

사업은 훨씬 다른 국면을 맞았을 것이다. 남들이 아무도 안 하는 상품을 개발하여 사업하는 것이 바로 성공비결이다.

물론, 누군가 힌트를 준다면 모를까 누구나 쉽게 생각해 낼 수 있는 일은 아니다. 한약재를 넣어볼까 하는 생각도 창의력이 있는 사람이 할 수 있는 생각이며, 모든 음식에는 궁합이 있는 법인데 몸에 좋은 한약재라고 해서 아무 한약재나 첨가한다고 해서 훌륭한 음식이 되는 것은 아니기 때문이다.

그렇다고 해서 수만 개의 한약재를 다 섞어보며 음식을 만들어 실험할 수도 없는 노릇이다.

먼저 생각해봐야 할 사항들이 있다.

순댓국밥은 돼지고기 기름이 많아서 동맥경화 등 혈액순환 장애를 일으킬 수 있으므로 혈액순환에 도움이 되는 한약재이면 좋겠고, 두 번째는 한약재는 대체로 농축되면 먹기 힘든 맛과 향이 있으므로 여러 음식에 두루 응용되는 한약재로 해야 하며, 셋째, 실제 음식을 만들어 맛과 향이 순대국밥과 잘 어울려야 할 것이다.

앞으로의 세상은 경쟁이 매우 치열한 세상이므로 남들을 따라 하는 방식으로는 살아남을 수 없다.

사람들은 '어렵지 않으면서도 돈은 많이 벌 수 있는 아이템'이 없느냐고 물어본다.

스스로 상품을 창조해내고 특허를 받거나 영업비밀로 간직하는 방법 외에는 세상에 그런 일은 존재하지 않는다.

이런 배타적 권리가 없는 상태에서는 돈이 잘 되는 사업이라면 누구나 뛰어들어 공급 과잉을 일으킨다. 결국은 짧은 기간 안에 '어렵고 돈이 안 되는 사업'으로 변질하여버릴 것이다.

특허나 영업비밀도 나름대로 약점도 존재하긴 하지만 스스로 창조하지 못하는 사업에서 성공은 없다.

상품을 개발하는 것도 중요하지만, 꾸준히 개선하는 것도 필요하다.

청소기를 만들던 회사가 연구 끝에 스팀 청소기를 만들고 특허를 내서 상품을 생산해 낸다면 '상품개발'에 해당하며, 기존 청소기에서 먼지봉투 사용량을 줄이기 위하여 플라스틱 여과장치를 탈 부착할 수 있는 청소기로 개량한다면 이는 '상품개선'에 해당한다.

이 세상에는 설립된 지 100년이 넘는 기업도 많고, 200년이 넘는 기업도 존재한다. 이들은 한결같이 하나의 상품만을 가지고 그 수많은 세월을 견뎌온 것이다. 하지만 그 어떤 회사도 상품의 개선 없이 처음부터 끝까지 버텨온 회사는 존재하지 않는다. 그렇게 존재할 가능성은 앞으로도 전혀 없다.

그것은 세월에 따라 기술 수준이 변하고 고객의 마음도 변하므로 그런 고객의 기대에 부응하지 않고는 존립 자체가 불가능하기 때문이다.

더욱 유능한 경영자는 미리 앞서서 고객의 변화를 예측하고 그에 맞추어 상품의 성능을 개선하는 것이다.

남보다 한발 앞서 나가면 성공도 한발 앞서게 될 것이며, 한발 뒤 떨어진다는 것은 바로 실패를 의미한다.

(비용절감과 창의력)

경상도의 어느 국숫집에서는 국수를 주문하고 나서 음식이 나올 때까지 약 20분 정도가 소요된다.

그런데 서울에 있는 대학가에서는 20분씩이나 기다렸다가 국수를 먹는 집은 아마 어디에도 없을 것이다. 상가 세도 감당하기 어려울 테니까 말이다.

항상 물을 팔팔 끓여두었다가 손님이 오면 면을 풀어 즉시 삶고 손님에게 내 가는 시간은 5~10분 남짓이다.

벌써 10분 이상이 차이가 난다.

이 정도의 시간이면 전자와 후자의 테이블 회전율이 30% 이상이 차이가 나고 매출 역시 큰 차이가 날 것이다.

하지만, 어떤 집은 이 기다리는 시간을 더 줄였다. 일단, 국수를 살짝 끓여서 설익은 국수를 차가운 물에 잘 씻어서 보관해두었다가 손님들이 들어오면 팔팔 끓는 물에 다시 살짝 끓인 후 바로 나가는 방식이다. 그러면서도 면발이 탱글탱글 살아있게 유지하는 것은 사장님만의 창의력이자 영업비밀이다.

이 사장님은 테이블 회전율을 더 끌어올려서 매출을 더욱 높였다.

기는 놈 위에 나는 놈이라고 했던가?

손님이 오자마자 1분 이내로 국수가 나가는 집도 있다. 이 사장은 요일별로, 시간대별로, 국수 종류별로 나가는 수량을 조사해서 미리 끓여두고 있다가 손님이 오면 즉시 내 가는 방식이다. 예를 들자면 화요일 12시 30분에는 김치 비빔국수 5인분이 삶아지고 있고, 하야미 우동 3인분, 메밀국수 7인분이 항상 끓고 있는 상태라는 것이다. 예상되는 주문숫자에서 70%를 항상 준비하고 있단다.

이 방식은 통계가 정확하지 않으면 면발이 불어서 폐기해야 하는 위험을 안고 있어서 그만큼 통계가 정확해야 하며 수시로 피드백해서 통계를 수정해 나가야 한다. 또한, 아주 정확한 통계라고 해도 버려지는 음식은 생기게 마련이다. 이도 감안해야 한다.

요일, 시간, 국수 종류뿐만 아니라, 계절과 날씨에 따라서 고객 선호도가 달라지기 때문에 정확한 통찰력과 직관력이 뒷받침되지 않는다면 감히 도전하기 어려운 방법이다.

하지만, 통계만 정확하다면 매출은 높다. 매출을 높이기 위하여 머리를 싸매고 아이디어를 퍼내고 있기 때문에, 같은 상품에 있어서 창의력이 높은 순서는 매출의 순서와 같다고 보면 된다.

또 매출 대비 비용은 많이 줄어들게 된다. 가게의 임대료, 시설비, 전기료 등 고객의 수와 상관없이 거의 일정하게 지출되는 고정비는 고객 회전이 빠르면 빠를수록 상대적으로 낮아지는 효과가 있다.

그런데 테이블 회전율을 높이는 것만이 능사가 아니다. 한적한 도시 변두리의 어느 식당은 주문하고 나서 한참 후에야 음식이 나온다. 이것도 그 사장님의 전략이다. 식당을 지으면서 홀을 너무 크게 지어서 반 정도는 항상 비어 있었다.

그러다 보니 밖에서 다른 사람들이 보면 식당은 큰데 사람들은 별로 없는 것처럼 느껴지는 것이다. 65%의 사람들은 대개 시끌벅적한 곳을 좋아한다. 사람들이 별로 없으면 맛이 없는 줄 안다.

이 때문에 사장님은 오래된 목가구, 돌그릇, 멍석, 쟁기 등 골동품들을 전시하고, 테이블들도 전부 전통 나무탁자로 바꿔버렸다.

손님들은 주문하고 기다리는 동안 눈요기를 할 수 있어서 지루한 줄 모르고, 먹고 나서도 더 머물다가 가게 되어 가게 안은 항상 시끌벅적했다. 이것도 창의력이다.

전기를 많이 사용하는 경우는 전기요금을 절약하는 것도 비용을 절감하는 길이다. 전기 요금은 누진제가 적용되므로 적게 쓰면 낮은 단가가 적용되고, 많이 쓰면 높은 단가가 적용되므로 가정용 전기일 경우 1단계와 5단계의 단가는 6.6배 차이 난다. 전기 대신 다른 대체 에너지가 있을 경우 적극적으로 활용하여야 한다.

특히, 냉난방에 전기료가 크게 소모되므로 도심이 아니라 한적한 곳에서 스스로 건축물을 짓고 사업을 한다면 건물의 방향, 창문의 넓이, 단열재의 종류, 지붕 형태 등에도 신경을 써야 하며, 풍력발전이나 태양열 발전 등도 섞어 사용하면 일반전력의 단계별 단가를 크게 내릴 수 있으므로 도움이 될 것이다.

비용 절감은 신규 사업이 자리를 잡을 때까지 얼마나 버틸 수 있는가를 결정하는 중요한 요소로 작용한다. 물론, 자리를 잡은 후에도 마진율에 작용한다.

사업을 해 나가는 동안에도 IMF나 구제역 파동, 일본 쓰나미 사태 같은 경기침체는 항상 잠복하여 있다. 이런 경기 침체기에 비용 절감은 사느냐 죽느냐에 직결된 아주 중요한 문제이다.

남들이 어떻게 하는지 보고 비용을 절감하는 것은 기본이다. 그 위에 스스로 개발해낸 창의적인 절감방법이 추가되어야만 살아남는다.

(친절과 창의적인 친절의 차이)

　항상 싱글벙글하는 혜인씨는 평소 이런 생각을 하고 있었다.

　"나는 사업을 하면 잘할 거야! 나만큼 싱글벙글 손님을 즐겁게 맞아주는 사람이 어디 있어?"

　그리고 옷 가게를 시작했다. 그런데 처음에는 잘되던 가게가 점점 손님들이 줄어들고 있었다.

　IMF로 모두가 힘들어하는 시기였기 때문에 '그러려니!'하고 크게 신경 쓰지 않고 있었다.

　그런데 약간 떨어져 있는 어떤 옷 가게는 앉아서 차 마시며 노는 사람, 옷을 고르는 사람 등 이상하게 항상 손님들이 들끓었다. 아무리 그 주변을 서성여봐도 도대체 그 원인을 발견할 수가 없었다.

　그래서 그 가게 앞에서 잠복 아닌 잠복근무를 하게 되었다. 그러던 어느 날 정말 짜증스러운 일이 벌어졌다. 아니, 자신의 단골 중 단골인, 그것도 친구인 영숙씨가 그 집에서 물건을 사서 들고 나오는 것이 아닌가?

　"아니, 너, 정말!"

　혜인씨는 흥분해서 따져 물었다.

　그리고 며칠간을 잠복해 가며 그토록 캐내고 싶었던 비밀도 얻어낼 수 있었다.

　그 옷 가게의 여사장은 뚜쟁이였다. IMF가 터지고 손님들이 줄어들자 고심하던 끝에 대단한 서비스를 생각해낸 것이다.

　그동안 모아놓은 고객 수첩을 뒤져서 그 고객의 친구, 사돈에 팔촌까지 주변인물들을 수색하여 미래의 신랑 신붓감을 전부 물색하고 이들을 서로 맺어주는 무료 뚜쟁이 역할을 자청하고 나선 것이었다.

그리고 몇 건이 성사되자 소문을 타고 아는 사람 모르는 사람들 사이로 파고들었고, 그렇게 찾아오는 사람들은 성사가 되건 안 되건 일단은 옷을 구입하는 고객이 되었던 것이다.

그 친구 영자씨도 과년한 딸이 취직도 못 하고 놀고 있자 마음이 상하던 차에 그 옷 가게에 들러서 짝을 찾아보았다는 것이다.

IMF 이전보다도 장사가 훨씬 더 잘된다고 한다.

이처럼 웃음과 관심에 의존하던 친절 서비스는 이제는 누구나 하는 기본이 되었다. 자신이 잘할 수 있는 추가 서비스를 개발하여 다른 사람들과 차별화하는 것은 성공의 지름길이다.

어떤 사업도 창의력이 더해지지 않으면 사업 실패로 이어질 수도 있다는 사실을 보여주는 일화다.

어떤 주유소를 운영하시는 분은 자신의 단점을 잘 알고 있었다. 그 단점이란 새로운 사람의 얼굴을 잘 기억하지 못한다는 것이었다.

사업에 있어서 고객의 얼굴을 알아보는 것은 상당한 고객서비스에 해당하는데, 사장님은 그게 잘 안 되는 사람이었다.

그런데 창의력으로 그 단점을 보완한 것이다. CCTV를 달아놓고 시간이 날 때마다 되돌려보며 차 번호와 사람의 얼굴, 무슨 옷을 입었는지, 누구와 같이 왔는지, 당시 무슨 대화를 나누었는지를 외우는 방법이었다.

어떤 때에는 이 외우는 작업 때문에 날을 샌 적도 있다고 한다.

"아이고 사모님, 이번 파마는 지난번 긴 생머리보다 훨씬 예뻐 보입니다! 옷에도 잘 어울리구요!"

'어? 한 달 전 스치듯 들렀을 뿐인데, 나를 다 기억하네!'

이 얘기를 듣고 어떤 사람들은 '뭐, 그렇게까지 해야 하나?' 할지도 모른다. 하지만, 이런 노력이 모여지지 않는다면 성공을 보장하기 어렵다는 사실을 느껴야 한다.

여기에 내가 조금 더 쉬운 전략 하나 가르쳐 드렸다.

차가 들어오는 순간 사무실 종업원은 컴퓨터에서 차량 번호를 조회한다.

'○○월 ○○일 ○○시 주유, 동행자, 옷 색깔, 나눴던 대화, 기타 등의 메모가 조회되고, 차량을 맞이하러 가는 사장님에게 무전기로 전달해주면, 늦은 시간까지 암기하느라 잠을 설치고 다음 날 힘들어하는 일을 줄여줄 수 있는 아이디어였다.

사장님은 곧 이 아이디어를 프로그램으로 짜서 2년이 지난 지금까지 좋다며 잘 사용하고 있다. 장사가 잘되는 것이야 말할 필요가 있겠는가?

친절도 창의력이 덧붙여져야 빛이 난다.

서비스도 상품의 일종이라고 생각해야 한다. 서비스가 주 업종이 아니라 부수적이라 할지라도 주요 상품에 부속품 하나가 잘못되면 상품 전체가 쓸모없어지는 것과 마찬가지로 상품이 다 잘돼 있더라도 서비스가 잘못되면 상품을 팔아먹을 수 없다.

한비자(韓非子)라는 고서에는 구맹주산(狗猛酒酸)이라는 말이 있다. 즉, '개가 사나우면 술이 쉰다.'라는 뜻이다.

송나라 사람 중에 주막을 하는 사람이 있었다. 그는 술을 만드는 재주가 뛰어나서 술이 맛있었으며, 손님들에게도 친절하고, 술의 양도 속이지 않고 항상 정직하게 손님을 맞이했다.

그럼에도 날이 갈수록 손님이 줄어들었기에 그 주인은 양천이라는 마을 어른을 찾아가서 그 이유를 물어봤더니 "혹시, 자네 집 개가 사납지 않은가?" 했다는 것이다.

열 사람의 종업원이 있고, 모두 친절하더라도 한 사람이 친절하지 않으면 구맹주산이 되는 것이다.

고객을 대하는 얼굴 표정과 생기발랄한 모습은 지방으로 갈수록 못하며 소상업일수록 떨어진다. 이는 사장의 인식 부족에서 오는 경우가 많다. 그래서는 술이 쉰다는 사실을 명심해야 한다.

술이 쉬지 않으려면 매일 아침, 점심, 저녁으로 웃음행사 등을 통하여 얼굴 표정을 가다듬는 노력을 해야 하며, 목소리는 평상시보다 살짝 크고 높은음을 내야 생기가 돌게 된다.

복장은 밝고 컬러가 있는 옷이 생기가 느껴지며, 근엄한 인상을 주는 상하가 동일한 단일 색상인 근무복은 피하는 것이 좋고, 특히, 검정이나 하얀색 단일 복은 더욱 그런 인상을 준다.

시간적 여유가 있더라도 손님 앞에서는 동작을 살짝 빠르게 움직이는 것이 부지런하다는 인상을 주게 된다.

이제 경쟁이 치열한 세상에서 종업원이 웃음을 듬뿍 머금고 친절히 고객을 맞는 것은 기본이 되었다.

그보다 더한 서비스를 제공해야만 성공하는 세상이다.

서비스는 상품의 일종이라고 하였다.

상품은 고객의 만족을 느끼도록 하고 구매욕을 자극해야 함과 동시에 싫증이 느껴지지 않으며 주변인들에게 추천하고 싶은 마음이 생길 만큼 최고의 서비스여야 한다.

또한, 그 분야의 최고의 지식을 가지고 신뢰를 심어 주어야 한다.

물건을 진열해 놓고 파는 가게일 경우 종업원은 고객의 마음을 빨리 읽는 기술을 함양해야 한다.

어떤 손님은 처음부터 끝까지 설명해주고 도와주기를 원하기도 하지만 어떤 손님들은 미리 머릿속에 정해놓은 상태에서 조용히 상품을 둘러보며 생각과 상품을 맞춰보기를 더 좋아하는 사람들도 있다.

여기에도 6535 법칙에서 35%에 해당하는 사람들에게는 너무 자세한 설명이나 권유는 오히려 역효과를 낼 수 있으므로 이런 성향의 고객들은 재빨리 파악하여 약간의 응대 후 빠져주어서 혼자의 시간을 보내도록 하고 그 시간에 다른 고객을 응대함으로써 다른 고객들의 기다리는 시간을 줄여 주어야 한다.

이처럼 서비스에서도 창의력을 발휘한다면 상품의 질을 높이는 것과 동일한 효과를 누릴 수 있으며 직접적인 홍보 효과뿐만 아니라 비용절감 효과도 누릴 수 있게 된다.

어떤 사업을 하든지 65%는 이성적 설명보다 감성적 접근이 필요한 사람들이란 걸 명심해야 한다. 이 부분이 창의적인 사람들이 가장 간과하기 쉬운 부분이다.

(홍보)

사업에 있어서 홍보는 질 좋은 상품만큼이나 중요한 자리를 차지한다.

창업할 경우는 그 중요성이 훨씬 더 높아진다.

어떤 아주머니가 분식집을 시작하여 1년 남짓 유지하긴 했으나 별로 장사가 잘 안돼서 그만두었는데, 그 자리에 어떤 젊은이가 국수 가게를 열고 사업에 뛰어들었다. 여기는 지방의 조그만 도시이고 그 청년은 서울에서 내려왔기 때문에 아무런 인맥도 없었다.

하지만 그 젊은이는 1년도 되기 전에 점심시간에는 기다렸다가 먹어야 할 만큼 성장했고 그 후 변함없이 5년 이상을 이어오고 있다.

이 젊은이의 성공 비결은 뭘까?

음식을 먹어보니 꽤 맛있는 국수였다. 하지만, 음식이 맛있다고 다 성공하지는 않는다. 그전에 그 자리에서 장사했던 분식집 아주머니도 음식에 관한 한 뒤지지 않는 실력임에도 실패를 했었다.

성공 요인은 다름 아닌 홍보에 있었다.

사람들이 많이 지나다니는 목 좋은 자리에서 장사한다고 해도 처음 개업식에서 많은 화환이 걸리고 소란스러워지면 관심을 두다가 화환이 치워지고 주변의 가게들과 다를 게 없어지면 사람들의 관심에서도 멀어져 간다.

지나다니는 사람 중 30%도 가게를 쳐다봐주지 않으며, 쳐다보는 사람이 있다고 해도 대개는 관심이 없으며, 관심이 있다고 해도 구매로 연결되기 어렵기 때문이다.

그래서 어떤 사업장에서는 개업할 때처럼 풍선 아치를 달고 댄서들이 춤추는 기획행사를 주기적으로 연다. 하지만, 매일 이런 일을 치를 수도 없는 노릇, 효과는 있으나 비용이 만만치 않다.

그래서 밑에서 송풍기로 바람을 불어넣어 주면 풍선이 흐느적거리며 춤을 추는 장치인 스카이댄서가 등장했다. 하지만 이것은 도로를 무단 점유하고 있는 것으로 불법행위에 해당한다.

이 서울 젊은이는 획기적인 방법으로 홍보해서 성공을 거둔 케이스다.

얇은 나무 합판을 우스꽝스러운 광대의 모습으로 자르고 페인트칠을 해서 모터를 달아 5초 주기로 국수를 먹는 자동식 꼭두각시 인형을 만들어냈다.

그리고 크고 훤한 창문 안쪽에 설치해 놓고 조명을 달았다. 움직이는 조형물은 정적인 간판이나 포스터보다는 몇 배의 홍보 효과가 있다.

그리고 일단 안으로 들어온 손님에게는 비장의 무기로 결정타를 날린다.

그 창문에서 퍼포먼스 하는 인형이 바로 주인장의 컨셉과 일치시켜 놓은 것이다.

인형과 같은 모자를 쓰고 같은 분장, 같은 복장, 우스꽝스러운 표정으로 서빙을 하고 있었던 것, 거기다가 음식이 맛도 있고, 친절하기까지 해서 한 번 들른 고객은 오랫동안 기억이 되고 죄다 단골이 되었던 것이다.

앞서 분식을 했던 아주머니도 음식 맛이 없는 것이 아니라서 2~3년 정도를 버텼다면 단골들도 생길 것이며 계속 이어갈 수 있었을 것이다.

하지만, 초기 홍보 효과는 성공을 좌우한다. 사업하려면 초기 투자 비용이 있을 것이며, 다달이 들어가는 고정비용 또한 있을 것이다. 이런 비용을 빨리 회수하지 못한다면 실패할 확률이 높아진다.

이 아주머니는 있는 돈을 전부 털어서 점포비용을 대고 나니 다달이 들어가는 고정비용과 생활비는 매달 수익에서 충당해야 했으나 사업이 빠르게 안정되지 않았기 때문에 적자가 누적되어 결국은 손을 들고 만 것이다.

하지만, 같은 자리 비슷한 음식을 가지고도 누구는 실패하고 누구는 크게 성공할 수 있다.

이것이 바로 홍보의 효과이다. 최소의 비용으로 최대의 효과를 노리는 것이다.

그 아주머니한테는 없고 그 청년에게는 있었던 것이 바로 창의력으로 한 사람에게는 실패를 한 사람에게는 성공을 가져다준 것이다.

◦ 다른 사람의 창의력을 이용하는 방법

(고객의 창의력 이용하기)

어떤 사람이 전 재산 수백억 원을 털어서 평생 수집한 'ㅇㅇ 박물관'을 만들어서 사업하고 있다. 어떤 사업이든지 처음부터 고객의 맘에 쏙 들도록 계획을 훌륭하게 세워서 진행해나가기는 힘들다. 해나가면서 잘못된 부분들을 수정해나가면 그것이 바로 훌륭한 성공모델이 되는 것이다.

이 사업체도 고객들이 관람해본 결과 조금씩 불편한 점들이 있었다. 그래서 늘 홈페이지 게시판에는 이러 저러한 개선요구사항들이 올라오곤 했다.

하지만, 이 업체에서는 그 요구사항들을 개선할 마음이 별로 없는 듯했다. 사실, 사장이 뭔가 의도를 가지고 진열을 했다 하더라도 고객들이 불편하면 사장의 의견이 잘못이었다는 증거기 때문에 이를 수정하는 것이 옳다.

그러나 게시판의 답변들은 대게 '그것은 이러저러한 이유로 꼭 필요한 것이므로 양해 바랍니다.'라는 식으로 고객들을 길들이기 위한 답변들뿐이었고 수정되는 건은 별로 없었다.

개중에는 정말 고객이 불편해도 정말 불가결한 것일 경우도 있을 것이다. 하지만, 이 업체에서는 대부분 고객불만이 이런 식으로 처리되는 것으로 보아서는 사장이 고객을 이해하지 못하는 것이 분명했으며, 이런 소문은 결국 고객들의 외면하게 되는 계기가 되어 10여 년 가까이 적자를 면치 못하고 있다.

결국, 문제점을 대번에 찍어낸 어떤 컨설팅 회사의 도움을 받아서 고객불만을 적극적으로 개선에 활용하기로 생각을 고쳐먹게 되었다.

물론, 개선은 적중했고 고객들이 조금씩 늘어가기 시작했다.

하지만, 정상회복까지는 아직도 많은 세월이 필요한 듯, 한 번 등을 돌린 고객들의 마음이 치유되기는 더 시간이 필요한 것 같다.

이처럼 고객의 불편사항을 항상 주시하고 이를 개선하지 않는다면 사업은 존폐의 위기에 서게 된다.

이 업체에서는 여유자금이 충분하였기 망정이지 그마저 부족했다면 몇 해를 넘기지 못하고 문을 닫았을 것이다.

어떤 업체도 사업의 방향은 고객 만족이어야 한다.

고객 마음을 충족하지 못하고도 성공하는 사업은 존재하지 않는다.

마이크로소프트는 윈도우즈를 만들어서 성공한 회사다.

하지만, 처음 윈도우즈가 출시될 때에는 '이런 제품도 상품이라고 내놓았는가?'라는 생각이 들 정도로 형편없었다. 마우스로 동작하기 때문에 생소하고 접해보고 싶은 생각은 들었으나 버그가 너무 많아서 한참 작업하던 컴퓨터가 꺼져버리기 일쑤였다.

그러나 그렇게 출시된 윈도우즈는 지금 컴퓨터에서는 가장 중요한 소프트웨어가 되었다.

그렇게 되기까지 가장 핵심적인 역할을 한 것은 고객들의 불만이었다. 고객들의 불만이 쏟아질 때마다 프로그램을 수정하여 올려놓으면 고객 스스로 다운로드 하여 사용하는 방법을 채택한 것이다. 더 나아가 프로그램이 이상 작동하면 쉽게 신고할 수 있도록 프로그램을 삽입하여 오류들을 적극적으로 찾아내고 수정하였다.

이 과정을 통하여 점차 프로그램을 향상해나감으로써 오늘날 세계 최고의 회사에 이른 것이다.

사업자들이 고객의 마음을 읽지 못했다면 결코 오늘날의 MS사는 존재하지 않았다.

요즘은 대부분 홈페이지를 운영하고 있어서 고객의 마음을 읽는 일은 별로 어렵지 않다. 홈페이지의 자유 게시판에 그들의 불편사항이 고스란히 올라오기 때문이다.

피드백은 항상 중요하다. 사업을 이끌어 가는 것은 경영자가 아니라 '고객의 불만사항'이어야 한다. 그것이 경영자의 모자란 창의력을 채워줄 것이다.

누군가 사업에서 실패하고 있다면 그 원인은 고객의 마음을 읽지 못한 것이지, 불황 운운하면 그것은 하나의 핑계일 뿐이며, 그런 상황에서도 누군가는 성공하고 있다는 사실을 잊지 말아야 한다.

아무리 성공한 기업이라 할지라도 고객 불만이 항상 있을 것이며, 조금 더 통찰력 있는 눈으로 보면 고객 만족을 키우고 이익을 창출하는 방법은 늘 있다.

고객을 살피고 피드백하는 것은 사업의 기본이지만 많은 사업자가 자신은 그러고 있다는 착각에 빠져있는 것이 문제다.

언제나, 누구나 고객의 소리 피드백에 아직도 부족하다는 사실을 인식하는 것이 필요하다.

칭찬은 빨리 잊어버리고, 불만은 해소된 뒤에도 항상 기억해야 한다.

(창의적 직원 선발은 사업성공의 지름길)

　　누구나 훌륭한 창의력을 가진 사람을 뽑아 쓰길 원한다. 그럴 수만 있다면 얼마나 다행한 일인가?

　　스티브 잡스는 애플의 주가를 세계 최고로 올려놓은 장본인이다. 요즘 창의력 하면 잡스를 떠올릴 정도다.

　　하지만, 잡스는 한 때 해고된 적이 있다. 그를 해고시킨 사용자는 잡스의 창의력이 고갈된 줄 알았을 것이다.

　　이처럼 창의적 인재를 알아보는 방법은 간단하지 않다. 이러한 사실들을 우리는 앞에서 '아는 만큼 보인다.'라고 설명했었다.

　　그래서 경영자는 창의력이 뭔지를 정확히 알아야 하며, 스스로 창의력을 길러야 한다.

　　이 책에서는 사업할 사람들에게 '인재를 이렇게 뽑아야 한다.'라는 방법을 알려주기 위하여 무척 애를 썼다.

　　나는 '쾌삶연구소'라는 홈페이지를 통하여 자신의 창의력 지수를 점검해볼 수 있는 툴을 제공하고 있다.

　　그 설문 중 한 가지를 소개하자면 키도 물어보고 발 사이즈도 물어본다. 발 사이즈를 알면 어느 시기에 영양분이 충분, 불충분했었는지를 알아볼 수 있기 때문이다.

　　본인 스스로 자신의 창의력 지수를 알아보고자 한다면 이런 설문에 거짓으로 답할 가능성은 매우 적다. 그러나 만약, 입사 시험에서 이런 문제로 입사와 탈락이 결정된다고 하면, 학원에서는 모범답안을 가르쳐주게 될 것이며, 창의적 인재를 골라낼 재간이 없어진다.

　　그러므로 학원도 어쩔 수 없는 방법을 연구하여 문제를 출제하거나 면접을 치러야 할 것이다. 그 토대를 이 책 구석구석에서 제공하고 있다.

예를 들자면 이런 것이다.

높은 절벽이 있다. 그 절벽 끝으로 서서히 다가가게 하면서 심장이 얼마나 빨리 뛰는지 등을 측정한다. 이는 두려움을 측정하는 방법이고 포괄성을 측정하는 방법이다.

이 방법은 학원에서 할 수 있는 일이 별로 없는 본능적인 기능이기 때문이다.

‘6535 법칙’에서 두 가지 실험을 소개한 바 있다. 이 실험은 전 세계의 어느 나라에서나 비슷한 실험들이 이루어지고 있다. 이와 유사한 방법으로 테스트한다면 65인지 35인지 가려낼 수 있다.

이 역시도 학원이 할 수 있는 일은 별로 없다. 아니, 없도록 시나리오를 준비해야 할 것이다.

이와 같은 문제들은 한 가지만으로는 창의력을 가름하는데 조금 신빙성이 떨어진다. 그러나 수십 가지 문제를 내고 점수를 산정하면 그 정확도는 아주 높아진다.

이 책을 잘 연구하면 창의적인 인재를 골라 쓸 방법들이 무궁무진하게 발견될 것이다. 이렇게 하면 훌륭한 툴이 만들어질 수 있을 것이다.

앞에서, 집단토론도 각 멤버의 창의력에 크게 의존한다고 하였다. 회사의 결정능력도 이와 같다. 그러므로 창의적인 인재를 채용한다는 것은 사업 성공으로 가는 지름길일 것이다.

(위임과 전결)

　　최고 책임자가 모든 결정을 내린다는 것은 혼자서 일하는 것과 같
고, 위임전결을 100% 인정해주면 사원 전원이 일하는 것과 같다. 창
의력 측면에서는 더욱 그렇다.
　　만약, 감성적인 사람이 사업을 꼭 하고 싶다면, 이성적 인재를 구
해서 직원, 지배인, 동업자로 삼는 것이 현명한 방법이다. 그리고 그
런 인재를 채용하였다면 그들에게 권한 위임을 확실하게 해주어야 창
의적 성과를 기대할 수 있다.

　　어떤 사람이 선거에 입후보하였다.
　　이 사람은 감성적 영역의 사람이었으며, 여러 분야에 골고루 경험
을 쌓았다고 생각을 하고 있다.
　　누구나 모자란 부분이 있을 수 있고, 그 모자란 부분에는 전문가
를 보좌관으로 임명하여 늘 그들의 의견을 듣고 정책을 실행한다면
문제가 없다고 주민을 설득하여 당선되었다.
　　당선된 후 자신의 보좌관들로 학계에서 덕망 있는 교수들이나 전
문가들을 대거 영입하였다.
　　이 당선자는 정책을 아주 잘 수행하였을까?
　　그런데 그가 편 정책들은 대부분 별 볼 일 없다는 평가를 받았다.
감성적인 사람들이란 권위를 크게 생각하는 사람으로 그 역시도 카리
스마가 짱짱한 사람이었다. 그 밑에서 일하는 사람들의 의견은 늘 위
축되게 마련이다.
　　늘 그 사람의 의중을 살피게 되고 자신의 전문가적 의견보다 상관

마음이 크게 반영된 정책만 수립되었다.

그뿐만이 아니었다. 세상에는 분야마다 수많은 전문가가 존재한다. 그중에서 자신과 일을 같이해줄 전문가를 고르는 일이라면, 자신과 같은 성향의 사람을 고르게 마련이다.

즉, 다른 성향의 사람들을 골라내지 못하는 것이다. 이것이 그의 정책의 다양성을 해치는 요소로 작용하고 있었던 것이다.

그런 사람에게서는 훌륭한 정책을 기대할 수 없게 된다.

사업에서도 마찬가지다.

사람은 자신과 같은 성향의 사람에게 후한 점수를 주게 마련이고 서로 다른 성향의 사람에게는 훌륭해도 박한 점수를 줄 수밖에 없게 된다.

채용할 때에도 더욱 열린 마음으로 채용하고, 채용하고 나서는 확실한 위임전결이 필요한 것이다.

사업에서는 자신과 다른 성향의 직원들이 좀 더 많이 분포해 있는 것이 바람직하다. 이유는 자신이 놓치기 쉬운 요소들을 이 직원들이 어느 정도는 커버해줘야 하기 때문이다. 그런데 자신과 성향이 유사한 사람에게 후한 점수를 주는 특성 때문에 그렇게 하기가 어렵다는 것이다.

그런 사실을 미리 알고 있어야 애써서 다른 성향의 직원들, 동업자를 고를 수 있게 된다는 사실을 기억해 두자.

그런 직원을 뽑았으면 전적으로 위임전결해야 한다

직위에 따라 정해진 권한과 의무가 있을 것이다. 위임과 전결은 권한과 의무에 맞아야 한다. 경영자가 아랫사람의 업무 범위까지 신경 쓰다 보면 정작 전체적인 부분에서 많은 것을 놓치게 될 것이다.

　대부분 사람은 서로 대화하고 의논하면서 더욱 합리적인 방향을 찾는 것이 위임전결보다 훨씬 좋다고 생각하고 있다.

　하지만, '집단토론도 개인 창의력 크기에 좌우된다.'라고 했듯이 장점보다 훨씬 단점들이 많다.

　만약, 위임전결보다 토론으로 결론을 내야 한다는 생각을 했다면 이 토론의 단점을 정확히 파악하고 이를 배제하려는 방안을 철저히 강구하여 토론해야만 한다.

　그렇지 못하다면 위임전결을 통한 결정보다 훨씬 나쁜 결과를 초래하게 될 것이다.

　위임전결의 단점이 없지는 않겠지만, 그럼에도 위임전결에 조금 더 무게를 두고 절충하는 것이 가장 바람직하다. 그것이 그들의 창의력을 이용하는 방법이다.

◇ '블루오션'은 먹기 힘든 뜨거운 감자

　'뜨거운 감자'라는 말은 요즘 'Hot issue' 정도로 오용되고 있지만, '꼭 먹고 싶긴 한데 너무 뜨거워서 먹기 힘든 감자'라는 뜻이다. '뜨거운 감자'를 왼손, 오른손을 번갈아 가며 호호 불며, 한 입 먹었다가 혓바닥이 데었던 경험은 아마 누구에게나 있을 것이다.

　그런데 블루오션이 어째서 '뜨거운 감자'라는 말일까?

　'블루오션(Blue Ocean)'이라는 단어는 1990년 중•후반에 생겨나서 한동안 최고의 트렌드로 사람들의 입에 오르내린 말이며, 아직도 그 기세는 꺾이지 않고 있다.

　'블루오션'이란, 다른 업체들과 효율성 경쟁, 가격 경쟁이 심각한 시장을 일컫는 '레드오션(Red Ocean)과 상반되는 말로, 경쟁 없이 시장을 지배할 수 있는 사업 영역을 말하며, 스스로 개발한 특허제품을 일컫는데, 이를 창의력의 다른 말쯤으로 이해해도 무방할 것이다.

　우리는 자유시장 원리에 입각한 자유민주국가에서 살고 있다.

자유 시장 원리라는 것은 누구나 쉽게 업체를 바꿀 수 있으며, 생산물을 자유의지에 의하여 조절할 수 있는 시장을 말한다. 따라서 돈이 된다면 많은 업체가 몰리게 될 것이며, 생산량을 늘리게 된다.

결국은 사려는 사람보다 공급되는 물량이 많아지면 가격이 내려가고, 가격이 내리게 되면 뛰어들려는 업체들이 줄어들거나 생산량을 줄이게 됨으로써 가격이 규제에 의하지 않고도 스스로 조절된다는 것이다. 이것이 '애덤 스미스'가 언급한 '보이지 않는 손'이라는 기능이다.

이 보이지 않는 손의 기능은 꼭 수요와 공급량에 의하여만 정해지는 것이 아니고, 얼마나 힘든 과정인가, 얼마나 위험한 작업인가, 얼마나 하기 싫은 일인가 등의 '3D(Difficult, Dirty, Dangerous)와도 관련이 깊으며, 원재료 조달이 어렵지 않은가도 관련이 깊다.

앞으로 경쟁이 아주 치열해지면 돈이 되는 곳은 사업자들이 몰려들 것이며, 피 튀기는 레드오션이 될 것이다.

'블루오션'과 '레드오션' 중 어떤 업종이 창업에 있어서 성공하기가 쉬울까? 안타깝게도 정답은 '레드오션'이다.

블루오션이란, 어떤 발명특허를 냈거나, 영업비밀로 간직하고 있는, 어떤 노하우가 있어서 다른 사람은 할 수 없고 나만이 할 수 있는 사업에 해당한다.

맨 처음 언급했던 송나라의 상인 이야기를 다시 해보자.

사람은 누구나 옷을 입어야 하며, 필요에 따라서 모자도 써야 한다.

그런데 송나라 상인의 눈에는 옷도 잘 입지 않고, 모자도 쓰지 않는 월나라에서 의복장사, 모자 장사를 하는 것은 블루오션이었다.

당시의 월나라는 현재의 중국 남쪽 저장성에서부터 베트남 인근까지였는데, 현재 이 지역에서 옷을 입지 않고 사는 사람들이 있는가? 그런 사람은 거의 없다.

그렇다면, 당시로써는 옷을 팔만한 가장 시장성이 넓은 '블루오션'인 것이 옳다. 그럼에도 송나라 상인은 장사에 성공하였는가?

'권위와 여론에 의한 창의력 위축'에서 우리는 큰 발명품을 발명한 사람들이 대부분 실패한 경우들을 살펴보았다.

그 이유는 구매력이 있는 시장이 형성되지 않았기 때문이다.

지금 쓰이는 제품처럼 미끈하게 잘 만들지 못해서일 거라고 생각할 수도 있으나, 그렇지만은 않다.

구텐베르크가 새로운 활자를 이용하여 찍어낸 책은 오늘날과 비교하여 크게 다를 바 없었음에도 그는 사업에 실패했다.

즉, 사업에 성공하기 위해서는 시장이 성숙해야 한다는 것을 알 수 있으며, 블루오션은 시장이 미성숙한 상태라는 말이다.

레드오션 시장에서 전략이 다르던가 아니면 자신만의 노하우, 실용신안 같은 작은 발명들을 통하여 경쟁에서 이기는 방법이 성공의 지름길이다.

블루오션의 문제점은 우선 비용이 비싸다는 단점이 있다.

연구비를 많이 투자했으니 당연히 상품가격이 올라갈 것이며, 대부분 사람은 잘 모르기도 하거니와 가격도 비싸서 잘 사용하지도 않는다.

많이 사용하면 생산 단가를 낮출 수 있어서 상품 가격을 내릴 수 있으나 많이 사용하지 않는다면 가격을 내릴 수도 없다.

또, 처음부터 완벽한 상품을 만들어 낼 수 있는 기획자 또는 연구자는 거의 없다.

대부분 초기에는 볼품없으며, 사용하기에 편리하지도 않은 제품들로, 고객 불편을 수렴하여 그것을 수정해가는 과정이 거듭되면서 완제품이 되어가는 것이다.

블루오션 상품이란 이와 같은 수정과정을 거치지 않았으니 당연히 불편한 제품에 속한다.

이런 이유로 블루오션이란 꼭 먹고 싶기는 하나 너무 뜨거워서 당장은 먹을 수 없는 제품이나 시장으로, '뜨거운 감자'와 같다.

그럼에도 사람들은 '블루오션'을 외쳐대며 그 제목으로 수많은 책이 서점가를 휩쓸고 있다.

그 책을 쓴 사람들은 귀납적 방법으로 연구하였기 때문에 블루오션의 가치를 과대평가하고 있는 것으로 판단된다.

우선, 성공한 사람들을 조사한다. 크게 성공하면 할수록 블루오션에서 사업한 사람들일 가능성이 높다. 그래서 많은 저자가 블루오션이 답이라고 생각하고 있겠지만, 이들은 가장 큰 변수를 놓치고 있는 것이다.

일본의 사무라이들처럼 성공한 사람보다 실패한 사람의 숫자가 훨씬 많다는 사실 말이다.

사람들이 나에게 성공할 수 있는 아이템 하나만 가르쳐달라고 요청하면 내가 주로 추천하는 직종은 의외로 '음식점'이다.

우리나라에서 음식점은 전 업종을 통틀어서 가장 수가 많다. 2009년 통계청 자료로 보면, 전체 우리나라의 사업체 수가 약 325만 개이며, 이 중 가장 많은 업종은 단연 한식 음식점(28만 개, 8.6%)이고, 이를 포함한 일반 음식점 전체는 32만 개(9.8%) 정도이며, 주점업을 뺀 음식점 전체는 42만 개(12.9%)에 이른다.

우리나라에서는 가장 치열한 경쟁이 벌어지고 있는 '레드오션' 중의 레드오션이다. 많은 사람이 이 시장에 뛰어들어 창업했다가 상당수가 사라져 간다. 남들 하니까 나도 해보자는 식으로 뛰어들었다가는 무조건 망한다고 생각하면 맞다.

계속 살아남고 돈도 많이 버는 사람들은 남다른 노하우가 있다는 말이다. 음식 맛이 유별나게 좋거나, 유별난 친절 서비스가 있거나, 쓸데없이 낭비되는 비용들을 절약하여 음식의 가격을 낮추는 등의 남들과 다른 뭔가가 있다.

수도 없이 망하여 사라져가는 보통사람들에게는 보이지 않는 이것이 바로 창의력(통찰력과 직관력)이다.

어떤 음식점의 사장은 열효율을 높이는 장치를 발명했다.

배기열이 다시 한 번 더 조리기를 돌아나가도록 해서 효율을 높인 것이다.

여기서 절약되는 가스 값만큼 음식 가격을 내릴 수 있어서 이 사장님은 성공했다.

어떤 불고기 집 사장님은 불판이 통으로 되어 있는 것이 아니라 젓가락처럼 긴 막대기로 되어 있고, 핸들을 돌리면 저절로 불판이 바뀌는 장치를 개발했다.

이 젓가락처럼 생긴 막대기 불판은 설거지하기가 젓가락을 닦는 것만큼이나 아주 간편하다.

이로 인하여 주방에서 불판을 닦는 사람을 덜 쓰게 되어 그 비용만큼 음식값을 낮출 수 있었으며, 신기한 장치에 호기심을 느끼는 고객들이 늘어났고, 지저분한 불판에서 고기를 굽지 않아도 되니 고객들의 편의성도 나아지면서 현재 크게 성업하고 있다.

어떤 음식점 사장님은 지하 깊숙한 곳에 파이프를 통과시켜 거기서 나오는 지열을 통하여 겨울철 난방비를 절약하고 음식값을 낮추었다.

이런 비용절감 아이디어는 무궁무진하다.

맛있는 음식을 개발하는 것이라든지 특별한 친절 서비스를 제공하는 것들 모두 창의력(통찰력과 직관력)을 가지고 이루어내는 일들이다.

위험한 블루오션의 큰 아이디어보다는 레드오션 속의 작지만 알찬 아이디어들이 성공을 보장해준다.

그럼에도 뛰어난 발명 아이디어를 가지고 있는 사람들이라면 꼭 블루오션에 뛰어들어 사업 해보려 할 것이 틀림없다.

블루오션에서는 성공만 한다면 무엇보다도 큰돈을 벌 가능성이 높고 명성을 드높일 수 있다. 그러나 빠르게 시장이 성숙하지 않음으로써 비용 과다로 실패할 확률도 높다고 했다.

꼭 블루오션 사업을 하고 싶은 사람들이라면 몇 가지 주의를 기울여 파악해보자!

첫째, 시장이 성숙하기까지 얼마나 걸릴 것인가? 둘째, 시장을 설득할 기술은 있는가? 셋째, 시장이 성숙할 때까지 내가 투자해야 할 비용은 얼마쯤 되는가? 넷째, 그때까지 내가 버틸 수 있는가? 다섯째, 시장이 성숙한다면 다른 사람들이 침투하지 못할 만큼의 배타적 권리(특허권, 영업비밀 등)를 가질 수 있는가? 여섯째, 충분히 수익을 낼 수 있겠는가?

요즘은 옛날과는 달리 시장이 빠르게 성숙할 가능성이 높은 시대에 와 있다.

인터넷매체 등을 통하여 빠르게 홍보할 수 있으며, 효용성만 있으면 인터넷카페 등을 통하여 동호인들이 생겨날 수 있다.

그럼에도 위 여섯 가지는 충분히 검토해봐야 한다.

위 여섯 가지 중에 가장 중요하다고 생각되는 것은 두 번째, '시장을 설득할 기술이 있는가?'이다. 이에 대하여는 앞의 '여론과 권위, 권력에 의한 창의력 위축'에서 '권위와 여론'을 적절히 사용하는 설득의 기술에 대하여 설명한 바 있다.

◇ 보따리를 제때에 싸는 것도 창의력

상품 시장은 재래시장처럼 크기가 정해져 있지 않다.

커지기도 하고 줄어들기도 하며 태어나기도 하고 죽기도 한다. 성장할 때 들어가고 전성기에 또 다른 제품을 개발해야 하며, 후퇴할 때 재빨리 보따리를 싸야 한다.

끝까지 버티는 전략이 기존에는 먹혔지만, 이제는 그런 시대는 끝났다.

계속해서 창의적 아이디어를 만들어내지 못하면 망한다.

포드 자동차는 컨베이어 시스템을 도입하여 세계 최고의 자동차 회사가 되었지만, 지금은 지속적인 변화에 뒤처지면서 점점 이름이 묻혀 가고 있다.

회사에서 직원으로 종사하는 경우에는 업무상 실수나 실패도 쉽게 구제받을 수 있다. 고의가 아닌 경우는 주의, 경고, 감봉 등 약간의 징계를 받음으로써 마무리되는 경우가 대부분이다. 고의로 회사에 중대한 피해를 입히지 않은 경우라면 회사에서 쫓겨날 가능성은 별로 없다. 승진에서도 마찬가지다. 이번에 누락되어도 다음에 승진하면 된다.

하지만, 사업은 아주 다르다.

고의가 아닌 간단한 실수로도 사업을 접어야 할 만큼 치명적일 수도 있으며, 실수가 아니더라도 상황판단을 잘못해서도 사업에 치명적일 수 있다. 지속적으로 아이디어가 창출되지 않아도 마찬가지다.

더 크게는 패가망신할 수도 있다.

따라서 사업은 현실을 정확하게 읽어내는 통찰력과 미래에 대한 직관력이 필요하며, 꾸준히 발전하지 않으면 실패하게 된다.

이것이 다른 회사에 종사원으로 근무하는 것과 크게 다른 점이다.

주식투자가 왜 어려운지 아는가?

일반인들은 가장 궁금한 게 어떤 종목을 사야 하는 지이다.

하지만, 주식투자에서 가장 중요한 것은 언제 파는가가 가장 중요하며, 어떤 주식을 사야 하는지는 금방 망할 회사만 아니면 투자가 가능한 것이다.

예전에 주변에 어떤 사람은 공모주를 3만 원 정도에 구입을 했다. 이 주식은 상장하고 나서 계속 올라갔다. 약 12만 원까지 올라갔을 때 그 정도면 되었다고 생각하고 팔아버렸다.

그리고 적당히 이익도 본 김에 부인과 아이들에게 줄 선물을 사고 퇴근했다. 반겨줄 것으로 생각했던 예상과는 달리 부인의 바가지가 시작되었다.

"아니! 그게 어떤 주식인데 벌써 팔았어?"

"남들은 다 50만 원을 넘어간다고 아우성인데, 어떻게 12만 원에 팔아버려?"

대판 싸우고 나서 그 다음날 부인은 12만 원보다 더 비싸게 그 주식을 다시 사버렸다.

그 후로도 주식은 계속 올라갔고, 부인은 의기가 양양해하며 남편을 비꼬았다.

계속 오를 것만 같았던 주식은 17만 원을 찍고는 내리막을 타기 시작했다. 그분들은 3년을 더 기다리다가 5만 원까지 무너졌을 때에야 정신을 차리고 팔아버렸다.

　4배 이상 이익을 낼 수 있었으나 결국은 잘못된 판단으로 이자도 안 되는 수익만을 남기고 털어버린 것이다.

　다시 주식을 사버린 부인의 판단이 잘못되었다고만 생각할 수는 없다. 17만 원까지 올라갔기 때문이다. 그때만 팔았어도 수익을 크게 남기는 것이었다. 하지만, 정상적인 방법으로 정확한 주가를 판단하는 것은 불가능하다. 전 세계의 어떤 사람도 그런 능력을 가진 사람은 없다.

　사업은 이와 같은 것이다.

　한 번의 판단 실수로 막대한 피해를 입을 수 있다.

　사업을 시작할 때와 추가로 투자할 때, 그리고 잘 안되었을 때 접을 시기를 잘 잡아야 한다.

　언젠가는 회복될 거라는 막연한 믿음으로 계속 붙잡고 있다가는 패가망신하여 회복불능에 도달할 수도 있다.

　회복불능에 도달하지 않더라도 한 번의 실패는 심리적으로나 경제적으로 심한 타격을 입힐 것이며, 알게 모르게 다음 사업에 막대한 영향을 미친다.

　일단, 사업을 시작했다면 최선을 다해 성공해야 하고, 창의적 아이디어를 계속 발굴해서 끝까지 성공을 이어가야 하겠지만, 만약, 여러 가지 이유로 실패하게 될 경우, 폐해를 최소한으로 줄여야 다시 재기할 여지가 생긴다.

　또한, 5년 또는 10년 후 미래의 사업은 상품의 흥망성쇠의 패턴이 빨라지고 경쟁이 가속화되면 오래 장수하는 기업보다 자꾸 새로운 영역을 개척하거나 기존 사업을 정리하고 새로운 사업에 도전해야 하는 경우가 더 많아질 것이다.

　보따리를 잘 싸는 기술도 터득해두어야 할 것이다.

창의력 주무르기

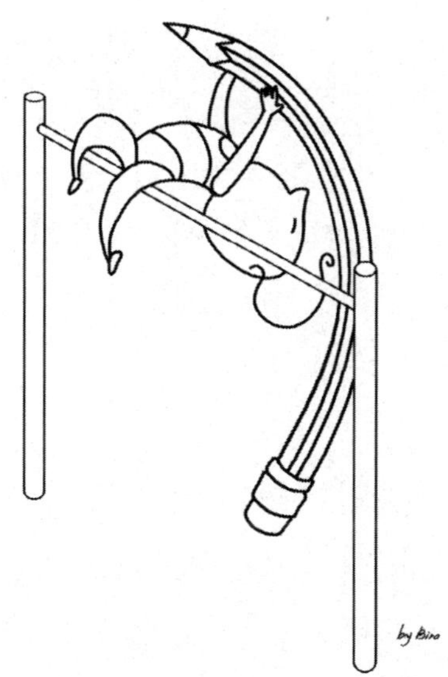

영국 정치가, 소설가 벤자민 디즈레일리(Benjamin Disraeli)
"위대한 생각을 길러라, 우리는 어떤 경우에도 생각보다 높은 곳으로 오르지 못한다."

　여기에 내 아이디어를 공개하는 이유는 첫 번째, ‘통찰력과 직관력이 이런 생각들을 해낼 수 있구나!’ 하는 예로 제시하는 것이고 두 번째는 연구할 수 있는 분들이 이 분야에 추가로 연구하여 큰 성과로 이어졌으면 좋겠다. 그리고 사업화하는 데 활용되어도 좋겠다.

　또한, 마지막 부분에 있는 ‘교육개혁 어렵지 않다.’의 내용은 많은 사람이 공감대가 형성되어 차후 이 사업이 시작될 때 많은 도움이 있었으면 하는 바람 또한 크다.

　고정관념을 깨는 것이 창의력이고, 그 고정관념을 깨야 할 대상은 훌륭한 교수나 유명한 전문서적으로도 가르쳐줄 수 없으며, 스스로 생각하는 연습을 통하여 원리를 보는 눈을 키우는 방법밖에는 없다고 언급하였다.

　여기서는 창의력으로 뭘 할 수 있을까라는 내용으로 내 머릿속에 있는 생각의 조각들을 풀어놓았는데, 이 생각들을 읽으면서 ‘아하, 이게 창의력이구나!’하고 느껴지기를 기대하고 있다.

아는 만큼 보인다. 사람은 기존 기억을 바탕으로 생각함으로써 자신이 잘 모르는 분야에는 고정관념을 일으킨다고 했다. 이 연구과제들은 안타깝게도 각 분야의 권위자일수록 아마 '불가능하다', '틀렸다.', '아니다.' 등의 생각이 우선 들 수 있을 것이다. 그것은 바탕 기억들이 형성되지 않았기 때문에 이 제안들을 이해하지 못하는 것이라고 이해를 해준다면 조금 더 긍정의 마음으로 다가갈 수 있을 것이며, 그렇지 않다면 여기서 얻을 수 있는 것이 많지 않을 것이다.

조금 다행이라고 생각되는 것은, 아마 쉽지 않은 책을 여기까지 읽고 있는 독자라면 포괄성이 큰 사람일 것이며, 이 내용에 대하여도 긍정적으로 접근해주리라 기대해 본다.

⊞ 창의력으로 사업 아이템 개발하기
◎ 최고의 화장품

요즘은 '동안(童顔)'이 대세다.

어딜 가나 작은 얼굴과 젊어 보이는 피부, 10대 같은 몸매를 유지하고 싶어한다.

동안을 결정하는 가장 큰 요소인 피부는 개선하는 것이 불가능한 것도 아니며 그렇다고 며칠 만에 뚝딱 해결이 가능한 것도 아니라 꾸준히 관리를 해줘야 한다.

거기에 화장품이 가장 중요하다고 할 수 있다.

옛날 중국의 첫 통일 황제인 진시황은 오래 살고자 신하들을 전 세계에 파견하여 불로초를 구해오라고 명령을 내렸다.

그렇게 하여 그가 얻은 불로장생약은 바로 수은이었다.

수은을 먹기도 하고, 수은으로 목욕도 했다. 그 결과 검푸르던 얼굴은 하얗게 변하고 쭈글쭈글하던 주름을 좍 펴지면서 탱탱하게 되었다.

사실, 그것은 수은이 혈관에 침착되면서 혈액 공급이 원활하지 못해서 생기는 병이었던 것이었다.

화장품을 구성하는 성분이 무엇인가는 아주 중요한 문제다.

어떻게 하면 최고의 화장품을 만들 수 있을까?

지금까지 화장품 연구방식은 대체로 '어떤 식물이 피부에 좋더라!' 하는 정보들을 모아서 화장품을 만들거나, 여러 식물을 연구하면서 새로운 물질들이 검출되면 피부에 적용해보고 효과가 있으면 화장품화하는 귀납적 연구가 대부분이었다.

이제 이 연구방식을 조금 바뀌어야 한다.

(줄기세포를 통찰하다)

우리는 줄기세포라는 말을 많이 들어보았을 것이다.

이 줄기세포는 피부에 주사하면 피부세포가 만들어지고, 머릿속에 주사하면 뇌신경이 만들어지며, 심장에 주사하면 심장 근육이 만들어지는 등 우리 몸의 어떤 세포로도 분화되는 만능세포다.

그런데 어떻게 똑같은 세포인데, 피부에 주사하면 심장 세포라든가 뇌신경 세포 등 다른 세포는 만들어지지 않고 꼭 피부세포만 만들어지는 것일까?

그것은 피부 속 세포들 사이를 돌아다니는 체액과 심장 세포의 체액, 뇌신경 체액이 전부 다르기 때문이다. 줄기세포 혼자서 뭘 할 수 있는 것이 아니라 주변에 돌아다니는 체액의 성분에 따라 다른 일을 하고 다르게 변하는 것이다.

시험관에서도 줄기세포를 놓고 여러 종류의 체액을 넣어주면 체액의 종류에 따라 다른 기관 세포로 자라나게 된다.

지금까지 과학은 세포 안에서 DNA가 제일 중요하다고 생각하고 있다. 그래서 그 DNA가 들어 있는 보자기를 '핵'이라고 표현하기도 하는 것이다.

그런데 DNA라는 존재도 이 체액 칵테일이 잘 준비되지 않으면 할 수 있는 일이 하나도 없게 된다.

그래서 DNA가 가장 중요한 존재인가에 대하여 나는 조금 부정적이다. 앞으로의 유전 연구는 DNA보다 이 체액의 구성물질들과 DNA의 작용에 더 큰 관심을 돌려야 한다는 것이 개인적인 생각이다. 체액은 그만큼 중요하다.

환자들에게 그런 만능 줄기세포를 주사해서 병든 세포들을 고치겠다는 치료법이 줄기세포 치료법이다.

그런데 이 줄기세포 치료법은 아직은 안전해 보이지 않는다. 그 이유는 바로 암 발생률이 높다는 것이다.

태아나 어린이들은 이 줄기세포를 통하여 수많은 조직이 생겨나고 자라는데도 암이 잘 발생하지 않는데, 왜 줄기세포치료에서는 암이 많이 발생하는 걸까?

　암 발생확률은 정상인 사람도 나이가 들어감에 따라 점점 높아져 간다. 그 이유도 나이가 들어감에 따라 그 칵테일을 구성하는 물질들이 달라진다는 데 있다. 즉, 똑같은 부위에서 체액을 채취해도 나이에 따라 똑같은 체액이 아니라는 말이다.

　이 체액에는 산소나 영양분 등 인간이 인위적으로 외부에서 섭취한 물질들뿐만 아니라 내부에서 만들어진 수만 가지의 정보물질들이 혼합된 칵테일이다.

　세포에서 만들어내는 단백질도 정보물질이고 호르몬, 효소 등도 정보물질이고 세포에서 대사하고 남은 찌꺼기들도 다 정보물질들이다.

　예를 들어서, 숨 가쁘게 운동하면 근육세포에서는 산소와 포도당을 이용하여 빠르게 ATP라는 에너지를 만들어 써야 하는데, 산소가 모자라면 '젖산'이라는 물질이 생성된다.

　체액 속에 젖산의 농도, 산소의 농도, 이산화탄소의 농도에 따라 몸은 이를 감지하고 심장박동 수를 올리고 심호흡을 하게 하여 더 많은 산소를 끌어들이려고 노력하게 된다.

　세포의 주요한 활동 중의 하나는 20종류의 아미노산을 DNA의 염기 순서에 따라 조합해서 단백질이나 효소들을 만들어내는 것이다. 그런데 이들은 기계들처럼 정확하게 작동하지 않고 많은 오류를 일으킨다.

　예를 들어서 어느 한두 가지의 아미노산 농도가 옅어지면 원하는 단백질이나 효소를 다 만들지 못하고 비슷한 다른 물질을 만들어내거나 엉뚱한 물질을 만들어내기도 한다.

　제대로 만들어진 물질이나 잘못 만들어진 물질들 모두 다 정보물질들이 되는데, 제대로 만들어진 물질들은 몸의 정상활동을 돕고, 잘 못 만들어진 물질들은 비정상적인 활동을 일으킴으로써 질병이 생기는 것이다.

체액 속에는 이런 물질들이 수만 가지가 넘고, 더 세분화할 경우 수백만 가지가 넘을 수도 있다.

만약, 잘못된 정보물질에 의하여 잘못 만들어진 세포들은 정상적인 물질들을 가지고도 잘못된 세포들을 계속 만들어내기도 한다.

그중의 하나가 바로 암이다.

나이가 들면 들수록 이런 오류들이 계속 쌓여 암 발생률이 높아지며, 줄기세포를 주사하여 평상시보다 세포분열횟수를 늘리면, 그 가능성이 더 높아지는 것이다.

만약, 과학이 더 발달하여 신체부위별로 다른 체액 칵테일을 완벽하게 파악하고, 외부에서 인공적으로 정상적인 체액을 만들어서 모든 기관에 항상 공급할 수 있다면, 잘못된 세포들은 일정 시간이 흐른 후 소멸할 것이고 그 자리를 정상적인 세포들이 채워갈 것이다.

그러면 당연히 질병은 치유될 것이며 오랫동안 건강하게 장수할 수 있을 것이다.

이 경우 정상적인 체액 칵테일을 불로장생약이라고 할 수 있을 것이다.

그러나 아직 그만큼 의과학이 발달하려면 훨씬 더 많은 시간이 필요한 것이 사실이며, 한번에 그 단계까지 발전할 수도 없는 노릇이라서 부분별로 노력해야 할 것이다.

화장품은 외부에서 피부에 제공하는 체액 구성물질이며, 최고의 화장품은 피부에 가장 정상적인 체액과 같아져야 한다.

그렇다면 정상적인 체액은 그 기준이 무얼까?

그것은 바로 가장 오류가 적은 세포들을 지닌 인간, 즉, 사춘기 이전인 어린아이의 피부에서 채취한 체액이 바로 그것이다. 동안을 원하는 사람들은 어린이 피부를 닮고 싶어 한다.

어린아이들의 체액과 성인의 체액과 비교해서 그 차액을 보충하고 잘못된 정보물질들을 제거하는 물질을 삽입하면 그것이 바로 최고의 화장품이 될 것이며, 미래의 만병통치약 모델이 될 것이다.

물론, 모든 성분을 다 알아낼 수 있다면 더없이 좋겠지만, 그렇지 못하면 한 가지 물질이라도 그것을 보충해 주는 것으로 충분한 가치가 있을 것이며, 그런 물질들이 어떤 작용을 하는지도 밝혀낼 필요가 있다.

이 연구는 비단 화장품만이 아니라 두발 연구 등 타 분야에서도 여러 가지 연구들을 할 수 있지 않을까 생각하며, 특히, 신체의 각 부분을 이 방법으로 연구하면 줄기세포 치료법에도 크게 도움이 될 것으로 생각된다.

■ 이 직관력을 통하여 연구되어야 할 과제의 제목은 '최고의 화장품을 만들기 위한 어린아이 피부 조성물질 분석'이다.

■ 소망사항: 이 연구는 제약회사나 화장품 회사 연구진들이 눈여겨봐 주고 연구해 주었으면 좋겠다.

또한, 생화학분야의 교수나 학생들도 관심을 가지고 좀 더 추가하여 훌륭한 논문이나 학문적 성과를 이루는데 이 아이디어가 일조할 수 있기를 기대한다.

■ 고정관념: 화장품은 바르는 물질이라는 생각 – 화장품은 피부의 체액 칵테일 조성물질이다.

○ 아주 큰 조각상 만들기

사람들은 자신이 감히 할 수 없는 경지의 일을 해내는 사람들을 존경하고 큰 감명을 받는다.

아주 큰 불상, 가장 오래된 건물, 가장 높은 빌딩 등 '가장'이라는 수식어가 붙는 대상들은 보통의 사람들이 쉽게 만들지 못하는 작품들이며 이런 작품을 만들어낸다면 감동을 일으키게 된다.

가장 맛있는 음식점, 가장 친절한 가게, 가장 분위기 좋은 카페 등등 '가장 훌륭한 일'이란 '가장 어려운 일'이라서 누구도 하기 어려운 일이라는 뜻이 포함되어 있다.

천재 레오나르도 다 빈치는 1493년 점토로 된 거대한 말 조각상을 일반인에게 공개했다.

이 조각상은 나중에 주물 방식으로 청동을 입혀 청동조각상으로 만들 계획이었는데, 당시로써는 최첨단 기법이라서 사람들을 놀라게 했다.

더 놀라운 것은 높이가 5m에 이르는 거대한 동상이었으며, 그 섬세하기가 말의 근육이 살아 꿈틀거리는 듯했고, 갈퀴가 바람에 휘날리는 듯했다고 한다.

다빈치는 이 조각상을 위하여 살아 있는 말을 수천 번 측정하였으며, 전체 공사기간만 해도 12년이 걸렸다고 한다.

그만큼 어려운 일이고 천재 다빈치가 아니면 감히 해내기 어려운 기술이었다.

만약, 당시 전쟁이 일어나지 않아서 그 기마상에 청동까지 입혀져서 오늘날까지 전해졌다면 아마 파리의 에펠탑, 미국의 자유의 여신상만큼 사랑받는 작품이 되었을지도 모른다.

과학문명이 발달하고 아이디어가 최고조에 달한 오늘날 이런 작품을 만든다면 얼마나 빨리 만들어낼 수 있을까?

아마 한 달이 채 안 걸릴지도 모른다.

다빈치는 자를 가지고 살아 움직이는 말을 수천 번을 측정했지만 오늘날은 3차원 스캐너가 있어서 몇 초 만에 모든 측정이 가능하다.

컴퓨터를 이용하면 5m만큼 확대하는 것이 아니라 500m까지 확대하는 것도 몇 초 만에 계산해낼 수 있다.

만약, 스캐너가 비싸서 사용하기가 그렇다면 수작업으로 해도 하루 정도면 가능한 일이다. 대상을 중심으로 사방팔방에 디지털카메라를 수십 대 설치하여 사진을 찍고, 그 사진을 판독하여 사진의 가장자리에서 대상까지의 거리를 측정해낼 수 있을 것이며, 조그만 격자모양으로 그 데이터를 전부 조사하면 될 것이다. 이를 프로그램화 하면 다빈치처럼 일일이 자를 가지고 측정하지 않아도 될 것이다. 만약, 살아 있는 대상이 아닐 경우, 일정한 거리를 회전하도록 카메라를 설치하여 대상물을 찍는다면 카메라 한 대로도 충분하다.

이렇게 얻어진 데이터는 컴퓨터 계산을 활용하면 수백 배 수천 배로도 확대가 가능해진다.

그런 다음 골조를 세우고 점토를 대충 붙여나간다.

그다음은 기준면에서 거리를 측정하면서 점토를 깎아나가면 될 것이며, 이 과정도 기준면에서 거리 측정이 가능한 드릴을 이용하여, 측정값만큼의 깊이로 구멍을 다 뚫어놓고 한꺼번에 깎아내면 훨씬 빠르게 작업이 가능할 것이다.

레오나르도 다빈치처럼 그 위에 청동을 입힐 수도 있을 것이며, 어선 등을 만드는 플라스틱 재료인 FRP를 입히는 방법도 있을 것이다. 이 방법이라면 훨씬 빠르고, 강한 조형물을 만들어 낼 수 있다.

나는 조각가가 아니지만, 만약 조수 서너 명과 함께 작업하여 20m 정도의 조각상을 만든다면 약 15일 정도면 기초작업과 내부 인테리어를 제외하고 골조와 외형을 완성해 낼 수 있겠다.

이 원리를 이용한 조형물 사업도 가능할 것이며, 아니면 음식점 같은 사업장에 조형물을 만들어 비치한다면 손쉬운 홍보 효과를 올릴 수도 있으며, 아예 주택을 이처럼 만들어서 그 속에서 카페나 음식점, 사무실을 차리는 것도 가능할 것이다.

이런 방법으로 아주 큰 불상을 만들고 그 속에 법당을 차려도 괜찮을 것 같다.

■ 적용기술(통찰력): 다빈치의 청동 기마상에 대한 이해, 3D 스캐너, 드릴, 거리 측정기에 대한 기술에 대한 이해

■ 직관력: 거리측정 기술을 이용하여 대상물을 스캔하고 원하는 만큼 확대하여 데이터를 만들고, 거리측정 기술을 접목한 드릴로 조각상을 제작하면 간편할 것이라는 생각.

■ 고정관념: 조각은 예술가들만이 한다는 생각

○ 커다란 벽화 그리기

앞의 조각 같은 웅장한 조형물이 감동을 주기도 하지만, 실물만큼 큰 벽화라면 또 어떻겠는가?

만약, 나이아가라 폭포만큼 커다란 벽화를 그릴 수 있을까?

나는 미술공부를 해본 적도 없고 취미로 그림을 그린 적도 없지만 어렵지 않게 이 작업을 해낼 수 있다.

그 기술은 바로 창의력, 즉 생각의 힘이다.

그 과정을 한 번 설명해보자!

우선, 대상물의 사진을 찍는다.

그다음 실물 사진은 생각보다 덜 감동적이기 때문에 포토샵을 이용하여 색상을 과장하는 등의 작업을 거친다.

그다음 적당한 프로그램을 제작하여 픽셀마다 색상 코드값을 데이터베이스화한다.

이 과정이 완성되면 빔프로젝터를 이용하여 벽에 비추고 벽에 그 그림을 따라 그리는 방식이다.

물감을 한번 개면 그 색상과 같은 모든 포인트를 다 칠할 수 있도록 할 수 있다면 작업기간을 단축할 수 있을 것이다.

그 방법은, 개발된 프로그램을 활용하여 임의의 위치를 클릭하면 그 점의 색상 코드값과 동일한 모든 포인트를 골라주도록 한다.

예를 들어서 내가 클릭한 포인트 색상 값이 CMYK(6, 0, 97, 0)라면 그 그림 중에서 이 코드값과 같은 모든 점은 밝게 비춰주고 나머지는 검은색으로 나타나게 한다면 한 번 갠 물감으로 모든 포인트를 다 칠할 수 있게 된다.

예시한 코드값은 시안(blue 계통의 색), 마젠타(빨간색 계통), 노랑, 검정을 6:0:97:0 비율로 혼합한 색을 말하며 이렇게 혼합한 색을 가지고 이 색깔을 가진 모든 부분을 다 칠할 수 있게 된다.

그림이 얼마나 커질 수 있느냐는 빔프로젝터의 능력에 따라 달라지지만, 부분적으로 완성해 가려 한다면 일반 빔프로젝터로도 그다지 어렵지 않다.

주의할 점은 어두운 색부터 칠하고, 먼 곳부터 칠해야 한다.

위의 대형 조각과 마찬가지로 이런 벽화 사업도 가능할 것이며, 이 벽화를 사업장에 비치함으로써 홍보 효과도 노릴 수 있으며, 건물 전체를 이와 같은 벽화로 도배할 수도 있을 것이다.

다른 사람이 이 기술을 배워서 그려보고자 한다면 보통은 훨씬 자세한 설명이 필요하겠지만, 사람의 능력에 따라서 이 정도의 불충분한 설명만으로도 충분히 이해하고 작업해낼 수 있는 사람도 적지 않을 것이다. 그들은 통찰력이 있는 사람들이다.

■ 적용기술(통찰력): 색상 코드, 포토샵 기술, 빔프로젝터에 대한 이해

■ 직관력: 빔프로젝터를 이용한 대상물 확대 기술을 적용하면 큰 그림도 쉽게 그릴 수 있으며, 동일 색상 코드를 일괄적으로 나타나게 하는 프로그램을 만들면 더욱 빠르게 그려낼 수 있겠다는 생각.

■ 고정관념: 벽화는 화가만 그릴 수 있다는 생각.

○ 달리는 철광산

　시골에서 자란 사람들이라면 별들이 초롱초롱한 밤하늘에서 밝게 떨어지는 별똥별을 바라보며 숱하게 소원들을 빌었을 것이다.

　그 소원들은 아직도 잘 자라고 있는가?

　나에게도 그런 시절이 있었다.

　조금 느린 편이던 나는, 눈 깜짝할 사이에 떨어져 내리는 별똥별에 소원 첫 소절도 다 말하지 못한 안타까움을 가지고 또 다음 별을 기다리던 기억이 새롭다.

　옥상에서 자석을 굴려본 적이 있는가?

　만약, 그렇다면 그 자석에 달라붙은 작고 불그스름한 조각들이 수없이 달라붙어 있는 것을 볼 수 있을 것이다. 자석에 붙는다는 것은 그 알갱이들이 철이라는 사실을 말해준다.

　과연 이 철들은 어디서 온 것들일까?

　다 헤진 빨래집게에서 떨어진 것이나 여기저기 철 구조물에서 떨어진 부식물들일 수도 있지만, 그것은 아주 적은 양에 불과하고 대부분은 하늘에서 떨어진 운석의 파편들이다.

이렇게 1년에 수천 톤 이상이 지구로 쏟아져 내리는 데, 이들이 바로 시골 하늘에서 우리의 소원을 받아가며 떨어져 내린 별똥별들이다.

철광산에서 커다란 트럭에 실려 옮겨지는 철광석들은 모두 별에서 왔다. 우리 옥상에 떨어진 것 같은 철 조각들이 오랜 시간 동안 쌓이고 지각 변동을 일으키면서 철광산 속에 묻히게 된 것이다.

철은 가장 재활용도가 높은 자원 중 하나다.

쓰고 남은 폐자재들도 대부분은 재활용되고 일부는 다시 자연으로 돌아가지만, 화학제품들처럼 오랜 세월 동안 썩지 않고 인간의 마음만 썩이는 존재가 아니라, 쉽게 흙에 동화되어 버리는 친환경 자재에 속한다.

이렇게 대부분 재활용이 되고 있지만, 우리 생활에서 철의 쓰임새는 계속 증가하고 있어서, 철광산에서 캐내는 철광석은 그 수요를 충당하지 못하고 있다.

그래서 철 값은 계속 올라가고 있는데, 앞으로 가격이 더 올라가게 되면 이 운석의 잔해들을 수집하는 기계가 등장하지 않을까?

도로에는 지난밤에 떨어진 운석 조각들, 달리는 차에서 부식되어 떨어진 잔해들이 흩어져 있으며, 이들은 달리는 자동차 바퀴에 튕겨 대부분 도로의 가장자리로 몰리게 된다.

시청에서는 주기적으로 청소차량을 동원하여 이 철가루가 뒤섞여 있는 모래들을 수거하여 폐기 처분하고 있다.

이 중에 철을 분리하여 재사용 한다면 좋을 듯하다.

그런 방법이 아니더라도 차량에 이 철가루를 수집하는 장치를 개발하면 좋겠다.

그 방법을 조금 설명하자면, 전단지에 붙이는 고무 자석에서 응용하여 동그란 자석 바퀴를 만들어낼 수 있다. 차량의 구동바퀴를 자석으로 만들라는 얘기는 아니다. 이 고무 자석 바퀴를 굴려서 운석파편이나 자동차 부식물인 철가루들을 붙인 다음 이를 분리해내는 장치 하나만 달면 끝이다.

녹슨 철가루가 과연 무슨 소용이 있을까?

우리는 보통 녹이 슨 철은 가치가 없다는 생각을 하기 십상이지만 자연 상태의 철광석은 모두 녹슨 철이며 제철소는 그 녹슨 철을 일반 철로 바꾸는 가공 공장이라는 사실을 알면 이해가 쉬울 것이다.

점점 철과 같은 원자재 값이 계속 올라갈 것이다. 이렇게 수집되는 양이 많지는 않겠지만 그래도 앞으로는 생각해봐야 할 일이며, 더 철 값이 올라가면 아마 달리는 일반 자동차들도 철가루를 수집하기 위한 장치를 부착할는지도 모른다. 더욱더 철 값이 올라가면 나라에서 정책적으로 규정해버릴지도 모른다.

■ 통찰력: 운석 구성성분에 대한 통찰, 지구에 떨어지는 운석의 양에 대한 통찰, 고무 자석에 대한 통찰, 철광석과 제철소에 대한 통찰

■ 직관력: 시청 청소차량에 수거된 모래에서 운석 가루를 분리하여 사용하면 유용하겠다는 생각. 차량에 간단한 철가루 수집장치만 부착하면 적은 비용으로 소득을 올릴 수 있겠다는 생각.

■ 발명과제: 차량을 이용한 철가루 수집 장치

■ 고정관념: 녹슨 철은 쓸모없다는 생각.

⊞ 창의력으로 과학에 도전하기
◦ 장수 비법은 스트레스

하루는 식구들과 함께 TV를 보고 있었다. 제목은 기억나지는 않지만, 80세 정도 되는 어느 유학자가 예의범절을 지키며 살아가는 모습을 내용으로 하는 프로그램이었다.

그 프로를 보면서 그 유학자의 숨소리를 듣고 "아! 저 할아버지는 얼마 살지 못할 것 같다!"라는 말을 했다가 무척이나 아내에게 꾸지람을 들었다.

"아니! 무슨 그런 험한 소리를……!"

그런데 그 말은 몇 분 뒤 현실로 나타났다. '6개월 후 촬영 기간 중에 돌아가셨다.'라는 자막이 이어졌다.

평지를 보통 걸음으로 걷는데도 숨이 차다면 그 사람은 적절한 조치를 하지 않으면 오래 살지 못한다.

그 상태의 몸이라면 생명 유지는 하고 있지만, 지속적으로 파괴되어가는 몸을 제대로 보수하지는 못하고 있다는 말이다.

우리 몸은 평상시 계속 파괴되고 있다. 이런 몸을 얼마나 보수하느냐에 따라 더 튼튼해지기도 하고 죽어가기도 하는 것이다. 그리고 그 일은 포도당과 산소가 버무려져서 생겨나는 ATP라는 에너지를 가지고 수행하는 작용이다.

그 할아버지가 숨이 차다는 말은 산소 효율성이 많이 떨어져 있어서 보수가 불가능하다는 말이다.

장수의 과학적 방법은 무엇인가?

첫째, 산소와 포도당이 충분히 공급되어 에너지가 부족하지 않을 것. 둘째, 지방, 아미노산, 비타민 등 필요물질들이 부족하지 않을 것. 셋째, 혈관계와 림프계 등 순환계가 튼튼해서 영양분을 잘 공급하고 몸속에 생겨나는 잘못된 물질들을 빠르게 배출할 수 있을 것. 넷째, 면역체계가 막강해서 세균의 침입을 잘 막고, 잘못된 세포들이 빨리 사멸될 수 있어야 한다.

이 네 가지를 한 마디로 줄이면 '잘 먹고 열심히 운동하자!'로 줄일 수 있을 것이다.

앞에서 '최고의 화장품'에 대한 아이디어를 언급할 때, '암은 오래된 세포의 오류 축적으로 인하여 잘못된 정보물질들이 생성되면서 발생한다고 언급한 바 있다.

이 내용을 조금 풀어서 더 자세히 설명하자면, 세포의 증식부터 설명해야겠다.

아기가 태어나서부터 어른이 되는 과정은 2.5조 개의 세포가 60~100조 개로 불어나는 과정이라고 볼 수 있다.

이처럼 세포의 수가 불어나는 과정은 닭이 병아리를 까는 것처럼 어미 세포가 새끼 세포를 낳는 것이 아니라 세포가 스스로 쪼개져서 두 개의 세포가 되는 과정의 연속이다.

만약, 닭처럼 새끼 세포를 낳는 것이라면 날개 하나가 없는 닭도 정상적인 병아리를 낳을 수 있는 것처럼 잘못된 세포도 정상적인 세포를 낳을 수 있겠지만, 세포가 분리되어 두 개의 개체가 생성되는 세포분열 방식은 비정상 세포가 정상세포를 만들어낼 수 없는 구조로 되어 있다. 만약, 한쪽 날개가 없는 닭이 분열한다면 그런 닭 두 마리가 만들어지게 된다.

물론, 우리 몸속에는 비정상 세포들이 제거되는 메커니즘이 존재한다.

세포가 잘못되면 우선 세포 자살프로그램에 의하여 스스로 죽게 되며, 잘못되었으면서도 자살하지 않는 세포들은 살해 세포에 의하여 제거된다.

그러나 우리 몸은 완벽한 기계처럼 정확하게 작동하지 않기 때문에 자살하지도 않고 살해되지도 않은 채로 살아남는 오류 세포들이 존재하며 이들은 다음 세포분열을 통하여 지속적으로 오류를 축적해 나가게 된다.

이와 같은 오류의 축적을 인위적으로 막는 방법은 없을까?

앞에 제시한 '잘 먹고 열심히 운동하는 방법'을 과학적인 해석으로 소개해보고자 한다.

우리 몸에서 일어나는 작용들은 '확산 작용', '삼투압 현상', 원자끼리 결합하는 여러 가지 결합들이 있는데, 이들은 모두 자연계에서 평범하게 존재하는 자연법칙들이다.

그리고 그 외에 자연상태에서는 찾아보기 힘든 작용이 있는데 이것이 바로 ATP라는 생체화학 에너지를 가지고 일으키는 각종 생존활동이다.

생각하고 기억하고 듣고 보고 느끼는 모든 두뇌 활동도 이 에너지를 사용하면서 일어나는 일들이며, 달리고 힘을 쓰는 근육운동, 섭취한 음식물을 장에서 혈관으로 이동시키는 소화작용, 어린이가 세포분열을 일으켜서 점차 어른이 되어가는 일 등, 우리 몸에서 일어나는 대부분의 일은 이 ATP라는 에너지를 이용하여 일어나는 일들이다.

이 에너지를 생산해내는 발전소는 미토콘드리아라는 세포 속의 소(小)기관으로, 살아 있는 대부분 세포 속에 많이 존재하는 기관이다.

환경이 악독해져서 대부분 개체가 죽고 몇 %만이 살아남는다면 그 살아남은 개체는 그 환경에 적합한 개체들일 것이다. 이 진화의 원리가 우리 몸속에서도 고스란히 나타난다.

우리가 운동하면 이 미토콘드리아는 산소와 포도당을 섞어서 에너지를 생산해 내는데, 운동을 심하게 하면 할수록 이 미토콘드리아도 아주 열심히 작동해서 더 많은 에너지를 생산해내게 된다.

그런데 너무 열심히 일하다가 쓰러지는 미토콘드리아들이 생겨난다. 부하가 강한 환경에서 적응하지 못하는 늙은 미토콘드리아나 오류를 가진 미토콘드리아 등이 먼저 죽으며, 어떠한 이유로 에너지를 적게 만들어내는 놈들도 먼저 죽는다.

또한, 죽지는 않는다 하더라도 이런 개체들 위주로 다치는 개체들이 많이 생겨난다.

이 과정은 미토콘드리아 같은 세포 내 소(小)기관들만 해당하는 것이 아니라 세포 자체도 이와 같다.

죽어나가는 세포, 크게 다치는 세포, 약하게 다치는 세포들이 많이 생기게 된다. 이것도 실질적인 진화의 과정이다.

운동은 이처럼 여러 기관을 강화하는 작용이 아니라 죽이거나 다치게 하는 작용이다.

사실 운동이 심하지 않아도 많이들 죽고 있다.

심장의 단백질은 60~90분이면 사멸한다.

위 벽은 3일이면 전체가 새 세포로 바뀐다. 피부도 일주일 정도면 많은 세포가 죽고 새 세포로 바뀐다. 목욕탕에서 나오는 때도 바로 피부세포가 죽은 것들이다.

우리 몸 전체에서는 매일 5~7%의 단백질이 파괴되고 새로 만들어진다. 약 한 달이면 몸 전체의 단백질이 새것으로 바뀐다.

그렇다고 해도 우리 몸은 정상이다. 우리 몸의 세포들이 죽어가는 것을 걱정할 필요는 없다. 이렇게 다친 기관들은 밤이 되면 기적이 일어난다.

죽거나 다치면서 생겨난 잔해물질들이 정보물질이 되어 '나 죽고 있으니 도와달라!'는 'SOS'를 보내게 되는데, 이 신호를 여러 기관에서 정보를 접수하여 치료를 시작하는 것이다.

이 신호를 가장 먼저 접수하는 통·감각 세포들은 약간의 통증이나 뻑적지근한 느낌들을 뇌로 전달하여 혈류의 양을 증가시켜서 필요한 영양분들이 빨리 환부에 도착하도록 해준다.

이 신호를 받은 백혈구들도 활동을 시작한다.

우선, 살해 세포들이 회생 불가능한 세포들을 살해하기 시작하고 다른 백혈구들은 세균의 감염을 감시하며 몸속을 돌아다니던 세균들이 번식하는 것을 막는다.

이 자정작용은 세포 속에서도 일어난다. 다치거나 죽은 세포 내 기관들은 청소하는 다른 소(小)기관에 의하여 제거되고, 살아남은 미토콘드리아 같은 기관들은 스스로 분열하여 새로운 동지들을 충분히 만들어내며, 세포도 역시 더 많은 세포를 만들어냄으로써 파괴된 근육보다 더 많은 근육이 형성되어 튼튼해지는 것이다.

우리가 운동을 심하게 해서 근육이 뭉쳐 아픈 통증이 약 2~3일 정도 지속하는데 이 기간이 바로 치료 기간이다.

낮에도 치료는 계속되지만, 기초대사량이나 활동 등에 의하여 에너지를 사용해야 하는 곳이 늘어나면서 치료에만 전념할 수 없으므로 밤에 집중 치료가 되며, 통증이 밤에 더욱 심해지는 이유가 바로 여기에 있다.

그런데 아프지 않거나 아무런 자각증상이 없으면 죽거나 다친 양보다 적게 치료가 일어나게 된다. 많이 사용하는 곳은 더 강해지고 사용하지 않는 곳은 위축된다는 '불용성 위축'이 일어나는 이유가 바로 그것이다.

여기에 한 가지를 덧붙이자면 운동은 강하게, 그리고 회복할 수 있는 시간은 충분해야 한다. 만약, 회복할 시간이 충분하지 않으면 더 건강해지는 것이 아니라 골병들어가는 것이다.

이 원칙은 근육뿐만 아니라 우리 몸의 어디에나 적용되며, 뼈나 뇌세포에도 똑같이 적용된다. 즉, 생각을 많이 하면 할수록 머리가 좋아지고 생각을 적게 하면 할수록 점점 더 생각이 짧아진다는 것도 마찬가지 원리이다.

또한, 혈관도 마찬가지여서 운동을 많이 하면 혈관도 튼튼해지고 제구실을 충분히 잘함으로써 영양과 산소, 노폐물 운반 효율을 높여서 더욱 건강한 몸을 만들게 되는 것이다.

유해산소 때문에 손상을 받은 세포들도 이처럼 회복만 잘된다면 운동과 똑같은 효과가 있다는 말이다.

자! 이 정도면 앞에서 언급했던 '잘 먹고 열심히 운동해야 한다.'에서 4가지 방법을 어느 정도는 설명한 셈이지만, '잘 먹어야 한다.'라는 것에 대하여 조금 더 설명해 보자.

우리 몸의 생존활동은 대부분 미토콘드리아에서 만들어내는 ATP

라는 에너지를 사용하면서 일어나는 일이라고 했다.

그리고 ATP라는 에너지를 만들기 위해서는 산소와 포도당이 필요하다고 했다.

우리의 세포막과 미토콘드리아 막은 인지질 이중막으로 되어 있는데, 이 인지질이란 인산기에 지방산이 두 개가 달린 분자다.

포도당은 이 인지질을 통과하지 못하므로 세포막과 미토콘드리아에 박혀 있는 포도당 수송 단백질에 의하여 ATP를 사용하여 강제로 통과하는 데 반해, 산소는 강제적인 방식이 아니라 농도 차에 의한 확산방식으로 인지질 막을 직접 통과한다.

그런데 인지질 막에도 질적인 차이가 크다.

인지질 막이 유동성이 크다면 산소나 이산화탄소, 물 등이 쉽게 통과되지만, 유동성이 작으면 잘 통과하지 못한다.

이처럼 유동성이 작은 인지질 막으로 되어 있는 세포나 미토콘드리아를 많이 가진 사람들은 운동할 때 쉽게 숨이 차오르고 기운이 쉽게 빠지며, 이런 세포나 미토콘드리아는 쉽게 상처를 입거나 죽게 된다.

산소가 자유롭게 이동하지 못하는 막이라면 숨을 잘 쉬지 못하는 것과 같은 효과가 나타난다.

인지질 막에서 유동성이 큰 막은 어떤 것인가?

첫째, 인지질 막 사이에 콜레스테롤이 적게 끼어 있어서 물질의 흐름을 방해하지 말아야 할 것.

둘째, 인지질을 구성하는 지방산은 불포화 고리가 많은 지방산일 것.

셋째, 수십 가지 불포화 지방산 중에 가장 앞에서 불포화 고리가 시작될 것(오메가-3형태의 불포화지방산)

넷째, 불포화 고리가 홀수 개일 것이다.

고산지방에 사는 사람들은 장수한다.

그 이유는 그들의 생활 자체가 늘 등산을 하는 것과 같이 산을 오르내리는 삶이어서 운동이 잘되기 때문이다.

또한, 산소가 희박한 지역이어서 세포 또는 미토콘드리아의 산소 효율이 낮은 것들은 제거되고 효율이 높은 것들만 남아 있을 것이다.

바닷가에 사는 사람들은 장수한다.

그 이유는 그들이 주로 먹는 바닷고기에는 불포화지방산들이 많이 들어 있으며 그것도 불포화 고리가 많고 홀수개인 EPA 같은 불포화지방산들이 많다.

EPA나 DHA같이 좋은 불포화지방산을 섭취하면 머리가 좋아진다는 것도 뇌세포의 산소 효율성 때문이다.

이 같은 음식을 섭취하지 않고 패스트푸드에 많이 들어 있던 트랜스 지방을 많이 섭취하거나, 콜레스테롤이 가득한 동물성 고기를 위주로 식사한다면 산소효율이 낮은 세포를 죽이고 다시 산소효율이 낮은 세포를 채워놓는 것이나 다를 바 없다. 이들로 만들어진 인지질 막은 가장 효율성이 낮은 막이 되어 몸에는 포도당이 넘쳐나도 에너지 생성은 잘되지 않음으로써 더 먹고 싶어져서 살이 찌고, 생각도 짧아지고, 몸은 망가져 가게 된다.

운동을 열심히 하고 질 좋은 지방산을 섭취하여 잘 보수가 이루어진다면 우리 몸은 산소효율이 높은 구조를 가지게 될 것이다.

이로 인하여 필요한 만큼 에너지를 잘 생산해 내서 노화를 늦추게 될 것이며 인간의 염원인 120세를 넘어서는 장수를 누릴 수 있을 것이다.

자! 여기까지가 직관력과 통찰력을 이용하여 유추해낸 생각이다. 그러면 여기에서 추가로 알아낼 수 있는 것들은 어떤 것들이 있을까?

첫 번째 직관력은 건강을 위한 최고 운동방법은 3,000m와 같은 중장거리 달리기 운동, 또는 수영처럼 호흡이 아주 가쁜 운동이 좋겠다.

최고로 산소 효율성 좋은 세포와 미토콘드리아만 남겨놓고 모두 새로운 것들로 갈아치우기 위해서는 최고의 부하를 주어야 한다.

최고의 부하라는 것은 100m 달리기처럼 단시간 내에 최고의 호흡량까지 끌어올리는 방법이 있을 것이고, 마라톤처럼 호흡량을 끝까지 끌어올리지는 않으나 오랜 시간 부하를 주는 방법도 있다.

그 중 어느 것이 더 효과가 좋은가 하는 것은 실험을 통하여 가려지는 것이 좋겠지만, 지금 직관력을 통하여 예감하는 운동방법은 3,000m 중장거리, 또는 약 200m~1,000m 정도를 고속질주하고 그 다음은 200~400m 정도를 천천히 호흡을 조절하는 과정을 연속 5~10회 정도 하는 '인터벌 훈련' 등일 것이다.

또, 호흡을 길게 참고 에너지 소모는 많은 수영, 프리다이빙 같은 운동도 좋을 것이다.

두 번째 직관력은, 고등어나 참치에 오메가 3가 많이 들어 있다고 하는데, 우리는 학교에서 이들이 오메가 3가 많은 이유는 단순하게 '생물농축'이라고만 배웠다.

하지만, 이와 같은 이론을 바탕으로 생각해보면 이들 역시 아주 빠르게 헤엄치는 고기들로 '잘 먹고 열심히 운동한 물고기'들이다.

따라서 오메가 3가 많은 고기는 고등어나 참치 같은 '등 푸른 생선'이라기보다는 '빠르게 움직이는 물고기들' 모두일 것이며, 아귀나 우럭처럼 움직임이 아주 둔한 물고기들은 그와는 반대일 것이다.

또한, 뭍에 꺼냈을 때 빨리 죽는 물고기 순일 수도 있다.

산소 효율성이 높으면 세포활동이 활발해지고 빠르게 산소를 소진하여 빨리 죽는 것일 가능성이 높다. 노화된 세포들은 세포활동을 줄이므로 오히려 오래 살아남는다.

1초에 80번 날갯짓을 하는 벌새는 약 1분 30초 정도만 굶으면 죽을 수 있는 이유도 여기에 있다고 여겨진다.

세 번째 직관력, 현대인들이 초고도 비만 인구가 빠르게 느는 이유는 운동을 전혀 시키지 않는 축산물들을 주로 섭취하는 데에 있을 것이다.

인간이 운동하지 않으면 산소 효율성이 높은 세포를 가질 수 없듯이 축산물도 운동을 시키지 않으면 이와 같을 것이다.

요즘의 축산은 모두 움직이지 못하게 밀집 사육함으로써 산소 효율성이 떨어진 고기를 생산하고 있으며, 이를 먹는 우리는 다시 질 나쁜 지방산으로 세포를 보수할 수밖에 없게 된다.

100년 전까지만 해도 초고도 비만이라는 말은 없었다.

그때는 지금보다 먹을 것이 풍부하지는 않았지만 그래도 왕족이나 귀족들을 중심으로 먹거리가 항상 풍족했던 사람들은 언제나 있었다.

그럼에도 초고도 비만 환자가 생기지 않았던 것은 이와 같은 이유에서일 것이다.

산소는 이 지구 상에서 가장 위험한 물질이다.

대부분 물질은 산소를 만나는 순간 금속은 산화, 유기물은 연소 또는 산패되어 간다.

인간도 과호흡증후군은 죽을 수도 있을 만큼 위험한 일이다.

산소와 함께 생명체의 에너지를 만들어내는 당분도 과하면 생명체에게는 독이 된다.

혈관을 망가뜨리는 당뇨도 당분이 많아서 생기는 일이며, 고깃집에서 고기를 연하게 만들기 위하여 첨가하여 재우는 물질도 설탕이다. 설탕이나 꿀을 많이 섭취하면 죽을 수도 있다.

음식을 많이 먹으면 물리는 이유나 불쾌한 느낌이 드는 것도 이와 같은 이유 때문이다.

우리는 물이 없으면 죽듯이 물은 우리의 삶에 있어서 중요한 물질이다. 하지만, 물도 하루 8리터 이상 먹으면 너무 괴로우며 죽을 수 있다. 물을 많이 먹으면 혈액 속의 혈구들이 터져버린다.

이처럼 우리는 먹고 마시는 물질들은 부족하거나 과하면 죽을 수도 있다. 우리 몸은 배고프면 음식을 요구한다. 그리고 과하면 먹기 싫다. 더 과하면 죽도록 먹기가 싫어진다.

정상적이라면 우리 몸은 과할 때 물리게 되어 있어서 과식하고 살찌는 일은 일어나지 말아야 옳다. 인간이나 인간이 기르는 가축을 제외하고는 어떤 동물도 초고도 비만을 일으키는 동물은 없다.

초고도 비만환자들은 분명히 이와 같은 메커니즘이 망가져서 나타나는 현상일 것이다.

사람의 손길이 닿으면 다람쥐도 초고도 비만을 일으키고, 토끼도 그러하며, 고양이나 개도 모두 초고도 비만에 걸릴 수 있다.

왜 인간이나 인간이 길러 낸 가축들만은 그런 상태가 되는가?

다 산소 효율성 때문이라고 생각하고 있다.

세포나 미토콘드리아는 산소나 포도당이 부족하여 에너지를 적게 만들어내게 되면 먹고 싶게 하는 정보물질을 분비한다.

그런데 포도당 이송 단백질이 효율이 떨어지거나 인지질 막의 산소효율이 떨어지면 세포 밖의 체액에는 산소나 포도당이 많아도 미토콘드리아는 계속 먹게 해달라는 정보물질들을 수없이 내뿜어내서, 배가 불러도 먹고 싶다는 욕구는 사라지지 않음으로써 살이 찌고 초고도 비만에 이르게 된다는 설명이 가능해진다.

이 에너지 부족이 뇌에서 일어나면 도파민과 같은 신경전달물질이 부족하게 만들어져서 짜증을 일으키며 음식에 대한 갈망을 증가시킨다.

영양분이 남아돌아도 미토콘드리아는 계속 굶어서 죽어가고 있는 상태가 되는 것이다.

어렸을 때는 사탕을 좋아하다가 사춘기를 막 넘긴 팔팔한 젊은이들은 사탕을 별로 좋아하지 않는다.

그리고 나이가 들어 노인이 되면 다시 사탕이 먹고 싶어진다.

어렸을 때는 성장하기 위하여 정상적으로 에너지가 필요하고, 노인이 되면 세포가 노화되어 충분한 영양분이 공급되어도 에너지를 충분히 만들어내지 못해서 당분이 당기는 상태일 것이다. 그러나 중·장년이 되면 사탕이 그렇게 많이 당기지 않는 것은 그런 이유에서다.

나이가 들면 음식을 짜게 먹는 이유도 여기에 있다.

소금은 소화관에서 소화된 영양분들을 혈관 속으로 옮기는 필수 요소다.

미토콘드리아가 배고프다고 아우성을 치면 노인은 짜게 먹고 싶어지는 것이다. 짜면 그만큼 영양분 흡수가 잘돼서 잘 먹는 것과 효과가 같아진다.

갑상선 호르몬이 많이 분비되는 사람들은 심장박동도 빠르고 모든 세포 기능이 활성화되기 때문에 기초대사량이 올라가고 항상 운동하는 사람과 같은 상태가 된다. 이런 사람들 중 너무 마른 사람은 살이 찌고 싶어서 환장한다. 그래도 그들은 일정 이상 음식을 섭취할 수가 없다. 몸이 거부하기 때문이다.

우리가 운동을 열심히 하고 좋은 불포화지방들을 먹고 휴식시간을 충분히 주면서 세포를 건강하게 만들어주면 이 갑상선 호르몬이 과다 분비되는 사람들과 마찬가지로 위험한 산소와 독이 되는 음식에 대한 탐욕이 훨씬 줄어들어야 옳다.

살이 찌면 자연히 염증물질이 증가하므로, 뇌의 변연계에서는 짜증이 일어나야 옳고, 음식을 적게 요구해야 옳다. 이 모든 메커니즘이 망가져서 살이 찐다는 설명이 옳아야 한다.

마른 상태도 아니며, 비만 상태도 아니라 적당히 살이 찌고 더 먹고 싶지 않은 이 상태가 가장 건강한 상태이다.

네 번째 직관력은 공기 중의 산소량은 우리가 살아가는데 조금 적은 양일 것이라는 생각이다.

어렸을 때부터 코를 고는 아이는 키가 잘 크지 않는다.

그 이유는 산소가 적으므로 에너지를 충분히 만들어내지 못해서 자꾸 깊은 잠을 자지 못하기 때문이다. 무의식중에 얕은 잠으로 올라와서 깊은숨을 들이킴으로써 산소부족을 만회하려고 한다. 이 과정에서 에너지까지 소모함으로써 더욱 성장과 보수에 치중하지 못한 결과라고 생각하고 있다.

이런 아이들은 수술해서라도 코를 골지 않게 하는 것이 좋다.

만약, 코골이 아이에게 공기 중의 산소량을 많이 공급해주면 어떻게 될까? 그 효과도 수술적인 요법과 다를 게 없다고 생각된다. 그렇다면 정상적인 아이들도 산소량을 더 늘려주면 더 크게 될까? 역시 그것도 그럴 것 같다.

지구 상 동물들은 산소가 많은가 적은가에 따라 진화하고, 얼마나 산소를 효율적으로 활용할 수 있는 몸을 가졌는가에 따라 크기가 달라졌다.

공룡이 거대할 수 있었던 것은 우리와 같은 포유류들보다 산소효율이 최소 3배 이상 높았기 때문이다.

우리는 들숨과 날숨의 통로가 하나이기 때문에 이 공기들이 서로 섞이면서 효율이 떨어지지만, 공룡들은 날숨을 내뿜는 통로와 들숨이 들어가는 통로가 나뉘는 기낭계라는 기관을 가지고 있었다.

새들도 마찬가지다. 새들이 하늘을 날기 위해서는 포유류와 같은 산소효율로는 어림도 없다. 이들 역시 기낭계를 가지고 있는 동물이다. 고래 같은 거대 포유류도 산소를 저장하는 능력이 같은 포유류인 우리와 다르며, 산소효율 자체도 우리와 다르다.

큰 동물들이 오래 사는 이유도 바로 이 산소효율성 때문일 것이다.

이처럼 산소효율은 모든 동물에게 있어서 아주 중요하며, 지금보다 더 높일 수 있다면 훨씬 유용할 것이다.

시중에서 판매되고 있는 산소발생기의 설명문을 읽어보면 수험생 집중력 향상, 피로회복, 산소 피부효과, 감기예방, 만성두통 해소 등으로 설명되어 있다.

만약, 자는 동안 산소가 충분히 공급되어 부족하지 않게 ATP를 만들어낼 수 있고, 몸이 정상적으로 회복하는 것이 맞는다면 위의 설명문은 일리가 있어 보인다.

나도 산소를 좀 더 보충하기 위하여 물을 전기 분해하는 장치를 만들어서 직접 사용하며 연구해 보고 있다(이 장치는 물을 분해하는 과정에서 폭발성이 강한 수소가 나오므로 주의가 요구됨).

만약, 이 설명이 옳다면, 더 생각해봐야 할 것이 있다.

산소를 방 안에 잘 공급해주면 심장병이나 뇌졸중 등이 많이 줄어들 것 같다. 회복이 잘 될 것이기 때문이다.

에너지 부족은 심장을 돌연히 멈추게 할 수도 있으며, 부정맥을 일으켜서 혈전을 만들고, 이 혈전들이 돌아다니다가 혈관을 막으면 뇌졸중이나 협심증, 심근경색이 될 수도 있다.

겨울철에 이들 질병이 훨씬 많이 걸리는 이유를 많은 사람은 갑작스러운 혈관수축이 원인일 것이라고 보고 있는데, 그보다는 추위 때문에 방문을 꽁꽁 걸어 잠그고 환기부족에 의하여 희박한 산소가 영향을 주고 있을 가능성은 충분하다.

또한, 겨울철 건조한 공기가 폐에서 산소교환을 어렵게 하는 영향도 무시하지 못할 것이다.

이 혈관계질병은 겨울철에 잘 발생하고, 시간도 새벽녘에 잘 발생한다는 사실이 산소부족이 그 이유라는 데에 신빙성을 더해주고 있다.

이 경우는 정부의 보건 관계자들이 관심을 가지고 연구해주었으면 좋겠다.

다섯 번째 직관력은, 건강한 인간 사회를 만들기 위하여 가축을 어떻게 길러야 하느냐에 관한 것이다.

사람의 장수 비결이 '잘 먹고 운동 열심히 하는 것'이라면 가축들에게도 위와 같은 운동과 섭식이 가장 중요할 것이며, 그렇게 길러진 고기를 먹는 것이 장수에 크게 도움이 될 것이다.

즉, 밀집해서 사육해도 좋으나 하루에 두세 번 정도는 과격한 운동을 시킬 것과 나쁜 불포화지방산이 많은 옥수수와 같은 곡식 위주의 먹이보다는 초식 위주의 섭식이 중요할 것이다.

동물복지를 많이 외치고 있는 요즘, 이와 같은 이론이 실험을 통하여 사실로 밝혀질 경우, 스트레스를 덜 주자는 운동인 동물복지보다는 이처럼 주기적으로 스트레스를 주며 운동을 시키는 사육방법이 더 적합할 것이며, 인간 또한 주기적으로 운동 같은 스트레스를 강하게 받아야 한다.

햄버거나 피자 등을 우리는 흔히 정크푸드라고 부르는데, 이런 음식을 먹으면 살이 찐다.

지금껏 너무 많은 당분을 섭취하는 것이 그 원인이라고 지목돼 왔으나, 당은 정상적인 몸일 때 몸이 알아서 거부하게 되어 있으며, 그래도 남아돌면 배설 시스템을 통하여 배출되는 것이다.

문제는 옥수수와 같은 곡물을 먹이고 밀집 사육하여 가장 싸게 키워진 고기와 우유 및 유가공 제품일 가능성이 높다. 이들을 섭취하는 것은 트랜스 지방을 섭취하는 것과 같이 치명적이라고 생각하고 있다.

이상과 같이 다섯 가지 직관력을 통하여 예상되는 과제들은 쉽게 실험을 통하여 검증할 수 있을 것이다.

무균실에서 가장 생명 주기가 빠르며 유전자에 있어서 인간과 크게 다르지 않은 쥐를 이용하는 실험이다.

조건 1, 동일한 어미가 낳은 동일 연령의 어린 쥐를 대상으로 한다.

조건 2, 모든 쥐에게 먹고 남을 만큼 충분하게 먹이를 주며, 주어진 조건 외의 영양소는 정상적으로 제공해야 한다.

조건 3, A그룹의 쥐에게는 거의 움직이지 못하도록 좁은 장소에서 사육하며, 포화지방이 많이 들어 있는 음식을 듬뿍 준다.

B그룹의 쥐에게는 거의 움직이지는 못하도록 하고 양질의 불포화지방이 많이 들어 있는 음식을 제공한다.

　C와 D그룹의 쥐에게는 자유스럽게 움직이도록 하고 음식은 위와 같은 두 가지 방식으로 분리하여 준다.

　E와 F그룹은 하루에 2~4회 강제로 아주 강한 운동을 시킨 후 좁은 공간에서 운동을 제한시키고 위의 두 가지 음식 제공 방식으로 분리하여 제공한다.

　산소 공급량도 일반 공기에서 생활하는 그룹과 산소를 추가로 공급한 그룹을 분석하여 연구하는 것도 좋겠다.

　필요하다면 음식을 3단계로 세분화하는 방식으로 그룹의 수를 늘리는 것도 좀 더 세밀한 결과를 얻을 수 있을 것이며, 암세포를 주입한 그룹과 그렇지 않은 그룹으로 더욱 세분화할 필요도 있다.

　이렇게 하여 비만 정도, 질병을 이기는 정도, 시기별로 불포화 지방산 비율, 장수 정도까지 측정하는 실험이어야 한다.

　이 실험의 예상결과는 운동을 강제로 시키고 양질의 불포화지방을 충분히 주며 추가로 산소를 공급해 준 쥐의 그룹이 가장 건강하고 장수할 것으로 판단하고 있다.

　그렇게 되면 위에 열거한 이론들은 전부 옳은 것으로 판단할 수 있을 것이다.

　또 실험을 추가하여, 운동을 시키는 고양이와 움직이지 못하도록 가두어놓은 고양이에게 위 실험에서 길러진 여러 부류의 쥐들을 먹이로 충분히 주면서 그 고양이들의 비만 상태, 세포의 불포화지방산 함량, 질병 상태들을 조사한다면 인간의 질병이 어디서 오는지를 쉽게 파악해 낼 수 있을 것이다.

나는 실험실도 경비도 없어서 못하지만, 누군가 이 실험을 추진하여 잘못된 점이 있다면 이론에 수정을 가하고 더 보충할 점이 발견되면 보충 이론을 정립하여 큰 연구성과를 냈으면 한다.

이 연구는 별로 어렵지도 않으며, 그다지 첨단기술이지도 않은, 고등학교 생물 심화 수준이지만 이것이 실제로 많은 사람을 120세까지 살게 하는 이론이라면 이 결과만으로도 이 연구를 진행하는 사람은 큰 업적을 남기는 것이리라 생각한다.

이 연구가 성공을 거둔다면 수많은 의문이 한꺼번에 풀리게 될 것이다.

1. 우리 몸 어디에나 암에 걸릴 확률은 이론적으로 비슷하지만, 운동 근육이나 심장 등 활동이 강한 세포들은 암에 거의 걸리지 않는 이유

2. 오메가-3를 먹으면 다이어트에 도움이 되는 이유

3. EPA, DHA가 두뇌 회전에 좋은 이유.

4. 정신적 스트레스를 많이 받는 사람이 머리가 좋은 이유

5. 자연상태에서의 동물들은 영양섭취를 잘하면 더 건강한데, 왜 인간은 많이 먹으면 살이 찌고 건강을 해치는가?

6. 자연계에는 고도비만동물들이 없는 이유

7. 뇌에서는 소금 섭취를 요구하고 몸에서는 해로운 이유(염전을 하는 염부들은 짜게 먹지만 거의 살찌지 않는다.)

8. 적당량의 술, 고추, 차 등 몸을 뜨겁게 하고 혈류를 높이는 물질들은 다 건강에 좋은 이유.

9. 자연계에서는 먹고 나서 쉬거나 잠을 자는 동물들도 많은데, 왜 인간만 자기 전에 먹으면 살이 찌는가?

10. 왜 다이어트 뒤에는 대부분 요요가 오는가?

11. 구제역이 전국을 강타하며 수많은 가축이 죽었는데도, 어째서 노루, 고라니, 멧돼지, 산양 등 야생동물들은 죽어 있는 시체들이 별로 없는가?

12. 가장 활동량이 많은 동물인 말이나 개, 자연산 조류 등이 양질의 불포화지방산이 많은 건강식품인 이유.

13. 사람들이 물고기나 육고기나 자연산을 찾는 이유.

■ 이 직관력으로부터 발명의 주제를 이끌어 내 보자.

만약 실험을 통하여 이 이론이 확실해지면 '운동시킨 닭고기 또는 치킨', '운동시킨 소고기', '운동시킨 돼지고기' 이런 음식들이 뜰 것이다.

그리고 '운동시킨 치킨' 등은 전국적인 체인점까지 가능하므로 사업성도 매우 높다고 할 수 있다.

이 이론을 특허로 등록하는 것은 그렇게 녹녹하지는 않으나 상호 등록은 가능하다.

양식보다 자연산을 더 선호하게 될 것이며, 말고기, 꿩고기, 오리고기, 사슴이나 고라니고기, 개고기, 산토끼고기, 참새처럼 빠른 동물들의 고기를 선호하게 될 것이며, 움직임이 빠른 다람쥐나 청설모도 식용으로 사육하게 되는지 모르겠다.

움직임이 적어서 양식이 쉬운 광어나 우럭보다는 움직임이 많아서 양식하기 어려운 고등어나 참치, 멸치 등이 더 각광받게 될 것도 같다.

또 하나 더, 이것도 최고의 화장품처럼 최고의 미인 피부를 만드는 지름길이 될 것이며 흰머리를 검게 하는 효능도 있을 것이다.

우리는 영양부족 상태를 영양 풍족 상태로 전환함으로써 인간의 평균 수명을 60세에서 100세 이상으로 끌어올렸다. 이제는 세포의 산소효율을 높임으로써 100세에서 120세로의 전환을 이룰 때다.

산소효율을 높이는 방법은 인간이나 인간이 먹는 가축이나 모두 강한 운동, 즉, 육체적 스트레스를 가하는 것이다.

단순히 놓아 기른 닭이나 가축이 아니라 야생에서와 마찬가지로 사자에게 쫓기는 것과 같은 큰 호흡 작용이 일어나는 운동이 꼭 필요할 것이다.

스트레스는 건강에 대한 최고의 적이 아니라 사후 보수만 잘한다면 장수에 대한 최대의 요건일 것이다.

생각이라는 것도 근육운동과 같이 뇌라는 육체의 운동이다. 이 역시 스트레스를 적당히 받고 회복을 잘한다면 지능을 높이는 데 도움이 될 것이다.

■ 고정관념: 의문이 한꺼번에 풀리게 될 13가지 모두가 다 고정관념의 후보이며, 스트레스는 건강의 적인가? 운동은 건설인가, 파괴인가? 오메가 3는 등푸른생선에 많은 것이 옳은가, 빠른 생선에 많은 것이 옳은가? 동물복지인가, 동물 운동인가? 새벽녘 심혈관질환은 혈관수축이 원인인가, 산소나 탄수화물 부족이 원인인가? 탄수화물 중독은 중독인가, 산소효율성 저하인가? 다이어트하는 사람이 건강한가, 과체중인 사람이 건강한가?

타임머신은 영원히 불가능하다

나는 어렸을 때부터 만화를 보면서 타임머신을 타고 미래나 과거로의 여행을 꿈꾸곤 했다.

아직은 그런 기계를 만들어내지는 못했지만, 앞으로 더욱 과학이 발전하면 그 기계를 만들어낼 수 있을까? 그리하여 우리 또는 우리 후손들이 미래나 과거로 여행하는 그런 날이 올까?

이런 물음에 아인슈타인은 '그럴 수도 있다!'라고 대답했다.

그는 블랙홀 주변을 통과하는 빛이 굴절되고 도달시간이 달라짐을 증명하여 이 기계의 가능성을 설명했다.

그러나 아인슈타인이 정말로 과거나 미래로 왔다갔다할 수 있는 타임머신이 가능하다고 생각을 했을까? 나는 아닐 것으로 생각한다.

그가 생각한 것은 단지 '어떤 상황에서도 똑같이 시간이 흐르는 것은 아니다.'라는 것을 말하고 싶었던 것은 아닐까?

그 '어떤 상황'이란 우리가 지구에서 보통 겪을 수 있는 상황이 아니고, 중력이 아주 큰 블랙홀 근처와 같은 특수한 상황을 말한다.

더 나아가서 나는 '시간은 존재하지 않는다!'라고 확신한다. 과거란 우리 기억 속에는 있지만, 그때 존재했던 모든 물질은 이미 현재로 변환되어 있기 때문에 그 과거의 것들은 이미 존재하지 않는다. 시간이란 인간이 뭘 측정하기 위하여 머릿속에서 만들어낸 개념에 불과하다.

아인슈타인은 수학자로서 물질의 운동을 규명하기 위하여 꼭 필요한 변수이므로 시간이 존재한다고 생각했겠지만, 시간은 현재만 존재하며, 시간의 존재는 고정관념일 뿐이다.

그가 말하고자 했던 상황을 다시 한 번 돌이켜보자!

빛 알갱이가 동시에 출발했는데, 하나의 알갱이는 블랙홀이 없는 곳에서 정상적으로 지나가고 있고, 다른 빛 알갱이는 블랙홀 주변을 지나면서 약간 방향도 바뀌고 시간도 늦어졌다.

이때 먼저 도착한 빛 알갱이 입장에서 생각해보면 늦게 도착하는 빛 알갱이는 '조금 있다가 도착할 미래'이고 뒤에 있는 빛 알갱이의 입장에서 앞에 있는 빛은 '이미 자신의 위치를 지나쳐간 과거'라고 아인슈타인은 생각했을 것이다.

하지만 그것은 착각이다.

그 순간, 하나는 앞에 있고 다른 하나는 뒤에 있는, 공간적인 차이만 있는 '현재의 공간'이라는 사실이다.

시간이 뭘 어쨌다는 말인가?

달리기할 때 먼저 도착한 사람은 과거고 나중에 도착하는 사람이 미래는 아니지 않은가?

좀 더 현대과학에 맞추어서 설명하자면, 만약, 과거가 아직도 현실적으로 존재한다고 할 때, 시간이 지남에 따라 새로운 물질들이 그만큼씩 계속 생겨나서 현재를 만들어 내야 한다.

137억 년 전에 생겨난 물질들이 시간이 진행해 감에 따라 계속 똑같은 물질들이 생겨난다는 말이며, 1년에 하나씩 과거가 생겨난다고 해도 137억 개의 빅뱅이 일어나야 한다.

하지만, 시간은 연속적인 개념이므로, 매 순간 똑같은 양의 물질들이 계속 생성되어야 옳다.

이는 에너지 보존법칙, 질량보존의 법칙에 어긋남은 더 설명할 필요도 없다.

시간은 존재하지 않으며, 필요에 의하여 만들어진 하나의 개념일 뿐이다. 고로, 과거나 미래는 어디엔가 존재하는 것이 아니라 우리 머릿속에서만 존재하는 관념이다.

앞으로 수억만 년 동안 과학이 더 발전해도 타임머신은 발명해낼 수는 없다.

물론, 이 설명이 상대성 이론이 틀렸다는 말은 아니다.

■ 고정관념: 아인슈타인 말이라고 다 옳은가? 시간여행은 가능한가? 시간은 존재하는 변수인가?

◉ 인간은 퇴보하고 있다.

　　인간도 다른 동물들과 다를 바 없이 진화의 원리에 의하여 진화해 왔으며, 그 원리는 지금도 우리 생활 속에서 강력하게 적용되고 있으므로 진화가 무엇인지를 아는 것은 인간을 이해하는 데에도 적잖은 도움을 준다.

　　진화론의 창시자인 찰스 다윈은 1859년 「종의 기원」을 발표하여 인간을 포함한 모든 생명체는 진화의 산물이며, 진화하는 원동력은 '자연선택'이라고 발표하였다.
　　이때부터 시작해서 오늘날에 이르기까지 수많은 수정과 변환을 거치면서 '신다윈주의적 종합설'까지 왔지만, 아직 반대론자들에 의하여 제시되는 모든 의문점을 명확하게 다 해명하지는 못하고 있는 것이 사실이다.
　　그 이유는 두 가지라고 생각한다. 첫째는 이론이 부분적으로 잘못되었을 가능성이다. 두 번째는 설명을 정확하게 하지 못함으로써 설명하는 자와 듣는 자와의 '이해의 괴리'에서 온다고 생각한다.

진화의 원리에 대하여 조금 알아보자.

첫째, 진화는 어느 순간 불현듯 일어나는 일이 아니라 늘 일어나는 현상이다.

인간을 포함한 이 세상의 모든 유기체는 진화에 의하여 오늘날에 이르렀다.

예전, 다윈 시대만 하더라도 진화는 돌연히 생기는 것으로 생각해서 '돌연변이'라고 불렀다. 그러니까, 원숭이와 비슷한 인간의 조상에서 어느 날 갑자기 인간으로 유전자가 돌연변이를 일으켰다는 것이다.

그러나 요즘에 와서 파악한 바로는 돌연변이는 돌연히 일어나는 것이 아니라 늘 일어나는 일상적인 변이라는 사실이다.

우리는 조선 시대의 조상과 비교해도 자세히 보면 많이 다른 모습을 하고 있으며 유전자인 DNA 역시 많이 다른 모습을 하고 있다.

그래서 이 세상에는 일란성 쌍둥이일지라도 똑같은 인간은 단 한 명도 존재하지 않는 것이다.

엉킨 줄을 풀어본 적이 있는가?

줄은 잘 엉키고 풀기 어렵다.

만약, 지구 몇 바퀴쯤 되는 긴 줄이 조그만 책상 위에 풀어져 있다고 가정해보자!

이 줄을 단 한 번도 엉키지 않게 얼레에 감을 수 있겠는가?

우리 세포 속에서는 감았다가 풀었다 하는 일이 늘 일어난다. 아주 조그만 세포핵 속에서 몇m에 해당하는 긴 유전자들이 평상시에는 풀려 있으면서 단백질을 만드는 일을 하고, 세포분열을 할 때에는 얼레에 감기는 과정을 반복하는데, 이때 줄이 많이 엉키고, 이를 풀어내기 위하여 엉킨 줄을 끊어내고 새로 연결하는 과정에서 많은 오류를 일으킨다.

그 오류라는 것은 유전자가 위아래로 뒤바뀌는 '역위', 동일 유전자가 두 번 이상 반복 연결되는 '중복', 일정 부분이 잘려 사라지는 '결실', 염색체 일부가 다른 염색체로 이동하는 '전좌' 등이 있는데, 이를 돌연변이라고 한다.

그런데 돌연변이긴 한데, 학자들이 대부분 돌연변이로 잘 쳐주지 않는 오류도 있다.

같은 염색체 안에서나 혹은 상동 염색체끼리 일부가 서로 교체되는 것을 '교차'라고 하는데, 이는 돌연변이로 잘 쳐주지 않는다. 교차 자체는 엉킨 실을 잘라내서 묶을 때 다른 줄과 묶이는 과정을 말하므로 돌연변이는 아니지만, 교차가 있으면 거의 돌연변이가 일어난다.

유전자라는 것은 단백질 한 덩어리를 만들어내는 코드 같은 분자이며, 단백질이란 20종류의 아미노산들이 수 개에서 수천 개까지 연결되는데, 이 중 수백 가지를 넘는 큰 단위의 아미노산 결합체를 단백질이라고 말한다.

유전자는 A, T, C, G라는 염기의 조합이다. 이 코드 세 개가 한 세트가 되어 아미노산 하나씩을 물어다가 연결하면서 단백질을 만들어 간다.

교차가 일어난다면 어디로 일어날까?

교차가 유전자와 유전자 사이에서 일어난다면 그나마 다행이다. 이는 돌연변이라고 할 수 없으니까!

그러나 그럴 가능성은 아주 희박하다.

대개는 유전자가 중간에서 끊어지고 다른 유전자 쪼가리가 끼워지는 식으로 일어나며 3개 한 세트의 코드 안에서 잘리고 새로 연결된다면 그 이후에 있는 모든 코드는 완전히 다른 코드가 되며, 완전히 다른 유전자로 재탄생하게 되므로 이는 돌연변이에 해당한다.

이런 일은 빈번하게 일어나는 일로 돌연변이는 너무나 흔한 일이다.

하나의 정자와 난자에서 분열을 거듭하여 만들어진 한 인간이 다음 정자나 난자가 만들어질 때까지는 수많은 세포 분열을 해야 하는데, 이 과정에서 수십에서 수백 가지의 염기가 뒤바뀌는 진화를 일으키는 것으로 판단되며, 한두 개 정도의 돌연변이 유전자는 인간의 형상이나 형질에 직접 영향을 주는 것으로 생각한다. 어쩌면 더 많을지도 모른다.

진화의 조건 두 번째는 동력이다. 진화의 동력은 그동안 믿어왔던 자연선택만이 아니라 유성생식에서는 매력이나 무력 등 '짝 쟁취 수단', 무성생식에서는 우호환경 등 '생식의 기회' 자체이다.

모든 유전자는 조건에 잘 들어맞으면 빠르게 후손을 퍼뜨릴 수 있고 유전자를 널리 확산시킬 수 있지만, 조건이 잘 맞지 않는다면 유전자는 확산하기 힘들어진다. 유전자 확산의 기회가 바로 진화다.

사람은 얼굴도 잘생기고, 마음씨도 곱다면 일찍 결혼상대를 찾게 되지만, 생김새도 아주 뒤떨어지고 마음씨마저 괴팍해서 이성과도 잘 어울리지 못하면 결혼이 힘들어져서 유전자를 퍼뜨리기 힘들어진다.

또한, 주어진 환경하에서 어떤 사람은 먹이를 잘 구하고 어떤 사람은 그러지 못한다. 잘 먹어서 튼튼한 사람은 이성에게 매력적으로 보이게 되어 유전자를 빠르게 전파할 수 있지만 잘 먹지 못해서 비실비실한 사람은 그러지 못하게 된다.

어떤 유전자는 10년에 한 번 후손을 볼 수 있지만, 어떤 유전자는 50년에 한 번 정도로 후손을 본다면 앞의 유전자는 뒤의 유전자보다 더 많은 유전자를 퍼뜨릴 수 있으며, 후자는 많이 퍼지지도 못하며, 점차 극소 유전자로 진행하다가 결국은 소멸하고 말 것이다.

사람이 키우는 가축이나 작물은 그 주인인 '인간이 어떤 매력에 끌리는가?'에 의하여 수많은 종이 생겨나며 진화하게 된다. 이때 진화의 동력은 '인간들이 가축이나 작물들에 대하여 느끼는 매력이 무엇인가?' 하는 것이다.

자연환경에 적응능력이 강한 사람의 유전자가 살아남을 수도 있지만, 모두가 잘 먹고 잘 사는 호시절이 오면 이성이 좋아하는 매력이 무엇인가에 따라 유전자가 확산되며, 사자와 같이 무력으로 경쟁자들을 모두 물리침으로써 이성은 어쩔 수 없이 힘센 자를 골라야 하는 경우도 있다.

또 사마귀 수컷들처럼 자신이 암컷에게 잡혀먹히든 말든 상관없이 교미하려고 덤벼들어서 어떻게든 유전자를 남기는 경우도 있다. 대개의 사마귀 암컷은 교미 중 수컷을 잡아먹어버린다.

어쨌든 빠르게 널리 퍼뜨릴 수 있는 유전자들이 살아남아 진화를 이어간다. 꼭 자연선택만이 진화의 원동력은 아니다.

진화는 우리의 눈에 들어온 개체들만이 연구 대상이므로 아주 오랜 세월 동안 살아남아서 현재도 생존하는 개체가 그 대상이 된다. 그런데 그 오랜 세월 속에는 공룡의 대 멸종사태와 같은 혹독한 환경이 여러 차례 존재했고, 그런 환경조차 이겨낸 개체들만 살아남았으므로 이를 본 다윈은 자연선택이라는 용어를 사용하게 되었을 것이다.

그러나 환경이 우호적일 때 많은 유전적 다양성을 확보해 놓지 않으면 결국 다시 혹독한 환경이 오면 살아남을 가능성이 낮아진다. 그러므로 환경이 혹독하든 그렇지 않든 모두 진화의 과정이라고 보아야 옳다.

셋째, '자연선택'이든 '매력선택'이든 '생식의 기회' 자체가 진화의 동력이라고 했지만, 이런 진화의 동력과는 무관하게 '연관 유전'에 의하여 일어나기도 한다.

만약, 어떤 사람이 얼굴이 잘생겼다는 것이 매력이 되어 결혼에 성공하고 유전자를 빠르게 퍼뜨렸다면, 얼굴이 잘생기게 하는 유전자의 염색체 전체는 한꺼번에 선택을 받는 것이며, 그 염색체 하나에 천 개의 유전자가 들어 있다면 이들이 모두 '친구 하나 잘 둔 덕에 모두 혜택을 본 유전자'들이다. 그중에 새끼발가락이 짧게 하는 유전자가 속해 있다면 그 유전자는 이성이 선택하지 않았음에도 덤으로 새끼발가락이 짧아지는 방향으로 진화하게 된다.

그렇지만 이 친구 유전자들도 전부 똑같은 혜택을 누리지는 못한다.

세포분열 과정에서 자주 염색체 교차가 일어나고 그중에서 매력 유전자와 교차지점 반대쪽에 있는 유전자들은 선택받지 못하는 불운을 겪게 된다.

이성이 선택하는 매력 유전자와 가까우면 가까울수록 교차가 일어나더라도 선택될 가능성은 높아진다. 이것 역시 진화의 하나의 변수로써 꼭 자연선택이나 매력선택 등 진화의 동력과는 무관한 유전자들이 생겨나는 이유가 된다.

넷째, 진화에서 DNA의 변이, 돌연변이는 방향성이 없이 일어난다.

우리는 그동안 진화의 엔진은 '자연선택'이라고 알고 있었기 때문에 DNA가 자연에 적응하는 방향으로 변한다고 생각할 수 있으나 전혀 그렇지 않다.

DNA가 일으키는 돌연변이는 자연 선택도 아니며, 이성에게 매력적인 방향도 아니며, 어떠한 방향성이나 의도도 없이 무작위로 일어난다.

DNA만을 놓고 본다면 몇 개의 원소 결합으로 이루어진 무생물에 불과한데 어떻게 방향성이나 의도를 가질 수 있겠는가?

유명한 진화학자인 도킨스가 애기하는 '이기적인 유전자'라는 말이나, '눈먼 시계공'과 같은 표현은 앞에서 언급한 바와 같이 '자기화(自己化)'로써, DNA라는 무생물에 인간의 마음을 접목한 것에 불과하다.

실제로 소수의 진화론자를 포함한 일부 과학자들마저 DNA가 어떤 의도를 가진 것으로 믿고 있다.

그러나 DNA의 돌연변이는 방향성도 의도도 없다.

우리 인간의 유전자는 43억 년 동안 무수히 많은 돌연변이에 의하여 잘못된 돌연변이는 제거되고 검증받은 돌연변이 유전자들로만 되어 있다.

무작위로 돌연변이가 일어난다면 그 유전자가 잘못될 확률은 거의 절대적이다.

이렇게 잘못된 유전자는 세포 내의 수정 시스템에 의하여 수정되거나 폐기된다. 그리고도 살아남은 잘못된 세포들은 또다시 살해 세포들에 의하여 살해된다. 그리고도 살아남은 세포들이 있다면 이들은 진화를 이어가게 된다.

그러므로 어떤 종의 모든 특성마다 진화적 이유를 다는 것은 잘못된 결론일 가능성이 높다.

예를 들자면, 침팬지, 오랑우탄, 인간과 같은 영장류가 꼬리 없는 이유를 지상 생활을 했던 흔적이라고 판단하는 것 등이다. 나무하나 풀 한 포기 없는 사막 생명체들도 다들 꼬리는 있다. 또한, 오랑우탄은 땅에 살기보다는 나무 위에서 대부분의 시간을 보낸다. 지상생활로 꼬리가 없어졌고, 영장류로 진화했다는 설명은 설득력이 없어 보인다.

여자들이 꽃을 좋아하는 이유가 원시시대 채집생활을 했던 증거라고 한다면, 여자들은 육고기도 아름답게 보아야 하지 않겠는가?

모든 것에 다 진화적 이유를 다는 것은 잘못이다.

다섯 번째는, 모든 생명체는 생존환경이 좋을 경우 우성유전자를 보존하는 방향으로 천천히 진화한다.

생존환경이 좋은 경우에는 환경에 유리한 유전자인지 아닌지는 상관이 없으며 세 번째와 네 번째의 진화의 원리에 의하여 무작위로 발생하는 변이유전자 중에 이성의 선택을 받는 유전자들이 진화의 주류를 이룬다.

이들은 유전자 풀(Gene pool) 안에서 가장 많은 유전자이면서 그 유전자의 단백질 수용체 역시 많은 경우이므로 우성 유전자가 된다.

우성 유전자란 그 유전자가 만들어내는 단백질과 결합하기 쉬운 수용체가 많이 존재한다는 뜻이다. 수용체란 그 단백질과 짝이 되는 상대 단백질이라고 이해해도 좋겠다.

여섯 번째, 거의 멸종 단계에 이를 경우 그 상태가 심각하면 할수록 유전자 집단 중 가장 생존환경에 유리한 유전자들만 살아남고 그렇지 못한 유전자들은 사라진다. – 열성 진화.

환경이 어려워지더라도 우성 유전자들이 환경 적응이 뛰어나서 살아남을 경우도 있지만, 이 경우는 커다란 진화가 일어난 것이 아니므로 설명에서 제외한다.

보편적인 유전자를 이루던 우성 유전자들이 사라지고 그동안 소수 유전자였던 열성 유전자들이 살아남아서 다시 이들의 개체가 많아지고 우성 유전자의 지위를 차지하게 된다.

이런 이유로 멸종 위기가 심각할수록 가장 급격한 진화를 보이게 된다.

인류가 가장 급격한 진화를 이루고 두뇌가 우수한 종으로 발전할 수 있었던 이유는 바로 가장 나약한 존재였기 때문에 번성하기 힘들었고 멸종위기를 많이 겪었기 때문이다. 새끼를 한꺼번에 여러 마리를 낳지 못하는 종이기 때문이기도 하다.

우리 지구는 여러 번의 대멸종 사태를 겪었는데, 그때마다 살아남은 생명체들은 급격하고 큰 진화적 변화를 겪는다.

현생인류 이전에 가장 번성했던 호모 에렉투스가 아프리카에서는 환경의 변화로 인하여 거의 멸종하는 단계까지 가게 되는데, 몇 명 남지 않은 사람들이 급격한 진화를 거치면서 현생인류가 탄생하였다는 설이 현재로서는 가장 타당해 보인다.

진화는 혹독한 전쟁에서 살아남은 사무라이를 닮았다. 가장 많이 죽을 때 끝까지 살아남은 사무라이가 가장 훌륭한 사무라이듯이 멸종 직전에야 가장 크게 진화하는 냉혹한 원리 안에 있다.

일곱 번째는 한 번 사라진 유전자는 다시 복원될 가능성이 없다.

인간의 유전자는 3만 개 정도 되며 약 30억 개 정도의 염기쌍으로 이루어져 있다.

이 30억 개의 염기쌍이 유전자 조작이 아닌, 우연히 변화를 일으켜서 다른 유전자가 되었다가 다시 원래의 유전자로 돌아올 가능성은 30억 개의 진주로 되어 있는 목걸이의 줄을 끊어서 풀어놓았다가 다시 목걸이로 만들었는데, 우연히 원래의 순서대로 진주 알이 꿰어질 가능성보다도 확률이 낮다. 길이도 달라질 가능성이 많기 때문이다.

그러므로 하나의 유전자 집단이 서로 고립되어 종의 분화 단계까지 들어서면 그 종들이 다시 같은 종이 될 가능성은 없으며 종이 다양화된다는 말이다.

인간은 악어와 같이 훌륭한 피부를 가진 파충류 과정을 거쳐서 진화했지만, 자연상태에서 또다시 그 같은 피부를 가지도록 진화할 가능성은 없다.

자연에 적응하는 방향으로 진화하는 것이 옳다면 인간의 피부보다 질병도 덜 걸리고 잘 찢어지지도 않는 악어와 같은 가죽으로 진화해야 하지만 그럴 수는 없다.

여덟 번째, 우리 몸속에 있는 유전자들은 700만 년 전 우리 조상이 가졌던 유전자와는 완전히 다른 유전자가 섞여 있을 수 있다.

즉, 외부 생명체의 유전자가 들어와서 섞였을 가능성이 매우 높다.

바이러스들은 우리 몸에 침투한 후 자신의 유전자를 우리 세포의 유전자와 섞어버리는 종종 경우가 있다.

우리가 간염 바이러스에 감염되면 거의 고칠 수 없는 이유가 바로 이 경우로서, 간염 바이러스는 침투 후 간세포에 자신의 유전자를 섞어버림으로써 감염이 된다.

이것이 치유를 어렵게 하고, 간염이 아기에게 유전되는 이유다.

그래도 이런 치명적인 질병은 곧 진화시스템에 의하여 제거되는 과정을 거치지만 간혹 우리 유전자로 채택되는 경우도 생기게 된다. 그러나 걱정할 필요는 없다. 이 지구 상의 모든 생명체는 모두 A, T, G, C라는 4개의 염기조합으로만 이루어져 있기 때문에 아무리 다른 생명체의 유전자가 섞인다 해도 모두 4개의 염기 조합이다.

그러나 우려할만한 일도 있다.

언젠가 천체 물리학자 스티븐 호킹 박사는 '외계인은 있을 것이다.

그러나 만나게 된다면 아주 치명적일 수 있다.'라고 말한 적이 있다.

지구로 떨어지는 운석에서 외계인 흔적을 조사하던 미 우주국 NASA의 과학자들은 지구에서와는 완전히 다른 유전자 흔적을 발견해냈다.

이 운석에서 몇 개의 새로운 염기들이 발견된 것이다.

스티븐 호킹 박사의 언급은 그 우주인들의 몸에 붙어온 세균들에 의해 지구 상에는 없는 염기가 우리 몸으로 유입되는 경우를 생각해서 한 말일 것이다.

이 경우 지구의 생명체계는 설명할 수 없는 혼돈에 휩싸이게 될 것이다.

소가 출산을 하였는데 송아지가 아니라 문어 한 마리, 돼지 한 마리, 개미 한 마리, 풀 한 포기 등이 한꺼번에 출산하게 되는지 어떻게 알겠는가? 만약, 그런 일이 생기면 이는 아직까지 존재하지 않았던 단백질, 아직까지 존재하지 않았던 새로운 형태의 생명체가 탄생할 수 있음을 이야기한다.

타 생명체에서 우리 인간에게로 유전자 전파도 가능하며, 이것도 진화를 일으키는 원리 중 하나다.

아홉 번째, 종의 분화는 고립에 의하여 발생한다.

열 번째, 지금까지 유전자는 곧 DNA라는 공식이 유효했었지만, 유전을 결정하는 것은 DNA뿐만 아니라 그 세포 주변을 흐르는 체액 속에 칵테일처럼 섞여 있는 각종 물질도 직접 또는 간접적으로 유전 형질을 결정한다.

칵테일이 다음 세대로 유전되는 것은 물론 아니지만, 그 칵테일

구성물질을 만들어내는 유전자들은 계속 유전되고 있으므로 유전자의 조합 역시 진화와 무관하지 않다.

열한 번째, 처음 진화라는 말이 생겨났을 때에는 '진보'한다는 개념을 가지고 있었으나, 현재는 좋게든 나쁘게든 '변화'한다는 개념으로 바뀌었다.

인간은 현재, 더 나은 방향으로 진화하는 것이 아니라 좋지 않은 방향으로 퇴보하고 있다.

얼마 전에 '앞으로 100만 년 후 인간은 외계인처럼 변하게 될 것이다.'라는 연구결과를 읽은 적이 있다.

눈은 커지고 점점 더 연약한 음식을 섭취하게 됨으로써 예전처럼 많이 사용하지 않는 턱뼈가 작아지면서 뾰족한 턱을 가지며, 점점 햇빛을 가리게 됨으로써 새하얀 피부를 가지게 될 것이라는 설명이다.

그러나 이 연구는 진화를 잘 이해하지 못하여 실패한 연구라고 단언한다.

진화는 사용하지 않는다고 하더라도 변하기는 하지만 사라지는 원리가 아니다. 특히, 인간은 영양분이 충분해서 에너지를 절약하는 방향으로 진화하지 않을 수도 있다.

침팬지는 여전히 나무 위에서도 생활하므로 긴꼬리원숭이처럼 튼튼한 꼬리가 있으면 나무를 더 잘 탈 수 있으므로 생활이 편리해지는 것은 당연하지만, 진화과정에서 꼬리는 사라지고 없다.

이처럼 잘 사용하는 기관도 연관유전 등과 같은 이유로 퇴화할 수도 있으며, 이성의 매력이 바뀌면 또한 바뀌게 된다.

공작의 꼬리는 큰 꼬리를 사용해야 해서 길어진 것이 아니다. 돌연변이는 방향성이 없다.

앞에서 설명한 진화의 원리에서, 둘째의 진화의 조건은 그동안 믿어왔던 자연선택만이 아니라 유성생식에서는 매력 등 '이성 쟁취 수단', 무성생식에서는 우호환경 등 '생식의 기회' 자체가 진화의 동력이 된다고 했다.

현재의 우리 인간은 영양분도 풍부하고 너무 번성했기 때문에 자연선택에 의하여 진화하지 않고 매력에 의하여 진화하고 있다.

매력이 있으면 이성으로부터 호감을 가지며 이른 성관계를 통하여 유전자를 퍼뜨리고, 매력 없는 유전자들은 점차 도태되어 갈 것이다.

얼굴이 예쁜 여자, 잘생긴 남자, 날씬한 여자, 키가 큰 사람, 공부를 잘해서 대기업에 입사한 사람, 사교성이 좋은 사람 등이다.

사회적 매력이 바뀌지 않는 한 이 방향으로 진화는 계속될 것이다. 그러나 사회적 매력은 자주 바뀌는 편이다.

당나라 시대의 양귀비나 우리 조선 시대의 미인들은 현대의 미인과는 아주 다르다.

요즘은 날씬하고 조그만 얼굴에 가냘퍼야 미인이지만 예전 미인들은 키가 아담하고 얼굴이 보름달처럼 훤한 달덩이 같은 미인들이었다.

이 매력은 유행과도 같다.

어느 시대에는 나팔바지가 유행하다가 또 어느 시대에는 쫄쫄이바지가 유행하다가 채플린 바지가 유행하다가 힙합바지가 유행하기도 한다.

매력이 바뀔 때마다 진화는 계속되고 매력은 다시 돌고 돌지만, 유전자는 원래의 유전자가 돌아오지는 않는다.

그리고 이 매력이 언제 어떻게 바뀔는지 어느 누구도 예측할 수 없다.

다만, 삶의 환경이 아주 어려워지면 그 환경에 살아남을 수 있는 유전자의 방향으로 매력은 바뀌게 되고 예측이 가능해진다.

만약, 공룡이 멸종했던 6천5백만 년 전과 같은 커다란 운석이 다시 지구와 충돌을 일으켜서 산소가 부족해진다면 산소 효율성이 아주 높은 유전자들이 살아남을 가능성이 높아지고 비실비실한 유전자들보다 매력은 그 방향으로 정조준된다.

또, 그로 인하여 먼지들이 수백 년 동안 하늘을 뒤덮는 일이 발생한다면 조금이라도 햇빛을 더 받아들일 수 있는 하얀 피부들이 매력적인 피부로 바뀌게 될 것이고, 오존층이 뚫려 자외선이 강하게 유입된다면 반대로 하얀 피부들은 각종 질병에 시달리며 매력에서 멀어지고 검은 피부들이 매력 덩어리로 둔갑하게 될 것이다.

만약, 아주 추워지게 되면 온몸이 뽀송뽀송한 털로 뒤덮인 양과 같은 모습으로 진화하게 될 수도 있다.

지금의 인간은 이성 간의 매력이 진화의 원리이며 수시로 변화할 것이다. 현재처럼 살기에 적합한 환경이 지속된다면 매력이 어느 방향으로 튈지 모르는 럭비공 같은 존재가 되며, 진화의 방향 역시 그와 같다.

이것이 '100만 년 후 외계인처럼 변한다.'는 연구가 실패했다고 단언하는 이유다.

지구는 공룡 멸종과 같은 대 멸종 사태를 여러 차례 겪었다. 앞으로 어떤 환경이 닥치고 또다시 멸종을 겪을는지 모르며, 그 멸종과 함께 인류가 전멸할는지도 모른다.

조금 다행인 것은 인류는 머리가 좋다는 것, 그리고 미래를 예측할 수 있는 단 하나의 종이라는 사실이다.

만약, 인류가 그런 사태에도 멸종하지 않고 살아남는다면 가장 살아남을 가능성이 높은 유전자는 바로 '창의력'과 관련된 유전자다.

그러나 약 3만 개의 유전자 중 두뇌와 관련된 유전자는 몇 개 되지 않는다. 나머지 유전자들은 어떤 유전자가 살아남을는지 예측하기 어렵다.

대 멸종 사태는 지진이나 쓰나미처럼 수만, 수십만이 죽는 사태가 아니라 수십억이 죽고 몇 만 명, 아니 몇 백 명만이 살아남을는지 모른다. 또는 다 죽을지도 모른다.

평생을 살아도 가족 외에 단 한 명도 만날 수 없는 상황이 될 수도 있다.

현생인류는 그런 상황에서 진화했다.

이것이 진화의 법칙이다.

대부분 사람이 믿는 것처럼 '자연선택'이 진화의 법칙이라고 말하는 것은 진화의 일부분만 본 것이다.

이외에도 많은 사람이 진화를 오해하는 것들이 있다.

동물들은 더 좋은 유전자를 얻기 위하여 경쟁하지 않는다. 다만, 마음에 끌리는 동물이나, 아니면 강제력이 큰 동물들에 의하여 피동적으로 교미하게 될 뿐이다. 동물들은 유전자가 뭔지 모르기 때문이며, 몇 십 년 전만 해도 인간도 몰랐다. 진화는 유전자를 선택하는 것이 아니며, 후손의 얼굴 생김새를 염두에 두고 이성을 고르지도 않는다. 단 한 종, 인간을 제외하고는 말이다. 동물들은 그저 교미하고 싶을 뿐이다.

인간은 계속 나은 방향으로 진화할 것으로 생각하겠지만, 인간은 퇴보하고 있다. 뇌는 작아지고, 비창의적으로 변하고 있다. 이는 매력이 얼굴이 작고 동안이며 키만 큰 사람을 선호하는 현상 때문이다. 그 방향은 퇴보의 방향이다.

원래, 안정기에는 모든 동물이 다 퇴보한다. 진일보하는 진화는 가장 불안정한 시기에 나타난다.

■ 고정관념: 인간은 발전적 진화 중인가? 진화는 좋은 방향으로만 진화하는가? 유전자는 어떤 의도가 있는가? 돌연변이는 돌연히 일어나는가?

▦ 일상생활에서 나타나는 창의력
○ 보석은 공포다.

중세시대 유럽에서는 금을 차지하기 위한 전쟁이 종종 일어났으며, 전쟁의 목적이 금이 아니더라도 전쟁에 군사로 참여하는 이유가 금과 같은 전리품을 노린 경우가 많았다.

그 시대는 금을 많이 가지고 있는 것이 권력의 척도가 되기도 했다.

아직도 금은 대중적인 인기를 누리고 있으며, 눈깔사탕의 반의반보다도 작은 크기의 3.75g의 금값은 수십만 원에 이른다.

금에는 어떤 가치가 있을까?

우리나라 옛말에는 '황금 보기를 돌같이 하라!'라는 말이 있듯이 근대 이전에는 황금의 절대 가치는 제로인 아무짝에도 쓸모없는 물건이었다.

만약, 사람들이 생각을 달리해서 금목걸이를 한 사람이나 돌멩이 목걸이를 한 사람이나 똑같이 봐주는 날이 온다면 그야말로 돌멩이에 지나지 않는다.

금이 산업적으로 가치를 지니기 시작한 것은 도금기술이 발달하고 컴퓨터가 발달하면서부터였다.

금은 철과 같은 도구에 도금 재료로 쓰인다. 금도금을 할 경우 녹이 스는 것을 방지할 수 있기 때문에 변하지 않게 보관해야 할 가치가 있는 것에는 도금을 한다.

나무나 철, 구리로 부처를 만들 경우 조금 지나면 이들은 썩거나 부식되어 볼품이 없어지므로 부처는 금박을 많이 입힌다.

또, 금은 전기가 잘 통하고 화학변화가 적은 물질이기 때문에 중요한 컴퓨터 부품이나 한 치의 오차도 없이 동작해야 하는 우주산업 등에서 많이 사용된다.

그러나 이는 최근에서야 밝혀진 가치들이고 과거에는 단지 사람의 눈을 즐겁게 하고 자기만족에 이용되었던 치장용일 뿐이었다.

손가락에 혈류를 크게 방해하는 금가락지를 사랑하며, 귀의 생살을 뚫는 아픔까지 감수하며 금귀고리를 한다.

혈류를 방해하거나 백혈구를 낭비함으로써 몸에서는 염증물질들을 많이 만들어 내고 암의 발생률을 높일 수도 있다는 사실을 알까?

그런데도 왜 사람들은 아무런 가치가 없는 금덩어리에 열광하고 그것을 위하여 사람을 죽이고 자신도 죽을 수 있는 전쟁을 했던 것일까?

그것은 빛을 닮았기 때문이다.

다이아몬드도 마찬가지다.

다이아몬드가 인간에게 유용한 가치를 지니려면 공업용 연마장치의 날로 사용될 때이지만, 사실은 그렇게도 잘 사용하지 않는다.

흑연을 1,500도의 온도에서 압력을 아주 높여주면 공업용 다이아몬드가 생기는데, 연마제로는 거의 이 다이아몬드를 사용하며, 값도 비싸고 희소성도 너무 높은 천연다이아몬드는 잘 사용하지 않으며 간혹 질 나쁜 자연산 다이아몬드가 사용될 때도 있다.

하지만, 다이아몬드 역시 빛을 닮았다는 이유로 인간의 사랑을 받는 존재다. 큐빅은 유리 알갱이지만 역시 반짝인다는 이유로 수많은 패션에 활용된다.

보석은 다 이런 원리 안에 있다.

그래서 수많은 사람이 차지하려 하고 그로 말미암아 가격이 오르면서 부(富)를 상징하게 되었다.

거기에 자기 합리화를 위하여 수많은 이유를 만들어 낸다. '금은 변하지 않기 때문에 장수를 나타낸다!', '다이아몬드는 영원히 변하지 않기 때문에 영원한 사랑을 상징한다!'

이 같은 이유는 앞에서 설명한 '자기화(自己化) 현상'이다.

다이아몬드는 불에 쉽게 타서 흔적도 없이 사라져버린다는 사실을 알고 있는가? 그렇다면 불꽃같은 사랑이 되는 건가?

밤하늘에서 꽃처럼 피어오르는 폭죽은 왜 아름다운가? 이 역시 빛이기 때문이다. 더구나 대포와 같이 굉음을 내면서 공포를 만든 다음에 빛으로 변하기 때문에 더욱더 아름다움의 강도가 더해진다.

인간에게는 실질적인 유용성이라고는 없다.

스트레스 해소가 된다고? 이 앞에서 설명한 바와 같이 인간은 스트레스를 받아야 오래 사는 것일 수도 있다.

그냥 기분이 좋은 것뿐이다.

앞서서 우리는 기억의 형성과정에 대하여 알아봤다.

처음 태어난 아기는 배고프면 울고, 배부르면 그만 먹으며, 아프면 울고, 졸리면 자는 일 등 아주 본능적인 기억만을 가지고 태어난다.

그 이후 오감을 통하여 들어오는 새로운 정보들은 이 기억들을 바탕으로 점차 분화되고 새로운 기억들을 만들어가게 된다.

배고파서 울면 엄마가 나타나서 우유를 주는 기억이 저장되고, 이 엄마는 모든 면에서 자신을 조력해주는 사람으로 비치게 된다.

그런데 가끔은 울어도 엄마가 나타나지 않는 공포감이 생겨난다.

그리고 엄마가 다른 방에 있을 때뿐만 아니라 밤이 돼서 시야에서 사라진 것도 똑같이 '없다.'라는 공포다.

생각이 자람에 따라 이 공포도 자라며 결국은 누군가 들려준 귀신들의 잔상도 이 어둠 속에서 자라나게 된다.

어둠의 공포가 커지면 커질수록 빛에 대한 안도감은 커지고 거기에 생각이 달라붙으면 빛에 대한 환상이 된다.

이렇게 생겨난 것이 금붙이에 대한 가치다.

모든 보석은 모두 흰색을 포함하여 빨주노초파남보의 빛과 연관되어 있다. 즉, 금에 대한 가치를 크게 인정하는 사람, 장신구를 아주 좋아하는 사람들은 공포도 큰 사람, 감성적인 사람이라고 정의를 해도 크게 잘못된 정의는 아니다.

겁 없어 보이는 깡패들도 금목걸이, 귀걸이 등을 많이 하고 다니는데 이들은 어떤가? 마찬가지다. 이들 대다수는 고소공포증, 폐소공포증, 귀신에 대한 공포 등 겁이 많은 사람들이다.

나는 어렸을 때 옆집 누나가 고무신을 나뭇가지에 걸고 잡아당겨서 찢는 광경을 본 적이 있다.

그리고 그 다음 날은 반짝거리는 새 구두를 신고 나타나 실컷 자랑하고 다니던 모습이 눈에 선하다.

우리는 왜 반짝이는 새 구두에 열광할까?

검정 고무신보다 하얀 고무신이 더 마음을 끌고, 하얀 고무신보다 알록달록한 꽃무늬 고무신이 더 마음을 끈다. 고무신보다 반짝반짝 빛나는 구두가 더 좋다.

이들은 다 빛과 관련되어 있다.

포괄성이 넓은 이성적인 사람들은 어둠을 두려워하지 않기 때문에 보석을 그다지 좋아하지도 않는다.

오히려 목걸이, 귀걸이, 시계 등을 조금 거추장스럽게 여긴다.

생각을 달리 먹으면 이들과 같은 보석의 가치는 순식간에 무너질 수 있다.

절대 가치보다 더 높은 가치를 사람들의 마음속에 매기고 있는 것을 우리는 거품이라고 한다.

주택은 주거용이라는 절대 가치를 가지고 있다.

미국을 포함한 많은 나라에서 이 '주거용'이라는 절대 가치를 넘어서 비싼 돈을 주고 사고팔다가 결국은 거품이 꺼지자 경제가 박살 나 버렸다.

금의 절대 가치는 전도체적인 가치와 도금용의 가치 외에는 없다.

흙 묻은 옷을 더러워하는 사람도 있지만, 흙을 일부러 묻히고 염색하여 입는 사람들도 있다.

사람들의 생각이 바뀌면 금방 금값은 폭락할 수 있다.

주택에 거품이 낀 것은 몇몇 나라였고, 주택은 절대 가치가 어느 정도는 높다. 하지만 금은 절대 가치가 겨우 몇천 원에 불과하다. 가치가 떨어진다면 그동안 장롱 속에 숨겨져 있던 많은 금이 쏟아져 나오기 때문에 희소성도 없다.

약 10년 전쯤에 5만 원을 약간 웃돌던 금값이 지금은 수십만 원을 호가한다. 이 거품의 깊이는 주택거품보다 훨씬 깊고, 모든 나라에 걸쳐 있다.

　다음 경제위기는 이 금과 다이아몬드에서 나타날지도 모르며, 그 타격은 실로 엄청날 것이다.

　높은 열을 가하면 약간의 재만 남기고 사라져 버리는 것이 다이아몬드의 특성이다. 그 특성처럼 거품이 온데간데없이 사라져 버릴 날이 언젠가는 올지도 모른다.

　■ 고정관념: 보석의 절대 가치.

o 러닝머신 믿지 마라.

우리는 과학적 운동 분석기법이라고 해서 운동선수에게 러닝머신을 뛰게 하면서 심장 박동수, 이산화탄소와 산소의 비율 등을 측정하여 100m 달리기나 기타 종류의 달리기에 대하여 여러 가지 분석들을 내놓는다.

이런 데이터는 결론적으로 잘못된 결과를 내놓을 수밖에 없다. 이는 러닝머신 위에서 뛰는 것이랑 운동장에서 뛰는 상태는 완전히 다른 운동이기 때문이다.

아무리 달리기의 달인이라 할지라도 러닝머신을 뛰면 다리 근육이 뭉치는 이유가 뭘까? 운동장을 뛸 때와 러닝머신을 뛸 때 힘들기 정도가 다른 이유는 또 뭘까?

거기에는 사실 큰 이유가 있으며, 두 운동 사이에는 사용하는 근육이 서로 다르기 때문이다.

달리기는 몸을 위아래로 뛰는 운동과 몸무게를 앞으로 이동시키는 운동이 동시에 일어난다. 하지만, 러닝머신에서는 거의 비슷한 동작이 일어나지만, 몸무게를 앞으로 이동하는 운동은 일어나지 않고 있다.

이로 인한 운동 감소 효과를 보충하기 위하여 대부분 러닝머신은 경사도를 높여서 등산과 같은 효과를 보충함으로써 아주 다른 운동이 되어버린 것이다.

　다이어트를 위하여 에너지 소비를 원하는 사람들이라면 모를까 기록을 향상해야 하는 운동선수는 연습으로 이 러닝머신을 뛰면 필요한 근육은 훈련이 덜 되고 필요 없는 근육은 더 튼튼해져서 결과적으로 기록 향상에 마이너스 효과가 있게 된다.
　　■ 통찰력: 러닝머신, 운동량 법칙, 근육의 이해
　　■ 패턴: 실제 달리는 패턴과 러닝머신 위에서 달리는 모습 비교.
　　■ 고정관념: 모션이 같다고 다 같은 운동인가?

○ 안전사고의 가장 큰 요인은 창의력 부족이다.

나는, 교통 사고율이 낮은 사람은 창의력이 높은 사람이고 사고율이 높은 사람은 창의력이 낮은 사람이라고 보며, 자동차 경주처럼 정해진 트랙을 도는 경우는 다르겠지만, 실제상황에서는 창의력 차이가 분명히 난다.

스피드가 사고율을 전혀 높이지 않는다는 말은 아니다. 분명히 더 높이는 것은 맞지만, 무서움이 클수록 창의력이 낮고, 창의력이 낮을수록 스피드를 낮추기 때문에 나타나는 현상이다.

사고는 운행에 대한 통찰력이 낮을 때 발생하며, 겁이 많아서 급조작할 때 발생한다.

차를 천천히 운전한다고 해도 교통사고를 잘 내는 사람이 있는가 하면 스피드를 즐기는 사람일지라도 사고를 거의 안 내는 사람이 있다.

내 주변에는 대형 화물트럭을 20년 이상 운전하는 사람이 있는데 그 사람은 보통 2~3년에 한 번씩 큼지막한 사고를 낸다.

운전 경력 역시 사고율과는 밀접한 관계에 있지는 않다.

내가 아는 어떤 사람이 신호등이 없는 교차로에서 교통사고를 냈다.

1톤 트럭을 운전하고 있었는데 왼쪽에서 오는 똑같은 1톤 트럭을 보지 못하고 충돌하고 말았다.

지금도 그 사람은 자신이 왼쪽 차를 보지 못했던 이유에 대하여, 무슨 귀신에게 홀렸던가, 아니면, 깜빡 졸았거나, 뭔가 깊은 생각을 하고 있었던 것 같다고 믿고 있다.

하지만, 내가 생각하는 사고의 원인은 또 다른 데에 있다고 본다.

왼쪽 앞에는 앞유리와 옆 문짝 사이에 프레임이 있고 그 위치에 백미러가 붙어 있다.

내 차의 속도와 왼쪽에서 오는 차의 속도가 교묘하게 일정한 비율에 들어오면 이 프레임과 백미러 사이에 왼쪽에서 오는 차가 80% 이상이 가리게 되는 경우가 생긴다.

교차로가 작을 경우는 그 정도만 가리지만 교차로가 크면 완전히 가리는 경우도 생기게 된다.

하지만 80%는 가려지고 20%만 보일 때에도 사람들은 대부분 보지 못하게 된다. 더 많이 보여도 보이지 않을 때도 많다.

우리의 눈은 작은 것이나 사소한 것, 관심 영역이 아닌 것은 잘 보지 않는 특성이 있기 때문이다.

교차로에서 일어나는 사고 중 '보지 못했다.'라고 하는 사고는 대부분이 이런 경우다.

나도 24년 동안 70만km 이상을 운전했지만, 지금까지 사고 한 번 내지 않은 사람이다. 그렇지만 이런 케이스로 사고 직전까지 갔던 예는 아주 많다.

위의 케이스는 많으며, 로터리를 돌 때 청소하는 아주머니가 이 사각에 가리면서 못 보고 칠 뻔했고, 한적한 도로로 진입하다가 오른쪽에서 빠르게 돌진하는 유조차에 치일 뻔도 했고, 고급 승용차를 칠 뻔도 했다.

또, 분명히 내가 진입이 빠르고 우선도로였음에도 오른쪽에서 오는 차는 멈출 기미를 보이지 않아서 급제동으로 멈추었던 경우도 있는데, 그 차의 아저씨는 그제야 자신도 깜짝 놀라던 모습이 유리창으로 보였었다.

요즘 내 운전 습관은 교차로에서는 아주 천천히 운전하던가 아니면 얼굴을 앞으로 쭉 내밀어 운전한다.

그래서 여기서도 특허감을 하나 건졌다.

이 사각지대를 만드는 프레임을 더욱 옆으로 돌리고 백미러를 더 위나 밑으로 이동시키는 것이다. 그렇게 되면 교차로의 교통사고율을 획기적으로 줄일 수 있을 것이다.

그러나 특허를 내지 않고 이 책을 통하여 오픈하는 이유는 별로 사업성이 없어서다.

첫째는 업자들이 지금까지 친숙해진 스타일을 쉽게 버리지 않을 것이며, 둘째는 앞유리를 더욱 휘게 하여야 하므로 공정이 까다롭고 경비가 늘어나게 된다.

셋째는 프레임을 옆으로 이동시킴으로써 약해진 전면부의 프레임을 보강해야 하는 과정이 필요하며, 넷째는 사고율이 줄어든다고는 하나 고객들에게 그 사실을 인지시키는 작업 또한 만만해 보이지 않는다. 그것으로 해서 고객들이 더 차를 사줄 가능성은 많지 않다는 말이다.

다섯 번째는 실제로 그것이 교통사고를 유발하는 이유라고 할지라도 그런 자동차를 만들고 판매해서 교통사고율을 직접 체크하는 방법밖에는 증명할 방법이 없다는 사실이다.

내가 자동차 제조업자라면 이 아이디어를 채택하겠지만 이런 이유로 내 특허를 사줄 업자를 만나기 힘들 것이다.

누구라도 이 아이디어가 맘에 든다면 채용하여 개선할 수 있도록 하는 것이 좋겠다는 생각도 들었다.

이것이 오픈하는 이유다. 그래도 누군가는 이 글을 읽고 사고 한 건이라도 줄인다면 다행 아닌가?

교통사고는 이와 같다.

스피드를 높여 운전하면 사고가 났을 때 큰 사고로 이어지긴 하겠지만, 스피드를 즐긴다고 해서 사고율 자체가 높아지지는 않는다.

이에 대한 증명은 어렵지 않다.

택시회사에서 사고율과 타코미터에 나타나는 운전 성향을 조사하면 될 것이다.

남자는 여자보다 스피드를 더 내는 편이지만 크고 작은 사고를 다 포함하면 여자가 교통사고율이 더 높은 이유이기도 하다.

내가 조용한 시골에서 직장생활을 할 때 교차로를 확인하지도 않고 빠르게 건너가는 습관을 지닌 친구가 있었다. 그럴 수 있는 이유는 가로지르는 길이 차량통행이 거의 없는 길이었다.

나는 '사고 확률이 낮을 뿐 가능성이 없는 것은 아니다.'라고 그 친구에게 늘 말하곤 했지만, 오히려 그 친구가 나를 비웃는다.

그 친구의 사고율은 높다는 사실은 짐작하기 어렵지 않을 것이다. 결국은 그 교차로에서 충돌사고를 일으켰고 길 가던 행인까지 3명이 다치는 사고로 이어진 적이 있다.

하지만, 그 친구는 지금도 여러 가지 이유를 대며 자신의 잘못이라고는 인정하지 않는다.

　도로 옆에는 보통 많은 차량이 주정차해 있다. 이 차들은 사고의 원인이 되기 때문에 정부에서는 단속을 벌이고 있다. 그래도, 갓길 주정차는 여전하다.
　이 길에서 사고를 줄이는 방법은 조심하는 방법뿐이다. 인도에서 아이들이 놀고 있는지, 놀고 있으면 공을 쫓아 차도로 튀어나올 가능성은 없는지도 생각을 해야 한다.
　어떤 사람은 뒤에서 오는 차를 잘 보지도 않고 갓길에서 차를 몰고 나오는 사람도 있다. 이런 경우 차도를 향해 앞바퀴가 틀어진 차는 없는지도 살펴야 한다.
　이런 얘기를 하면 어떻게 그렇게까지 하느냐고 하겠지만, 그렇게 운전하는 사람들도 많다. 그런 세세한 것까지 잘 간파하는 사람은 통찰력이 있는 사람이며 창의적인 사람이다.
　그러므로 창의력이 높으면 교통사고율이 현저히 줄어든다.

　■ 통찰력: 여러 차례 교통사고를 당할 뻔했던 이유의 정확한 분석.
　■ 고정관념: 스피드가 높은 사람은 사고율도 높다?

⊞ 교육개혁 어렵지 않다

(도입)

　문재인 변호사는 『운명』이라는 책자를 통하여 "참여정부가 훨씬 잘할 줄 알았는데 그러지 못한 대표적인 분야가 바로 교육분야라고 생각한다!"라고 자아비판을 했다. 아직 교육에 관한 한 전 세계적으로 해답을 찾아내지 못하고 있다.

　대한민국의 교육은 무엇이 얼마나 잘못된 것일까? 오바마 대통령은 대한민국 교육을 보고 배워야 한다고 아주 칭찬하지 않았는가? 세계에서 몇 번째 안에 드는 교육열과 OECD에서 주관하는 PISA(국제학생평가프로그램, Programme for International Student Assessment)와 같은 평가에서 항상 1~3등을 마크하고 있다.

　학교에서도 올 100점 받는 학생들도 수두룩하고 토익, 토플 점수도 우리나라 아이들이 세계에서 잘하는 편이다.

　무엇이 잘못되었단 말인가? 아, 참! 사교육비가 너무 많지! 그것은 조금 안타까운 일이다. 그렇지만 교육의 성과만 낸다면 그것은 문제가 되지는 않는다.

　부모들이 모두 그 정도는 감수하겠다는 각오다.

　"너희는 공부만 열심히 해! 모든 것은 내가 다 해줄게!" 이것이 대한민국 부모들이다. 또한, 사교육 시장은 학생들의 성적을 올릴 뿐만 아니라 우리나라 실업률을 크게 흡수하고 있기도 하니 일석이조다.

도대체, 무엇이 문제일까?

우리나라 교육뿐만 아니라 전 세계의 교육은 그 목표 설정이 잘못 되었다. 올백을 맞아도 능력이 향상되지 않으면 무슨 소용이 있겠는 가?

넓은 의미의 교육은 개인의 행복과 도덕교육, 인류공영에 이바지 할 능력 함양을 목표로 삼아야 하겠지만, 좁은 의미 목적을 말한다면, 지식 습득이 아니라 인간의 능력향상이어야 한다.

넓은 의미의 교육목적에 관하여는 너무 광대하여 여기서 다루기 벅찬 주제이므로 협의의 교육 목표만을 가지고 생각해보자!

교육으로 향상해야 할 '인간의 능력'이란 생활에 필요한 과제들을 발견해내고 잘 풀어내는 능력이다. 고로 교육의 목적은 통찰력과 직 관력을 기르는 '창의력 습득'이어야 한다는 말이다.

현실 교육의 가장 큰 문제점은 가능한 한 최대한 많은 지식을 가 르치려 하는 데 있다. 쓸모없는 지식이 어디 있으랴마는 그런 지식이 얼마나 실생활에 이용되고 있는지 생각해봐야 하며 80점보다 더 높은 100점을 맞아야 하는 이유가 무엇인지도 따져봐야 한다. 모든 것을 다 가르치려 하다가 결국은 100분의 1도 못 가르치는 것이 아닌가 생각해봐야 한다.

그리고 얼마나 '생각' 자체를 과소평가하는지 되돌아봐야 한다.

현재의 교육은 사교육비가 많아서 잘못된 것이 아니다.

지식의 습득은 전체 교육 목적의 절반밖에 해당하지 않는데 학교 에서는 90%를 할애하고 학원에서는 100% 몰방해 버린다.

우리나라에서는 다른 사람보다 얼마나 더 맞았는지가 중요하며, 100점을 맞았다면, '니네 반에서 백 점은 모두 몇 명인데?'가 중요한 나라에 살고 있다.

사실은 전 세계가 대동소이하다.
전 세계가 지식습득에만 매달려 있는 이때에 다른 눈치 안 보고 '생각하는 교육'으로의 방향전환은 가능한가? 이 교육정책의 오류를 바로잡을 방법이 있는가?

그렇다. 그것도 어렵지 않다고 생각한다.
터키의 초대 대통령이자 국가의 아버지로 추앙받고 있는 아타튀르크는 이슬람 여성들이 대부분 쓰고 있는 베일을 벗기기 위하여 '쓰지 마라.'라는 강제규정보다 '모든 창녀는 꼭 얼굴을 가리고 다녀야 한다.'라고 규정함으로써 일반 여성들 스스로 베일을 쓰지 않도록 유도했다고 한다.
우리나라에서 점수 맹신적인 교육문화는 '높은 점수를 받지 마라!'라는 명령보다 아래에서부터 창의적 교육을 실천하여 성공을 거둠으로써 그 본보기를 통하여 전체의 교육개혁을 이루는 것이 저항도 크지 않을 것이며 훨씬 쉬울 것이다. 그리고 분명히 가능하다.

(창의학교의 개요)

이 학교의 가장 큰 강점은 지금까지와 같이 성적으로 학생을 선발하는 것이 아니라 설문과 테스트를 통하여 가장 창의적 잠재 능력이 있는 학생을 선발한다는 점이다.

그 선발하는 설문 내용은 이 책에서 창의력이라고 설명하는 내용이 그 토대가 된다.

그렇게 선발된 포괄성이 넓고 창의적 잠재능력이 풍부한 아이들에게 '생각의 폭을 넓히는 교육'을 시행함으로써 가장 창의력이 풍부한 인재로 육성하게 된다.

이렇게 창의력을 갖춘 학생들은 학생일 때부터 아이디어를 내고 사업화하여 성공을 이루고, 학생은 개발자로서 또는 CEO로서 돈을 벌게 될 것이며, 여기에 학교는 출자자로서 경영지도와 감사의 지휘를 행사하며, 또한 배당을 통하여 수입을 창출하고 이 수익은 또다시 다른 아이디어에 투자하거나 학교 확충 등에 활용된다. 물론, 학교의 최종목적은 수익창출이 아니라 인재 양성이다.

모든 학생은 기업체에 취직할 수도 있지만 성공한 개발자나 성공한 CEO를 목표로 한다.

학교의 이런 지원기능은 중학교 과정과 고등학교 과정을 중점으로 하지만, 대학 진학 후, 또는 사회진출 후까지 개발 아이디어를 지원할 수 있다.

학교는 수입을 통하여 학교 시설을 확충하고 점차 세계 여러 불우한 국가의 학생들까지 많이 받아들여서 국제적 인재들을 육성하며, 궁극적으로 초등학교로도 확대 시행한다.

이들이 나중에 자신의 나라로 돌아가서 지역 또는 국가 경제의 밑거름이 될 수 있는 인력을 육성하자는 것이다. 물론, 자금 네트워크는 유지한다.

이 학교의 성공은 다른 사람들에게 '학교 성적'과 '생각하는 교육'의 관계를 역설하게 될 것이며, 자연스럽게 교육 개혁이 이루어질 것이다.

모든 기업체가 이 학교처럼 창의력이 풍부한 인재를 모집하려 할 것이고, 대학들도 자연스럽게 시험성적이 우수한 학생이 아니라 창의적인 인재 육성으로 전환할 것이다.

그렇게 되면 모든 교육 개혁이 완성될 것이다.

(창의학교 성공 시나리오)

1. 학교부지, 건물건설비, 기자재비용 등을 구입하기 위하여 스폰서를 구한다. 나중에 아이디어로부터 자금이 확충되기 시작하면 스폰서를 통한 지원 자금이 필요 없겠지만 처음 시작은 만만찮은 자금이 필요할 것이다.

이 스폰서는 가능하면 정부 교육정책에 영향을 받지 않는 자금을 구해야 하며, 기업체의 기부를 받더라도 조건이 붙은 자금이면 곤란할 것이다.

2. 이 학교의 성격은 대안학교다. 대안학교로 시작하는 이유는 정부의 규제를 받지 않기 위해서다. 정부의 규제를 받는 순간, 교육의 목적 달성은 불가능하다.

3. 이성적이고 창의적인 아이들을 선별하여 뽑는다.

4. 그 아이들에게 지식과 체험과 생각하는 능력을 길러준다.

5. 그 아이들의 능력이 향상되면 그들 스스로 발명을 하고 학교 내 창업을 하며 학교는 그 아이들을 돕는다.

6. 아이들이 크게 성공한다.

7. 그 아이들은 학교를 졸업한 후 사업가로 성공하든가, 아니면 직장이나 사회에서 아이디어를 인정받고 능력을 크게 인정받는다.

8. 회사나 사회에서 너도나도 이 졸업생들을 원한다.

9. 다른 일반대학들도 학생 뽑을 때 성적 외 '생각하는 능력'도 기준으로 잡게 된다.

10. 대한민국 교육 개혁이 완성된다.

11. 전 세계 후진국들에서도 두루 학생들을 선발하고, 가르치고, 능력이 인정되면 자국의 부흥을 위하여 고국에서의 사업을 지원한다.

12. 학교 내 창업, 사회 진출 후 창업, 각국에서의 창업에서 창출된 일부의 이익은 학교의 수입원이 되어 세계의 교육사업에 재투자한다.

13. 이성적 분야의 창의력 대안학교로 성공을 거둔 후 감성적 분야로도 확대한다. 감성분야는 성과가 절대적이 아니라 상대적 평가에 의하기 때문에 성공이 불확실하며, 안티가 생겨나기 쉽기 때문이다.

더 나아가 초등학교로도 확대한다.

만약, 스폰서를 구하지 못한다 해도 진행은 계속될 것이다. 그러면 아주 작지만, 발명가 동호회로 시작할 예정이다.

이 정도라면 최초의 준비금은 혼자서 감당할 수 있을 만큼 작아진다. 폐교를 임대하고 밀링과 선반 같은 철공기계, 목공기계, 전기작업 도구 등 약간의 도구 구입비와 재료비 등이 될 것이다.

이렇게 하면 스폰서를 구하여 크게 시작하는 것보다는 멀고 험난한 길이 되겠지만, 이 대안학교에 대한 나의 확신은 쉽게 포기할 만큼 결코 작지 않다.

(지향하는 교육목표)

창의적 인간을 키워 사회에 성공하는 모델을 육성한다. 사업에 성공하는 인간, 위대한 발명가, 위대한 과학자, 각 분야의 전문가, 인간

세계를 이해하는 철학자들을 육성한다.

(학생의 선발)

　이 학교는 중학교 과정, 고등학교 과정, 대학교 과정으로 하며, 중학교 입학 과정에서만 학생을 선발하고, 고등학교와 대학교는 졸업생 중에서 원하는 모든 학생을 입학생으로 한다.

　이렇게 장기간으로 잡은 이유는 지식을 습득시키는 과정이 아니라 그와 동시에 생각하는 기술을 함양시키는 과정이기 때문에 기간이 길어질 수밖에 없으며, 대학과정까지 집어넣은 것은 중학교와 고등학교를 그런 식으로 공부했다면 훌륭한 능력을 갖추었음에도 우리나라 대학에서는 도태될 가능성이 높기 때문이다.

　중학교 및 고등학교는 전원 기숙사 생활을 해야 하며, 기숙사 생활 역시 교육의 일부로 친다.

　대학교는 타 대학에 의뢰하여 강의만을 수강하며, 이수학점관리와 시험과 성적관리는 창의학교에서 하는 일종의 '워크아웃방식'으로 한다.

　학생의 선발은 중학교 입학 때에만 있는 과정이다.

　이 학교의 학생으로 선발되기 위한 자격은 초등학교 졸업자로 만 11~13세의 어린이로 한다. 입학시험은 초등학교과정 시험에서 최저 60점 이상, 평균 80점 이상이면 자격이 있다고 본다.

　선발을 위하여 특별한 설문과 신체검사, 면접을 거쳐야 하는데, 뽑는 기준은 이 책에서 설명하고 있는 창의적인 성향 모두이며, 학원의 개입 등 인위적인 조작을 가려내기 위하여 상황에 따른 심박 수 측정 등과 같은 태생적 신체성능을 함께 측정한다.

　　중요도로 따지면 '창의학교'의 성공은 학생의 선발이 거의 50% 이상을 차지할 만큼 중요하다.

(교사의 선발)
　　교사는 교사자격증에 상관없이 개인 발명가나 창의적 과학자 중에서 뽑아 쓴다.

(교육 방침)
　　- 체험을 통해 통찰력을 키워준다.
　　- 생각의 독립심을 심어주고 인위적으로 생각하는 시간을
　늘려준다.
　　- 배운 지식으로 뭘 할 수 있을는지 생각하게 한다.
　　- 창의능력을 키워서 학교 내, 외에서 실현한다.
　　- 청춘을 공부하는 즐거움으로 채운다.

(교육 방법)
　　내가 학교 다닐 때에는 선생님이 교과서 요약내용을 칠판에다 깨알같이 적어주면 그 내용을 전부 노트에 옮겨 적었다.
　　선생님은 수업시간 반 이상을 칠판에 글씨 쓰느라고 소비해버리고, 학생들은 노트 필기하느라 교사의 설명을 잘 듣지 못했다. 당시로써는 그럴 수밖에 없었는지 모른다.
　　아마 거의 없겠지만, 지금까지 그런 방식에서 벗어나지 못한 교사가 있다면 참 안타까운 노릇이다. 학교 수업시간 중에는 선생님의 설

명만을 경청해야 하며, 만약, 필기해야 할 내용이 있다면 유인물이나 파워포인트 등 파일로 전달해줄 수도 있다.

교사의 설명 중 중요한 것이 있다 하더라도 필기하느라 설명을 놓치는 경우가 있어서는 안 된다.

요즘은 인터넷 강의가 발달해 있는데, 인터넷 강의 중에는 그런 일이 발생하지 않는다. 적어야 할 일이 있다면 동영상을 '잠시 멈춤' 해두면 되기 때문이다. 또한, 놓쳐버린 설명을 듣고자 한다면 '되감기' 하면 된다. 우리가 학교 다닐 때처럼 필기하느라 놓쳐서 설명을 못 듣는 일은 발생하지 않는다.

필요한 자료들은 파일로 다운되며, 요약필기는 학생 스스로 알아서 한다.

이 인터넷 강의는 교사들도 유능한 사람이 많지만 이런 기능들이 뛰어나기 때문에 더 유용하다.

그런데 학교의 강의도 이에 못지않게 개선이 가능하다.

강의 내용을 전부 녹화하여 그날그날 컴퓨터에 올려두는 시스템을 갖춘다면 그보다 좋은 일이 어디 있겠는가?

학교 수업 중에는 절대 필기하지 못하도록 하고, 학생들은 집에서 그 동영상을 보면서 필요한 내용을 요약하며, 그 다음날 그 필기 내용을 숙제처럼 점검한다면 복습까지도 완성하는 것이다.

상세하게 설명은 하지 않겠지만, 시스템 구성이 불가능할 것은 하나도 없다. 녹화 및 업로드도 자동으로 되도록 구성하는 것도 가능하다. 내가 이 분야에서도 일을 오래 했기 때문에 아주 잘 알고 있다.

창의학교에서는 이 방법을 사용하려고 한다.

- 즐거운 교육

시험은 있으되 커트라인 80점으로 하고, 그 이상은 모두 만점으로 한다.

정확히 개념을 이해하고 있는가에 중점적인 체크한다. 현재의 시험은 온갖 예외를 전부 공부하여 유형을 전부 암기해야 하는 제도인데, 이런 교육을 배제한다.

- 창의력 교육

배운 지식으로 무엇을 할 수 있을는지 생각해오기 숙제를 내며 그 주기는 일주일, 한 달, 1년 단위로 한다.

실험실습을 많이 하며, 스스로 계획하고 스스로 실습한다. 체험 위주로 교육하여 통찰력을 기른다. 매년 2회에 걸쳐 창작품 또는 생각 경시대회를 연다.

강의 과목은 국어, 수학, 과학, 발명, 공작실습으로 하며, 사회나 윤리, 역사 등은 DVD 등을 통하여 교육한다. 체육은 매일 하며 과목 외로 하여 방과 전 또는 방과 후 일괄 체육 시간을 가진다. 국사, 윤리, 사회 등 VOD를 통한 교육과목은 1년에 한 번만 시험을 친다. 또한, 음악, 미술들은 체험학습, 동아리 활동만으로 한다.

영어교육은 2,000개의 실용문장을 암기하는 방식으로 하며, 중학교 2학년 중 5개월간 다른 과목 교육은 하지 않고 영어문장만 집중 교육하여 완성하고, 그 이후는 자막 없는 외국영화를 선정하여 매주 3시간씩 감상하고 평가하는 것을 전부로 한다. 이 평가는 커트라인제로 한다.

발명 또는 공작실습은 몰드 공장, 밀링과 선반 공장, 플라스틱 압출 공장 등 견학하기나 그와 연관된 교내 실습으로 한다.

교육시간은 주당 35시간 이하로 대폭 줄이고 스스로 실습할 수 있는 시간을 늘린다.

  - 준비 기자재
  각종 공구, 목공기계, 선반, 밀링, 압출기, 성형기 등.

(기숙사 운영)

  앞에서 언급한 바처럼 산소 추가 공급이 성장에 관련이 깊다는 연구결과가 나오면 전 기숙사에 잠자는 시간 동안 추가로 산소를 공급한다.

  생각하는 시간을 최대화하고, 학교의 목표에 최적화하기 위하여 중고등학교 과정 6년은 전원 기숙사 생활을 의무화한다.

  토요일, 일요일은 퇴교할 수 있다.

  - 뉴스 외에는 TV 시청을 제한한다.
  - 컴퓨터게임을 할 수 없다.
  - 컴퓨터 오락 및 오락성 열람 금지 등 오락성 프로그램을 통제한다.
  - 인형, 장난감도 사용을 제한한다.
  - 하루에 5시간 이상 말없이 혼자 지내기(개인 실습 가능)
  - 도덕성과 규율은 강하게 유지한다.
  - 잠자는 시간은 하루 8시간(10시 소등, 6시 기상)

(학교 규율)

  이사장, 이사, 교장, 교사 등 학교 관련자 모두는 엄격한 반 부정부패 규정을 준수해야 하며, 이를 어기는 경우는 조건 없이 파면한다.

학생들에 있어서도 체벌 및 퇴출 등 규율을 엄히 적용한다.

체벌을 금지하는 것은 게임중독 아이에게 게임기를 앞에 두고 스스로 알아서 끊어야 한다고 가르치는 것과 같다. 이는 곧 6535 법칙의 65를 양산하는 길이다.

‘옳고 그름’을 제대로 가르치는 것은 ‘좋고 나쁨’보다, 순간적인 행복보다 훨씬 중요하다.

(사업체 운영)

사업 아이템: 교사나 학생의 발명특허 중 학교의 지원을 받기 위하여 신청한 건 중 사업성이 인정되는 아이템.

수익구조: 학교의 지원을 받을 경우, 학교와 공동으로 사업하기를 원할 경우에 한하여 원출원자는 30% 내에서 출자할 수 있으며, 그 외는 전부 학교에서 출자한다. 원출원자에게는 특허사용료를 지불한다.

모든 운영권은 학교에 있으나 경영교육을 위하여 원출원자에게 위탁 운영할 수 있다. 또한, 졸업 후 발명에 대하여도 학교의 경제적 지원을 받는 경우는 이에 준한다.

학생 또는 교사가 발명하여 학교의 지원을 받지 않는 경우, 발명에 대하여 학교는 직장발명을 주장하지 않으며, 온전히 개인발명으로 인정한다. 다만, 학생, 교사, 졸업생들은 특허 양도료와 사업 이익금의 5%를 학교에 기부하는 것을 도덕적 의무로 한다.

사업 이익 중 학교 측 배당금은 주로 사업 재투자 및 학교 시설 충당, 졸업생 지원, 복지 등으로 사용한다.

전문경영 CEO는 특허 원출원자를 우선 검토한다.

이 과정은 CEO 교육과정의 일종으로 간주한다.

 - 사업 원칙: 사•내외의 부정부패는 용서되지 않으며, 반사회적, 반도덕적 사업은 절대 할 수 없다.

(국제적 확대)

 일단은 국내의 이성적 분야의 인재들을 대상으로 성공을 거두는 것을 목표로 하며, 성공 후, 국내의 감성분야 및 저개발국을 대상으로 확대한다. 더 나아가 초등학교 과정으로 확대한다.

 ■ 고정관념
 - 교육개혁은 위에서 아래로 하는 것이 옳은가, 아래서 위
   로 해야 옳은가?
 - 창의적 인재를 골라내는 일은 불가능한가?
 - 점수가 능력인가, 창의력이 능력인가?
 - 최대의 지식을 주입하는 것이 옳은가, 생각하는 시간을
   더 주는 게 옳은가?
 - '행복한 교육'이 우리 교육의 목표인가?
 - 영어가 가장 중요한가?
 - 영어는 십 수 년간 공부해야 완성되는가?
 - 대학은 워크아웃이 안 된다?
 - 체벌 금지가 옳은가, 강력한 도덕 준수가 옳은가?
 - 어린 학생은 사업가적 기질이 부족한가?

 ■ 직관력: 교육개혁 어렵지 않다.